国家自然科学基金项目（编号：41372163 和 41172145）
山西省煤基重点科技攻关项目（编号：MQ2014-01 和 MQ2014-12）
山西省煤层气联合研究基金项目（编号：2012012014 和 2014012001）
"十三五"国家科技重大专项（编号：2016ZX05067001-006）

煤矿区煤层气开发地质与工程

孟召平　刘世民　著

科学出版社

北　京

内 容 简 介

本书针对我国煤矿区煤层气开发的特点，从煤层气形成的地质条件分析入手，系统开展煤储层条件包括煤的吸附-扩散性能、煤储层含气性及其受控机制、煤储层孔渗性及其控制机理等方面研究，揭示煤储层吸附、扩散和渗流规律及其控制机理；在此基础上，系统介绍煤层气开发工程及井网优化方法、煤储层地应力条件及水力压裂效果评价、煤层气井排水降压规律及其排采强度确定方法和煤层气井排采中煤储层渗透率动态规律及产能评价等煤矿区煤层气开发工程及关键技术，揭示煤层气开发过程中煤储层应力、压力及其渗透性的动态变化规律，建立其评价模型与方法；最后，针对煤矿区实际，进一步介绍煤矿采空区煤层气资源评价及其抽采技术，为煤矿区煤层气高效开发提供可靠的理论和方法。本书是在作者 2010 年出版的《煤层气开发地质学理论与方法》的基础上，将研究内容进一步深化和扩展，资料数据翔实、内容丰富，具有很强的科学性、创新性、资料性和实用性。

本书可供煤矿瓦斯抽采和煤层气地质及勘探开发的科技人员，煤炭、石油、地质工作者，以及地质、采矿、油气开发等专业的师生和工程技术人员参考与使用。

图书在版编目（CIP）数据

煤矿区煤层气开发地质与工程 /孟召平，刘世民著. —北京：科学出版社，2018.1
　　ISBN 978-7-03-055178-8

　　Ⅰ．①煤… Ⅱ．①孟…②刘… Ⅲ．①煤层－地下气化煤气－工程地质－研究－中国 Ⅳ．①P618.110.2

中国版本图书馆 CIP 数据核字（2017）第 269807 号

责任编辑：于海云　朱灵真 / 责任校对：郭瑞芝
责任印制：吴兆东 / 封面设计：迷底书装

科 学 出 版 社 出版
北京东黄城根北街 16 号
邮政编码：100717
http://www.sciencep.com

北京京华虎彩印刷有限公司印刷

科学出版社发行　各地新华书店经销

*

2018 年 1 月第 一 版　开本：787×1092 1/16
2018 年 1 月第一次印刷　印张：23 1/4
字数：534 000

定价：138.00 元
（如有印装质量问题，我社负责调换）

前　　言

　　煤层气是主要以吸附状态赋存于煤层之中的一种自生自储式非常规天然气。它是一种新型的洁净能源和优质化工原料，是我国在 21 世纪的重要替代能源之一。加强煤矿区煤层气开发利用，对保障煤矿安全生产、增加清洁能源供应、减少温室气体排放具有重要意义。

　　国家高度重视煤层气开发利用和煤矿瓦斯防治工作，"十二五"时期，国家制定了一系列政策措施，强力推进煤层气(煤矿瓦斯)开发利用，煤层气地面开发取得了重大进展，煤矿瓦斯抽采利用规模逐年快速增长，煤矿瓦斯防治工作取得了显著成效。2016 年煤层气地面开发产量为 $44.96×10^8m^3$、利用量为 $38.09×10^8m^3$，是 2010 年的三倍；潘庄、樊庄、潘河等重点开发项目建成投产，四川、新疆、贵州等省(自治区)煤层气勘探开发取得突破性进展。2016 年煤矿瓦斯抽采量为 $168.51×10^8m^3$、利用量为 $80.13×10^8m^3$，比 2010 年翻了近一番。国家将煤层气(煤矿瓦斯)抽采利用作为防治煤矿瓦斯事故的治本之策，全面推进先抽后采、抽采达标和区域防突，煤矿安全环保效益显著，与 2010 年相比，2016 年煤炭百万吨死亡率由世界平均水平的 100 倍降低至 6 倍。2016 年 11 月 24 日，国家能源局正式对外发布《煤层气(煤矿瓦斯)开发利用"十三五"规划》，明确了"十三五"期间，新增煤层气探明地质储量达到 $4200×10^8m^3$，建成 2~3 个煤层气产业化基地；2020 年，煤层气抽采量达到 $240×10^8m^3$，其中，地面煤层气产量 $100×10^8m^3$，利用率达 90%以上；煤矿瓦斯抽采 $140×10^8m^3$，利用率达 50%以上，这些为我国煤层气产业发展明确了方向。

　　长期以来，在煤炭地下开采过程中煤层气被视为有害气体——瓦斯，大多进行井下抽放，利用很少，并未从资源的角度加以认识。直到 20 世纪 80 年代美国解决了从地面开发煤层气技术以后，煤层气作为一种非常规天然气资源，日益受到世人关注。我国自 80 年代以来，将煤层气作为一种资源进行勘探评价研究，同时积极引进美国现代煤层气开采技术，进行煤层气勘探开发试验，对我国煤层气开发的基本地质条件有了系统认识，基本掌握了可供开发的煤层气资源和基本技术。我国煤层气产业发展已进入规模化生产阶段，初步形成了适宜于沁水盆地高阶煤煤层气、鄂尔多斯盆地中阶煤煤层气的勘探开发技术体系，有力地支撑了我国煤层气生产基地的勘探开发。但是，我国煤矿开采地质条件复杂、煤层气开发地质理论与技术研究相对薄弱，特别是对煤中气体吸附-扩散-渗流机理的认识仍然不足，导致煤层气井排采控制不合理，地面煤层气井普遍产量低、不稳定，现有技术难以支撑产业快速发展的问题亟待解决。因此，针对我国煤矿区煤层气开发的特点，研究煤矿区煤层气开发地质与工程，发展我国煤层气开发地质理论与方法，对于合理有效开发我国煤与煤层气资源具有理论和实际应用意义。

　　煤矿区煤层气开发地质是煤矿区煤层气开发的基础工作，贯穿于煤与煤层气勘探开发的全过程。《煤矿区煤层气开发地质与工程》是在作者 2010 年出版的《煤层气开发地质学理论与方法》基础上的进一步深化和扩展。本书针对我国煤矿区煤层气开发的特点，从煤层气形成的地质条件分析入手，开展煤储层条件、煤层气开发的工程力学条件以及煤层气开发过程中煤储层应力、压力及其渗透性动态变化规律和煤矿区煤层气开发工程及关键技术等方面研究，为煤矿区煤层气高效开发提供可靠的理论和方法。本书共10章，第1章绪论、第2章煤层气形成的地质条件、第3章煤的吸附-扩散性能、第4章煤储层含气性及其受控机制、第5章煤储层孔渗性及其控制机理、第6章煤层气开发工程及井网优化方法、第7章煤储层地应力条件及水力压裂效果评价、第8章煤层气井排水降压规律及其排采强度确定方法、第9章煤层气井排采中煤储层渗透率动态规律及其对产能的影响、第10章煤矿采空区煤层气资源评价及抽采技术。全书由孟召平教授和刘世民博士合作完成，其中前言、第2～6章、第7章7.1和7.2节、第8章和第10章由孟召平教授撰写；第7章7.3～7.6节和9章由刘世民博士撰写；第1章由孟召平教授和刘世民博士合作撰写，全书由孟召平教授统稿。

　　　本书是作者负责承担的国家自然科学基金项目[高煤级煤层气储层应力敏感性及控制机理(编号：41172145，2012～2015年)和煤层气直井开发对煤炭开采底板突水影响机制及其防控研究(编号：41372163，2014～2017年)]、"十二五"国家科技重大专项[山西晋城矿区采气采煤一体化煤层气开发示范工程——复合材料套管在煤层气井中的应用(2011ZX05063-6，2011～2015年)]、"十三五"国家科技重大专项[山西重点煤矿区煤层气与煤炭协调开发示范工程——晋城矿区寺河井区采空区特征及煤层气资源评估(2016ZX05067001-006，2016～2020年)]、山西省煤基重点科技攻关项目[废弃矿井采空区地面煤层气抽采技术研究及示范(编号：MQ2014-12)和山西省煤层气成藏模式与储层评价(编号：MQ2014-1，2015～2017年)]、山西省煤层气联合研究基金项目[煤与煤层气共采的地应力条件及其对煤层气井产能影响(编号：2014012001)]以及前期多项部门科研课题研究成果的整理和总结。需要指出的是，本书是我们研究集体的共同成果。参加这方面研究的成员还有李国庆博士、李国富博士、田永东博士、郭彦省博士、王保玉博士、陈振宏博士后、师修昌博士、张娟博士、许小凯博士、刘金融博士、阎纪伟博士、章朋博士，以及张纪星硕士、刘贺硕士、朱波霖硕士、路波涛硕士、王宇红硕士、李超硕士等。硕士研究生尹可、李博、张森、卢易新等对本书的部分资料进行了收集整理。在此特表谢意！

　　　本书研究工作自始至终得到中国矿业大学和中国矿业大学(北京)彭苏萍院士、武强院士、王延斌教授、曹代勇教授、程久龙教授、秦勇教授、傅雪海教授、朱炎铭教授、赵峰华教授、代世峰教授、胡社荣教授、李贤庆教授、邵龙义教授、刘钦甫教授和朱国维教授等，中国石油大学(北京)张遂安教授、程林松教授、杨进教授和张广清教授，中国地质大学(北京)汤达祯教授、刘大锰教授、李治平教授和唐书恒教授，中国地质大学(武汉)王生维教授和李国庆副教授，中国科学院大学侯泉林教授和琚宜文教授，太原理工大学曾凡桂教授和宋晓夏博士，河南理工大学曹运兴教授和苏现波教授，西安科技大学侯恩科教授和马东民教授，山西晋城无烟煤矿业集团有限责任公司王保玉教授级高工、付峻青教授级高工、郝海金教授级高工、李国富教授级高工、田永东教授级高工和白建平教授级高工等，煤炭科学研究总院西安研究院、中国石油华北油田分公司、中国石油勘探开发研究院廊坊分院、中国石油化工股份有限公司华东分公司和中联煤层气有限责任公司以及山西蓝焰煤层气集团有限责任公司的领导、专家和工程技术人员的关心与指导，在此表示衷心的感谢。同时，还要感谢书中引用文献作者的支持和帮助。

　　　本书的出版得到了国家自然科学基金项目(编号：41372163和41172145)、山西省煤基重点科技攻关项目(编号：MQ2014–01 和 MQ2014–12)、山西省煤层气联合研究基金项目(编号：2012012014 和 2014012001)、"十三五"国家科技重大专项(编号：2016ZX05067001–006)以及多项部门科研课题的资助，在此表示衷心的感谢。

由于煤矿区煤层气开发地质与工程研究涉及多学科理论与方法，有许多理论和实践问题仍有待于深入探讨与揭示。因此书中不妥之处，敬请读者批评指正。

作　者
2017 年 8 月于北京

目　　录

第1章 绪 论

1.1 煤层气开发的目的与意义

我国是一个煤炭资源大国(资源量约为5万亿t),自1988年以来,我国煤炭的产量和消费量在世界上一直居首位。2016年全国累积原煤产量达到34.1亿t,分别占全国一次能源生产和消费总量的70%和63%左右。我国高瓦斯和煤与瓦斯突出矿井占矿井总量的46%,瓦斯是煤矿安全生产的"第一杀手"。随着煤炭开采深度的增加,煤层含气量和矿井瓦斯涌出量呈递增趋势,在煤炭生产过程中,瓦斯安全问题一直是影响煤矿安全生产的关键因素,因此加快煤层气(俗称:煤矿瓦斯)抽采利用,对保障煤矿安全生产、增加清洁能源供应、减少温室气体排放和保护生态环境具有重大的意义。

煤层气开发是通过特定的工程及开发方式来改变煤层气赋存环境条件使煤储层条件发生变化并产出煤层气的过程[1, 2]。煤矿区煤层气开发包括煤矿开采区(煤矿生产区和准备区)和原岩应力区(煤矿远景区)煤层气开发。煤矿开采区煤层气资源抽采主要是借助煤炭开采工作面和巷道,通过煤矿井下抽放、煤矿采动区抽放和采空区抽放等工艺方法开采煤层气资源,其中煤矿井下煤层气抽放技术比较成熟;煤矿采动区抽放充分利用煤炭开采过程中形成的采动影响带来开采煤层气资源;采空区抽放是在对煤矿开采稳定区也就是采空区井下或地面煤层气井负压抽采煤层气[3-13]。煤层气地面开发是指综合利用垂直井或定向井技术、储层改造技术和排水降压采气技术来开采原岩应力区煤层气资源的开发方式,形成了比较成熟的煤矿区煤层气开发技术。

长期以来,在煤炭地下开采过程中煤层气被视为有害气体——瓦斯,大多进行井下抽放,利用很少,并未从资源的角度加以认识。直到20世纪80年代,美国从地面开发煤层气技术突破以后,煤层气作为一种非常规天然气资源,日益受到世人关注。随着美国煤层气地面开采的成功和对煤层气商业价值与能源战略地位认识的不断提高,我国开始参考美国的有关理论进行煤层气地面开发的研究和先导试验。在沁水盆地南部高变质无烟煤层中获得了较为理想的单井工业气流,创建了沁水盆地南部煤层气开发示范工程。近10年来,在我国政府的大力扶植下,我国煤层气产业得到了迅速发展,截至2016年底,我国施工各类煤层气井达18000余口,煤层气地面开发产量达44.96亿m³、利用量达38.09亿m³,是2010年的3倍,潘庄、樊庄、潘河等重点开发项目建成投产,四川、新疆、贵州等省(自治区)煤层气勘探开发取得突破性进展,我国煤层气产业发展已进入规模化生产阶段,初步形成了适宜沁水盆地高阶煤煤层气、鄂尔多斯盆地中阶煤煤层气的勘探开发技术体系,有力地支撑了我国煤层气生产基地的勘探开发。但是,我国煤矿开采地质条件复杂、煤层气开发地质理论与技术研究相对薄弱,特别是对煤中气体吸附-扩散-渗流机理的认识仍然不足,导致煤层气井排采控制不合理,地面煤层气井普遍产量低、不稳定,现有技术难以支撑产业快速发展的问题亟待解决。因此针对我国煤矿区煤层气开发的特点,研究煤矿区煤层气开发地质与工程，发展我国煤层气开发地质理论与方法，对于合理有效地开发我国煤与煤层气资源具有理论和实际应用意义。

国家高度重视煤层气开发利用和煤矿瓦斯防治工作，"十二五"时期，国家制定了一系列政策措施，强力推进"先抽后建、先抽后采、应抽尽抽"，为煤层气开发利用提供了发展空间。2016 年煤矿瓦斯抽采量 168.51 亿 m^3、利用量 80.13 亿 m^3，比 2010 年翻了近一番。国家将煤层气抽采利用作为防治煤矿瓦斯事故的治本之策，全面推进先抽后采、抽采达标和区域防突，煤矿安全环保效益显著，与 2010 年相比，2016 年煤炭百万吨死亡率由世界平均水平的 100 倍降低至 6 倍。2016 年 11 月 24 日，国家能源局正式对外发布《煤层气(煤矿瓦斯)开发利用"十三五"规划》。明确了"十三五"期间，新增煤层气探明地质储量 4200 亿 m^3，建成 2～3 个煤层气产业化基地；2020 年，煤层气抽采量达到 240 亿 m^3，其中地面煤层气产量 100 亿 m^3，利用率 90%以上；煤矿瓦斯抽采 140 亿 m^3，利用率 50%以上，这些为煤层气产业发展明确了方向。因此，随着煤层气勘探工作的不断深入，为保证煤层气勘探开发的持续性发展，逐步形成煤层气规模化与商业化开发，迫切需要对煤矿区煤层气开发的地质条件和开发技术进行系统研究，为发展我国煤层气开发地质理论与方法、合理有效地开发我国煤层气资源提供理论依据。

1.2　煤层气开发的国内外研究进展

1.2.1　国外研究进展

目前世界上有 30 余个国家或地区开展煤层气勘探、开发和研究活动，美国是目前产量最大、勘探开发技术领先的国家，加拿大和澳大利亚近些年快速形成了煤层气产业规模[2]。

美国是世界上地面开采煤层气最早和最成功的国家，美国有较为丰富的煤层气资源，煤层气资源量约为 19.82 万亿 m^3，占世界第四位[14]。美国现有 14 个主要含煤盆地，1200m 埋深以浅的煤层气资源量为 11.0 万亿 m^3。美国煤层气资源主要分布在西部的落基山脉中——新生代含煤盆地，约占美国 84.2%的煤层气资源，其余 15.8%分布在东部阿巴拉契亚和中部石炭纪含煤盆地中[15-32]。

自从美国于 1810 年，法国于 1845 年，分别发生了该国的第一次有记载的煤矿瓦斯爆炸以来，在地下开采煤炭过程中煤层瓦斯一直被认为是影响煤炭安全开采的主要因素，没有从资源角度加以利用。20 世纪 70 年代中期对美国井工烟煤煤矿的调查表明，煤炭开采排放的瓦斯引起大气温室效应受到关注，在调查瓦斯排放到大气层的过程中，越来越清楚地认识到从井工烟煤煤矿排出的甲烷是一种清洁能源。1975 年，美国矿业局(US Bureau of Mines)在阿拉巴马州的煤矿进行煤层瓦斯抽采示范项目，该项目的成功极大地推进了商业煤层气开发的进程，在 1976 年成功打出第一口商业性生产煤层气井，煤层气开发取得实质性进展。

1980 年，美国国会颁布了税收抵免政策，刺激并资助包括煤层气在内的非常规气资源开发、生产和利用。1983 年，美国天然气研究所(Gas Research Institute of the United States)开展煤层气资源地质调查，对煤层气形成、赋存分布及其可采性等方面进行了系统研究，进一步推动了煤层气快速发展。1983 年，165 口生产井共产出煤层气约 1.7 亿 m^3。1984 年，阿拉巴马州石油和天然气委员会(State of Alabama-Oil and Gas Board)制定了世界上第一份煤层气工业开发的规范，其后成为美国其他州和世界其他国家制定煤层气开发项目管理的模板，美国成为世界上第一个对煤层气进行工业性开发的国家。

由于美国政府税收优惠政策的具体实施和开采技术的不断提高，煤层气作为一种非常规天然气资源，日益受到世人关注，从 20 世纪 80 年代初期至 20 世纪 90 年代末期，煤层气产业呈现快速发展趋势，煤层气成为美国国内天然气市场供应的重要组成部分。1991 年全美煤层气生产量为 88.6 亿 m^3，到 1999 年，共有 14000 口井生产煤层气产量约 354 亿 m^3。到 2001 年已增长到 401 亿 m^3，在 2007 年达到煤层气产量高峰，年产量达到 496 亿 m^3。2007 年至今，煤层气产生量呈逐年下降趋势，在 2015 年降至 359 亿 m^3。图 1-1 显示了美国近 27 年的煤层气年产量。煤层气产量的大幅下降主要是因为美国主要油气公司在美国页岩气革命的影响下，对煤层气的钻井投资大幅下降以及自从 2014 年来持续低迷的美国国内天然气价格所致`。但是从 2015 年以来，煤层气的勘探开发又缓慢复苏，在中阿巴拉契亚盆地、圣胡安盆地、大格林河盆地、拉顿盆地等煤层气新井数量增加较快。美国产量最高的前三个盆地为圣胡安盆地、粉河盆地和黑勇士盆地，其中圣胡安盆地产量约为 250 亿 m^3，粉河盆地产量约为 120 亿 m^3，黑勇士盆地约为 40 亿 m^3。其他相对较小的盆地如中阿巴拉契亚盆地、尤因塔盆地和拉顿盆地的煤层气年产量约为 30 亿 m^3，此外，还有几个盆地的煤层气年产量小于 2 亿 m^3，如皮申斯盆地、北阿巴拉契亚盆地、大格林河盆地等。

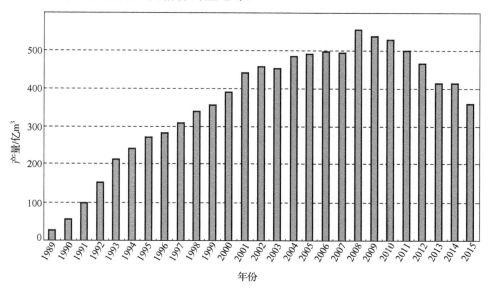

图 1-1　美国煤层气年产量变化图

数据来源：EIA，2017[15, 16]

随着煤层气开发项目的发展，钻井技术显著提高，形成了从地面开发煤层气关键技术，形成了地面煤层气开发的"排水-降压-采气"的理论与方法，从煤层气气藏的双重孔隙和各向异性以及地层条件下研究甲烷气的解吸-扩散-渗流机理，形成了中煤阶煤层气成藏富集理论和地质选区技术、北美西部洛基山造山带高产走廊的煤层气成藏模式、低煤阶厚煤层低含气量评价方法及低煤阶高饱高渗理论与方法，但对高煤阶煤层气缺乏相应的有效地质评估技术。在煤层气开发技术方面，美国已形成了低煤阶高渗区空气钻井和裸眼射孔完井技术（粉河盆地）、裸眼洞穴完井技术(圣胡安盆地)、中煤阶中渗区直井压裂排采技术(黑勇士盆地)、中高煤阶低渗区直井压裂技术、羽状水平井开发技术(中阿巴拉契亚和阿尔科马盆地)等成熟技术。

在煤层气储层渗透率小于 3md(毫达西)时,通常可采用多分支水平井开采煤层气。多分支水平井的布置可以是多种形式的,有三分支水平井、四分支水平井、羽状水平井等。根据地质条件,羽状水平井布井尽可能全面地覆盖煤储层,以便能更快地促进气体流动,能最有效地回采煤层气资源。单井日产气 3.4 万～5.6 万 m^3,比直井产量提高 10 倍,8 年采出可采储量的 85%,该方法综合成本低、经济效益好。在工程实践中,由于煤层气水平井采用无衬和无筛管完井方式,可能导致塌孔,阻碍气体的流动,影响煤层气井的长期抽采效果[21]。

美国商业煤层气开采中煤储层渗透率多处于 3～20md。一般在煤储层中布设单水平井开采,以保证单井产量。现场试验表明,煤储层中布设一个水平井与其煤储层压裂的垂直井进行采收量对比时,发现前者的气体采收量是后者的 3～10 倍[19, 21]。煤储层渗透率为 3～20md储层的另一个选择是水平井标准压裂。在圣胡安盆地,水平井压裂的应用比较广泛,但因煤层压裂的效果的差异性,其压裂工艺还有待进一步完善。

对于渗透率为 20～100md 的煤储层,煤层气完井方式主要有:裸眼洞穴完井、地面钻孔水平井和高渗透压裂完井。裸眼洞穴完井是在裸眼完井的基础上发展起来的一种独特的煤层气完井方式。在较高的生产压差作用下,利用井眼的不稳定性,在井壁煤岩发生破坏后,允许煤块塌落到井筒中,进而形成自然裸眼洞穴完井;或者人工施加压力(从地面注气),使井壁煤层发生破坏,再清除井底的煤粉,进而形成动力或人工裸眼洞穴完井 [21]。该完井方式得益于扩大的井筒,而且在井筒周围形成一个剪切破坏区和渗透率增大区域,这有助于加速气体的抽采。从现场试验结果来看,裸眼洞穴完井的产量较高,且大大高于压裂完井的产量 [20, 24]。

对于渗透率大于 100md 的储层,可采用底部扩孔或裸眼洞穴方式完井。底部扩孔与裸眼洞穴方式基本一致,在井筒底部增大井筒半径。在粉河盆地的所有煤层气井都采用了底部扩孔的方式完井,事实也表明这种方式可以提高气体采收率[21]。底部扩孔不但增加了井筒的半径,而且可以消除钻井损坏,并能克服井壁周围应力损伤导致渗透率降低的问题。

尽管美国煤层气工业经历了半个多世纪的发展,实现了煤层气商业开发,但是现在的成功开发案例还是主要集中在浅部和高渗煤储层条件,对于深部和低渗煤储层的开发还处于探索阶段,因此开展低渗煤储层的地质评价及其开发技术研究是今后美国煤层气勘探开发研究中需要解决的问题。

与美国相比,加拿大煤层气工业起步较晚。加拿大煤层气勘探开发工作集中在西部的阿尔伯塔省(Alberta)和不列颠哥伦比亚省(British Columbia),为大型沉积盆地,属落基山前陆盆地的一部分,构造变形较弱,地形分布为平原和丘陵地区。含煤地层为三叠纪-白垩纪,含煤面积达 13 万 km^2,估计煤炭资源量 7 万亿 t,煤层厚度最大 15m,镜质组反射率 1.0%～2.0%。在西部的阿尔伯塔平原地区煤层资源量为 11.67 万亿 m^3,丘陵地区约为 3.7 万亿 m^3。据统计,加拿大 17 个盆地和含煤区煤层气资源量为 6 万亿～76 万亿 m^3[2]。2002 年加拿大首个煤层气开发项目启动,项目位于阿尔伯塔省马蹄峡谷地区。在煤层气开发方面并没有照搬美国的经验和技术,而是针对其具体地质特点,研究开发出多煤层连续油管氮气压裂解堵技术,并成功地将该项技术广泛应用于煤层气开发中,大大降低了煤层气开发项目的风险和成本 [33]。加拿大煤层气开发的主要地区位于阿尔伯塔省,其煤层具有独特的地质和生产特性,与美国的煤层有很大差别,阿尔伯塔省(Alberta)的煤田包含数量众多的薄煤层,其煤层含气量和渗透性各不相同。马蹄峡谷组（Horseshoe Canyon）煤层被认为趋向于"干层"，几乎不产水，曼维尔组（Mannville）煤层埋深较大，为 800～2500m，阿得雷组（Ardley）煤层厚，生产一定量的含盐水，阿得雷煤层产水量较小，且水质差异较大。基于阿得雷煤层和曼维尔煤层的测试数据显示，在相当小的距离内煤层的渗透性和气体含量波动范围很大。2002 年煤层气产量仅有 5 亿 m^3，2006 年煤层气钻井数达到 9500 口，煤层气产量为 60 多亿 m^3，到 2008 年每年有 6000 口生产井，煤层气产量达 52 亿 m^3，全部位于阿尔伯塔省[34]。截至 2010 年，共钻了 14000 口井，年产量约为 72 亿 m^3[35]。到 2015 年，加拿大煤层气年产量达 145 亿 m^3[36, 37]。据 AER 统计，加拿大煤层气井从 2004 年约 5000 口逐渐稳步增长到 2010 年的 2 万口；2010～2014 年，煤层气生产井保持在 2 万口左右[38]，其中超过 91%的井属于阿尔伯塔省的马蹄峡谷组和腹部河组的较干煤层，大约 8%的井属于曼维尔组，且产大量盐水的煤层，少于 1%的井属于阿得雷组。当前，马蹄峡谷组和腹部河组的煤层仍然是加拿大煤层气的主要产区。曼维尔组煤层仍然处于探索和评价研究中。相比于美国厚煤层高渗透的特点，加拿大马蹄峡谷组煤储集的突出特点是单煤层薄，煤层含气量低、储层欠饱和，含水饱和度低，基于这些特点，加拿大开发了多煤层共采，氮气或氮气泡沫不携砂压裂工艺技术，成功地实现了大规模煤层气商业开发[39]。

澳大利亚是在北美之外的煤层气工业发展最为活跃的国家。澳大利亚煤层气开发主要集中在东部的悉尼盆地、鲍恩盆地和苏拉特盆地等，煤层气的开发与利用具有巨大的市场。截至 2012 年，97%的商业煤层气产自昆士兰州，另外的 3%产自新南威尔士州的悉尼盆地[40]。澳大利亚煤炭可采储量为 399 亿 t，平均甲烷含量为 0.8～16.8m^3/t，煤层埋藏深度普遍小于 1000m，煤层气资源量为 8 万亿～14 万亿 m^3，煤储层渗透率多分布在 1～10md。澳大利亚煤层气勘探工作于 20 世纪 80 年代初期起步，1998 年煤层气产量 0.56 亿 m^3，2003～2006 年煤层气年产量由 538 万 m^3 增加到 16 亿 m^3，2007 年生产速度快速增长到 29 亿 m^3，2008 年为 37 亿 m^3，2011 年则为 52 亿 m^3，2003 年，煤层气占澳大利亚天然气总产量的 3%，截至 2010 年，煤层气占比已上升至 10%[41]。目前采用煤矿水平钻孔、斜交钻孔和地面钻孔抽采煤层气，同时结合澳大利亚煤层气地质条件实际，开展煤层气地质与开发理论研究，形成了煤储层地应力评价和高渗区预测技术，煤层气开发技术也不断创新，截至 2016 年底，澳大利亚煤层气生产井为 5321 口，年产气量达 169 亿 m^3。现在澳大利亚煤层气的勘探开发与美国 20 世纪 90 年代初期一样，正处在煤层气产业快速发展时期。

1.2.2 国内研究进展

我国煤层气开发可追溯到 20 世纪 50 年代的煤矿井下瓦斯抽放。通过 60 余年的发展，我国的煤矿瓦斯井下抽采技术已由早期仅能对高透气性煤层进行本煤层抽放，逐渐发展到对低透气性煤层进行邻近层卸压抽放。20 世纪 70 年代末，煤炭工业部曾在抚顺、阳泉等高瓦斯矿区以解决煤矿瓦斯突出为主要目的，开展了地面瓦斯抽排试验，但未达到预期的效果[42-45]。

自 20 世纪 80 年代以来，我国将煤层气作为一种资源进行勘探评价研究，同时积极引进美国现代煤层气开采技术，进行煤层气勘探开发试验，并对我国煤层气开发的基本地质条件有了系统认识，基本掌握了可供开发的煤层气资源和基本技术。从 1992 年开始，原晋城矿务局与中美能源有限责任公司合作在沁水盆地南部晋城矿区潘庄井田开展煤层气勘探和试验[2]，施工了一个 7 口井组成的井组。1993 年完成第一口煤层气参数井（潘 1 井），1994 年施工了潘 2

井生产试验井，经压裂、排采，煤层气产量最高峰值达 10000m³/d，这是沁水盆地第一口有工业价值的煤层气产气井，从此拉开了我国煤层气商业勘探开发的试验进程，在沁水盆地南部高变质无烟煤层中获得了较为理想的单井工业气流，实现了单井产气突破，创建了一定规模的生产试验井组的煤层气开发示范工程，打破了世界上在高煤阶地区开展煤层气勘探开发的禁区，进一步拓宽了煤层气勘探的层系和领域。

1996 年，随着中联煤层气有限责任公司的成立，我国煤层气资源的开发步入了基础研究与开发试验并举阶段。我国煤炭系统、石油系统、地矿系统在全国三十多个矿区开展了煤层气勘探开发工作，取得了大量的煤储层物性参数，在煤层气的控气地质因素、区域聚集理论等方面开展了广泛研究[5]，经过多年的煤层气勘探与开发实践，形成了煤层气资源评价与开发地质的理论及方法，如向斜控气理论、上覆地层有效盖层控气理论、构造热事件控气论、地下水动力条件的控气作用以及有利沉积相带控制煤层气的富集等。

针对我国煤层气藏形成的特殊性和勘探开发中存在的问题，2003 年以来实施了国家重点基础研究发展规划(973 计划)项目——"中国煤层气成藏机制及经济开采基础研究"，建立了我国煤层气藏形成分布与经济开采的理论，阐明了我国重点地区煤层气藏的形成机制与展布规律；进一步开展了煤层气开采过程中解吸机理、气/液/固三相体系中流体渗流机理和煤储层变形力学特性等方面的研究，也取得了显著的进展和新的认识[46, 47]。国家实施"大型油气田及煤层气开发"国家科技重大专项，开展了煤层气勘探开发关键技术研究和示范工程建设，"十二五"期间，煤层气地面开发利用步伐加快，规划期末煤层气产量、利用量是"十一五"末的三倍。我国煤层气产业发展已进入规模化生产阶段，初步形成了适宜于沁水盆地高阶煤煤层气、鄂尔多斯盆地中阶煤煤层气的勘探开发技术体系，有力地支撑了我国煤层气生产基地的勘探开发。

在煤层气开发技术方面，我国目前主要借鉴美国、加拿大等国的煤层气开发技术，开发技术以直井压裂为主，近年来已开始应用多分支水平井和 U 形水平井钻井等技术。所有这些理论和技术，为我国煤层气勘探与开发的快速发展奠定了基础和条件。

煤层气地面开发工程及技术主要包括五部分：钻井工程(包括钻井、固井和测井等)、压裂工程(包括射孔和储层压裂)、作业工程(包括设备安装、下抽水泵、安装油管、水管和地面抽水设备、抽油机和螺杆泵等)、排采工程和集输气与利用工程(包括除尘、脱水、脱硫工程)及相关技术[2, 3]。

我国煤矿区煤层气赋存地质条件复杂，煤层埋藏深度大，全国井工煤矿开采深度超过800m 的矿井达到 200 余处，千米深井 47 处。随着开采深度的增加，地应力、瓦斯含量和压力增大，煤层透气性降低，瓦斯抽采难度进一步加大，采用常规油气技术及国外技术均难以实现高效开发。

煤矿区煤层气开发是煤与煤层气一体化协调开发，包括先采气、后采煤协调开发和采煤采气一体化，即充分利用采煤过程中岩层移动对瓦斯的卸压作用，并根据岩层移动规律来优化抽放方案、提高抽采率等。目前，以保护层卸压和强化预抽技术为代表的区域性瓦斯治理技术("淮南模式")在全国有关煤矿区得到了很好的推广应用[11-13]。

20 世纪 90 年代初，山西晋城无烟煤矿业集团有限责任公司(简称"晋煤集团")随着东部老区煤炭资源逐步衰竭，煤炭开采不得不向西部新区转移。西部新区煤炭开采面临的主要问题是瓦斯含量太高，生产实践证明仅仅靠传统的瓦斯抽采，不能满足矿井衔接和安全生产的需要，如何有效降低煤层瓦斯含量成为了制约煤矿安全生产的首要问题。为了实现煤矿安全高效生产，从根本上解决瓦斯问题，晋煤集团开始从地面和井下两个方面治理瓦斯，并针对我国许多地区实行单一煤层开采、井下和地面抽采煤层气的情况，晋煤集团成功地开发了"三区"（煤矿规划区、开拓准备区、生产区）联动煤层气开发模式，建立了立体抽采工艺与配套技术，称为"晋城模式"，并在国内推广应用，并取得了良好的效果[7-10]。

我国煤层气成藏地质条件与美国也有很大差别，具有成煤时间早、演化程度高和构造变动强烈等特点，使得煤层气开发地质条件更为复杂，煤储层大多表现为低压、低渗、欠饱和状况以及具有强烈的空间不均匀性特征。针对我国煤储层特征，经过不断的探索与实践，在钻井、压裂、排采和集输等关键环节探索出了一套成熟工艺技术。

针对煤储层力学强度低、应力敏感性强、在钻井过程中易产生钻井液滤失漏失量大、井壁围岩稳定性差等特点，形成了以空气钻井为核心的直井钻井技术、以高精度地质导向和充气欠平衡钻进为核心的多分支水平井、U 形井钻井技术、V 形井钻井技术以及以定向钻进为核心的丛式井钻井技术。在晋城矿区，通过清水欠平衡快速钻进技术，以清水代替泥浆作为钻井介质，采用低钻压、大钻进液循环排量钻进，获得更快的钻进速度，清水钻进技术既能达到快速钻进的目的，又能满足井身质量的要求，且清水钻进成本低，有效降低了钻井成本。针对我国低孔低渗煤储层特征，形成了以活性水、大排量、中砂比为核心的煤层气井水力压裂技术体系，发展了多种应用于煤层气井压裂改造的技术，如对煤层顶底板及夹层进行压裂改造的间接压裂技术、针对压裂裂缝堵塞形成的解堵性二次压裂技术和液氮压裂技术等。煤层气井排采作为煤层气产气的重要环节，是钻井、压裂效果成功的关键。针对煤层气井排采过程中煤储层渗透率动态变化规律，形成了以控压控粉为目标的智能化排采控制技术[42]。

煤与煤层气两种资源具有同源共生的特点，决定了煤炭开采与煤层气开发密切相关且相互影响。地面煤层气抽采能有效降低煤层气含量，有利于煤炭资源的安全开采和采掘活动的衔接；煤炭开采引起岩层移动，使邻近层的透气性显著提高，有利于煤层气资源的高效开发。但是，我国煤矿区煤层气开发地质研究相对薄弱；传统瓦斯抽采以井下钻孔抽采为主，主要在生产区进行，抽采效果差，抽采浓度低，抽采时间长，目前我国地面煤层气井普遍产量低、不稳定；煤与煤层气共采开发配套技术不完善，现有技术难以支撑产业快速发展，煤矿瓦斯抽采难度增大、利用率低，煤与煤层气产业发展不协调等一系列制约产业快速发展的问题亟待解决。

针对这些问题，在未来煤矿区煤层气勘探开发研究中，需要突破的技术瓶颈包括煤与煤层气开发地质条件评价与预测技术、松软低渗煤储层（构造煤）压裂改造技术、煤矿区立体抽采理论与技术以及煤层气井智能排采控制技术等方面，为我国煤矿区煤层气勘探开发提供理论和技术保障。

1.3　煤层气开发地质研究的内涵

煤层气主要是以吸附态赋存于煤储层孔隙-裂隙中的非常规天然气，且具有独特的成藏富集规律和控制条件。煤层气开发也不同于常规天然气，其是通过抽排煤层中的地下水，从而降低煤储层压力使煤层中吸附的甲烷气释放出来的过程。煤层气开发是通过特定的工程及其开发方式来改变煤层气赋存环境条件使煤储层条件发生变化的过程。煤层气开发地质条件是指与煤层气开发工程活动有关的地质条件，包括煤层气的成藏地质条件、赋存环境条件和工程力学条件等方面[1]。煤层气开发地质研究主要包括两方面的内容：第一，基于已有的工程开发基础为煤层气的开发项目提供系统的地质选区理论、长期产能规划依据；第二，基于煤与煤层气的赋存地质条件，为后期的煤与煤层气综合开发提供技术优选指导以及为先进技术的改进提供地质理论指导。

1.3.1　煤层气成藏地质条件

煤层气成藏地质条件包括生气条件、储层条件和保存条件，这些因素的相互耦合作用决定了煤层气在储层中的富集程度，并控制煤层气的开发效果。

1. 生气条件

一定厚度的煤层是煤层气形成的物质基础，它既提供气源，又提供储集空间。煤储层厚度越大，资源总量越多，相同条件下气井的单井日产气量和累积总产气量也越高，气井的衰减越晚，稳定生产周期越长，对煤层气开采越有利。

煤层气可以形成于有机质演化的各阶段，包括生物成因气和热成因气。煤岩的物质组成和有机质热演化程度是煤储层生气的物质基础[48-50]。煤岩、煤质差异主要通过其生气条件和吸附性能的不同影响煤层含气量；同样关系到煤储层条件和工程力学特性，不同成因类型煤岩中矿物组成及有机质含量存在差异。有机质丰度及其热演化程度越高，煤岩的生气量越大；并且有机质热演化程度影响到煤储层储气空间发育性质和煤的吸附/解吸特性，在很大程度上还会影响煤储层的渗透性和工程力学特征。

煤层气分布不受构造控制，没有（或无明显）圈闭界限，含气范围受煤层厚度分布面积和良好顶底板岩层控制，但煤层气富集成藏受构造控制，从构造位置上看，煤层气往往富集于构造低部位、凹陷或盆地中心，即所谓的向斜控气理论。我国与美国区域地质条件明显不同，美国是一个单一大陆的一部分；而我国则是由一些小型地台、中间地块和众多微地块及其间的褶皱带镶嵌起来的复合大陆。从古地温场和热史、生烃史的演化来看，美国的煤变质以深成变质作用为主，煤阶主要为中、低煤阶烟煤；而我国高煤阶煤除了印支期的深成变质作用，在燕山期普遍经历了异常高的古地热场演化，二次生气过程强烈，煤阶大幅度提高，达到了贫煤和无烟煤阶段。如我国无论是在华北、华南，还是在西北和东北地区，我国高煤阶煤的形成无一例外是在岩浆活动或地热异常等热事件作用下形成的，一般都经历了1～2次生气高峰，并且在异常高的古地温场下发生的二次生气作用生气量巨大，为煤层气的形成富集提供了强大的气源，而且岩浆的侵入还极大地改善了煤储层的渗透性，加上生烃史和构造史的良好配置，使我国高煤阶煤层的含气性普遍较好，含气饱和度普遍较高。

2. 储层条件

煤层作为自生自储的非常规储层，具有两方面的特性：一方面在储层压力作用下，煤层具有容纳气体的能力；另一方面煤层具有允许气体流动的能力。煤储层条件包括煤储层的厚度、孔渗性、含气性、吸附与解吸特性和扩散特性等，是煤层气开发地质研究的一个重要内容。

煤层气储层主要依赖于煤基质中有机质的吸附性，煤的吸附性高低主要取决于煤的物质组成、微观孔隙结构、化学结构、有机质演化程度、水分含量等内在因素。同时，吸附性受温度、压力等因素共同作用，从而综合控制煤储层的含气性。

煤层含气性是决定煤层气的产能及其开发潜力的重要参数。煤层含气性包括煤气含量及控制煤层含气量的储层压力和含气饱和度。煤储层压力和含气饱和度一方面控制煤层含气量分布；另一方面煤储层压力直接决定着煤层对甲烷等气体的吸附能力和解吸能力，是影响煤层气开发的重要参数。游离气含量也会随着压力的增加而增加，两者基本上呈线性关系。在气井排采时，煤储层压力越高，越容易降压排采，越有利于煤层气开发[51]。

孔隙特征是描述煤储层特性的一个重要方面。孔隙特征主要包括孔隙度、孔隙形态和空间分布特性。煤储层具有由孔隙-裂隙组成的双重孔隙结构，孔隙尺度分布范围比较广，中高煤阶以中小孔和微孔为主，低煤阶以大孔为主。煤孔隙率的大小与煤阶有关，变化在 2%～25%。褐煤的孔隙率高，在 12%～25%，而低中煤阶烟煤的孔隙率较低，在 2%～5%。在高煤阶烟煤以后，由于分子排列规则化，孔隙率又有所升高，在 5%～10%。孔隙的形态和空间分布特性间接决定了煤储层的储气能力和扩散特性。由于扩散特性决定了煤层气稳产后期的长期产气能力，所以扩散能力越强的煤体，气井的稳产期越长，衰减越慢。

渗透性用来衡量多孔介质允许流体通过能力，它是影响煤层气井产能的关键参数，又是煤层气中最难测定的一项参数。由于煤储层非均质性强，孔隙度和渗透率非常低，且影响因素十分复杂，渗透性主要受控于煤岩的物质组成、结构、地质构造、天然裂隙发育程度、埋深、地应力和有机质演化程度，其中，地应力的大小和应力状态对煤储层渗透性具有重要影响。国内外许多学者曾就地应力对煤储层渗透性的影响进行过实验测试和理论分析。煤储层的渗透率对地应力极为敏感，且渗透率随着地应力的变化而呈负指数函数规律变化[5-54]。

3. 保存条件

沉积岩性和构造对煤层气赋存产生影响。一方面地质构造表现在地壳的升降与剥蚀会改变地层温压条件，打破原有的动态平衡，特别是成煤后的主要构造运动对煤层气保存影响明显，构造抬升剥蚀形成的煤层上覆有效地层厚度可以维持地层压力及相态的平衡，并阻止地层水的垂向交替。煤层的埋藏历史受控于构造运动发展阶段，每一阶段构造运动的性质决定了该阶段煤层的埋藏特征，进而控制着煤层的生烃演化历程；另一方面断裂活动可使封盖层产生裂隙或使其断开形成气体运移通道，也可形成良好的侧向封堵而使煤层气得以保存，由此影响煤层气的保存和逸散特征。

在褶皱构造的背斜轴部，煤储层裂隙发育，煤储层渗透性相对较好；而在褶皱构造的向斜轴部，煤层埋藏深度相对较大，储层压力相对较高，煤层含气量相对较高，即所谓的向斜控气理论。高煤阶煤层气的赋存方式主要以吸附态气体为主，气体的富集受压力控制明显。地质构造中的向斜核部常形成地层水的向心流动机制并因此形成较高的水压头，地层压力越大，越有利于煤层气吸附和富集[1]。对于低煤阶煤层气而言，发育的孔隙结构使其具有储集游离气的客观条件，当地层受到构造抬升或剥蚀时，地层压力降低并使其平衡被打破，气体解吸后游离到储层的中孔或大孔中赋存，游离气的运聚和富集具有常规天然气特征。

良好的封盖层可以减少构造运动过程中煤层气的向外渗流运移和扩散散失，保持较高的地层压力，维持最大的吸附量，减弱地层水对煤层气造成的散失。我国晚古生代以来构造运动的多期叠加与改造，对煤层气聚集、逸散历史及可采性产生了深刻影响，导致煤层气成藏条件异常复杂。因此，对于我国构造复杂的煤盆地，在煤层气勘探过程中，应该在构造改造强烈的背景下，寻找构造活动相对较弱的区域进行煤层气勘探。

1.3.2　煤层气赋存环境条件

煤储层处在特定的环境条件(地应力、地温和地下水)之中，赋存环境因素是地球内能以不同形式在地壳上的表现，煤层气开发地质条件受控于地应力场、地下水压力场和地温场等多场耦合作用[21, 22]。煤层气主要以三种形式赋存在煤层中，即吸附在煤基质孔隙表面上的吸附状态、分布在煤的孔隙及裂隙内呈游离状态和溶解在煤层水中呈溶解状态。煤层气的赋存状态随不同煤化程度有较大差异，并随赋存环境条件而发生变化。高煤阶煤层气主要为吸附态；而低煤阶煤层气由于具备储层游离气的客观条件，其游离气占有一定的比例；煤中吸附气的存在，使煤层气明显区别于常规气和致密气；赋存环境条件如地应力场环境、地下水压力场环境和地温场环境的变化，使煤储层中吸附气和游离气产生转化。煤层气开发是通过特定的工程及其开发方式改变煤层气赋存环境条件，如地应力场环境、地下水压力场环境和地温场环境使储层条件发生变化的过程，从而使煤层中吸附的甲烷气解吸出来。因此正确分析煤储层赋存环境条件及多场耦合特性，对于煤层气有效开发具有重要意义。

1)地应力场

地应力是岩石成岩作用的主导因素之一，也是油气运移的主要动力之一，影响煤储层渗透性及压裂裂缝的形态和扩展方向。在地应力的作用下，煤储层渗透率按负指数函数关系急剧下降，裂缝逐渐趋于闭合，这可解释随储层压力下降，相应的有效应力增加，使产量快速递减的原因；另外，从试井渗透率统计分析中还可以发现，在地应力的作用下，裂缝趋于闭合，这就是煤储层取心观测裂缝发育，而产能不理想的原因。因此，现今地应力的增大对低渗透煤层气储层的渗透率有较大的影响。随着现今地应力的增大或有效应力的增大，渗流空间减少，渗透率下降。在煤层气开发过程中，煤储层应力和压力发生动态变化，随着储层压力下降，有效压力增加，煤层气储层渗透率下降。对生产过程中地应力和储层压力变化过程的研究，将有助于煤层气的合理开采，减少煤储层伤害，提高最终采收率。

2)地下水压力场

地下水压力场控制着煤层气的保存和运移，是影响煤层气富集和后期生产的重要地质因素。对煤层气富集规律的控制，可概括为2种作用：一是煤层气随地下水运移逸散作用，致使煤层气散失；二是水力封闭控气作用，则有利于煤层气保存。在地下水活动比较强烈的地区，地下水的交替比较频繁，在这一过程中，水的交替作用将煤中的甲烷带走，导致煤层气含量降低；相反，在地下水活动比较弱的地区，煤层含气量一般都比较大。相对页岩气，煤层气受水文地质条件影响更明显，对于高煤阶煤储层来说，高水矿化度的地区一般为水力封闭或水力封堵的地区，是煤层气形成的极为有利因素；相反，我国西北、东北低煤阶区中生物成因气占有一定比例，低矿化度地层水有利于甲烷菌的生存，使得次生生物气得到有效补充，因此，低矿化度的地区则更有利于低煤阶煤层气的形成富集。地下水压力场对煤层气开采，尤其是煤层气开采产生重要影响。排水降压是目前煤层气井生产的唯一措施，排水降压的效果直接控制着煤层气井产能的大小。因此，煤储层的水文地质条件成为控制煤层气井产能的重要因素。

3）地温场

地温场是有机质热演化成烃作用的关键，有机质热演化过程是由温度、压力和有效受热时间控制的化学动力学过程，地温场控制煤层气赋存状态，地温变化导致煤层气吸附-解吸作用的转化。煤储层温度是影响煤层气形成富集条件的敏感因素，直接影响到煤层气的吸附能力和解吸能力。从储集角度分析，温度增高，则煤的吸附能力降低，煤的储集能力降低；而从开发角度来说，温度越高，煤中甲烷的解吸能力和扩散能力越强，越有利于提高煤层气的产出效率。因此，研究煤层气赋存的地温场条件对于揭示煤层气赋存状态及气体产出规律具有理论和实际意义。

1.3.3 煤储层工程力学条件

煤储层属于低孔低渗非常规储层，由于煤储层的渗透率都很低，仅靠井眼圆柱侧面作为排气面是远远不够的，所以必须采取人工强化增产措施。利用以钻井水力压裂为关键技术的一整套工艺过程对煤储层进行改造，是当今世界开发煤层气所用的主要技术。煤储层压裂时，煤储层物理力学性质、原岩应力、节理裂隙分布以及施工参数等因素共同决定压裂裂缝的形态、方位、高度和宽度及其压裂效果，这些也就是煤储层工程力学条件研究的主要内容。

岩体中的天然应力为三向不等压的空间应力场，三个主应力的大小和方向随空间与时间变化。岩性、构造和地形等方面影响使得地应力的分布极其复杂，但是，根据三个主应力的大小和空间关系，可以确定出岩体天然应力状态类型。安德森（Anderson）1951 年从最简单的情况出发，分析了形成断层的三种不同的应力机制，为煤储层水力压裂裂缝扩展和压裂效果分析奠定了理论基础。

煤层是自然界中由植物遗体转变而成的成层可燃沉积矿产，由有机质和混入的矿物质所组成。煤层在含煤岩系中常常赋存于一定的层位，与其他共生的岩石类型构成特定的沉积序列，其力学性质相对于其他岩类要低。一方面，煤的力学强度低，特别是抗拉强度低，使得煤岩容易开裂；另一方面，泊松比高，使得地层水平应力增大导致地层难以开裂，因此煤岩破裂的难易程度需视具体情况才能得出结论。煤岩的低弹性模量和高泊松比将导致裂缝长度减小、宽度增大。在煤层中形成水力裂缝的宽度与弹性模量成反比。由于宽度增加，在相同的施工排量下，裂缝长度增加将受到限制，因此，煤层气井压裂施工排量远远高于常规砂岩气井，常达到 $8m^3/min$ 以上。

由上面的分析可以看出，煤层气的基本成因与常规天然气没有实质性差别，在一定埋藏深度范围内，煤层气都发生过解吸-扩散-运移，并普遍存在"垂向分带"现象，有机质演化程度越高、解吸带深度越小，风化带越深、解吸带深度越大，解吸带内煤层气富集在一定程度上服从于常规天然气的构造控气规律[55]；原生带内煤层气富集却可能更多地受控于煤储层的吸附特性。在煤层气生产中的产气机理包括解吸、扩散和非达西渗流过程。目前煤层气开采主要是通过抽排煤层中的地下水，从而降低煤储层压力，使煤层中吸附的甲烷气解吸释放出来[2]。煤层气开发地质条件与其他天然气藏诸多方面具有共性，佪也存在一定的差异性。煤层气与其他天然气藏开发条件对比如表 1-1 所示。

表 1-1　煤层气与其他天然气藏开发条件对比

主要参数		常规砂岩气	致密砂岩气	页岩气	煤层气
生气条件	有机质来源	他生(富有机质页岩、煤系地层等)	他生(富有机质页岩、煤系地层等)	自生(富有机质页岩:TOC>2.0%),分散有机质	自生(煤层),集中有机质
	有机质类型	Ⅰ型、Ⅱ型、Ⅲ型	Ⅰ型、Ⅱ型、Ⅲ型	Ⅰ型、Ⅱ型、Ⅲ型	Ⅲ型
	有机质成熟度	达到生气阶段	达到生气阶段	达到生气阶段	中、高煤阶
储层条件	储层岩性	砂岩、碳酸盐岩等	砂岩、碳酸盐岩等	页岩/泥岩	煤层
	物质组成	矿物质	矿物质	矿物质+有机质	有机质
	孔隙结构	单孔隙结构或双重孔隙结构	单孔隙结构或双重孔隙结构	双重孔隙结构	双重孔隙结构
	孔隙大小	大小不等	中、小孔	纳米级孔隙	小孔和微孔
	孔隙度/%	较高,一般>10,且变化较大	<10	<10	除低煤阶外,一般小于5%
	渗透率/$10^{-3}\mu m^2$	较高,一般>0.1,且变化较大	<0.1	<0.001n	<1.0
	气体赋存方式	游离	游离	吸附+游离	主要吸附(中、高煤阶)
	储层压力	一般正常至略低于正常压力	多为高异常地层压力	异常高压或异常低压	低于正常压力
保存条件		构造、岩性或地层	构造、岩性或地层	岩性、构造、水动力条件	岩性、构造、水动力条件
盖层条件		存在盖层	存在盖层	存在或无盖层	存在或无盖层
运移条件		存在运移	存在运移	无运移	无运移
圈闭条件		存在圈闭	存在圈闭	无明显圈闭	无明显圈闭
储层工程力学条件	岩石力学性质	强度高、弹性模量高、泊松比小	强度高、弹性模量高、泊松比小	强度较低、弹性模量较低、泊松比较高	强度低、弹性模量低、泊松比高
	应力敏感性	弱	强	强	极强
开发特点	开采范围	圈闭内	圈闭内	大面积连片开采	大面积连片开采
	产能	自然产能高,产量高	自然产能低,产量较高	自然产能低,产量低	无自然产能,产量低
	压裂改造	低渗透储层才需压裂	需压裂	需压裂	需压裂
	渗流特点	达西渗流为主	非达西渗流为主	非达西渗流为主,一般不产水或产水很少	非达西渗流为主,产水

1.4　本书研究的内容

　　煤层气开发地质学是研究煤层气开发工程活动与煤层气赋存地质条件之间相互作用和相互影响的一门学科;也就是研究与煤层气开发工程活动有关的地质条件即开发地质条件及其评价、预测和有效开发的科学。煤层既是生气层,又是储集层,其储集和产出机理就比常规天然气储层复杂得多。常规天然气有生、储、盖、运、圈、保基本成藏地质条件;而煤层气作为赋存于煤层中的一种自生自储式非常规天然气,其富集成藏主要取决于"生、储、保"基本地质条件是否存在、质量好坏以及相互之间的配合关系。煤层气开发地质条件不仅取决于煤层气成藏地质条件,还取决于煤层气赋存环境条件和工程力学条件,它们在煤层气开发过程中缺一不可,且相互联系。

本书针对我国煤矿区煤层气开发的特点，从煤层气形成的地质条件分析入手，开展煤储层条件及其受控机制、煤储层工程力学条件、煤层气开发工程与关键技术和煤矿采空区煤层气资源评价及其抽采技术等方面的研究，主要内容如下。

1）煤储层条件及其受控机制

煤储层的含气性和渗透性是煤储层研究的基本内容。煤岩煤质、煤变质作用和沉积、构造演化以及煤层气赋存的环境条件又对煤储层产生直接影响，这些因素相互耦合从而决定了煤层气在储层中的富集程度，直接影响煤层气开发效果。因此，从煤层气形成的地质条件分析入手，系统开展煤储层条件包括煤的吸附-扩散性能、煤储层含气性及其受控机制、煤储层孔渗性及其控制机理等方面的研究，揭示煤层气在地下的储集机理以及各种地质因素对煤层气赋存的控制作用，才能掌握煤层气资源的分布规律，从而指导煤层气高效开发。

2）煤储层工程力学条件

煤储层属于低孔低渗非常规储层，利用以钻井水力压裂为关键技术的一整套工艺过程对煤储层进行改造，是当今世界开发煤层气所采用的主要技术。煤储层压裂时，煤储层岩石物理力学性质、原岩应力大小、方向、状态以及煤储层压力等因素共同控制着水力压裂裂缝扩展的形态、方位、高度、宽度与压裂效果，因此开展煤储层岩石物理力学性质和原岩应力研究，分析煤储层中不同原始应力状态与裂缝形成和扩展的关系及其影响因素，揭示煤岩变形力学特征和原岩应力与煤储层压力分布规律，建立煤储层压裂效果评价方法，可以为煤层气开发工程设计和压裂改造提供理论依据。

3）煤层气开发工程与关键技术

煤层气开发是通过特定的工程及其开发方式来改变煤层气赋存环境条件使煤储层条件发生变化的过程。以钻井水力压裂和排水降压为关键技术的一整套工艺技术是当今煤层气开发所用的主要技术。从煤层气开发工程分析入手，系统开展煤层气开发工程及井网优化方法、煤储层工程力学条件及水力压裂效果评价、煤层气井排水降压规律及其排采强度确定方法、煤层气井排采中煤储层渗透率动态规律及产能评价等研究，揭示煤层气开发过程中煤储层应力、压力及其渗透性动态变化规律，建立煤层气井开发的井网优化技术、压裂和排采控制技术，为煤层气高效开发提供可靠的保障。

4）煤矿采空区煤层气资源评价及其抽采技术

煤炭开采采空区岩体孔隙-裂隙为煤层气赋存提供了储存空间和渗流通道，煤矿采空区煤层气资源丰富，已成为煤矿区煤层气开发的重要资源之一。由于煤矿采空区煤层气资源状况不清，抽采技术不完善，影响抽采效果。从煤炭开采围岩应力-应变和破坏规律分析入手，揭示煤矿采空区煤层气赋存地质特征，掌握煤矿采空区煤层气资源构成，计算煤矿采空区游离气和吸附气资源量，建立煤矿采空区煤层气资源评价模型和方法。在此基础上，分析煤矿采空区煤层气抽采条件，建立适应煤矿采空区特点的钻（完）井成套工艺及技术，达到煤矿采空区煤层气资源高效抽采的目的。

参 考 文 献

[1] 孟召平，刘翠丽，纪懿明. 煤层气/页岩气开发地质条件及其对比分析[J]. 煤炭学报，2013，38(5)：728-736.

[2]　孟召平, 田永东, 李国富. 煤层气开发地质学理论与方法[M]. 北京: 科学出版社, 2010.

[3]　张卫东, 王瑞和. 煤层气开发概论 [M]. 北京: 石油工业出版社, 2013.

[4]　贺天才, 王保玉, 田永东. 晋城矿区煤与煤层气共采研究进展及急需研究的基本问题[J]. 煤炭学报, 2014, 39 (9): 1779-1785.

[5]　秦勇. 中国煤层气地质研究进展与述评[J]. 高校地质学报, 2003, 9 (3): 339-358.

[6]　傅雪海, 秦勇, 韦重韬. 煤层气地质学[M]. 徐州: 中国矿业大学出版社, 2007.

[7]　袁亮, 薛俊华, 张农, 等. 煤层气抽采和煤与瓦斯共采关键技术现状与展望[J]. 煤炭科学技术, 2013, 41 (9): 6-11, 17.

[8]　李国富, 李波, 焦海滨, 等. 晋城矿区煤层气三区联动立体抽采模式[J]. 中国煤层气, 2014, 11 (1): 3-7.

[9]　武华太. 煤矿区瓦斯三区联动立体抽采技术的研究和实践[J]. 煤炭学报, 2011, 36 (8): 1312-1316.

[10]　雷毅, 申宝宏, 刘见中. 煤矿区煤层气与煤炭协调开发模式初探[J]. 煤矿开采, 2012, 17 (3): 1-4.

[11]　袁亮. 复杂地质条件矿区瓦斯综合治理技术体系研究[J]. 煤炭科学技术, 2006, 34 (1): 1-3.

[12]　程远平, 俞启香. 中国煤矿区域性瓦斯治理技术的发展[J]. 采矿与安全工程学报, 2007, 24 (4): 383-390.

[13]　袁亮. 卸压开采抽采瓦斯理论及煤与瓦斯共采技术体系[J]. 煤炭学报, 2009, 34 (1): 1-8.

[14]　MASTALERZ M. Coalbed methane: reserves, production and future outlook//LETCHER T M. Future energy[M]. 2nd ed. New York: Elsevier, 2014: 145-158.

[15]　EIA (2001), Coalbed Methane Production. https://www.eia.gov/dnav/ng/ng_enr_coalbed_a_EPG0_R51_Bcf_a.htm[2017-08-08].

[16]　EIA (2017). https://www.eia.gov/dnav/ng/hist/rngr52nus_1a.htm[2017-08-08].

[17]　EPA. Evaluation of impacts to underground sources of drinking water by hydraulic fracturing of coalbed methane reservoirs. Contract No. EPA-861-R-04 (2004). Washington: United States Environmental Protection Agency Officer of Water.

[18]　HOLDITCH S A, ELY J W, CARTER R H, et al. Coal Seam Stimulation Manual. Contract No. 5087-214-1469, Chicago: Gas Research Institute, 1990.

[19]　SPAFFORD S. Recent production from laterals in coal seams: SPE ATW on Coalbed Methane. Durango, Colorado. March 27-29. 2007.

[20]　PALMER I D, LAMBERT S W, SPITLER J L. Coalbed Methane Well Completions and Stimulations . paper AAPG Volume SG 38, AAPG, Tulsa, Oklahoma.

[21]　PALMER I. Coalbed methane completions: a world view[J]. International journal of coal geology, 2010, 82 (3): 184-195.

[22]　PALMER I, KHODAVERDIAN M, MCLENNAN J, et al. Completions and stimulations for coalbed methane wells. Society of Petroleum Engineers at Procs. Intl. Mtg. on Petr. Eng. Beijing, China. SPE 30012. Nov 14-17. 1995.

[23]　PALMER I, KHODAVERDIAN M, VAZIRI H, WANG X. Mechanics of openhole cavity completions in coalbed methane wells: American Rock Mechanics Association on 2nd North American Rock Mechanics Symposium, Montreal, Canada. ARMA – 96-1089. June 19-21, 1996. Montreal, Canada. Procs. 96 2 1089. 1996.

[24]　PALMER I, VAZIRI H. Modeling of openhole cavity completions in coalbed methane wells. Society of Petroleum Engineers at SPE Annual Technical Conferences and Exhibitions, New Orleans, LA. Sept. 1994: 25-28. SPE 28580.

[25] FIELD T. Surface to in-seam drilling — the Australian experience. Int. Coalbed Methane Symposium. Tuscaloosa, Alabama. Paper 0408. 2004.

[26] AYERS W B. Coalbed gas midyear report. AAPG/EMD, 22 November, 2002.

[27] Gas Research Institute. North America Coalbed Methane Resource Map, Chicago, Illinois, 1999.

[28] RIGHTMIRE C T, EDDY G E. In Coalbed Methane Resources of the United States, Kirr, James ed., AAPG Studies in Geology Series 17. Published by The American Association of Petroleum Geologists, Tulsa, Oklahoma.

[29] ADAMS M A, et al. Coalbed Methane Potential of the Appalachian basins. Paper SPE/DOE 10802 presented at the SPE/DOE Symposium of Unconventional Gas Recovery, Pittsburgh, Pennsylvania, 16-18 May. 1982.

[30] ZHANG R, LIU S, BAHADUR J, et al. Changes in pore structure of coal caused by coal-to-gas bioconversion, Scientific Reports, Volume 7, Article 3840. 2017.

[31] LITYNSKI J, VIKARA D, TENNYSON M, WEBSTER M. Using CO_2 for enhanced coalbed methane recovery and storage, CBM Review – Covering the global methane, coal gasification and coal to X industries, June, 2014, DOE NETL generic publication. 2014.

[32] NETL. Central Appalachian Basin Unconventional (Coal/Organic Shale) Reservoir Small Scale CO_2 Injection Test, Award-FE0006827, 2017.

[33] SNYDER . North American Coalbed Methane Development Moves Forward, World Oil Magazine, Robert E Snyder, Executive Engineering Editor, July 2005. 2005.

[34] INTERNATIONAL. Coalbed methane development in Canada- challenges and opportunities, presented at the International Geological Congress – Oslo 2008, \ August 2008. http: //www. cprm. gov. br/33IGC/1324175. html[2017-08-17].

[35] EMBER. Information on Coalbed Methane and CBM Drilling, Ember Resources, not dated. http: //emberresources. ca/coalbed-methane/cbm-background/.

[36] NAEWG . North American Natural Gas Vision Report 2005, North American Energy Working Group Experts Group on Natural Gas Trade and Interconnections, January 2005. http://www. wilsoncenter.org/sites/default/ files/nothamericangasvision.pdf[2017-8-16].

[37] EPA. Coal Mine Methane Country Profiles, Chapter 6 – Canada, 48-60. U.S. Environmental Protection Agency Coalbed Methane Outreach Program in support of the Global Methane Initiative. 2015.

[38] Alberta Energy Regulator (AER). Alberta's Energy Reserves 2014 and Supply/Demand Outlook 2015-2024: Alberta Energy Regulator, ST 98-2015, p. 5-35. 2015.

[39] DAWSON M. Coalbed Methane: Understanding Key Reservoir Properties and Their Influence on Producibility, Alberta Government Coalbed Methane Lecture. 2013.

[40] IEA. Australia: Energy Policies of IEA Countries, International Energy Agency, Paris, France, 2012.

[41] AIMR. Coal Seam Gas Fact Sheet, Australia's Identified Mineral Resources 2012, Australian Atlas of Mineral Resources, Mines and Processing Centers. 2014.

[42] 张遂安, 袁玉, 孟凡圆. 我国煤层气开发技术进展 [J]. 煤炭科学技术, 2016, 44 (5): 1-5.

[43] 孟召平, 田永东, 李国富. 沁水盆地南部地应力场特征及其研究意义[J]. 煤炭学报, 2010, 35 (6): 975-981.

[44] 秦勇, 袁亮, 胡千庭, 等. 我国煤层气勘探与开发技术现状及发展方向[J]. 煤炭科学技术, 2012, 39 (10): 1-6.

[45] 接铭训, 葛晓丹, 彭朝阳, 等. 中国煤层气勘探开发工程技术进展与发展方向[J]. 天然气工业, 2011, 31(12): 63-65.

[46] 王历强. 低渗透变形介质油藏流入动态关系及应用研究[D]. 成都: 成都理工大学, 2007.

[47] 李相臣, 康毅力, 罗平亚. 煤层气储层变形机理及对渗流能力的影响研究[J]. 中国矿业, 2009, 18(3): 99-102.

[48] SCOTT A R, KAISER W R, AYERS W B. Thermogenic and secondary biogenic gases San Juan Basin, Colorado and New Mexico-Implications for coalbed gas producibility [J]. AAPG bulletin, 1994, 78 (8): 1186-1209.

[49] SONG Y, LIU S B, ZHANG Q, et al. Coalbed methane genesis occurrence and accumulation in China [J]. Petroleum science, 2012, 9(3): 269-280.

[50] 琚宜文, 李清光, 颜志丰, 等. 煤层气成因类型及其地球化学研究进展[J]. 煤炭学报, 2014, 39(5): 807-815.

[51] MENG Z P, YAN J W, LI G Q . Controls on Gas Content and Carbon Isotopic Abundance of Methane in Qinnan-East Coal Bed Methane Block, Qinshui Basin, China. Energy & Fuels, 2017, 31, 1502-1511.

[52] ENEVER J R E, HENNING A. The relationship between permeability and effective stress for Australian coal and its implications with respect to coalbed methane exploration and reservoir modeling[C]. Proceedings of the 1997 International Coalbed Methane Symposium, 1997, Tuscaloosa, Alabama.

[53] MCKEE C R, BUMB A C, KOENIG A. Stress dependent permeability and porosity of coal[J]. Rocky mountain association of geologist, 1998, 3(1): 143-153.

[54] MENG Z P, ZHANG J C, WANG R . In-situ stress, pore pressure, and stress-dependent permeability in the Southern Qinshui Basin. International Journal of Rock Mechanics & Mining Sciences 48 (2011), 122-131.

[55] 秦勇, 张德民, 傅雪海, 等. 沁水盆地中-南部现代构造应力场与煤储层物性关系之探讨[J]. 地质论评, 1999, 45(6): 576-583.

第2章 煤层气形成的地质条件

2.1 概　　述

　　煤是一种固态的可燃有机岩。凡是由动植物残骸等有机质形成的岩石都称作有机岩,将可燃烧的有机岩称作可燃有机岩。人类对煤的使用由来已久,文明古国古希腊、古罗马、中国都是认识和利用煤较早的国家。早期,人们用煤作为工艺品、装饰品和书写工具,后又将其用于医药、取暖、冶炼、焙烧建筑材料及日常生活燃料等方面。发生在18世纪末期的工业革命,使得煤炭的需求量剧增,并由此促进了人们对煤的深入研究。早期关于煤的研究主要以煤的形成和演化为主要内容。从成煤方式看,不同学者曾提出原地成煤(autochthonous coal)说和异地成煤(allochthonous coal)说两种观点。后经实践证明,两种堆积方式都存在,但以原地成煤为主;此外,还存在第三种堆积方式——微异地成煤(hypautochthonous coal)。许多学者对煤的成因与物质组成进行研究,发现了烟煤中大孢子的存在,证明煤是植物遗体形成的。由植物死亡、堆积一直到转变为煤经过了一系列的演变过程,在这个转变过程中所经受的各种作用总称为成煤作用。成煤作用大致可分为两个阶段[1-3]:腐泥化阶段或泥炭化阶段和煤化作用阶段。在成煤作用的第二阶段中,起主导作用的是使煤在温度、压力条件下进一步转化的物理化学作用,即煤的成岩作用和变质作用。泥炭转变为年青褐煤所经受的作用,称作成岩作用,从年青褐煤再转变为老褐煤、烟煤、无烟煤所经受的作用,称为变质作用。20世纪30年代随着工业的发展、科学的进步,煤炭的需求量急剧增加,促进了煤田地质学的研究,有关煤岩学、含煤地层、聚煤盆地与聚煤环境、煤变质作用、煤中稀有分散元素以及煤的利用等方面的研究成果不断问世,极大地丰富了煤地质学的研究内容。煤层气是在煤化过程中所形成的,主要以吸附状态赋存于煤层之中的一种自生自储式非常规天然气,煤地质条件是煤层气开发地质研究的基础,因此,本章从成煤植物及其演化分析入手,系统介绍煤的物质组成、成煤作用、煤的变质类型及变质程度,为煤矿区煤层气开发奠定基础和条件。

2.2　成煤植物及其演化

　　成煤的原始物质主要是植物,这种煤的植物成因观点虽然早在18世纪初已有人提出,但直到19世纪30年代由于显微镜技术的广泛应用才得到公认。

　　植物分为低等植物和高等植物。低等植物主要是由单细胞或多细胞构成的丝状和叶片状植物体,最大的特点是没有根、茎、叶等器官的分化,构造比较简单,多数生活在水中,如菌类和藻类;高等植物的最大特点是有根、茎、叶等器官的分化,如苔藓植物、蕨类植物、裸子植物、被子植物等。除苔藓植物外,其他植物常能形成高大的乔木,具有粗壮的茎和根。

　　植物及其演化是成煤作用的物质基础。煤及其煤系地层中的有机质来源于高等陆生植物，湖相泥岩和油页岩等油源岩中的分散有机质主要由低等菌藻类和某些水生高等植物所形成[4]。

　　由低等植物形成的煤称为腐泥煤。由高等植物形成的煤成为腐植煤，因其含有大量的腐植酸而得名。在自然界，腐植煤占绝大多数，目前开采的也主要是腐植煤。

　　在距今约 4 亿年的志留纪末-泥盆纪初，植物界登陆，开展了高等植物演化及工业性煤层聚集的地质进展，几乎在植物界的每一重大演化或繁盛阶段，均有大规模聚煤作用发生(图 2-1)。

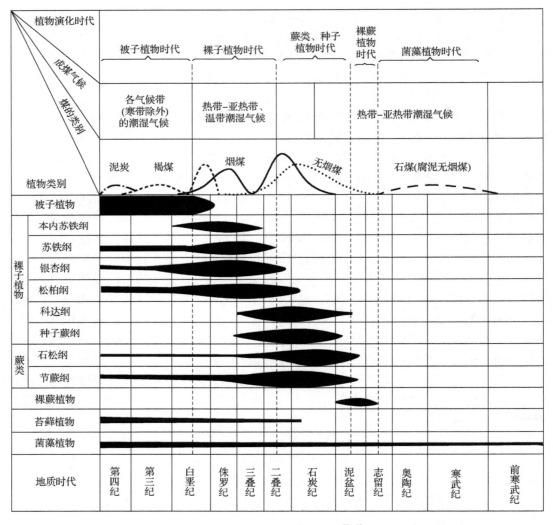

图 2-1　成煤植物演化示意图[2, 3]

　　在漫长的地质历史中，植物逐步由低级向高级发展演化，具有明显的阶段性，由老到新分为 5 个阶段：菌藻植物时代，裸蕨植物时代，蕨类、种子植物时代，裸子植物时代，被子植物时代[2, 6]，这 5 个阶段与煤的形成、聚积有直接关系。

（1）从元古代到早泥盆世以前，是菌藻植物时代，以藻类等低等生物遗体为原始质料形成的古老的煤在我国俗称"石煤"，一般属于高灰分的腐泥煤类，见于从上元古代到下古生代各纪的地层中，在我国南方分布很广，尤以寒武纪的石煤最为重要。

（2）志留纪末期最早、中泥盆世的植物以裸蕨为主，形成目前所知的世界上最古老的陆生植物群，因此这一时期可称为裸蕨植物时代。裸蕨的出现说明植物界经过漫长的发展从水域扩大到陆地，这是植物发展史上，也是聚煤历史上的重大事件。裸蕨植物的组织器官还是很原始的。它们一般高不到 1m，没有真正的叶和根，只有地下茎上生长着假根。白裸蕨形成的煤始于早泥盆世，例如，德国莱茵区早泥盆世板岩中所夹的镜煤条带即由裸蕨的枝桠形成。我国泥盆纪由裸蕨形成的煤层见于云南禄劝、广东台山和秦岭西段等地。

（3）从晚泥盆世开始，经过石炭纪到晚二叠世早期，以孢子植物蕨类和裸子植物的种子蕨类为主，植物界发生了重大变化，在植物的演化史上可称作蕨类和裸子时代。这一时期像石松植物中的鳞木、封印木，节蕨植物中的芦木、种子蕨类和苛达树等达到全盛时期。这一时期在温暖潮湿的气候条件下，许多树木十分高大，如鳞木、封印木等高可达 30 余米，它们是当时大面积发育的森林沼泽中的主要植物群，为煤的形成和聚积提供了丰富的物质基础。石炭-二叠纪是全世界范围内最重要的聚煤时期，为第一大聚煤时期。在我国这一时期形成了分布广泛的聚煤盆地和含煤地层，特别是我国华北和华南地区，含煤地层分别广泛、煤层厚度大、稳定，煤质较好，为我国重要的煤炭开发基地。

（4）晚二叠世晚期至中生代，由于海西运动和印支运动的影响，陆地面积大增，地形分化，气候条件亦发生相应的变化，干旱气候带的扩大使石炭纪、二叠纪的植物群开始衰退，随着植物界的演化，适应能力更强的苏铁纲、银杏纲特别是松柏纲的植物繁盛，是植物演化又一个重要时代，进入了裸子植物最为繁盛的时代。这一时期的植物为中生代的聚煤作用提供了丰富的成煤物质基础。这是地质历史上又一个重要聚煤期，侏罗纪和早白垩世是地史上第二个重要的聚煤时期。在我国，侏罗纪是最重要的聚煤时期，特别是我国西部地区，侏罗系煤炭储量占我国煤炭总储量的 60%左右。

（5）从早白垩世以后至古近纪、新近纪，植物进入高级发展的重要阶段，被子植物迅速替代了裸子植物群，进入被子植物时代，这个时期构造活动更加强烈，气候分段也更加明显，称为实际第三个重要聚煤时期。

2.3　煤的物质组成

2.3.1　煤的岩石学组成

对于煤的岩石学组成，可从宏观和显微予以描述。煤的岩石学组成，一方面影响煤储层储气空间发育性质；另一方面与煤的吸附/解吸性密切相关，此外很大程度上还会影响煤储层的渗透性和工程力学特征[7]。

1. 宏观煤岩组成

煤是一种有机岩类，包括三种成因类型：一是主要来源于高等植物的腐植煤；二是主要由低等生物形成的腐泥煤；三是介于前两者之间的腐植腐泥煤。自然界中以腐植煤为主，也是煤层气赋集的主要煤储层类型。因此，下面以腐植煤为例阐述煤储层的宏观煤岩组成，包括宏观煤岩成分和宏观煤岩类型[1, 4]。

宏观煤岩成分是用肉眼可以区分的煤的基本组成单位，宏观煤岩组成是根据肉眼所观察的煤的光泽、颜色、硬度、脆度、断口、形态等特征区分的煤岩成分及其组合类型。根据国际煤岩学委员会(International Committee for Coal and Organic Petrology，ICCP)定义，煤岩类型(成分)包括镜煤、丝炭、亮煤和暗煤，镜煤和丝炭是简单的煤岩成分，暗煤和亮煤是复杂的煤岩成分，其特征如表2-1所示。

表2-1　宏观煤岩成分及其特征

宏观煤岩成分	特征				
	物理性质	成分、结构	分布特征	孔隙-裂隙特征	成因
镜煤	颜色深黑、光泽强、贝壳状断口	质地纯净，结构均一，简单宏观煤岩成分	凸透镜状或条带状，条带厚几毫米至1~2cm，有时呈线理状	内生裂隙发育，镜煤性脆，易碎成棱角状小块	由植物的木质纤维组织经凝胶化作用转变而成
丝炭	外观像木炭，颜色灰黑，具有明显的纤维状结构和丝绢光泽	简单宏观煤岩成分。丝炭的胞腔有时被矿物质充填，称为矿化丝炭，矿化丝炭坚硬致密，比重较大	扁平透镜体沿煤层层理面分布，厚度多在1~2mm至几毫米，不连续薄层；个别丝炭层厚度可达几十厘米以上	丝炭疏松多孔，性脆易碎，能染指。丝炭的孔隙度大，吸氧性强，丝炭多的煤层易发生自燃	丝炭是植物的木质纤维组织在缺水的多氧环境中缓慢氧化或由于森林火灾所形成的
亮煤	光泽仅次于镜煤，一般呈黑色，较脆易碎，断面比较平坦，比重较小	亮煤的均一程度不如镜煤，表面隐约可见微细层理。亮煤是最常见的宏观煤岩成分，组成比较复杂	常呈较厚的分层，有时组成整个煤层	亮煤有时也有内生裂隙，但不如镜煤发育	在覆水的还原条件下，由植物的木质纤维组织经凝胶化作用，并掺入一些由水或风带来的其他组分和矿物质杂质转变而成
暗煤	光泽暗淡，一般呈灰黑色，致密坚硬，比重大	暗煤是常见的宏观煤岩成分，组成比较复杂。含惰性组或矿物质多的暗煤，煤质较差；富含壳质组的暗煤，则煤质较好，且比重往往较小	常呈厚、薄不等的分层，也可组成整个煤层	韧性大，不易破碎，断面比较粗糙，一般内生裂隙不发育	在活水有氧的条件下，富集了壳质组、惰性组或掺进较多的矿物质转变而成

各种宏观煤岩成分的组合有一定的规律性，造成煤层中有光亮的分层，也有暗淡的分层。这些分层厚度一般为十几厘米至几十厘米，在横向上比较稳定。根据煤中光亮成分(即镜煤和亮煤在分层中的含量)和宏观煤岩成分的组合及其反映出来的平均光泽强度，可划分为四种宏观煤岩类型，即：光亮型煤、半亮型煤、半暗型煤和暗淡型煤。各类型的特征如表2-2所示。

表2-2　烟煤的宏观煤岩类型及其特征

宏观煤岩类型	平均光泽强度	光亮成分含量[4]/%	主要煤岩成分	结构、构造特征
光亮型煤	光泽很强	≥75	镜煤、亮煤	成分比较均一，常呈均一状或不明显的线理状结构。内生裂隙发育，脆度较大，容易破碎
半亮型煤	光泽强度比光亮型煤稍弱	50~75	镜煤和亮煤为主，含有暗煤和丝炭	由于各种宏观煤岩成分交替出现，常呈条带状结构。具有棱角状或阶梯状断口
半暗型煤	光泽比较暗淡	25~50	镜煤和亮煤含量较少，而暗煤和丝炭含量较多	常具有条带状、线理状或透镜状结构。半暗型煤的硬度、韧性和比重都较大，半暗型煤的质量多数较差

续表

宏观煤岩类型	平均光泽强度	光亮成分含量[4]/%	主要煤岩成分	结构、构造特征
暗淡型煤	光泽暗淡	<25	镜煤和亮煤含量很少,以暗煤为主,有时含较多的丝炭	不显层理,块状构造,呈线理状或透镜状结构,致密坚硬,韧性大,比重大。暗淡型煤的质量多数很差,但含壳质组多的暗淡型煤的质量较好,比重小

实际工作中,多是基于宏观煤岩类型来观测描述煤储层的宏观特性,描述内容包括结构与构造、煤岩分层(条带)垂向组合与顺层延展情况、颜色(包括粉色或条痕色)与光泽、断口与裂隙、矿物结核与包裹体、夹矸等。根据观测描述成果,编制煤层煤岩柱状图。

值得指出的是,对于褐煤的宏观煤岩类型划分,按褐煤的煤化程度由低到高,可将褐煤细分为三个阶段:软褐煤(或土状褐煤)、暗褐煤和亮褐煤。亮褐煤在宏观特征上接近于烟煤,四种宏观煤岩成分清楚可见,故其煤岩类型可用硬煤的方法来划分。但软褐煤和暗褐煤的宏观特征与硬煤大不相同,它们无光泽,不能划分出四种宏观煤岩成分,其宏观煤岩类型不同于烟煤和无烟煤。

国际煤岩学委员会于 1984 年提出软褐煤煤岩类型分类系统。该分类系统根据组成成分分出 4 种煤岩类型组,即碎屑煤、木质煤、丝质煤和富矿物煤。

2. 显微煤岩组成

显微煤岩组成包括有机显微组分和无机显微组分——矿物质。在光学显微镜下能够识别的煤的基本有机成分,称为有机显微组分,是由植物残体转变而来的显微组分。无机显微组分为显微镜下观察到的煤中矿物质。运用光学显微镜研究煤是最常用的方法:一种是把煤磨成薄片在透射光下进行研究,主要鉴定标志是显微组分的颜色(透光色)、形态、结构等,在低中煤阶的煤中显微组分有红、黄、棕、黑等各种颜色,易于区别,但到了中高煤阶显微组分逐渐变得不透明,不便于研究,所以煤薄片的研究受到一定的限制;另一种是把煤块的表面磨光,然后在反射光下进行研究,显微组分的主要鉴定标志除了颜色(反光色)、形态、结构外,还有突起。各种显微组分在反射光下呈现不同的灰色至白色。各煤阶的煤均可用光片在反射光下进行研究。

依照国际上通行的标准,硬煤(烟煤和无烟煤)显微组分被划分为镜质组、类脂组、惰质组三组,然后根据形态、结构、成因来源等进一步细分出显微组分和亚显微组分[1, 4](表 2-3)。在此基础上,在显微镜下观察到的显微煤岩组分的典型组合,称为显微煤岩类型。每一种显微煤岩类型都有自己的组成特点和化学工艺性质,并反映了一定的沉积环境(煤相)。显微煤岩类型的划分原则和分类方案有很多种,但目前应用较广的是国际煤岩语委员会(ICCP)提出的分类方案(详见文献[1])。

目前国际煤岩学委员会的显微组分分类方案(表 2-3)是侧重于化学工艺性质的分类,按其成因和工艺性质的不同,大致可分为镜质组、类脂组(壳质组或稳定组)和惰质组三大类。其分类原则如下,以化学工艺性质划分三大组:镜质组、类脂组、惰质组;按植物组织的凝胶化与破碎程度划分亚组;显微镜下依据颜色、形态、结构和突起等特征划分显微组分;根据各种成因标志,在显微组分中进一步细分出亚组分,如丝质体可按成因划分为火焚丝质体(Pyrofusinite)、氧化丝质体 Degradofusinite(Oxyfusinite)、原有丝质体(Primary Fusinite)、后生丝质体(Rank Fusinite);有的显微组分根据形态和结构特征,以及它们所属的植物种类和植物器官,进一步又划分出若干显微组分的种,如结构镜质体可细分为科达木结构镜质体、真菌质结构镜质体、木质结构镜质体、鳞木结构镜质体和封印木结构镜质体等五种;运用特殊方法，如浸蚀法、电子显微镜法、荧光法，还可以在某些组分中发现显微镜下无法识别的结构及细微特征，根据这些特征所确定的称为隐组分(Cryptomaceral)，如镜质组中可分出隐结构镜质体、隐团块镜质体、隐胶质镜质体和隐碎屑镜质体。

表 2-3　国际硬煤的显微组分分类方案

显微组分组 (Maceral Group)	亚组 (Subgroup)	显微组分 (Maceral)	亚显微组分 (Submaceral)	显微组分种 (Maceral Variety)
镜质组 (Vitrinite)	结构镜质亚组 (Telovitrinite)	结构镜质体 (Telinite)	结构镜质体 1	科达木结构镜质体
				真菌质结构镜质体
				木质结构镜质体
				鳞木结构镜质体
				封印木结构镜质体
			结构镜质体 2	
		胶质结构镜质体 (Collotelinite)		
	凝胶镜质亚组 (Gelovitrinite)	凝胶体 (Gelinite)		
		团块凝胶体 (Corpogelinite)		
	碎屑镜质亚组 (Detrovitrinite)	胶质镜屑体 (Collodetrinite)		
		镜屑体 (Vitrodetrinite)		
类脂组 (Liptinite)		孢子体 (Sporinite)		薄壁孢子体
				厚壁孢子体
				小孢子体
				大孢子体
		角质体 (Cutinite)		
		树脂体 (Resinite)	胶质树脂体	
		木栓质体 (Suberinite)		
		藻类体 (Alginite)	结构藻类体	皮拉藻类体
				轮奇藻类体
			层状藻类体	
		荧光体 (Fluorinite)		
		沥青质体 (Bituminite)		
		渗出沥青体 (Exsudatinite)		
		类脂碎屑体 (Liptodetrinite)		
惰质组 (Inertinite)	具细胞结构亚组 (Macerals with Plant Cell Structures)	丝质体 (Fusinite)		火焚丝质体
				氧化丝质体
				原生丝质体
				后生丝质体
		半丝质体 (Semifusinite)		
		真菌质 (Funginite)		
	无细胞结构亚组 (Macerals w/o Plant Cell Structures)	分泌体 (Secrinite)		
		粗粒体 (Macrinite)		
		微粒体 (Micrinite)		
	碎屑惰质亚组 (Fragmented Inertinite)	惰屑体 (Inertodetrinite)		

煤的显微组分最早由英国学者司托普丝于 1935 年提出，几十年来各国学者对煤的显微组分的分类和命名提出许多方案，归纳起来有两种类型：一种侧重于成因研究，组分划分较细，常用透射光观察；另一种侧重于工艺性质研究，分类较为简明，常用反射光观察。

在各国学者提出的分类方案基础上，1956 年在伦敦通过了由国际煤岩学委员会提出的显微组分分类草案。其间，国际煤岩学委员会于 1971 年和 1975 年两次对过去的分类草案作了进一步修改补充。首先，将褐煤和硬煤(烟煤和无烟煤)的显微组分的分类分开，这是由于褐煤和硬煤的显微组分，不仅在物理、化学、工艺性质和成因等特点方面有很大的不同，而且在显微组分的组成上也很不一致，因此不宜采用统一的分类方案。表 2-4 为国际褐煤显微组分分类。

表 2-4 国际褐煤显微组分分类

显微组分组 (Maceral Group)	显微组分亚组 (Maceral Subgroup)	显微组分 (Maceral)	显微亚维分 (Maceral Type)
腐植组 (Huminite)	结构腐植体 (Humotelinite)	结构木质体(Textinite)	
		腐木质体(Ulminite)	结构腐木质体(Texto-ulminite) 充分分解腐木质体(Eu-ulminite)
	碎屑腐植体 (Humodetrinite)	细屑体(Attrinite)	
		密屑体(Densinite)	
	无结构腐植体 (Humocollinite)	凝胶体(Gelinite)	多孔凝胶体(Porigelinite) 均匀凝胶体(Levigelinite)
		团块腐植体(Corpohuminite)	鞣质体(Phlobaphinite) 假鞣质体(Pseudo-phlobaphinite)
稳定组 (Liptinite)		孢粉体(Sporinite)	
		角质体(Cutinite)	
		树脂体(Resinite)	
		木栓质体(Suberinite)	
		藻类体(Alginite)	
		碎屑稳定体(Liptodetrinite)	
		叶绿素体(Chlorophyllinite)	
		沥青质体(Bituminite)	
惰质组 (Inertinite)		丝质体(Fusinite)	
		半丝质体(Semifusinite)	
		细粒体(Macrinite)	
		菌类体(Sclerotinite)	
		碎屑惰质体(Inertodetrinite)	

为了与国际煤显微组分分类方案接轨，1999 年 12 月中国煤的显微组分分类标准化组织在北京召开了会议，将中国沿用的镜质组、半镜质组、壳质组和惰质组"四分法"改成了镜质组、壳质组和惰质组"三分法"，即将半镜质组并入镜质组。目前我国煤的显微组分分类(GB/T 15588—2013，表 2-5)与国际分类一样，按镜质组、壳质组和惰质组三大组来划分，以便于简单而有效地描述和辨别煤的组成及性质，适应煤的炼焦、液化、成型、燃烧等加工利用工艺的需要。

一般情况下，镜质组是煤中主要的显微组分。在我国西北的早～中侏罗世煤以及东北-内蒙古的晚侏罗世～早白垩世煤中，惰质组含量往往相对较高。在残植煤中，孢子体、角质体、木栓质体、树脂体等壳质组分含量较高。在腐泥煤中，藻类体以及由低等生源高度降解形成的腐泥基质是煤中的主要显微成分。显微组分种类和含量不同，煤的生气、储集、渗透性能均有差别。

表 2-5　中国烟煤显微组分分类方案（GB/T 15588—2013）

显微组分组 (Maceral Group)	代号 (Sysbol)	显微组分 (Maceral)	代号 (Sysbol)	显微亚组分 (Submaceral)	代号* (Sysbol)
镜质组 (Vitrinite)	V	结构镜质体 (Telinite)	T	结构镜质体 1 (Telinite1) 结构镜质体 2 (Telinite2)	T1 T2
		无结构镜质体 (Collinite)	C	均质镜质体 (Telocollinite) 基质镜质体 (Desmocollinite) 团块镜质体 (Corpocollinite) 胶质镜质体 (Gelocollinite)	TC DC CC GC
		碎屑镜质体 (Vitrodetrinite)	VD	—	—
惰质组 (Inertinite)	I	丝质体 (Fusinite)	F	火焚丝质体 (Pyrofusinite) 氧化丝质体 (Degradofusinite)	PF DF
		半丝质体 (Semifusinite)	SF	—	—
		真菌体 (Funginite)	Fu	—	—
		分泌体 (Secretinite)	Se	—	—
		粗粒体 (Macrinite)	Ma	—	—
		微粒体 (Micrinite)	Mi	—	—
		碎屑惰质体 (Inertodetrinite)	ID	—	—
壳质组 (Exinite)	E	孢粉体 (Sporinite)	Sp	大孢子体 (Macrosporinite) 小孢子体 (Microsporinite)	MaSp MiSp
		角质体 (Cutinite)	Cu	—	—
		树脂体 (Resinite)	Re	—	—
		木栓质体 (Suberinite)	Sub	—	—
		树皮体 (Barkinite)	Ba	—	—
		沥青质体 (Bituminite)	Bt	—	—
		渗出沥青体 (Exsudatinite)	Ex	—	—
		荧光体 (Fluorinite)	Fl	—	—
		藻类体 (Alginite)	Alg	结构藻类体 (Telalginite) 层状藻类体 (Lamalginite)	TA LA
		碎屑壳质体 (Liptodetrinite)	LD	—	—

*代号见国标 GB/T 12937—2008。

煤中除了有机质，还有一些无机成分——矿物质。煤中的矿物杂质主要有黏土矿物、碳酸盐矿物、硫化物、氧化物、氢氧化物、盐类，还有一些重矿物和痕量元素[1, 4]。

(1)黏土矿物。其是煤中最重要的矿物质，占煤中矿物质总量的 60%～80%。常见的黏土矿物有高岭石、伊利石、蒙脱石和绿泥石。煤中的黏土矿物通常以两种形式出现：一种呈结晶状态，如高岭石；另一种呈非结晶的微粒状，充填细胞腔或细分散在基质镜质体中，或者集合成透镜状、条带状、团块状或不规则状分布在煤中。对于煤中的黏土矿物，仅根据宏观观察和光学显微镜很难区分出其中的矿物成分，常需配合差热分析、X 射线衍射分析、红外光谱、电子探针与扫描电子显微镜，才能较好地加以区分。

(2)碳酸盐矿物。煤中常见的碳酸盐矿物有菱铁矿、方解石和铁白云石。方解石常呈薄膜充填于煤的裂隙和层面内，镜下观察多呈脉状。菱铁矿多呈球状或粒状分布在基质中。

(3)硫化物。煤中最常见的硫化物是黄铁矿，有时见到白铁矿、方铅矿、闪锌矿和黄铜矿。硫化物类矿物多为不透明矿物，在反射光下具有耀眼的金属光泽。黄铁矿是煤中大量存在和经常出现的矿物之一，常呈晶粒、透镜体、鲕状和球状结核在煤中出现，有时硫化物类矿物也充填在植物细胞腔中或交代孢子体和角质体中等。

(4) 氧化物和氢氧化物。煤中最常见的氧化物为石英，有时可见到玉髓、蛋白石、赤铁矿和磁铁矿等。煤中的氢氧化物有褐铁矿、硬水铝石等矿物。

(5) 盐类。煤中有时含有少量的氯化物、磷酸盐、硫酸盐和硝酸盐。个别地区盐含量高。

(6) 重矿物和痕量元素。煤中有时可发现少量的重矿物，如锆石、电气石、柘榴子石、金红石、橄榄石等。煤中的痕量元素较多，如 Ag、As、B、Na、Ge、Ga、Mn、V、U、Ti、Sr、Ni、P、Mo 等。

煤中的矿物质的形成[1, 4]：一方面是成煤植物在生长过程中，通过植物的根部吸收溶于水中的一些矿物质，这些矿物质燃烧后产生的灰分，一般称为内在灰分；另一方面是在泥炭堆积时期，由风和流水带到泥炭沼泽中与植物一起堆积下来的碎屑物质，这些同生矿物多数是细粒的，并且与煤紧密共生，在平面上分布比较稳定，有时可用于鉴别和对比煤层。不同的聚积环境下，同生矿物的数量和种类有很大的不同。例如，近海环境形成的煤层中，黄铁矿较多；陆相环境形成的煤层中，黏土矿物和石英碎屑多。同生矿物是煤中灰分的主要来源。此外，煤层形成固结后，由于地下水的活动，溶解于地下水中的矿物质，因物理化学条件的变化而沉淀于煤的裂隙、层面、风化溶洞中和细胞腔内，这些矿物称为后生矿物。煤中矿物质的种类、含量、赋存形式等，直接关系到煤储层含气量的高低，也涉及煤储层中裂隙发育特征和力学性质，对煤层气开采产生显著影响。

例如，沁水盆地各煤层主要由腐殖煤构成。其宏观煤岩组分以亮煤为主，暗煤次之，镜煤和丝炭较少；山西组和太原组煤岩类型以半亮型煤和半暗型煤为主，太原组主要煤层的暗煤和丝煤含量比山西组少，相应地，太原组主要煤层的光亮煤和半亮煤比山西组高。在横向上，山西组和太原组的主要可采煤层由北往南，光亮型煤和半亮型煤含量增加，半暗型煤含量逐渐降低。

山西组煤层镜质组含量 45%～70%，惰质组含量 20%～36%；太原组镜质组含量 65%～80%，惰质组含量 16%～30%（表 2-6）。其中，镜质组主要由均质镜质体和基质镜质体组成，结构镜质体较少。由于煤的变质程度较高，所以仅在盆地周围霍州和西山等地发现有壳质组，含量 5%左右。太原组镜质组含量高于山西组，而惰质组含量低于山西组。太原组煤中的矿物质含量高于山西组（表 2-7）。显微煤岩特征在剖面上的变化规律比较明显，从顶部主采煤层（2 号或 3 号）到底部主采煤层（8 号、9 号或 15 号），镜质组含量增加，而惰质组逐渐减少，矿物质趋向于增多。

太原组和山西组主要煤层的镜质组含量均由北向南逐渐增加，而壳质组、丝质组含量逐渐减少。沁水盆地主要煤层煤岩数据表如表 2-6 和表 2-7 所示。

表 2-6 沁水盆地主要煤层显微煤岩组分特征

地区	时代	煤层	显微组分含量/%		
			V	I	E
阳泉	P$_{1s}$	3	70.0	14.4	
		6	78.0	8.9	
	C$_{3t}$	15	63.3	12.7	

地区	时代	煤层	显微组分含量/%		
			V	I	E
晋城	P₁s	3	68.4	23.2	
	C₃t	9	82.1	9.2	
		15	84.4	11.4	
潞安	P₁s	3	11.6	14.4	0.2
	C₃t	15	76.7	17.8	0.2
沁源	P₁s	3	71.8	25.2	2.9
	C₃t	15	76.8	20.3	3.0
沁水	P₁s	3	71.1	20.3	8.7
	C₃t	15	77	16.5	6.5
阳城	P₁s	3	70.8	7.1	12.2
	C₃t	15	81.1	10.4	8.5

注：V-镜质组；I-惰质组；E-壳质组。

表 2-7　煤岩无机物含量数据表

地层	煤层号	煤样点	矿物质/%				
			总量	黏土	硫化物	碳酸盐	氯化物
二叠系山西组 P₁s	3	东山区	3.6				
		韩庄井田	10.6	10.5	0	0.1	0
		阳泉	8.5				
		昔阳	7.2				
		武乡	6.1				
		屯留	7.7	6.9	0.1	0.7	0
		晋城	5.7				
		潘1井田	6.4	5.8	0	0.7	0
		翼城	15.9				
	2	沁源区	7.3	6.5	0.5	0.3	0
		平均	7.9				
石炭系太原组 C₃t	15	东山	4.2				
		韩庄井田	11.6	10.5	0.8	0.3	0
			17.5	16.8	0.4	0.3	0
		平定	9.4				
		武乡	4.1				
		王庄扩区	5～17	为主	其次	0	0
		长南区	5～25	为主	其次	0	
		晋城	1.5				
		阳城	1.7				
		翼城	11.2				
		沁源	7.7	5.6	1.2	0.9	0
		平均	8.4				

2.3.2　煤的化学组成

在研究煤的化学组成时，一般是通过煤的工业分析和元素分析来了解煤中的有机质、无机质的含量及性质，初步评价煤的工业性质和用途。

1. 煤的工业分析

煤的化学组成大致可分为有机质和无机质两大类，以有机质为主体。煤中的有机质主要由碳、氢、氧、氮、硫等元素组成，是复杂的高分子化合物，是煤的主要组成部分，不同的煤，各种元素的含量和化学结构是不同的，造成了煤在物理性质和化学性质上的差异性，并使煤在加工利用和煤层气储层改造过程中表现出不同的工艺性质和工程力学特性等。煤中的无机质包括水分和矿物质，它降低了煤的质量和利用价值并影响煤储层的含气性，在煤的加工利用和煤层气开发过程中产生不良的影响。

煤的工业分析也称为技术分析或实用分析，煤中水分、灰分和挥发分的测定及固定碳的计算是了解煤的化学组成的一种基本分析。

水分(M_{ad})和灰分(A_{ad})除说明煤中无机质部分以外，还可以由此近似地求出有机质的含量。挥发分(V)和固定碳(FC)可初步表明煤中有机质的性质。研究煤及煤层气储层评价时，一般先进行煤的工业分析，以大致了解煤的基本化学性质，初步判断煤的种类和各种煤的加工利用效果及其工业用途，以便进一步深入研究。

1）水分(M)

水分是一项重要的煤质指标。根据水在煤中的存在状态分为：外在水分、内在水分以及同煤中矿物质结合的结晶水和化合水。

（1）外在水分是指附着在煤颗粒表面和煤粒缝隙及非毛细孔孔穴中的水分。将煤放在空气中风干时，外在水分即不断蒸发，直到与空气的相对湿度达到平衡为止，此时失去的水分就称为外在水分。

（2）内在水分是指吸附或凝聚在煤颗粒内部的毛细孔中的水，或称空气干燥煤样水分（M_{ad}）。由于毛细孔吸附力的作用，内在水分比外在水分较难蒸发，温度达 100℃以上时，才能把煤中的内在水分完全蒸发出来。煤在 100%相对湿度下达到吸湿平衡时除外在水分以外的水分，称为最高内在水分，大致相当于煤中孔隙在饱和状态时的内在水分。煤中内在水分随着煤化程度的加深而呈有规律的变化，从泥炭-褐煤-烟煤-年轻无烟煤，水分逐渐较少，而从年轻无烟煤到年老无烟煤水分又增加（表 2-8）。因此，可以由煤中内在水分含量来大致推断煤的变质程度[3]。

表 2-8　煤中内在水分含量与煤的变质程度的关系[4]

煤种	内在水分/%	煤种	内在水分/%	煤种	内在水分/%	煤种	内在水分/%
泥炭	5~25	气煤	1~5	瘦煤	0.5~2.0	年老无烟煤	2~9.5
褐煤	5~25	肥煤	0.3~3	贫煤	0.5~2.5		
长焰煤	3~12	焦煤	0.5~1.5	无烟煤	0.7~3		

（3）结晶水和化合水是指煤中矿物质里以分子形式或离子形式参加矿物晶格构造的水分。其特点是具有严格的分子比，在高温下才能脱除。

煤层气研究中常引入平衡水分含量或临界水分含量这一概念，其值略低于最高内在水分。平衡水分含量的确定方法如下：将样品称重（约 100g，精确到 0.2mg），把预湿煤样或自然煤样放入装有过饱和 K_2SO_4 溶液的恒温箱中，该溶液可以使相对湿度保持在 96%~97%；48h 后煤样即被全部湿润，间隔一定时间称重一次，直到恒重为止。平衡水分含量相当于工业分析中空气干燥基水分（M_{ad}）与煤样水平衡时吸附水分含量之和。煤的外在水分和内在水分之和为煤的全水分。根据煤的全水分将煤中水分分为 6 级（表 2-9）。

表 2-9　煤的全水分分级表

序号	级别名称	代号	分级范围 M_t/%
1	特低全水分煤	SLM	≤6.0
2	低全水分煤	LM	6.0~8.0
3	中等全水分煤	MLM	8.0~12.0
4	中高全水分煤	MHM	12.0~20.0
5	高全水分煤	HM	20.0~40.0
6	特高全水分煤	SHM	>40.0

2）灰分

煤中灰分是煤层气资源评价与开发的重要参数。煤的矿物质是赋存于煤中的无机物质。煤的灰分是指煤完全燃烧后剩下来的残渣。这些残渣几乎全部来自煤中的矿物质。煤的灰分不是煤中的固有成分，而是煤在规定条件下完全燃烧后的残留物。它在组成和质量上都不同于矿物质，但煤的灰分产率与矿物质含量间有一定的相关关系，可以用灰分来估算煤中的矿物质含量。

煤中灰分测定是将 1g 分析煤样在 800±20℃ 条件下完全燃烧，剩下的残渣重量即该试样的灰分。根据煤中灰分的含量，我国通常把煤的灰分分为 5 级（表 2-10）。煤灰成分和含量变化很大，但也有规律可循。在同一煤层，煤灰成分和含量变化较小，而不同时代不同成煤环境形成的煤层煤灰成分和含量变化往往较大。为此，在煤田地质勘探中可用煤灰成分作为煤层对比的参考依据之一。灰分测定结果是以空气干燥煤样为基准的（A_{ad}，%），即煤样的质量中包含了内在水分的质量。为排除水分对灰分测值的影响，把以空气干燥煤样为基准（A_{ad}，%）换算为以干燥煤样为基准（A_d，%），这样才能正确表达煤的灰分产率。换算公式如下：

$$A_d = A_{ad} \cdot \frac{100}{100 - M_{ad}}\%　　　　　　　(2-1)$$

表 2-10　煤含灰分分级表

级别	特低灰分煤	低灰煤	中灰煤	富灰煤	高灰煤
A_d/%	≤10	10~15	15~25	25~40	>40

在煤层气勘探开发中，煤中灰分与煤储层特征及其开发工程力学特性有不同程度的依赖关系。因此可以通过它来研究这些特性。

3）挥发分

煤样在规定的条件下，隔绝空气加热，并进行水分校正后的挥发物质产率即为挥发分。煤的挥发分主要由水分、碳氢的氧化物和碳氢化合物（以 CH_4 为主）组成，但煤中物理吸附水（包括外在水和内在水）和矿物质二氧化碳不属挥发分之列。

煤工业分析中测定的挥发分不是煤中原来固有的挥发性物质，而是煤在严格规定条件下加热时的热分解产物，改变任何试验条件都会给测定结果带来不同程度的影响，因此我国规定用在 900℃ 的温度下加热 7min 的试验方法来测定。

煤的挥发分，即煤在一定温度下隔绝空气加热，逸出物质(气体或液体)中减掉水分后的含量。剩下的残渣称为焦渣。因为挥发分不是煤中固有的，而是在特定温度下热解的产物，所以确切地说应称为挥发分产率。这些产物不是煤的固有组分，而是煤在一定条件下发生化学反应的结果。煤中水分和矿物质的含量是变化的，而煤中挥发分只与有机质的性质有关。为了消除水分和矿物质对挥发分的影响，必须把以空气干燥煤样为基准(V_{ad}，%)换算为以干燥无灰为基准(V_{daf}，%)，才能反映有机质的特性。换算公式如下：

$$V_{daf} = V_{ad} \cdot \frac{100}{100 - M_{ad} - A_{ad}}\%$$ (2-2)

挥发分大小与煤的变质程度有关，煤炭变质程度越高，挥发分产率就越低。因此，煤的挥发分产率反映煤化作用的一种有效指标。

4) 固定碳

测定煤的挥发分时，剩下的不挥发物称为焦渣。焦渣减去灰分称为固定碳。固定碳就是煤在隔绝空气的高温加热条件下，煤中有机质分解的残余物。固定碳是煤炭分类、燃烧和焦化中的一项重要指标。不同煤种，固定碳含量不同，随着煤化程度的增高，煤中固定碳含量增高(表2-11)。在煤或焦炭中固定碳的含量用重量百分数表示，即由煤样的重量中减去水分、挥发物和灰分的重量，或由煤样的重量减去挥发物和灰分的重量而得，其计算公式为：$FC_{ad}=100-(M_{ad}+A_{ad}+V_{ad})$。煤的固定碳与挥发分一样，也是表征煤的变质程度的一个参数，固定碳的含量是煤的分类和评价煤与焦炭质量的指标之一。

表 2-11　不同煤种煤的固定碳含量[1, 4]

煤种	FC_{daf}/%	煤种	FC_{daf}/%
褐煤	≤60	无烟煤	>90
烟煤	50~90		

2. 煤的元素分析

煤的元素分析主要是利用元素分析配合其他工艺性质试验来了解煤中有机质的组成和性质。煤中有机质主要由碳、氢、氧、氮、硫等五种元素组成。其中又以碳、氢、氧为主——其总和占有机质 95% 以上。有机质的元素组成与煤的成因类型、煤岩组成及煤化程度等因素有关，所以它是煤质研究的重要内容。元素组成可以用来计算煤的发热量，估算和预测煤的炼焦化学产品、低温干馏产物和褐煤蜡的产率，为煤的加工工艺设计提供必要的数据。煤的元素组成数据也可以作为煤炭科学分类的指标之一[1, 3]。

煤中有机质的元素组成可以通过元素分析法测定。煤的元素分析就是对煤有机质中碳、氢、氧、氮和硫含量的分析测定。

(1)煤中的碳。碳是构成煤大分子骨架最重要的元素，也是煤燃烧过程中放出热能最主要的元素之一。随煤化程度的提高，煤中的碳元素逐渐增加，从褐煤的60%左右一直增加到高变质无烟煤的98%。腐植煤的碳含量高于腐泥煤，在不同煤显微组分中，碳含量的顺序是：惰质组>镜质组>类脂组。

(2)煤中的氢。氢是煤中第二重要的元素，主要存在于煤分子的侧链和官能团上，在有机质中的含量为 2.0%~6.5%，随煤化程度的提高而呈下降趋势。从低煤化程度到中等煤化程度阶段，氢元素的含量变化不十分明显，但在高变质的无烟煤阶段，氢元素的降低较为明显而且均匀，从年轻无烟煤的4%下降到年老无烟煤的2%左右。因此，我国无烟煤分类中采用氢元素含量作为分类指标。氢元素的发热量约为碳元素的4倍，虽然含量远低于碳含量，但氢元素的变化对煤的发热量影响很大。腐泥煤的氢含量高于腐植煤。腐植煤中不同煤显微组分氢含量的顺序是：类脂组>镜质组>惰质组。

(3) 煤中的氧。氧也是组成煤有机质的重要元素，主要存在于煤分子的含氧官能团上，例如，甲氧基—OCH$_3$、羧基—COOH、羟基—OH、羰基—C—O 等基团上均含有氧原子。随煤化程度的提高，煤中的氧元素迅速下降，从褐煤的23%左右下降到中等变质程度肥煤的6%左右，此后氧含量下降速度趋缓，到无烟煤时大约只有2%。氧元素在煤燃烧时不产生热量，在煤液化时要无谓地消耗氢气，对于煤的利用不利。腐泥煤的氧含量低于腐植煤。腐植煤中不同煤显微组分氧含量的顺序是：镜质组>惰质组>类脂组。

(4) 煤中的氮。煤中的氮元素含量较少，一般为0.5%～1.8%，与煤化程度无规律可循。它主要来自成煤植物的蛋白质。在煤中主要以胺基、亚胺胶基、五元杂环(吡咯、咔唑等)和六元杂环(吡啶、喹啉等)等形式存在。煤中的氮在煤燃烧时也不放热，主要以N$_2$的形式进入废气，少量形成NO$_x$。当煤在炼焦时，煤中的氮一部分形成NH$_3$、HCN及其他有机含氮化合物，其余的则留在焦炭中。

(5) 煤中的硫。煤中的硫分为有机硫和无机硫，无机硫又分为硫化物硫和硫酸盐硫。有机硫和无机硫之和称为煤的全硫。

① 煤中的有机硫。一般煤中的有机硫含量较低，但组成很复杂，主要由硫醚、硫化物、二硫化物、硫醇或疏基化合物、噻吩类杂环化合物及硫醌化合物等组分或官能团所构成。研究表明，低煤化程度煤以低相对分子质量的脂肪族有机硫为主，而高煤化程度煤以高相对分子质量的环状有机硫为主。随煤化程度提高，具有三环结构的二苯并噻吩相对于四、五环结构的化合物数量减少，而具有稳定甲基取代位的含硫化合物则不断增加。煤化程度高的煤绝大部分有机硫属噻吩结构，褐煤中脂肪族硫占主导地位。随煤化程度提高，煤中噻吩硫的比例增大，其芳构化程度也逐渐提高。

② 煤中的无机硫。煤中的无机硫主要以硫铁矿、硫酸盐等形式存在，其中尤以硫铁矿硫居多。煤中的黄铁矿形态多样，宏观上多呈结核状、透镜状、层状裂隙充填状和分散状；在显微镜下，呈莓球状、鱼子状、块状、均一球状等。脱除硫铁矿硫的难易程度取决于硫铁矿的颗粒大小及分布状态，颗粒大则较易去除，极细颗粒的硫铁矿硫则难以采用常规方法脱除。一般情况下，煤中的硫酸盐硫是黄铁矿氧化所致，因而未经氧化的煤中的硫酸盐硫很少。

例如，沁水盆地的煤种比较齐全，从气煤到无烟煤都有，但以高变质烟煤和无烟煤为主，无烟煤储量最多，分布面积最大。山西组的煤级以贫煤、瘦煤和无烟煤为主，其次还有焦煤、肥煤和气煤。盆地中部主要为贫煤和无烟煤，周围被瘦煤包围，而盆地南部基本为无烟煤，盆地西部主要为气煤和焦煤。太原组煤级分布基本上同山西组，但气煤分布比山西组面积小。

从表2-12可以看出，山西组和太原组的主要煤层的灰分、挥发分、水分都比较低，具体来说有以下特征。

表 2-12　沁水盆地主要煤层煤质分析结果

地区	时代	煤层	M_{ad}/%	A_d/%	V_{daf}/%	$S_{t,d}$/%	C/%	H/%
寿阳	P_{1s}	3	1.08	13.2	12.36	0.6	90.57	4.09
	C_{3t}	15	1.86	25.49	14.76	2.45	89.47	4.29
襄垣	P_{1s}	3	17.7		11.74	0.34		
	C_{3t}	15	28.1		10.95			
阳泉	P_{1s}	3	1.16	22.22	11.52	0.54		
		6	1.36	17.84	9.15	0.68		
		8	1.26	20.18	9.3	0.78		
	C_{3t}	9	1.11	29.87	9.19	0.85		
		15	1.29	20.32	8.68	2.1		
屯留和长子	P_{1s}	3	0.85	16.6	12.5	0.31	91.4	4.23
		9	27.1		13.7	2.66	90.9	4.34
	C_{3t}	13	16.2		12.3	2.46	91.5	3.98
		15	1.01	27.9	14.4	3.61	90.8	3.97
沁源	P_{1s}	3	0.87	16.6	17.54	0.47	90.59	4.91
	C_{3t}	13	20.6		17.5	3.61		
		15	17.7		17.2	3.42	89.4	4.35
晋城	P_{1s}	3	2.19	13.6	7.0	0.35	93	3.09
	C_{3t}	9	2.26	20.51	6.03	4.88		
		15	2.18	17.4	6.6	2.53	93.4	2.98

注：M_{ad}-水分；A_d-灰分；V_{daf}-挥发分；$S_{t,d}$-全硫；C-碳含量；H-氢含量。

(1)挥发分。山西组煤层挥发分在 7%～38.92%(个别地区例外)，平均为 17.23%；太原组煤层的挥发分一般在 8%～21%，平均为 14.36%，在这一点上，显然山西组煤比太原组煤的挥发分高。在空间上挥发分具有南低北高和东低西高的分布趋势。在南部和东部地区，挥发分处于 5%～15%，但局部地区，如屯留稍高。在沁水-阳城-晋城一带，一般小于 10%。就挥发分产率来说，它呈东西至北东向展布，高值区大体近北西向带状分布，在沁源-古县-临汾一线及以北地区，挥发分产率一般在 20%～35%。

(2)灰分。太原组煤的灰分在 4.8%～25.49%，平均为 13.26%，而以霍县、沁源最高。山西组煤的灰分一般在 2.6%～24.15%，平均为 11.11%，略低于太原组。其总体趋势是西高东低。就灰分产率来说，太原组和山西组煤的灰分产率呈近东西向带状分布，临汾-阳城-晋城一带低于 20%，此带以北灰分产率增高。

(3)水分。水分分析在地表条件下进行，不代表地下状况，对煤质评价不起重要作用。各主要可采煤层煤质分析表明，原煤水分变化平均在 0.83%～2.26%，其中，霍西、潞安一般在 1%左右，阳泉大于 1%，晋城大于 2%。

(4)碳含量和氢含量。精煤元素分析表明，山西组平均碳含量为 86.12%～92.23%，太原组的碳含量为 85.39%～93.37%。碳含量在垂向上变化不明显，但在横向上都有一定的变化规律。东部和南部地区主煤层的碳含量较高，一般大于 90%，在阳城-晋城一带达 93%以上。西北部地区相对较低。一般为 85%～90%，其他煤层的碳含量也有相似的分布趋势。山西组主煤层的平均氢含量为 3.04%～5.71%，太原组主煤层的平均氢含量为 2.85%～5.36%。在垂向上平均氢含量随埋深增加而降低，在横向上都表现为自东南向西北方向氢含量增高（表 2-12）。

（5）硫含量。煤中硫含量的高低受成煤环境的影响。在垂向上，全区分布规律一致，下部煤层的硫含量普遍高于上部煤层。山西组主煤层全硫含量低于 1%，平均在 0.31%～0.47%；太原组主煤层全硫含量大于 1%，变化在 1.88%～4.28%，平均为 2.7%。在沁源、长治、安泽、阳城和陵川一带，硫分高达 4%以上，为高硫煤。煤中硫分在大多数地区以硫化物硫为主，局部地区以有机硫为主。

2.4　成　煤　作　用

2.4.1　煤层的形成

煤是一种固态的可燃有机岩，凡是由动植物残骸等有机质形成的岩石都称作有机岩。煤是植物遗体经过复杂的生物、地球化学、物理化学等一系列作用转变而成的。聚煤作用的发生与地史期古植物、古气候、古地理和古构造等因素密切相关，古植物条件是成煤的物质基础；古气候条件影响植物生长和植物的分解，温暖潮湿是重要的气候条件；古地理条件为沼泽发育、植物繁殖和泥炭聚积提供了天然场所；古构造条件反映地球的运动特征，控制地壳沉降速度与植物堆积速度之间的平衡关系。

从植物死亡、堆积到转变为煤需要经过一系列的演变过程，这个过程称为成煤作用。成煤作用大致可分为两个阶段。

第一阶段，主要发生于地表的泥炭沼泽、湖泊以及浅海滨岸地带，植物死亡后的遗体在各种微生物的参与下，不断地分解、化合、聚积，在这一阶段中起主要作用的是表生的生物地球化学作用，结果使低等植物转变为腐泥；高等植物则形成泥炭，因此成煤作用的第一阶段称为腐泥化阶段或泥炭化阶段。

第二阶段，已形成的泥炭或腐泥，由于地壳沉降等被沉积物覆盖掩埋于地下深处，成煤作用就进入第二阶段，即煤化作用阶段。在成煤作用的第二阶段中，起主导作用的是使煤在温度、压力条件下进一步转化的物理化学作用，即煤的成岩作用和变质作用。

泥炭转变为年青褐煤所经受的作用，称作成岩作用；当褐煤层继续沉降到较深处时，受到不断增高的温度和压力的影响，引起煤的内部分子结构、物理性质和化学性质方面发生重大变化，如腐植酸消失、出现黏结性、光泽增强等。从年青褐煤再转变为老褐煤、烟煤、无烟煤所经受的作用，称为变质作用。

从褐煤转变为烟煤和无烟煤的过程中，随着煤化程度增高，煤的碳含量增高，氢含量、氧含量和挥发分减少，而煤的反射率增高、容重增大[1]（表 2-13）。

由表 2-13 可看出：在自然界中从植物转变成泥炭、煤的过程是一个从低级到高级的发展过程，也是一个逐渐由量变到质变的过程。在不同的地质条件下，温度与压力的差异导致不同煤化程度煤的产生。通常按煤化程度由低到高把烟煤划分为六个阶段，即长焰煤、气煤、肥煤、焦煤、瘦煤和贫煤阶段。无烟煤阶段的煤化程度更高。个别情况下，无烟煤可进一步变为石墨。

表 2-13　植物、泥炭、褐煤、烟煤、无烟煤的化学组成和性质[1]

化学组成和性质	C^t/%	H^t/%	O^t/%	水分/%	挥发分/%	腐植酸/%	容重	反射率 $R_{o,max}$/%
木本植物	50	6	44			0		
木本泥炭	66		26	>40	70	53	1.0	
褐煤(煤化程度低)(云南)	67	5.85	25		59	68		
褐煤(煤化程度中等)(内蒙古)	71	4.84	22	10~30	44	22	1.1	
褐煤(煤化程度较高)(广西)	74	5.49	17		45	3		
烟煤	80~90	4~6	5~15			0	1.2~1.4	0.48~2.22
无烟煤	90~98	1~4	1~3		<10	0	1.4~1.8	2.00~10.45

　　煤层是由泥炭层转化而来的，泥炭层的堆积主要取决于泥炭沼泽的水面和植物遗体堆积的沉积面(即泥炭层的上表面)两者间的关系。泥炭沼泽水面和植物遗体堆积面保持均衡，即泥炭层堆积面不断增长和沼泽水面不断上升保持均衡，是泥炭层不断增厚的必要条件，一旦这种均衡遭到破坏，泥炭层的堆积也就随之终止。泥炭的堆积必须具备下列条件：①植物的大量繁殖，这是泥炭的物质来源；②沼泽水位的逐步抬升，以避免有机质的氧化分解；③碎屑沉积物的贫乏，以保证泥炭质量；④只有泥炭层堆积界面的增高和沼泽水面的抬升保持均衡，泥炭层才能不断增厚。

　　植物遗体堆积速度和沼泽水面上升速度之间，可能出现三种不同的补偿方式：过度补偿、均衡补偿、不足补偿。

　　(1)当沼泽水面上升速度小于植物遗体堆积加厚的速度时称过度补偿。过度补偿持续发展，沼泽供水条件越来越困难，以致已堆积的泥炭层因暴露而遭到风化剥蚀，难以保存而形成较厚的煤层。

　　(2)当沼泽水面上升速度与植物遗体堆积加厚的速度大体一致时，称为均衡补偿。在均衡补偿条件下，泥炭层得以不断加厚，相对均衡状态的长期持续，便形成厚煤层。

　　(3)当沼泽水面上升速度大于植物遗体堆积加厚的速度时，称为不足补偿。这时沼泽水不断加深，沼泽环境发生变化，泥炭堆积作用也就停止，代之以泥砂质沉积物，形成煤层顶板或煤的夹矸。

　　影响沼泽水面升降的因素有很多，主要有地壳的升降运动、季节性和周期性的气候变化、古地理环境的变迁和沼泽水的补给状况、冰川的消融及泥炭层等沉积物本身的压缩作用等，其中地壳运动的性质常常具有普遍的重要意义。

　　地史上曾有过广泛的泥炭化作用，但泥炭层能被埋藏保存下来的仅是其中的一部分。因此，能保存泥炭层并转化为煤层的地区必须具备泥炭层堆积的条件，同时具备泥炭层得以埋藏保存的条件。只有当地壳下降速度大于泥炭堆积速度时，泥炭层才会被上覆沉积物所掩埋而保存下来。

　　自然界中沼泽水面上升和泥炭层堆积速度间的平衡是有条件的、相对的、暂时的。泥炭层堆积的整个过程往往是不同补偿方式的反复交替，因而形成的煤层有各种不同的形态和结构。

　　根据煤层中有无其他岩石夹层的存在，煤层可分为两类结构：不含夹石者称为简单结构；反之为复杂结构。煤层中的夹层亦称夹矸。常见的是黏土岩、炭质泥岩或粉砂岩，有时煤层夹矸为石灰岩、硅质岩、油页岩、细砂岩甚至砾岩，如广西、浙江等地的晚二迭世煤系以及湘、鄂、川、陕等地的早二迭世煤系的煤层中就有石灰岩透镜体。有些中新生代煤田煤层中有油页岩的夹层。在内蒙古个别煤田中，煤层中曾见过厚 1m 多、长大于 100m 的砾岩透镜体。

　　煤层中夹层的多寡及其分布主要取决于聚煤期的古构造和古地理条件。华北石炭二迭纪煤田，聚煤期沉积环境比较稳定，常见简单结构的煤层。东南沿海各省中生代煤系，常因沉积环境不稳定而多复杂结构煤层。

　　煤层夹矸的物质来源取决于泥炭沼泽所处的沉积环境。与河流毗邻的泥炭沼泽，夹矸主要是越岸沉积物，有从悬浮物质沉积下来的黏土、粉砂，也有底负载的砂砾堆积。根据水动力方式和沉积物特征，可进一步区分为越岸洪泛沉积和决口扇沉积。越岸洪泛沉积物粒度较细，在煤层中形成楔形薄夹层，距河床边缘越远夹石层越薄；决口扇沉积物较粗，包括底负载沉积物，夹石层平面形态呈朵状或扇状，造成煤层向河道方向分岔、变薄和尖灭。泥炭沼泽外围有火山活动时，火山喷发物可形成煤层的夹矸。例如，我国黔西、滇东地区晚二叠世含煤岩系的煤层中，常常发育由火山灰蚀变而成的高岭石黏土岩夹矸，成层极薄，一般厚仅几厘米至数十厘米，但其展布范围可达百余公里。高岭石黏土岩夹矸的层位稳定，特征明显，是直接识别煤层层位的良好标志层。滨海泥炭沼泽，由于风暴、潮汐作用可能遭受海水内侵，形成碳酸盐岩或硅质岩夹矸，常沿一定层位呈透镜状产出。由于地下水位的波动，泥炭沼泽和覆水盆地经常转化，覆水盆地内也可形成与煤共生的黏土岩、油页岩夹矸等。此外，煤层中的夹矸也有可能是由残余矿物质形成的，即在泥炭沼泽干涸期，泥炭层暴露于大气中，有机质遭受氧化分解，而矿物质则残留下来形成夹矸。总之，煤层中夹矸的岩石类型、层数、厚度和侧向变化主要取决于沉积-构造条件。一般情况下，稳定的坳陷盆地和滨海沉积环境下形成的煤层及夹矸，侧向较稳定，结构较简单，断陷盆地和内陆沉积环境下形成的煤层，结构复杂，有些厚煤层含夹石可达几十层，且常常呈透镜状产出。

　　煤层的结构对煤炭和煤层气开发都有一定影响。当煤层中含有较厚夹矸时，可实行煤分层与夹石层的分采；当煤层结构复杂而难以分采时，夹石将掺入煤中，使原煤质量降低。因此在煤田地质勘探阶段，应当查明煤层结构，并做出原煤质量的初步评价。

2.4.2　煤化作用及其特征

　　当泥炭形成后，由于沉积盆地的沉降，泥炭被埋藏于深处，在温度、压力增高等物理、化学作用下，形成褐煤、烟煤、无烟煤和变无烟煤的过程，称为煤化作用阶段，包括成岩作用阶段和变质作用阶段。对于腐泥来说，则经历了硬腐泥、腐泥褐煤、腐泥亚烟煤、腐泥烟煤到腐泥无烟煤的煤化作用。

　　煤与岩石的成岩作用与变质作用不完全等同，主要是因为煤是一种可燃有机岩石，对于温度、压力变化的反应比无机沉积物敏感得多，所以沉积物的成岩与变质作用往往要滞后于煤。煤的物理、化学煤化作用，表现为煤级和煤的成熟度的变化，是低程度变质作用在有机岩石中的一种表现形式。

　　1) 煤的成岩作用

　　泥炭形成后，由于盆地的沉降，在上覆沉积物的覆盖下被埋藏于地下，经压实、脱水、增碳作用，游离纤维素消失，出现了凝胶化组分，逐渐固结并具有了微弱的反射力，经过这种物理化学变化转变成年轻褐煤。这一转变所经历的作用称为煤的成岩作用。Stach 认为，这种作用发生于地下 $200 \sim 400\mathrm{m}$ 的浅层。

　　煤有机质的基本结构单元主要是带有侧链和官能团（如羟基—OH、甲氧基—OCH_3、羧基

—COOH、甲基—CH₃、醚基—O—、羰基═C═O 等)的缩合稠环芳烃体系。在成岩作用中，煤受到复杂的化学和物理煤化作用。化学煤化作用主要反映在泥炭内的腐植酸、腐植质分子侧链上的亲水官能团，以及环氧数目不断地减少，形成各种挥发性产物，并导致碳含量增加，氧和水分含量减少。

2) 煤的变质作用

煤的变质作用是指年轻褐煤，在较高的温度、压力及较长地质时间等因素的作用下，进一步受到物理化学变化，变成老褐煤(亮褐煤)、烟煤、无烟煤、变无烟煤的过程。这一阶段所发生的化学煤化作用表现为腐植物质进一步聚合，失去大量的含氧官能团(如羧基—COOH 和甲氧基—OCH₃)，腐植酸进一步减少，使腐植物质由酸性变为中性，出现了更多的腐植复合物。本阶段物理煤化作用表现为结束了成岩凝胶化作用，形成凝胶化组分。

由于有机质的基本结构单元主要是带有侧链和官能团的缩合稠环芳烃体系，碳元素主要集中于稠环中。稠环的结合力强，具较大的稳定性。侧链和官能团之间及其与稠环之间的结合力相对较弱，稳定性差。在煤化过程中，随温度及压力的增加，侧链和官能团不断发生断裂与脱落，数目减少，从而形成各种挥发性产物，如 CO_2、H_2O、CH_4 等逸出。

3) 煤化作用特点

煤有机质的基本结构单元，主要是带有侧链和官能团的缩合芳香核体系。在煤化过程中，侧链和官能团由于结合力较弱，数目不断减少，断裂分解成挥发性产物而逸去，一部分碳元素转入并集中在碳网中，因此基本结构单元中缩聚芳香核的数目不断增加，到无烟煤时，则主要由缩聚芳香核所组成。当泥炭形成后，在温度、压力作用下，形成褐煤、烟煤、无烟煤、变无烟煤的过程中具有如下特征：

(1)增碳化趋势。由泥炭阶段含有 C、H、O、N、S 五种主要元素，演变到无烟煤阶段基本上只含碳一种元素。煤化作用过程，也可称作异种元素的排出过程。排出的方式是由其他元素和碳结合构成挥发性化合物，因此造成了随煤化程度增加，煤中的挥发物减少，碳含量增加。

(2)结构单一化趋势。由泥炭阶段含多种官能团的结构，逐渐演变到无烟煤阶段只含缩合芳核的结构，最后演变为石墨结构。煤化作用过程实际上是依序排除不稳定结构的过程。

(3)结构致密化和定向排列趋势(反光性能增强)。随煤化作用的进行，煤的有机分子侧链由长变短，数目变少；腐植复合物的稠核芳香系统不断增大，逐渐趋于紧密，分子量加大，缩合度提高，分子排列逐渐规则化。从混杂排列到层状有序排列，因此反光性能增强。

(4)煤显微组分性质的均一性趋势。煤化作用过程中还表现为煤显微组分性质的均一性趋势，在煤化作用的低级阶段，煤显微组分的光性和化学组成结构差异显著，但随着煤化作用的进行，这些差异趋于一致，变得越来越不易区分。

(5)煤化作用的不可逆性。煤化作用能否形成连续的系列演化过程，取决于具体地质条件。例如，含煤盆地由沉降转变为抬升，这就会导致煤化作用的终止；如果后来由于岩浆作用的加剧，或盆地再度沉降，那么煤化作用还可能再次进行下去。

(6)煤化作用发展的阶段性和非线性和。其表现为煤化作用的跃变，简称煤化跃变。煤的各种物理、化学性质的变化，在煤化进程中，快、慢、多、少是不均衡的。20 世纪 40 年代，英国煤岩学家指出，煤化过程中镜质组反射率的增高是跳跃式的。1939 年 Stach 提出，挥发分为 28%时，类脂组出现煤化作用转折。70 年代以来，提出了煤化过程中的 4 次明显变化，即煤化作用跃变：分别为长焰煤开始阶段（C_{daf}=75%～80%，V_{daf}=43%，$R_{o,max}$=0.6%）、肥煤到焦煤阶段（约 C_{daf}=87%，V_{daf}=29%，$R_{o,max}$=1.3%）、烟煤到无烟煤阶段（C_{daf}=91%，V_{daf}=8%，$R_{o,max}$=2.5%）、无烟煤与变无烟煤（超无烟煤）阶段（C_{daf}=93.5%，H_{daf}=2.5%，V_{daf}=4.0%，$R_{o,max}$=4%）。煤中有机质的演化及煤层气生成受控于煤化作用跃变，因此必然反映出相关的阶段性演化特征。

煤有机质的基本结构单元为带有侧链和官能团的缩合芳香核体系。煤的各种性质如物理性质、化学性质、煤储层特征和工程力学特性都取决于煤的化学结构特性。

2.5　煤的变质类型及变质程度

2.5.1　煤的变质类型

在煤化作用过程中，热增温对煤的变质起着主导的作用。由于引起煤变质的热源和增热的方式及变质特征的不同，将煤的变质作用划分为深成变质作用、岩浆变质作用（区域岩浆热变质作用、接触变质作用和热液变质作用）和动力变质作用[1-5]。

1. 深成变质作用

深成变质作用是指煤层因沉降而埋藏于地下深处，由于地热及上覆岩系静压力作用下所发生的变质作用。这种变质作用的增高，往往与煤层埋藏深度加大有直接关系。煤的各种性质及特征随埋藏深度的增加而变化的现象，早为人们所关注。德国学者希尔特（Hilt）1873 年曾针对西欧若干煤田煤变质规律提出：在地层大致水平的条件下，每百米煤的挥发分降低约 2.3%，即煤的变质程度随埋藏深度的加深而增高，称为希尔特规律。例如，乌克兰和俄罗斯石炭纪的顿涅茨煤田，决定其煤质变化的主要变质作用类型为深成变质作用。该煤田为一大的复向斜构造，煤种齐全，包括褐煤、长焰煤到贫煤和无烟煤。从复向斜边缘向中部，由西向东，随着石炭系各岩组的厚度增加，其变质程度有规律地增高。在地层剖面中，从上部煤层到下部煤层，煤的变质程度符合希尔特规律。深成变质作用实质上是在地壳热场作用下，有机质在一定温度下发生长期而连续的变化过程。

深成变质作用主要是由地热引起的。由于地热是由地表向地下深处逐渐增高的，故又称为地热变质作用，又因为其影响的广泛性，还将深成变质作用称为区域变质作用。

希尔特规律可用变质梯度表示。变质梯度是指煤在地壳恒温层之下，每加深 100m 煤变质程度增高的幅度。煤的变质梯度常用煤中可燃基挥发分减少的数值（ΔV_{daf}，即挥发分梯度是指向地下每加深 100m 挥发分减少的数值），或镜质组反射率增大的数值（$\Delta R_{o,max}$，即镜质组反射率梯度）来表示。不同煤田由于地温梯度不同，挥发分梯度也不相同。如我国山西阳泉、大同煤田中挥发分梯度为 1.4%～3.3%，豫西煤田挥发分梯度为 2%～3%，鲁中章丘煤田挥发分梯度为 4%等。

2. 岩浆变质作用

由于岩浆热、挥发分气体和压力的影响，煤发生了变质作用。这种变质作用形成的条件是岩浆的侵入、穿过或靠近煤层或煤系。根据侵入岩体的大小和侵入部位，以及侵入岩体与煤层的直接接触或间接影响，进一步划分为区域岩浆热变质作用、接触变质作用和热液变质作用。

1) 区域岩浆热变质作用

煤的岩浆热变质作用是岩浆作用所产生的地热异常引起的，可划分为浅成岩浆热变质作用、中深成岩浆热变质作用和深成岩浆热变质作用。这种变质作用又称为区域热力变质作用或远程岩浆变质作用等。

区域岩浆热变质作用与深成变质作用的特征有若干相近之处，但在受热温度高低、时间长短及受热均匀程度上又有许多不同之处。区域岩浆热变质作用有以下主要特征。

(1) 由于变质作用在区域地热场上叠加了岩浆热，故地区的地热温度较高，地热梯度较大，煤变质的垂直分带明显，变质带厚度及平面宽度都较小。

(2) 这种变质作用所产生的变质带，在平面上的展布特征与煤系和上覆岩系等厚线的展布无关，而与深成岩体分布有一定关系。例如，我国黑龙江双鸭山煤田中辉长岩岩株出露宽2km，长4km，围绕岩体煤级呈同心环带分布。

(3) 煤的变质程度取决于岩体大小，以及与岩体距离的远近。距岩体近的煤变质程度高，并常有热液矿化现象，远离岩体则变质程度较低。

应该指出，在这种区域热力变质过程中，由于岩浆热液作用，无烟煤带的围岩往往发生蚀变，如硅化、叶蜡石化、绢云母化、碳酸盐化、绿泥石化、黄铁矿化作用等，且石英砂岩变为石英岩，灰岩变质为结晶灰岩或大理岩，泥质岩变质为板岩。特别是热液石英脉的发育，是区域岩浆热变质作用的标志之一。

岩浆热变质作用多与隐伏岩体有关，所以确定隐伏岩体的形成时代、性质、产状、规模和埋深，以及岩体分布规律等，可为进一步认识煤变质作用和煤质预测提供重要依据。

2) 接触变质作用

当岩浆侵入或贯穿含煤岩系或直接与煤层接触时，岩浆的高温与压力作用导致接触带附近的煤发生变质作用，即接触变质作用。煤层受接触变质作用的影响范围取决于侵入体的性质、产状，以及侵入规模与煤层的接触关系。

接触变质作用的特点是煤层在较短的时间内受高温的影响，一般在接触带附近有煤与岩浆物质的混熔现象，也常见在岩浆岩内有煤的捕虏体；岩浆侵入煤层中往往出现块状天然焦、柱状天然焦、焦性煤和正常煤的分带现象；有时，在高温接触带上可形成石墨、红柱石、电气石、硅线石等热变质矿物；有的煤中，出现各向异性的微粒状球体和由这些球体凝固而成的特殊镶嵌结构；煤层由于受岩浆物质渗入的影响及部分有机质受热呈气态逸出，煤的灰分增加，挥发分、水分及发热量降低，黏结性和结焦性能下降，气孔结构发育。例如，湖南南部骑田岭煤矿，由于受印支-燕山期岩浆活动的影响，黑云母花岗岩侵入二叠纪龙潭煤系中，其北部、南部和西部煤系发生位移、变形，煤层与岩基、岩株接触，在高温、高压影响下形成石墨矿。

3) 热液变质作用

地下深处由于岩浆活动而使岩浆内派生的气液物质向围岩渗流，或由于地下水热液沿断裂带上升对流而形成地热系统，从而将气水热液物质携带至浅部释放热量，造成地热异常并促使煤发生变质，这种作用称为热液变质作用。在早期的热液变质作用研究中，比较强调岩浆热液的传导热方式，而忽视了传导效率更高的载热流体——地下水的对流方式及其影响。热液变质作用在青海热水矿区、东北伊敏矿区，以及宁夏、甘肃的某些矿区都有发现。

3. 动力变质作用

动力变质作用主要指由于地壳运动的影响，岩层受到强烈的挤压、剪切，或由于强大构造应力长期作用，内外摩擦持续积累热或者由于构造动能不断转化为构造热能，从而使煤发生变质的一种作用。如河南登封煤田，就存在由于芦店滑动构造产生的剪切应力导致的构造动力变质现象。20 世纪 30 年代，以美国怀特（White）为代表的学者曾认为，煤的变质主要受构造控制，从而夸大了动力变质作用的影响。应该指出，动力变质作用在自然界是存在的。

经构造动力变质作用的煤常被破碎，宏观煤岩特征发生以下变化。

（1）光亮型煤：受挤压作用后被碾成鳞片状并定向排列，表面光滑，彼此紧贴，疏松，易碎。

（2）半亮型煤、半暗型煤：受动力作用后紧压在一起，光面多且布满擦痕。

（3）暗淡型煤：在构造应力作用下，破碎成粒状，有时被挤压成致密坚硬的块体。

经构造动力变质作用影响的煤，其挥发分减少，反射率值 $R_{o,max}$ 增大，H/C 值明显降低。据 X 射线衍射分析，受动力变质影响的煤与非动力变质煤相比，煤的分子结构中层状芳香叠片在 X 射线衍射面网间距 d_{002} 值与叠片直径 L_a 值相差无几，而叠片高度 L_c 值明显偏大，叠片间距中的 d_{101} 值小得多。在以构造动力变质作用为主的地区，煤质分布常与构造应力的强度、方向、构造变形及累积热量的大小有关。

鉴于构造应力变质作用和构造动力变质作用在实际应用中难以区分，因而可将两者统称为构造动力变质作用或构造变质作用。

2.5.2　煤的变质程度

1. 煤化程度指标

煤化程度指标简称煤化指标，又称煤级指标。由于煤化作用是一个复杂过程，不同煤化阶段中各种指标变化的显著性各不相同。因此对于一定煤化阶段往往具有不同的煤化指标，如水分、发热量、氢含量、碳含量、挥发分及镜质组反射率、壳质组的荧光性和 X 射线衍射曲线等[4]。随着煤化程度的增加，这些煤化程度指标有规律地变化（表 2-14）。

表 2-14　常用煤级指标在不同煤级的变化情况表[4]

煤级指标（镜煤样）	测值变化范围①			
	褐煤	低煤级烟煤	高煤级烟煤	无烟煤
水分 M_{ad}/%	28～5	<5～11②	1±	1～2②
挥发分 V_{daf}/%	63～46	<46～24	<24～10	<10～2②
碳含量 C_{daf}/%	60～75	>75～87②	>87～91②	>91～96②
氢含量 H_{daf}/%	7～6②	<6～5.6②	<5.5～4②	<4～1
发热量 $Q_{daf,gt}$/(MJ/kg)	16.7～29.3	>29.3～36.17	≥36.17	≤36.17
折射率 N_{max}	1.680～1.732	>1.732～1.859	>1.859～1.940	>1.940～2.058
吸收率 K_{max}	0.010～0.027	>0.027～0.077	>0.077～0.130	>0.130～0.351
反射率 $R_{o,max}$/%	0.28～0.50	>0.50～1.50	>1.50～2.50	>2.50～6.09
R^1_{max}/%	6.40～7.20	>7.20～9.40	>9.40～11.50	>11.50～16.55
双反射率 $(R_{o,max}-R_{max})$/%	0	0	0～0.5	>0.5～5
X 射线衍射面网间距 $(d_{002/0.1}nm)$②	4.1907～4.0401②	4.0401～3.5341②	3.5341～3.4760②	3.4760～3.4269②

①表示各指标测值的变化范围是按煤级增加的方向排列的；

②表示规律性差。

煤的挥发分产率和镜质组反射率是反映煤化程度的有效指标，在煤层气地质研究中煤的挥发分产率和镜质组反射率是最常用的两个煤化程度指标，其中又以镜质组反射率应用效果最好。镜质组反射率作为衡量煤化程度的最好标志，能直接地反映煤系物质的生烃过程。

煤的镜质体反射率是指煤抛光表面，在垂直反射时，反射光强度和入射光强度的百分比值，一般用 R 表示：

$$R = \frac{\gamma_{\text{反射光强度}}}{I_{\text{入射光强度}}} \times 100\% \tag{2-3}$$

煤类的划分是根据煤的性质及用途来进行的，具体是根据反映煤的性质的某些参数，如镜质组反射率、挥发分等来划分的。以前中国对煤类划分缺乏详细研究，仅根据煤的水分、灰分、挥发分及固定碳等测试指标来进行煤质评价，只粗略地划分出褐煤、烟煤和无烟煤三大类。中华人民共和国成立后，随着煤田地质勘探工作的全面开展以及一些先进测试手段的引进，开始了煤类划分的系统研究。20 世纪 60 年代制定的中国第一个全国统一的炼焦用煤的分类方案，是根据挥发分 V^r 和胶质层厚度 Y_{mm} 将烟煤细分为长烟煤、气煤、肥煤、焦煤、瘦煤和贫煤以及它们之间的过渡煤类(煤种)。此方案在中国煤田地质勘探及生产中一直沿用至 20 世纪 80 年代中期，它是中国煤质评价的主要规范，全国各主要煤田绝大多数地质报告中有关煤质的资料都是以此为根据的。20 世纪 70 年代中国开始酝酿修改煤分类方案，经过 10 多年的研究和讨论，于 1985 年提出了中国新的煤分类方案，随后并作为国家统一标准(GB 5751—1986)，从 1986 年开始试用。此方案的应用范围有所扩大，还细分了褐煤和无烟煤的煤类，并规定其参数指标为发热量 Q、透光率 P_M 和氢含量 H_{daf}、挥发分 V_{daf}；烟煤中除原有煤类外，又新分出 1/3 焦煤新煤类，并用挥发分、黏结性指数 GI 和胶质层厚度重新规定了煤类间的划分界线。1986 年后，煤田地质补充勘探工作和煤矿生产煤产品的质量评定已开始试用新的煤分类方案，但 1986 年以前的煤质分析没有黏结性指数和透光率项目，使得新旧方案间煤类换算存在困难，所以实际工作中多数资料不得不沿用旧的煤分类方案。

从煤岩学的角度来看，煤的性质主要取决于煤的组成和煤的变质程度。煤的组成指煤的显微与宏观的组分和类型，它是成煤植物沼泽环境的反映，成为划分煤成因系列和成因类型的依据。煤的变质程度是成煤植物形成泥炭后在地下经受温度、压力影响而发生化学组成、性质和结构演变的最终结果，是不可逆化学反应的逐渐累积。由于煤的变质程度是成煤物质化学组成和结构的反映，因而，煤的变质程度与煤的某些特殊性质(如黏结性、结焦性等)和用途密切相关，即与煤分类密切相关，它是煤类划分的实质性综合因素。

成煤植物残体在沼泽中堆积后，在流水、富氧或滞水贫氧的环境中遭受微生物作用而腐化、降解并进行凝胶化作用，植物中的纤维素与木质素等化合物的结构被破坏降解，其产物多为亲水化合物，如各类腐殖酸冻胶和溶胶等。继此之后，泥炭被掩埋，在上覆沉积物的负荷压力作用下，泥炭在经受凝胶化作用的同时被压实脱水，结构也发生了明显的变化，从纤维交织状变成黏结层状。泥炭由此转变成软褐煤、褐煤。此后，随着沉降的继续，压力和地温升高(达 50~60℃)，煤变质作用开始进行，成煤物质除继续脱水外，主要转变为有机化合物的热解与合成，形成气体逸出及新的化合物，如次生沥青；当温度继续升高到超过沥青物质的稳定温度时，沥青进一步热解(裂解)放出甲烷和残留不溶的高度芳构化的大分子化合物。在煤变质作用过程中，随着煤中有机化合物组成和结构的演化，其物理、化学及工艺性质等一系列特征也相应发生有规律的变化；碳含量相对增加，氢含量及可热解挥发物相对减少；黏结性随次生沥青质的形成和裂解呈现先增强后减弱，最后消失的变化过程；随着煤固体残余物聚合而成的聚合大分子的增加，煤的真密度增大，吸收率及反射率增强，透光率减弱。上述种种特征表明，煤的变质程度决定了煤的性质。

目前，煤变质程度的划分有两个系统：一是将煤变质的整个过程从低到高划分为若干个递变阶段，如苏联的阿莫索夫、中国煤炭科学研究总院西安分院张秀仪等都划分为 8 个阶段，编号为 0~Ⅶ，0 阶段为褐煤阶段，代表其尚未经受变质作用，Ⅰ~Ⅶ 阶段表示煤变质程度不断加深的不同等级，它们与根据煤化学工艺性质而划分的煤工业分类相对应；二是将煤和沉积有机质的变质看成一个连续的演化过程，用一种或几种容易测定、单方向变化且易于对比的特征指标作为衡量标准，目前为大多数地质工作者所采用的特征指标是镜质组反射率。上述两种煤变质程度的划分系统各有其优点，前者有利于直接评价煤的工业用途，故为煤炭加工利用部门广泛采用；后者更能反映地质演化历史，故为广大煤地质、石油地质、盆地热演化等方面工作者所采用。

我国各煤种煤的镜质组最大反射率变化范围如表 2-15 所示。

表 2-15　我国各煤种煤的镜质组最大反射率变化范围

煤级	褐煤	长焰煤	气煤	肥煤	焦煤
$R_{o,max}$/%	<0.50	0.50~0.65	0.65~0.90	0.90~1.20	1.20~1.70

煤级	瘦煤	贫煤	无烟煤		
			三号	二号	一号
$R_{o,max}$/%	1.70~1.90	1.90~2.50	2.50~4.0	4.0~6.0	≥6.0

2. 煤变质程度分布

煤层气的形成与一定的煤变质程度有着紧密联系，煤的挥发分产率和镜质组反射率是反映煤化程度的有效指标，其中又以镜质组反射率应用效果最好。镜质组反射率作为衡量煤化程度的最好标志，能直接地反映煤系物质的生烃过程。按一般规律，煤层的生烃过程基本顺序为：液态烃(油)-湿气-干气。三者的关系不是截然的接续转换过程，而是叠覆延续过程。煤变质程度分布反映了煤的生气能力和强度，决定了煤的各种性质如物理性质、化学性质、煤储层特征和工程力学特性分布的规律性。

如沁水盆地煤层的生气门限值为：$R_{o,max}$=1.0%，生气门限温度为 128.58℃。煤层生气死亡线为：$R_{o,max}$ = 3%~3.5%，相应的古地温为 223.5~236.82℃。煤层生气窗为：$R_{o,max}$ = 1.0%~3.5%，古地温在 128.58~236.82℃。生气高峰在 $R_{o,max}$=1.35%~2.0%，相应古地温在 154.51~188.47℃。说明沁水盆地煤层的生气高峰阶段主要在焦煤和瘦煤变质阶段。统计表明，整个沁水盆地石炭-二叠系主煤层 $R_{o,max}$ 在 0.85%~4.78%。其中寿阳地区为 0.85%~2.92%，樊庄地区为 3.1~3.85%，潘庄一号井为 2.55%~4.78%，潘庄二号井为 3.29%~4.38%，同时对这些地区的大部分钻孔来说，同一矿区 15# 煤层的 $R_{o,max}$ 比 3 煤层的 $R_{o,max}$ 高出 0.2%~0.3%。

沁水盆地南、北两端 3# 煤层和 15# 煤层镜质组反射率最大，由南、北两端向盆地深部减小；在盆地北部，镜质组反射率由北向南由小增大，再由大变小；在盆地南部，镜质组反射率由北向南逐渐增大，在沁水盆地最南部达到最大，一般都在 3.5% 以上；在东西方向，由盆地轴部，向东西两侧逐渐减小，但向东减小的幅度比向西减小的幅度小。

在垂向上，太原组较山西组高出一个煤级，山西组主采煤层 3#煤到太原组主采煤层 15#煤，挥发分差值为 1.0%～6.8%，若两层煤的间距近似取 100m，则沁水盆地煤层的挥发分梯度为 1%～7%/100m；镜质组反射率变化的差值为 0.2%～0.3%，反射率梯度为 0.2%～0.3%/100m。晋城地区由于变质程度过高(二号无烟煤)，反射率差值较小；襄汾地区受接触变质影响，反射率区间值为 6.95%～8.17%，差值较大，为 1.22%。

沁水煤田煤层厚度大，分布较稳定。煤的变质程度普遍较高，煤级均在肥煤以上，主要为高级烟煤(焦煤、瘦煤、贫煤)及无烟煤。在煤田北部，煤类主要为一号无烟煤及贫煤，煤田南部主要为无烟煤和贫煤，局部为二号无烟煤。煤田东部以瘦煤、贫煤为主，偶见一号无烟煤及少量的焦煤。煤田中部及腹部主要为贫煤及无烟煤。太原组为肥煤、焦煤、瘦煤、贫煤、无烟煤；山西组为气煤、肥煤、焦煤、瘦煤、贫煤、无烟煤；太原组的焦煤、瘦煤、贫煤、一号无烟煤的比例高于山西组。

沁水盆地煤种的平面展布具有明显的分带性，煤变质分带是埋藏深度的不同引起的深成变质差异与区域岩浆热变质的综合产物，但深成变质作用占有相当重要的地位，在三叠纪末已形成低煤级的烟煤，至中生代古地温的升高，导致深成变质作用的进一步加强，它是影响沁水煤田现今煤级分带的主导因素，燕山运动以后，强烈的构造活动及深部岩浆活动是煤田南北两端高变质带形成的重要因素。喜山期构造活动产生新生代断陷盆地，使煤层埋深又一次加大，从而导致深成变质作用的继续。

晚古生代和中生代早期，华北板块在持续沉降的稳定时期，聚煤盆地广泛沉积了晚古生代含煤地层和三叠纪地层，煤层在此期间经受了深成变质作用。变质程度取决于煤层上覆地层厚度。深成变质形成的煤类是不同埋藏类型多次叠加作用的结果，其中对全区起主导作用的是 P+T 的沉降，它促成研究区煤层煤类平面分布的整体规律性。前人曾利用沉积速率等方法恢复出沁水盆地二叠系和三叠系原始沉积厚度(表 2-16)，从表 2-16 中可以看出，沁水盆地含煤岩系在燕山运动前埋深曾经达到 4000m 以上。

杨起等 1988 年对华北石炭二叠纪煤变质研究指出，三叠纪后期沁水盆地煤层上覆岩系厚度为 2200～4200m，南部侯马、晋城一带最厚，向北逐渐减薄，北部阳泉一带为 2200m 左右，依据正常地温增率(3℃/100m)推测，此深度下的煤化温度为 80～140℃。普遍的深成变质作用可使煤的演化程度达到中级烟煤阶段。燕山运动形成沁水复式向斜，煤层埋藏深度自盆地边缘向中心逐渐增大，此间，地温拱隆，大地热流背景值升高，尽管含煤地层整体抬升，但深成变质作用仍在继续，出现以中部无烟煤

表 2-16　沁水盆地二叠系、三叠系原始沉积厚度表[11]

地区	厚度/m		
	P	T	P+T
交城	704	1730	2434
洪洞	686	2396	3082
阳泉	818	1500	2338
左权	816	1753	2570
武乡	780	2649	3429
沁源	642	2492	3132
晋城	861	3301	4162
长治	1046	2220	3266
侯马	692	3580	4272
临汾	732	3002	3734

区为中心，向边部依次为贫煤、瘦煤、焦煤等煤种的分带特征，这一时期的变质作用基本奠定了沁水盆地现今煤变质的格局。但在盆地北部和南部边缘地带出现浅部煤级高、深部煤级低的现象，很显然深成变质作用不是造成当今煤变质面貌的唯一原因。天然焦的微观研究证实，

焦化组分确实是由低变质煤转变而来的,所以现今沁水盆地煤变质带的展布格局是在深成变质作用的基础上叠加了区域岩浆热变质作用。

总观盆地煤变质作用,具有以下特点。

(1)煤变质分带呈半环状特征:无论是山西组 3# 煤层,还是太原组 15# 煤层,盆地南、北为高变质无烟煤,围绕着高变质地区呈半环带状分布是本区煤变质分带的一个特点。

(2)煤级变化距离短。在深成变质作用下,垂向上每增高一个煤级,煤的埋藏深度要增大 1000m。但沁水盆地山西组主采层与太原组主采层间距在 100m 左右,但反射率和挥发分差值大多都高出一个煤级;平面上延伸不远则出现煤级变化。

(3)地温梯度和变质梯度高。从盆地变质指标的垂向变化看,沁水盆地煤的反射率梯度大于 0.1%/100m,挥发分梯度大于 1%/100m。从以往对西北地区煤变质研究成果看,正常地温下的深成变质作用的反射率梯度远小于 0.1%/100m,挥发分梯度也只有每百米百分之零点几。而本区煤的变质指标的梯度比正常深成变质作用要高出一个数量级。变质梯度高可归结到地温梯度的变化。从沁水盆地构造热演化史研究结果看,燕山运动以后,太行隆起、太岳隆起及沁水向斜的形成,改变了原有的均衡热演化条件,尤其是太行隆起引起莫霍面深度的改变,造成大地热流背景值升高。此外,构造运动使岩浆活动加剧,形成了一些规模不等的侵入体,也使局部地温背景值升高,例如,阳泉、晋城等地的煤系基底侵入体的存在,使这些地区地温背景值异常高,煤的变质作用加剧,变质指标垂向上变化大,变质梯度高。

(4)煤中热变组分发育。煤岩测定发现,煤中存在中间相小球体、热解碳、各向异性体等次生的热变组分,而且煤级越高出现的概率越大,煤岩学研究认为,各向异性热变组分是煤层经受岩浆热变质作用的证据。

综上所述,深成变质作用是构成沁水盆地煤的变质格局的基础。区域岩浆热变质作用是部分地区煤变质程度增高的原因。

2.6　煤层气形成及其赋存的分带性

2.6.1　煤层气的成因

由上面的分析可以看出,煤层气的形成主要取决于煤化作用的过程和煤中不同显微组分。煤化作用中随温度、压力的增加,煤的挥发分逐渐减少,由褐煤、烟煤到无烟煤阶段,大约从 50% 降至 5%。这些挥发分主要以 CH_4、CO_2、H_2O、N_2、NH_4 等气态产物形式逸出,形成煤层气的基础。在煤化作用多次跃变中,不仅发生煤的变质,而且每次跃变都相应出现一次成气的高峰。Karweil 1969 年据此提出了各阶段煤化作用的产气量(图 2-2)。在全部煤化作用的过程中,煤中有机质的基本结构单元(缩合稠环芳烃体系)不断减少所带有的侧链和官能团,如羟基—OH、甲基—CH_3、羧基—COOH、醚基—O—等,可形成各种挥发性产物,其中 CH_4 逐渐增多,特别是在烟煤转变为无烟煤的第三次跃变,释放出大量 CH_4。从图 2-2 可看出,煤化过程中产出以 CH_4 为主的挥发性产物,同时发生芳核进一步缩合。碳元素进一步集中的碳网中,随煤化作用的加深,基本结构单元中缩聚芳核的数目不断增加,到无烟煤阶段则主要由缩聚芳核组成。煤化作用中不同官能团和芳核缩合程度的演化,还可从煤的红外光谱图出现的相应特征性的吸收带反映出来[3](图 2-3)。

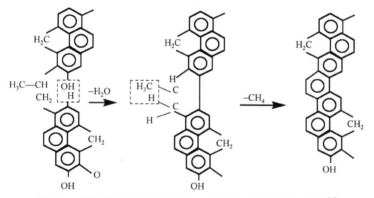

图 2-2　煤化作用（碳含量 83%～92%）的反应模式示意图[4]

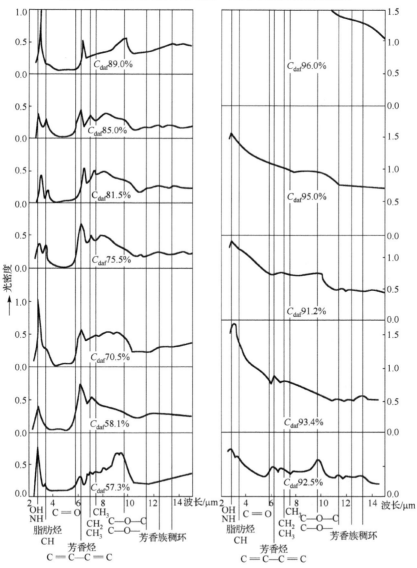

图 2-3　煤的红外光谱[4]

　　褐煤(C_{daf}为57.3%)的红外光谱吸收带多,尤其反映在含氧官能团(OH,C—O,C—O—C)的吸收带明显,表明有大量含酸性官能团的腐植酸存在,而反映芳香稠环的吸收带不明显,说明碳网缩合程度低;到气肥煤阶段(C_{daf}为85.0%),含氧官能团吸收带变得不如褐煤明显,芳香烃吸收带很明显,同时在芳香族稠环的吸收带上也已有反应,说明该阶段官能团减少,碳网缩合度进一步增加;到无烟煤阶段,反映侧链和官能团的吸收带几乎全部消失,线型单一,仅芳香族稠环吸收带明显,表明碳网缩合程度更加增强。

　　煤化作用中,煤的不同显微组分对成气的贡献不同。Jüntgen 1966年研究了这种差异,并得出自肥煤到无烟煤阶段(C_{daf}为85%~95%),类脂组、镜质组和惰性组三种不同显微组分的脱气阶段和数量均各有区别(图2-4)[4]。

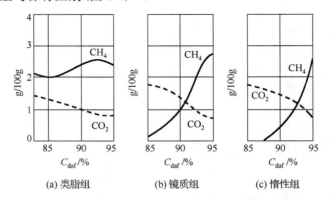

图2-4　煤化作用中各有机显微组分产出的CH_4和CO_2

2.6.2　煤层气的成因类型

　　早期煤层气成因类型的划分,主要依据煤层气气体成分和甲烷碳、氢同位素组成的特征,认为煤层气主要有生物成因气和热成因气两类,其中生物气有原生生物气和次生生物气之分[12]。Scott等将热成因气进一步细分为早期热成因湿气和主期热成因干气[13]。Song等把煤层气划分为5类:原生生物气、次生生物气、热降解气、热裂解气及混合成因气[14]。

　　生气母质类型、演化过程及形成机理等是煤层气成因类型划分的重要依据,而掌握各成因类型煤层气的气体成分、同位素组成以及母质生物标志化合物等地球化学特征成为准确判别煤层气成因的关键[14-16](表2-17)。

　　在煤系地层中的煤层或分散的Ⅲ型干酪根,由于其结构单元主要是带有多种侧链和官能团(如羟基—OH、甲氧基—OCH_3、羧基—COOH、甲基—CH_3、醚基—O—、羰基=C=O等)的缩合稠环芳烃体系。碳元素主要集中于稠环中,稠环的结合力强,具有较大的稳定性。侧链和官能团之间及其与稠环之间的结合力相对较弱,稳定性差。因此,在煤化过程中,随温度及压力的增加,侧链和官能团不断发生断裂与脱落,数目减少,从而形成各种挥发性产物,如 CO_2、H_2O、CH_4 等逸出而形成煤层气;随着煤化作用的进行,煤的有机分子侧链由长变短,芳香稠环大分子化合物缩聚而进一步固化为残余含碳化合物。

　　从总体上讲,煤层气的生成包括三个阶段:①原生生物气阶段;②热成因气(含热降解和热裂解作用)阶段;③次生生物气阶段。三个阶段的产物分别称为原生生物成因气、热成因气和次生生物成因气。其特征如下。

表 2-17　煤层气成因分类表[14-16]

成因类型			示踪指标		R_a/%	备注
			同位素组成	组分特征		
有机成因	生物成因	原生生物气	$\delta^{13}C_1 < -55‰$	$C_1/C_{1-5} > 0.95$ $C_1/(C_2+C_3) > 1000$	$\leqslant 0.6$	生成早，难保存
		次生生物气　醋酸发酵气 CO_2还原气	$\delta^{13}C_1 < -55‰$ $\delta^{13}C(CO_2):-40‰\sim 20‰$ $\delta D_1:-415‰\sim -117‰$ $\varepsilon(CO_2-CH_4):60‰\sim 80‰$	$C_1/C_{1-5} > 0.95$ $C_1/(C_2+C_3) > 1000$ $CDMI \leqslant 5.00$	>0.6	气源岩生物标记化合物记录相关微生物活动信息；与大气降水的混入有关，埋深较浅
	热成因	热降解气	$\delta^{13}C_1 < -55‰$ $\delta D_1 \geqslant -250‰$ $\delta^{13}C(CO_2):-25‰\sim 5‰$ $\varepsilon(CO_2-CH_4):20‰\sim 40‰$	$C_1/C_{1-5} \leqslant 0.95$ $C_1/(C_2+C_3) < 1000$ $CDMI \leqslant 90$	$0.6\sim 1.8$	随着热演化程度提高，煤层 CH_4 浓度提高和 $\delta^{13}C_1$、δD_1 变重
		热裂解气	$\delta^{13}C_1 > -40‰$ $\delta D_1 \geqslant -200‰$ $\varepsilon(CO_2-CH_4):20‰\sim 40‰$	$C_1/C_{1-5} > 0.99$ $C_1/C_2 \geqslant 3385$ $CDMI \leqslant 0.15$	>2.0	
	混合成因	混合气	$\delta^{13}C_1:-40‰\sim -55‰$ $\varepsilon(CO_2-CH_4):40‰\sim 40‰$	$C_1/(C_2+C_3):100\sim 1000$ $CDMI:15\sim 5.00$	0.6	热降解气、热裂气与次生生物成因气的混合程度决定了其组分、同位素组成特征
无机成因	无机气	幔源气				
		岩石化学反应气	$\delta^{13}C(CO_2) > -8‰$ $\delta D_1:-350‰\sim -150‰$ $\delta^{13}C_1 > \delta^{13}C_2 > \delta^{13}C_3$	$CO_2 > 60\%$ $CDMI > 90$	—	R/R_a、$\delta^{13}C(CO_2)$ 等是鉴别无机成因气的重要依据

注：CDMI 为 CO_2-CH_4 系数，即 $CO_2/(CO_2+CH_4) \times 100\%$。

1. 生物成因气（包括原生生物成因气和次生生物成因气）

生物成因气是有机质在微生物降解作用下的产物，指在相对低的温度（一般小于 50℃）条件下，通过细菌的参与或作用，在煤层中生成的以甲烷为主并含少量其他成分的气体。生物成因气的生成有两种机制：其一，二氧化碳的还原作用生成甲烷；其二，醋酸、甲醇、甲胺等经发酵作用转化成甲烷。尽管两种作用都在近地表环境中进行，但据组分研究，大部分古代聚集的生物气可能来自二氧化碳的还原作用。煤层中生成大量生物成因气的有利条件是：大量有机质的快速沉积、充裕的孔隙空间、低温和高 pH 的缺氧环境。按照生气时间、母质以及地质条件的不同，生物成因气有原生生物成因气和次生生物成因气两种类型。

（1）原生生物成因气是在煤化作用阶段早期，泥炭沼泽环境中的低变质煤（泥炭～褐煤）经微生物作用使有机质发生一系列复杂过程所生成的气体，又称为早期生物成因甲烷[17, 18]。由于原生生物气常常形成于地表或地下浅处，因而生成的气体极易扩散到大气中，或溶解于水体中，且泥炭或低变质煤对气体的吸附作用弱，仅有少量气体聚集在煤层内。未熟低煤阶煤层气藏一般以原生生物成因煤层气为主，代表性煤层气藏位于美国粉河盆地。粉河盆地第三系 Fort Union 组的煤在大部分地区为褐煤（R_0=0.3%～0.4%），深部存在高挥发分烟煤，没有达到可以大量产生热成因甲烷的成熟度。其甲烷碳同位素 $\delta^{13}C_1$ 值为 -60.0‰～-56.7‰，且富氘，δD 值为 -307‰～-315‰。表明以生物成因气为主，且主要是通过微生物发酵代谢途径形成的[19]。

（2）次生生物成因气是煤系在后期被构造作用抬升并剥蚀到近地表，细菌通过流动水（多为大气降水)运移到煤层水中，在低、中煤级(R_o<1.5%)煤中当温度、盐度等环境条件又适宜微生物生存时，在相对低的温度下(一般小于 56℃)，细菌通过降解和代谢作用将煤层中已生成的湿气、正烷烃和其他有机化合物转变成甲烷与二氧化碳，这种在微生物作用下形成的煤层气称为次生生物成因气[20]，例如，我国阜新盆地白垩系阜新组煤的 R_o 在 0.6%～0.72%，据同位素和煤层气组分分析，该区煤层气除次生热成因外，还存在次生生物成因[21]。

2. 热成因气

热成因气是在温度(>50℃)和压力作用下，煤有机质发生一系列物理、化学变化，煤中大量富含氢和氧的挥发分物质主要以 CH_4、CO_2 和水的形式释放出来。在较高温度下，有机酸的脱羧基作用也可以生成 CH_4 和 CO_2。随着煤化作用的进行，煤中有机质不断脱氧、脱氢、富碳而生成煤层气，生成的气体类型取决于煤的热演化程度(图 2-5)。总体来看，煤中有机质在肥煤～焦煤中期阶段达到生气高峰，在中级无烟煤初期(镜质组反射率在 4.5%左右)停止生气。在低煤级(褐煤～长焰煤)阶段，煤层气形成于生物/物理化学作用，生成的煤层气以 CO_2 为主，烃类<20%，其中重烃气<4%。在中煤级(长焰煤～焦煤)阶段，煤层气形成于热裂解作用，烃类气体比例迅速增加，占 70%～80%，CO_2 下降至 10%左右，烃气以 CH_4 为主，但含较多的重烃，尤其是在生气高峰阶段往往生成重烃气含量较高的湿气。在高煤级(贫煤～无烟煤)阶段，煤层气主要形成于热裂解作用，烃类气体占 70%左右，以 CH_4 占绝对优势(97%～99%)，几乎没有重烃，属于典型的干气[18]。

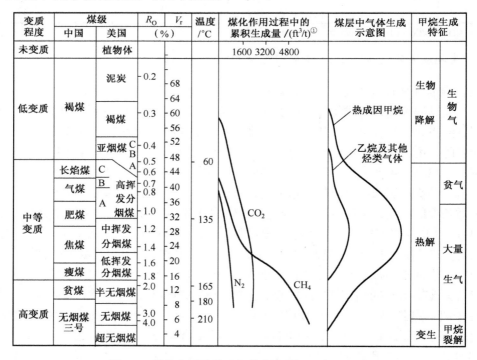

图 2-5　煤化作用阶段及气体生成(①1ft=0.3048m)

根据煤层气生气、储气和运移特征，热成因气可分为原生热成因气和次生热成因煤层气。原生热成因气是指有机质在变质作用过程中形成的煤层气；如果原生热成因气经过解吸-扩散-运移-再聚集过程，则为次生热成因煤层气。如沁水盆地南部石炭-二叠系煤层主要为高煤阶无烟煤，实测镜质体最大反射率 R_{max}=1.96%～4.25%，平均 R_{max}=2.99%。煤层气主要为热成因。煤层气甲烷 $\delta^{13}C_1$ 总体偏小，山西组 3#煤甲烷碳同位素 $\delta^{13}C_1$ 为 $-30.30‰$～$-48.20‰$，平均为 $-35.37‰$；太原组 15#煤为 $-27.62‰$～$-34.03‰$，平均为 $-30.94‰$，且随着埋深的增加而变大。这是煤层气的解吸-扩散-运移引起同位素的分馏所导致的。在煤层水动力条件强的地区，煤层气甲烷的碳同位素变轻的程度较大，是因为水带走 $^{13}CH_4$ 的频率较快，使 $^{12}CH_4$ 累积效应增大，甲烷碳同位素变轻的程度较大，且煤层气含量也比较低；相反，在滞流区水带走甲烷的量比较小，因而水带走 $^{13}CH_4$ 的频率较小，$^{12}CH_4$ 累积效应较小，甲烷碳同位素变轻的程度较小。因此导致煤层气藏甲烷的成因在空间上存在分带现象，即次生热成因煤层气存在于浅部径流带，原生热成因气存在于深部滞流区。

煤储层有机质性质和煤化程度决定着煤化作用过程中产气量的大小。煤化程度高，产生的煤型气就多。据苏联报导，形成 1t 褐煤可产生 38～68m³ 煤型气，形成 1t 长焰煤可产生 138～168m³，气煤为 182～212m³，肥煤为 199～230m³，焦煤为 240～270m³，瘦煤为 257～287m³，贫煤为 295～330m³，无烟煤为 346～422m³。不同的显微组分对成气的贡献不同，王少昌[22]对低煤级煤显微组分的热模拟实验结果表明，壳质组、镜质组、惰质组最终成烃效率比约为 3.3:1.0:0.8，傅家谟等[23]认为：在相同演化条件下，惰质组产气率最低，镜质组是惰质组的 4.3 倍，壳质组为惰质组的 11 倍，并产出较多的液态烃。

2.6.3　煤层气赋存的分带性

对不同深度煤层中煤层气成分的分析表明，煤层气赋存具有分带现象。煤层气成分分布情况如图 2-6 所示。

自上而下按煤层气成分不同，划分为四个带（表 2-18）：①N_2-CO_2 带：CO_2>20%；②N_2带：N_2>80%，CO_2<20%；③N_2-CH_4 带：N_2 为 20%～80%，CH_4<80%；④CH_4 带：CH_4≥80%。

表 2-18　按煤层气成分划分瓦斯带标准

分带名称	气体成分含量/%		
	CH_4	N_2	CO_2
CO_2-N_2 带	0～10	20～80	20～80
N_2 带	0～20	80～100	0～20
N_2-CH_4 带	20～80	20～80	0～20
CH_4 带	80～100	0～20	0～10

从图 2-6 中可以看出总的趋势，但是各带的深度和各带内煤层气成分，各个煤田是不同的。前三个带统称为煤层气风化带。在我国，各煤田煤层气风化带的深度差异极大。开滦赵各庄矿煤层气风化带深度达 480m，湖南红卫、马田、立新等矿不到 100m；一般为 200～300m。影响煤层气风化带深度的因素包括水的循环情况（水循环快的风化带深）；煤层出露情况（暴露式煤田煤层气风化带深）；地质构造（封闭式构造煤层气风化带浅，开放性构造煤层气风化带深）；煤层顶板性质（砂岩顶板煤层中煤层气易于散失，煤层气风化带深）。

由于煤层抬升而卸压所导致的煤层气的解吸-扩散-运移引起同位素的分馏效应，随着埋深或有效埋藏深度的增加，煤层甲烷碳同位素 $\delta^{13}C_1$ 变重，从而形成了煤层甲烷碳同位素在平面上的分带现象。

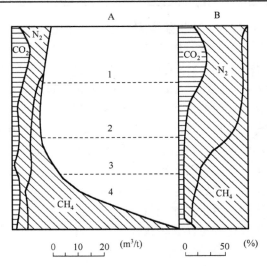

图 2-6　煤层气分带性

A-瓦斯含量(m³/t)；B-瓦斯浓度(%)；

1-CO_2–N_2 带；2-N_2 带；3-N_2–CH_4 带；4-CH_4 带

　　根据沁水盆地南部煤层气气体组分、煤层含气量、构造类型、煤层气保存条件及含气性特征、煤层储气特点、水动力条件和甲烷碳同位素 $\delta^{13}C_1$ 等因素，结合该地区煤层气富集规律，将沁水盆地南部煤层气成因类型划分为甲烷风化带、生物降解带、吸附带、原生带四大类(表 2-19)。

表 2-19　煤层气成因分带划分对比表

成因类型	构造部位	深度/m	煤层气保存条件及含气特征	储气特点	CH_4 含量/%	$\delta^{13}C_1$ 值/‰	水动力条件
甲烷风化带	煤层靠近剥蚀带	<280	煤层呈暗黑色无光泽，部分呈粉末状，氧化环境，含气量低	水中溶解气为主	<50	−70～−55	补给或泄水区
生物降解带	浅部	280～600	煤层气保存条件较差，氧化-还原的半封闭环境，含气量较低	溶解-吸附气	50～80	−65～−50	强径流区-弱径流区
吸附带	中-深部	600～1700	煤储层物性从浅到深由好变差，保存条件好，含气量高，易解吸	以游离和吸附气为主	>80	−50～−30	弱径流区-承压区
原生带	深部向盆地腹部延伸	≥1700	煤层气保存条件好，以微孔为主，物性较差，含气量高，解吸率低	以吸附气为主	≥90	>−30	承压区

　　该区 3# 煤层主要处在吸附带内，根据煤层甲烷碳同位素 $\delta^{13}C_1$ 特征，由浅到深进一步可分为高吸附带($\delta^{13}C_1$=−50.0‰～−45.0‰)、中高吸附带($\delta^{13}C_1$= −45.0‰～−40.0‰)、中吸附带($\delta^{13}C_1$=−40.0‰～−35.0‰)和低吸附带($\delta^{13}C_1$=−35.0‰～−30.0‰)，煤储层物性从浅到深由好变差，呈现出保存条件好、含气量高、易解吸的特征。

　　煤层埋深变浅而在卸压条件下导致煤层气发生解吸-扩散效应。煤层甲烷在煤基质微孔隙中的吸附主要是靠范德华力实现的，CH_4 比 CH_4 分子量大，CH_4 与煤的吸附能力要比 CH_4 的吸附能力强。因此甲烷从煤基质解吸的过程中，不同分子量的碳同位素出现分馏现象。这种现象是以统计学规律所表现出来的，即 CH_4 在煤层气解吸过程中要优先于 CH_4 从煤基质中解吸出来，而 CH_4 会较多地留在煤层，并在扩散-运移过程中使解吸的煤层气中 CH_4 相对富集，导致煤层气变轻，最终造成由原生带至过渡带再至解吸带，即由深至浅的垂向分带序列[24, 25]。

参 考 文 献

[1] 杨起, 韩德馨. 中国煤田地质学(上)[M]. 北京：煤炭工业出版社, 1979.

[2] 韩德馨, 杨起. 中国煤田地质学(下)[M]. 北京：煤炭工业出版社, 1980.

[3] 韩德馨, 任德贻, 王延斌, 等. 中国煤岩学[M]. 江苏:中国矿业大学出版社, 1996.

[4] 邵震杰, 任文忠, 陈家良. 煤田地质学[M]. 北京：煤炭工业出版社, 1993.

[5] 陈家良, 邵震杰, 秦勇. 能源地质学[M]. 北京：中国矿业大学出版社, 2004.

[6] 李增学, 魏久传, 刘莹. 煤地质学[M]. 北京:地质出版社, 2005.

[7] 孟召平, 田永东, 李国富. 煤层气开发地质学理论与方法[M]. 北京:科学出版社, 2010.

[8] 张建博, 王红岩, 赵庆波. 中国煤层气地质[M]. 北京:地质出版社, 2000.

[9] 李建武, 张培河. 屯留-长子地区煤层气赋存条件及有利区块研究[R]. 中联煤层气有限责任公司和煤炭科学研究总院西安分院研究报告, 2001.

[10] 邵龙义, 肖正辉, 何志平, 等. 晋东南沁水盆地石炭二叠纪含煤岩系古地理及聚煤作用研究[J]. 古地理学报, 2006, 8(1): 43-52.

[11] 尚冠雄. 华北地台晚古生代煤地质学研究[M]. 太原:山西科学技术出版社, 1997.

[12] RICE D D. Composition and origins of coalbed gas //LAW B E, RICE D D. Hydrocarbons from Coal[C]. Canada: AAPG Special Publication, 1993, 38:159-184.

[13] SCOTT A R, KAISER W R, AYERS W B. Thermogenic and secondary biogenic gases San Juan Basin, Colorado and New Mexico-Implications for coalbed gas producibility [J]. AAPG bulletin, 1994, 78 (8):1186-1209.

[14] SONG Y, LIU S B, ZHANG Q, et al. Coalbed methane genesis occurrence and accumulation in China [J]. Petroleum science, 2012, 9(3):269-280.

[15] 陈义才, 沈忠民, 罗小平. 石油天然气有机地球化学[M]. 北京:科学出版社, 2007:88-114.

[16] 琚宜文, 李清光, 颜志丰, 等. 煤层气成因类型及其地球化学研究进展[J]. 煤炭学报, 2014, 39(5): 807-815.

[17] 贺天才, 秦勇. 煤层气勘探与开发利用技术[M]. 北京：中国矿业大学出版社, 2007.

[18] 傅雪海, 秦勇, 韦重韬. 煤层气地质学[M]. 北京：中国矿业大学出版社, 2007.

[19] CLAYTON J L. Geochemistry of coalbed gas-A review [J]. International journal of coal geology, 1998, 35: 159-173.

[20] SCOTT A R. Composition and origin of coalbed gases from selected basin in the U nited States//Proceeding of the 1993 International CoalbedMethane Symposium[C]. Birmingham. 1993: 209-222.

[21] 赵群, 王红岩, 李景明, 等. 我国高低煤阶煤层气成藏的差异性[J]. 天然气地球科学, 2007, 18(1): 129-133.

[22] 王少昌. 陕甘宁盆地上古生界煤成气藏形成条件及勘探方向[R]. 长庆石油地质局研究报告, 1985.

[23] 傅家谟, 刘德汉, 盛国英, 等. 煤成烃地球化学 [M]. 北京：科学出版社, 1990.

[24] MENG Z P, YAN J W, LI G Q. Controls on gas content and carbon isotopic abundance of methane in Qinnan-East Coal Bed Methane Block, Qinshui Basin, China[J]. Energy fuels, 2017, 31: 1502-1511.

[25] 秦勇, 唐修义, 叶建平, 等. 中国煤层甲烷稳定碳同位素分布与成因探讨[J]. 中国矿业大学学报, 2000, 29 (2):113-119.

第 3 章　煤的吸附-扩散性能

3.1　概　　述

　　煤的吸附-扩散性能是影响煤层含气量大小和煤层气开发潜力的重要储层参数。煤层甲烷是煤层中自生自储的非常规天然气,主要以游离、吸附和溶解三种状态赋存于煤层中,三种状态处在一个动态平衡过程中,其所占的比例取决于煤的变质程度、埋藏深度和赋存环境等因素 [1-8],煤储层与常规天然气储层之间的根本区别就在于煤储层具有强烈的吸附性。煤层气抽采是通过降低储层压力,使吸附态甲烷解吸、扩散和渗流到气井中。渗流主要发生在裂隙系统,主要受流体压力梯度的控制,符合达西定律[9, 10]。国内外学者对煤的吸附和渗透性及其控制因素方面已开展了较多的研究[11-15],而对气体在煤中扩散行为的研究相对较少。扩散主要发生在煤基质孔隙系统中,受浓度梯度控制,一般用 Fick 定律来表征。在不同尺度的孔隙中,微孔是比表面积的主要贡献者,为气体吸附提供了空间,中孔和大孔则是扩散的通道。气体在多孔介质中的扩散系数,可通过直接测试或由等温吸附试验数据结合吸附扩散动力学理论模型来求解[16-18]。在这方面,国内外学者已开展了研究,并取得了一定进展[21-25]。由于煤的吸附-扩散基础实验数据的缺乏和不系统,关于煤的吸附-扩散性能研究还相对较少,不同煤体结构吸附性能的控制机理研究还不清楚,因此,本章从煤中气体吸附-扩散理论与分析方法入手,分析煤的吸附-扩散性能;以沁水盆地南部晋城矿区典型矿井为依托,分析不同煤体结构的测井响应特征,给出不同煤体结构类型的测井参数响应值,采用赵庄井田二叠系山西组 3#煤层不同煤体结构煤样开展了等温吸附试验和低温液氮试验研究,系统分析不同煤体结构煤的吸附性能,揭示不同煤体结构煤的吸附控制机理和等温吸附过程中的能量变化规律,为我国煤层气勘探开发,尤其是构造煤区煤层气勘探开发提供理论依据。

3.2　煤中气体吸附-扩散性能与分析方法

3.2.1　固-气吸附机理

　　一种或者多种组分于两相(气相、液相或固相)的界面处富集或贫化称为吸附,前者为正吸附,后者为负吸附。可发生在液-液、气-液、固-液、固-气等界面。在固-气吸附体系中,固相称为吸附剂,主体气相分子称为吸附质,将吸附质所处的状态称为吸附相。煤对甲烷气体的吸附属于固-气吸附,固-气吸附理论的研究是煤吸附甲烷的理论基础 [1]。

　　根据固-气吸附作用力的不同,吸附作用存在两种吸附方式——物理吸附和化学吸附,两者的特点如表 3-1 所述。产生物理吸附的作用力是范德华力,吸附量受到压力、温度和表面积的影响;产生化学吸附的作用力是分子之间的化学键,由固体表面特殊性质所决定[26]。

表 3-1 物理吸附与化学吸附的比较

吸附性质	物理吸附	化学吸附
作用力	范德华力	化学键
选择性	无	有
吸附热	较小，近气体凝结热	较大，近化学反应热
稳定性	容易分解，稳定性差	不易分解，稳定性较好
吸附分子层	单层或多层吸附	单层吸附
吸附速率	不受温度影响，易达平衡，较快	需活化能，升温速率加快，较慢
吸附温度	吸附物的沸点附近	远高于吸附物的沸点

固体对气体的自动吸附现象是由固体表面过剩的能量引起的。固体表面分子受到内部分子垂直方向上的拉力，受力不平衡。所有界面都有自发降低其表面自由能的趋势，但是固体表面质点在该作用下难以移动，因此只能通过吸附其他原子分子来降低界面能，这就是固体对气体产生吸附现象的本质。与吸附对应的是解吸，解吸是指被吸附的气体分子在一定条件下从基质表面脱离出来的现象，当储层压力降低时，甲烷吸附气从煤层中逸出的这程就是煤层的解吸作用。煤层的逸出作用主要有四种方式：升温解吸、降压解吸、扩散解吸以及置换解吸。其中，最常用的方法是降压解吸，它也是对解析贡献最大的一种方式。降压解吸即当煤储层压力降低时，甲烷吸附气从煤层中逸出的过程。

3.2.2 等温吸附模型及其吸附实验方法

1. 等温吸附模型

在一定温度下，通过缓慢增大压力的方式让已经脱附完全的煤体再次吸附，并在此基础上建立吸附气量与压力之间关系的曲线，称为等温吸附曲线[3]。吸附剂与吸附质之间作用力的不同，以及吸附剂表面状态的差异，导致等温吸附曲线的不同。通过相当数量的等温气体吸附实验，Brtmauer 在 1945 年将等温吸附曲线划分为 5 类；在此基础上，1985 年，国际纯化学和应用化学联合会进一步将阶梯型的等温线加入其分类中，作为等温吸附曲线的第六种类型(图 3-1)。不同吸附剂与吸附质之间进行吸附，产生的等温吸附曲线形态不尽相同，各类型等温吸附曲线的特点如下。

(1) Ⅰ 型吸附线：该类型下的吸附量存在最大值，常见于无孔表面均一的单层吸附，或含大量微孔符合容积填充原理的吸附剂中。

(2) Ⅱ 型吸附线：吸附剂与吸附质之间吸附作用力较大，常见于以多层吸附为主，含大量中孔及大孔的吸附剂中。

(3) Ⅲ 型吸附线：常见于以多分子层吸附为主的无孔、大孔吸附剂中，吸附剂与吸附质之间作用力较小，相比于其他各层分子的吸附热，首层分子的吸附热较小。

(4) Ⅳ 型吸附线：常见于单层吸附为主并伴随毛细凝聚现象的中孔吸附剂中，出现解吸滞后环。

(5) Ⅴ 型吸附线：常见于发生多分子层吸附和毛细凝聚现象的中孔或微孔吸附剂中，由于中孔的存在，同Ⅳ型曲线一样有滞后环。

（6）Ⅵ型吸附线：常见于孔隙结构较为复杂的吸附剂中，吸附的曲线形态为阶梯状，一般认为是非极性分子在非均一吸附剂表面的吸附现象。

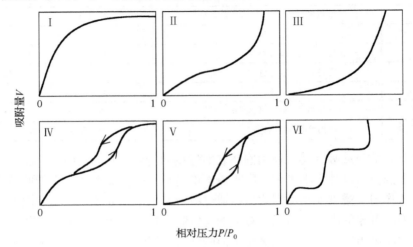

图 3-1　不同类型的等温吸附曲线

研究固-气吸附最常用的方法是通过实验得到等温吸附曲线（图 3-1），以往的实验得出了大量不同的吸附模型，任何一种模型的建立应用都有不同的条件和对应的等温线。不同学科分别从各自角度对吸附模型进行了解释，从动力学角度来看，吸附过程出现的平衡现象属于动态平衡，当气体的解吸速度等于吸附速度时，看似气体的吸附活动已经停止，实际上吸附活动与解吸活动仍在同时进行；从热力学角度来看，研究吸附现象应该从分析吸附过程中产生的热力学变化入手，得到整个体系热能的变化规律，进而推导出对应的等温吸附模型；Polanyi 对吸附势进行了描述，提出了吸附势理论，Dubinin 等应用该理论对等温吸附曲线进行了定量描述，在其基础上发展了微孔填充理论；另外，由于不同的模型都有大量的实验数据支持，因此可以根据等温吸附曲线的特点得到相应的经验公式。应用比较广泛的模型主要有基于动力学及热力学方法的 Langmuir 单分子层吸附模型及 BET 多分子层吸附理论模型，基于经验公式的 Freundlich 模型，以及利用吸附势理论定量描述等温吸附曲线的Dubinin-Radushkevich（D-R）和 Dubinin –Astakhov（D-A）方程。

1）Langmuir、Freundlich 模型

（1）Langmuir 单分子层吸附模型。法国化学家 Langmuir 于 1916 年研究固体表面的吸附特性时，从动力学基本观点出发，提出了单分子层吸附的 Langmuir 状态方程。Langmuir 理论的基本假设条件如下：吸附平衡属于动态平衡，即气体分子在固体表面的吸附速度与脱附速度相等；吸附质分子只单层吸附在固体表面特定的位置；吸附热与表面覆盖度无关，即吸附热为常数，假设吸附剂表面是均匀的，吸附分子间无相互作用力。Langmuir 方程式最初由动力学方法推导得出，后来发现也可根据统计热力学、热力学、质量作用定律和绝对反应速度理论等方法导出，其表达式为

$$V = \frac{V_L P}{P_L + P} \tag{3-1}$$

式中，V 为吸附量，cm^3/g；P 为气体压力，MPa；V_L 为 Langmuir 体积，cm^3/g；P_L 为 Langmuir 压力，MPa。

（2）Freundlich 模型。Freundlich 模型是在大量等温吸附实验的基础上总结出的经验方程，最初由 Zeldowitsch 于 1934 年提出，该经验等温线方程假设了吸附压力与吸附量之间的指数关系，因为 Freundlich 发现了许多溶液吸附都符合该经验方程，所以称为 Freundlich 方程。后来证实该方程还能用统计力学的方法推导得到。该等温吸附方程描述的是多分子层吸附，同时考虑了吸附剂表面的非均一性，即

$$V = K_b P^n \tag{3-2}$$

式中，K_b 为 Freundlich 系数；n 为 Freundlich 指数。

（3）Langmuir-Freundlich 模型。对实际的煤储层来说，储层温度超过了甲烷气体的临界温度，一般认为，当吸附温度超过吸附的临界温度时，不会发生多分子层的吸附。同时考虑到固体表面普遍存在的非均一性，以及吸附质气体分子之间存在的引力等一系列复杂因素，结合 Freundlich 方程与 Langmuir 方程，得到 Langmuir-Freundlich（L-F）方程，其实质是 Langmuir 方程在非均匀表面的应用，L-F 方程的一般形式如下：

$$V = V_L \frac{K_b P^n}{1 + K_b P^n} \tag{3-3}$$

2）BET 多分子层吸附理论模型

BET 多分子层吸附模型最初的推导与 Langmuir 模型动力学的推导方法类似，由 Brunauer、Emmett 和 Teller 在 Langmuir 单分子层吸附理论的基础上提出，实质上是对 Langmuir 单分子层吸附模型的扩充。BET 多分子层吸附理论保留了 Langmuir 单分子层模型的一些基本假设：固体表面具有均一性，气体吸附质分子间不存在范德华力，以及吸附的平衡属于动态平衡。不同的是，BET 多分子层吸附理论认为吸附剂与吸附质之间存在多分子层吸附，除了吸附剂表面分子同首层吸附质分子间的作用力，剩下各层吸附质气体分子之间存在范德华力而相互吸引，吸附过程不是逐层吸附，第一层吸附未满前其余各层的吸附就可开始，其公式为

$$V = \frac{V_m C P}{(P_0 - P)\left[1 + (C-1)\left(\dfrac{P}{P_0}\right)\right]} \tag{3-4}$$

式中，P_0 为饱和蒸汽压，MPa；V_m 为单分子层吸附量，cm^3/g；C 为与吸附热有关的常数。

在相对压力很小时（$P \ll P_0$），式（3-4）可简化成 Langmuir 方程，式（3-4）反映的是固体表面吸附无限多层分子，而对吸附层不超过 n 的有限层，在动力学方法的推导过程中，BET 理论出现了另一种表达式：

$$V = \frac{V_m C P\left[1 - (n+1)\left(\dfrac{P}{P_0}\right)^n + n\left(\dfrac{P}{P_0}\right)^{n+1}\right]}{(P_0 - P)\left[1 + (C-1)\left(\dfrac{P}{P_0}\right) - C\left(\dfrac{P}{P_0}\right)^{n+1}\right]} \tag{3-5}$$

式中，n 为与温度和煤孔隙分布有关的参数。

从参数角度加以区分，式(3-4)称为 BET 二常数(B-BET)公式，式(3-5)称为 BET 三常数(T-BET)公式，当 $n=1$ 时，式(3-5)变为 Langmuir 方程。

3) 吸附势理论模型

Polanyi 于 1914 年提出了吸附势理论，该理论认为吸附剂表面存在位势场，吸附质分子受到该场的吸引从而被吸附在吸附剂表面，并且在该引力的作用下形成多分子吸附层，煤对甲烷的吸附并非一层层严格进行，而是根据吸附势的强弱进行微孔充填。早期的吸附势理论只给出了吸附势的经验函数，Dubinin 在此理论基础上给出了等温吸附方程：

$$V = V_0 \exp\left[-D\ln^2\left(\frac{P_0}{P}\right)\right] \tag{3-6}$$

式中，D 为与净吸附热有关的常数；V_0 为煤微孔体积，cm^3。

式(3-6)称为 Dubinin-Radushkevich(D-R)方程，为了扩展 D-R 方程的应用范围，Dubinin 和 Astakhov 提出了一个更加通用的 Dubinin-Astakhov(D-A)方程：

$$V = V_0 \exp\left[-D\ln^n\left(\frac{P_0}{P}\right)\right] \tag{3-7}$$

式中，n 为与温度和煤孔隙分布有关的参数。

一般认为，D-A 方程适用范围较宽，n 的取值范围可以从 1~14，与吸附剂的非均匀性有关；D-R 方程一般适合于孔径较小的吸附剂。

2. 等温吸附实验方法

1) 实验仪器

实验所用的等温吸附仪器是由美国 TerraTek 公司所生产的，仪器型号为 ISO-300，该设备压力的测量范围为 0~70MPa，温度小于 150℃，吸附质为纯度达 99.99%的甲烷气体(图 3-2)。测量单元的主要部件组成分别为容积 80cm³ 的参考罐以及容积 160cm³ 的样品罐，为保持恒温，测量单元放置于温度恒定的油浴容器内，温度误差控制在±0.02℃以内，同时保证仪器内部的各容器、管子以及阀门所能承受的压力大于实验进行中所能设定的最高压力值，实验开始前，需对仪器内各种缸和管子的体积进行精确测定。实验中所读取的参考罐以及样品罐内部压力通过高精密压力传感器单独控制，压力精度控制在±0.10%以内。

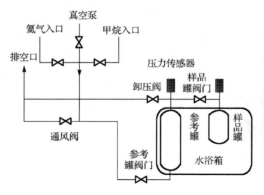

图 3-2　ISO-300 型气体等温吸附实验装置

2) 实验原理和方法

实验严格遵循 GB/T 19560—2008《煤的高压等温吸附试验方法》，筛取 0.2～0.25mm（即 60～80 目）的破碎粒状煤样 100～120g 作为等温吸附实验煤样。在进行等温吸附实验以前，首先需要对样品进行工业分析测试，得到样品的水分、灰分、挥发分和固定碳含量值，以进行不同基态煤样的吸附量换算。为了反映煤储层条件，实验中按实际煤储层温度和平衡水条件进行等温吸附实验。实验步骤如下。

（1）干燥：首先将碎好的煤样放在玻璃称量瓶，再放到真空干燥箱，揭开盖子，关闭真空干燥箱。检查放气阀门，确保放气阀门的放气孔保持关闭，防止抽气时煤样飞溅。将真空气阀打到关闭状态。确保无误以后，打开真空干燥箱电源，将温度调整至 80～85℃。打开抽气泵电源，观察压力表变化。缓慢将真空阀门打开，边开阀门边观察气压表变化，保证气压表指针慢速达到最低压数字显示。当真空阀门全部打开以后，保持该状态 6h。6h 后，关闭抽气泵电源，关闭真空干燥箱电源。将放气阀门旋转一个微小的角度，观察气压表的变化，使气压表逐渐朝大气压方向转动。当气压恢复至大气压以后，打开真空干燥箱的门，将煤样取出，盖上盖子，放到干燥皿里面备用。

（2）装样：称量玻璃干燥皿与煤样的总质量 m_1，将煤样放到清洁过的样罐中，轻轻振动样罐，使样罐里面的煤样表面平整。此时，称取玻璃称量瓶的质量 m_2。仔细装入有编号的吸附罐内，盖上样罐的盖子，安装吸附罐，将样罐里面充上 1～2MPa 的低压甲烷气，然后将样罐放到蒸馏水里面，检查气密性，无气泡表示气密性良好，否则重新拧紧。

（3）脱气：将样罐与真空抽气箱管连接，将样罐置于超级恒温水浴槽中，打开热偶真空计的电源，将真空泵机组的大闸打开，关闭真空泵机组大气连通阀，按下真空泵机组的启动按钮。将样罐的阀门逐渐打开。观察热偶真空计的数字显示，当气压低于 4Pa 后再连续脱气 4h。4h 后，将样罐从超级恒温水浴槽里面取出，关闭样罐的阀门，按下真空泵机组的停止按钮。打开真空泵机组的大气连通阀，关闭真空泵机组的大闸电源，关闭热偶真空计的电源。

（4）吸附：在计算机控制软件系统中，设置实验温度、压力值，在计算机控制下，自动依次充入高纯甲烷气，进行测试，由压力传感器、温度传感器监测记录样品罐、参考罐的压力、温度值。

对于每一个设定的吸附压力点，首先通过增压泵对参考罐（Reference Cell）充入甲烷，待参考罐压力稳定后，打开连接参考罐与样品罐（Sample Cell）的阀门对样品罐充气，并迅速关闭该阀门，样品罐内逐渐达到吸附平衡；如此循环，直到设置的所有压力点都完成。

3) 计算方法

甲烷在煤中的吸附一般采用 Langmuir 方程定量描述，如式（3-1）所示，经变换得

$$\frac{P}{V} = \frac{P}{V_L} + \frac{P_L}{V_L} \tag{3-8}$$

由 P/V 对 P 作图，由图形拟合的直线斜率和截距可以算出 Langmuir 体积 V_L 和 Langmuir 压力 P_L。也可以由最小二乘法拟合得到吸附常数。

对于每一个压力点，当样品罐内达到吸附平衡时，煤样吸附的气体量由式（3-9）～式（3-12）计算：

$$\Delta m_{\text{ad}} = \Delta m_{\text{injection}} - \Delta m_{\text{free}} \tag{3-9}$$

$$\Delta m_{\text{injection}} = V_{\text{rc}}(\rho_{\text{rf}} - \rho_{\text{ri}}) \tag{3-10}$$

$$\Delta m_{\text{free}} = \rho_{\text{sf}}\left(V_{\text{sc}} - \frac{w_{\text{c}}}{\rho_{\text{c}}} - \frac{m_{\text{ad}} + \Delta m_{\text{ad}}}{\rho_{\text{ad}}}\right) - \rho_{\text{si}}\left(V_{\text{sc}} - \frac{w_{\text{c}}}{\rho_{\text{c}}} - \frac{m_{\text{ad}}}{\rho_{\text{ad}}}\right) \tag{3-11}$$

$$\Delta m_{\text{ad}} = \frac{V_{\text{rc}}(\rho_{\text{rf}} - \rho_{\text{ri}}) - (\rho_{\text{sf}} - \rho_{\text{si}})\left(V_{\text{sc}} - \frac{w_{\text{c}}}{\rho_{\text{c}}} - \frac{m_{\text{ad}}}{\rho_{\text{ad}}}\right)}{1 - \frac{\rho_{\text{sf}}}{\rho_{\text{ad}}}} \tag{3-12}$$

式中，ρ_{sf}、ρ_{si} 分别是样品罐中开始、平衡时的气体密度；ρ_{rf}、ρ_{ri} 分别是参考罐中开始、平衡时的气体密度；ρ_{ad} 是吸附气密度；m_{ad} 是被吸附气的质量；V_{rc} 是参考罐容积；V_{sc} 是样品罐容积；W_{c} 是煤样的质量；ρ_{c} 是煤样密度；下标 r 表示 reference，参考罐；下标 s 表示 sample，样品罐；下标 i 是 initial，初始；下标 f 是 final，最终平衡时。

$$\Delta V_{\text{ad}} = \frac{\Delta m_{\text{ad}}}{\rho_{\text{s}}} \tag{3-13}$$

$$V_{\text{ad}} = \frac{m_{\text{ad}}}{\rho_{\text{s}}} \tag{3-14}$$

式中，ρ_{s} 为标准状态下气体密度（101.325kPa，273.15K）；ΔV_{ad} 为达到此次平衡被吸附气体在标准状态下的体积（101.325kPa，273.15K）；V_{ad} 为累积吸附气体在标准状态下的体积（101.325kPa，273.15K）。

3. 煤的吸附性能

煤对甲烷气的吸附服从 Langmuir 方程。方程中 Langmuir 体积 V_{L} 是衡量煤岩吸附能力的量度，其值反映了煤的最大吸附能力。Langmuir 压力 P_{L} 是影响等温吸附曲线形态的参数，是指吸附量达到 1/2 Langmuir 体积时所对应的压力值。该指标反映煤层气解吸的难易程度，Langmuir 压力值越高，煤层中吸附态气体脱附就越容易，开发越有利。

例如，沁水盆地煤样等温吸附实验如图 3-3 和图 3-4 所示。煤岩吸附能力与储层压力密切相关，在等温条件下，吸附量与储层压力呈正相关关系。随着压力的增高，吸附量增大，但不同压力区间吸附量的增长率不等，在 0~1MPa 区间段，吸附量随压力增高以较高的斜率近似直线增长，此后增长率逐渐变小，直至吸附增量为零，即煤的吸附达到饱和状态。

实验结果统计表明，沁水盆地山西组、太原组主要煤层的吸附能力相对较高，山西组 3# 煤层原煤的饱和吸附量（V_{L}）变化于 24.04~49.96m³/t，平均 36.57m³/t；可燃质饱和吸附量为 30.21~58.31m³/t，平均 44.20m³/t，Langmuir 压力值变化于 1.39~3.28MPa，平均 2.54MPa。太原组 15# 煤层原煤的饱和吸附量（V_{L}）变化于 28.82~58.69m³/t，平均 41.53m³/t；可燃质饱和吸附量为 41.89~69.74m³/t，平均 52.70m³/t，Langmuir 压力值变化于 1.98~3.41MPa，平均 2.64MPa，这些说明沁水盆地煤层有比较强的储气能力，同时，可以看出太原组 15# 煤层的吸附能力要高于山西组 3#煤层的吸附能力。在其他条件配置合适的情况下，煤层中的气体富集程度可能很高，Langmuir 压力值相对较高，煤层中吸附态气体脱附相对容易，这些对煤层气开发是非常有利的。

煤岩煤质、煤孔隙结构和变质程度在平面上的变化，导致同一煤层、不同位置煤的吸附能力存在一定的差异，表现为盆地南北两端晋城和阳泉等区无论是山西组 3#煤层，还是太原组 15#煤层 Langmuir 体积最大。且不同井田煤样，其等温吸附曲线也存在一定差异(图 3-3 和图 3-4)。分析认为，盆地内主采煤层的吸附能力与镜质组最大反射率($R_{o,max}$)值的分布相一致(图 3-5 和图 3-6，即煤的变质程度越高(煤阶高)，Langmuir 体积越大)，因此，根据镜质组最大反射率($R_{o,max}$)分布规律可以预测，盆地内南北两端的晋城、阳泉及东侧的潞安地区 Langmuir 体积大，煤的吸附能力强；而盆地中部地区相对于盆地南北两端 Langmuir 体积减小，且由东部向西部煤的吸附能力相对变弱。因此，煤的吸附能力的分布规律，从一个方面也就决定了本区煤层气含量的分布特征，事实上煤层气含量分布与煤的吸附性能的分布规律相一致，在南北两端煤层含气量相对较高。Langmuir 体积大的地区，如晋城、潞安、阳泉地区，Langmuir 压力也比较高，这些对煤层气开发是有利的。

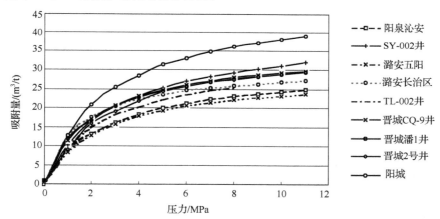

图 3-3　沁水盆地山西组 3#煤层原煤等温吸附曲线图

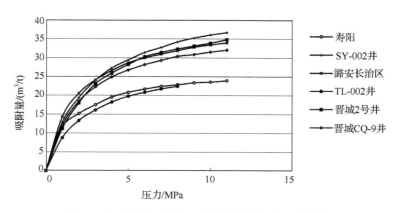

图 3-4　沁水盆地太原组 15#煤层原煤等温吸附曲线图

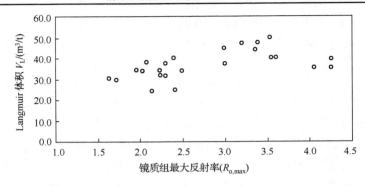

图 3-5　沁水盆地山西组 3#煤层原煤 Langmuir 体积 V_L 与镜质组最大反射率($R_{o,max}$)关系图

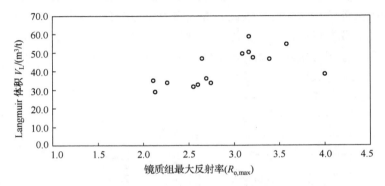

图 3-6　沁水盆地太原组 15#煤层原煤 Langmuir 体积 V_L 与镜质组最大反射率($R_{o,max}$)关系图

陈振宏等[27]通过对高煤阶和低煤阶煤样的对比分析认为：煤吸附甲烷能力随煤阶的增加而呈现三段式变化关系。第一阶段：$R_{o,max}<1.5\%$时，煤的 Langmuir 体积随着煤化程度的加深而大幅度增加；第二阶段：$R_{o,max}$ 为 1.5%～3.5%时，煤的 Langmuir 体积基本上维持同一水平，达到煤的 Langmuir 体积最大值；第三阶段：$R_{o,max}>3.5\%$时，煤的 Langmuir 体积随着煤化程度的增加而有所下降[27]。

苏现波和林晓英通过实验，归纳煤镜质体反射率和 Langmuir 体积的关系呈倒 U 形，具体可以分为四个阶段：第一阶段，镜质组反射率在 0.6%～1.3%范围内，煤的 Langmuir 体积随着煤化程度的加深迅速增加，是整个演化过程中吸附能力变化速率最快的阶段；第二阶段，镜质组反射率在 1.3%～2.5%范围内，煤的 Langmuir 体积随着煤化程度的加深而增加，速率比第一阶段有所降低；第三阶段，在镜质组反射率达到 2.5%～4.0%时，煤的 Langmuir 体积达到最大值，变化速率最小；第四阶段，镜质组反射率超过 4.0%时，煤的 Langmuir 体积随着煤化程度的加深迅速下降[28]。煤吸附能力的这种变化规律是受煤化作用控制的。

孟雅[29]通过对不同煤阶煤样等温吸附实验结果的统计分析认为：煤吸附甲烷能力随镜质组反射率的增高而呈现两段式变化关系。Langmuir 体积与镜质组反射率($R_{o,max}$)的关系在 3.0%左右出现拐点。在镜质组反射率($R_{o,max}$)大于 3.0%时，煤的 Langmuir 体积随着煤化程度的增加而增大；在镜质组反射率($R_{o,max}$)大于 3.0%时，煤的 Langmuir 体积随着煤化程度的增加而减小(图 3-7)，煤吸附能力的这种变化规律是受煤化作用控制的。

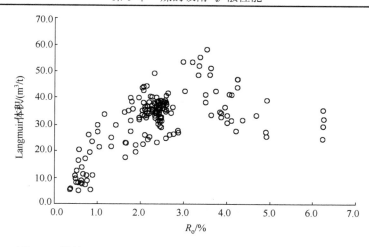

图 3-7　煤的 Langmuir 体积与镜质组反射率($R_{o,max}$)之间的关系[29]

3.2.3　煤中甲烷扩散参数的计算方法

煤中气体扩散性能常用扩散系数来表征，煤的扩散系数是指当浓度梯度为一个单位时，煤中单位时间内通过单位面积的气体量；其大小主要取决于扩散物质和扩散介质及其温度与压力。气体在多孔介质中的扩散系数，可通过直接测试或由等温吸附实验数据结合吸附扩散动力学理论模型求解获得[16]。

1. 稳态扩散与吸附时间常数

基于拟稳态扩散模型假设，可采用菲克第一定律描述单位时间内单位体积煤基质中甲烷扩散至割理之中的煤层气量(q_m)：

$$q_m = D\sigma[c(t) - c(p)] \tag{3-15}$$

式中，$c(t)$ 为煤基质中甲烷的平均浓度，m^3/t；σ 为形状系数，cm^{-2}；D 为扩散系数，cm^2/s；$c(p)$ 表示储层压力为 p 时，煤基质中甲烷浓度，m^3/t。

由以上方程可以看出，由基质扩散进入割理的煤层气量不仅受浓度差的控制，而且与基质块体形状系数、扩散系数有关。

由式(3-15)可以看出，煤中气体进入割理和裂隙中气量除受到浓度的控制外，还和扩散系数、基质块体形状系数有关，将扩散系数与形状系数结合起来，定义一个吸附时间常数 τ 为

$$\tau = \frac{1}{D\sigma} \tag{3-16}$$

则式(3-15)可改为

$$q_m = \frac{1}{\tau}[c(t) - c(p)] \tag{3-17}$$

将方程改写成导数形式，并给出初始条件和边值条件，有

$$\frac{\partial c}{\partial t} = \frac{1}{\tau}[c(t) - c(p)] \tag{3-18}$$

$$c(t) = c_i \ , \quad t = 0$$

$$c(t) = c(p) \ , \quad t \geqslant 0 \ , \quad c(t) \in \Gamma$$

式中，c_i 为初始含气量；Γ 为煤基质块的边界。

经求解得

$$c(t) = c(p) + [c_i - c(p)] \mathrm{e}^{-\frac{t}{\tau}} \tag{3-19}$$

令

$$V_i = c_i - c(t)$$

$$V_m = c_i - c(p)$$

式中，V_i 和 V_m 分别为 t 时刻的解吸量和该压力条件下总的解吸量。

当 $t = \tau$ 时，

$$\frac{V_\tau}{V_t} = \frac{c_i - c(\tau)}{c_i - c(p)} = 1 - \frac{1}{\mathrm{e}} = 0.63 \tag{3-20}$$

煤层气的解吸量达到总解吸量的 63% 的时间为解吸时间。该模型假设在扩散过程中的每一个时间段都有一个平均浓度，扩散系数为不变量。

当煤层割理较发育时，其割理系统往往包括面割理和端割理，煤基质块体可用圆柱体近似描述，其形状因子为 $\sigma = \dfrac{8\pi}{S^2}$；而煤粒为近似球状，其形状因子 $\sigma = \dfrac{15}{r^2}$；式中，S 为割理间距，r 为球粒半径。那么，吸附时间常数 τ 为：

$$\tau = \frac{S^2}{8\pi D} \tag{3-21}$$

$$\tau = \frac{r^2}{15D} \tag{3-22}$$

由此可知，吸附时间常数与裂缝间距的平方或者球粒半径的平方成正比。裂缝越发育或煤粒直径越小，煤层气扩散距离越短，吸附时间常数越短，扩散速率就越高。

2. 非稳态扩散及扩散系数的求解

煤层是一种包含裂隙、基质孔隙的复杂多孔介质。煤基质中纳米、微米和毫米级的孔隙均有分布。为了对煤层流体的流动规律进行定量描述，目前主要对煤层多孔介质进行了简化和概化，常用的有一元孔隙扩散模型和二元孔隙扩散模型[16-21]。采用高压容量法进行等温吸附实验，监测等温吸附实验过程的压力-时间参数，应用一元孔隙结构气体非稳态扩散模型估算等效扩散系数[3]。

基于均质球粒一元孔隙结构模型，非稳态菲克第二扩散定律的数学模型为

$$\frac{D}{r^2} \frac{\partial}{\partial r} \left(r^2 \frac{\partial C}{\partial r} \right) = \frac{\partial C}{\partial t} \tag{3-23}$$

式中，D 为扩散系数；r 为球粒半径；C 为甲烷浓度；t 为时间。

设 $u=Cr$，式 (3-23) 变为

$$D\frac{\partial^2 u}{\partial r^2} = \frac{\partial u}{\partial t} \tag{3-24}$$

$u=0$，$r=0$，$t>0$；

$u=aC_0$，$r=a$，$t>0$；

$u=rf(r)$，$t=0$，$0<r<a$。

式中，C_0 为球粒表面的浓度常数。

于是，原来的非线性方程就变换为线性的标准二阶抛物线型偏微分方程，再对非齐次边界进行函数代换，使其满足齐次边界条件。

令 $u(r,t)=V(r,t)+W(r)$，代入式 (3-24) 中的边界条件，得到

$$\begin{cases} \dfrac{\mathrm{d}^2 W}{\mathrm{d}r^2} = 0 \\ W(0) = 0 \\ W(a) = aC_1 \end{cases} \tag{3-25}$$

$$\begin{cases} D\dfrac{\partial^2 V}{\partial r^2} = \dfrac{\partial V}{\partial t} \\ V(0,t) = V(a,t) = 0 \\ W(r,0) = rC_0 - W(r) \end{cases} \tag{3-26}$$

$W(r)=rC_1$，有

$$\begin{cases} D\dfrac{\partial^2 V}{\partial r^2} = \dfrac{\partial V}{\partial t} \\ V(0,t) = V(a,t) = 0 \\ V(r,0) = rC_0 - rC_1 \end{cases} \tag{3-27}$$

令 $V(r,t)=R(r)T(t)$，代入式 (3-27)，有

$$R(r)T'(t) = DR''(r)T(t) \tag{3-28}$$

$$\frac{T'(t)}{DT(t)} = \frac{R''(r)}{R(r)} = -\lambda \tag{3-29}$$

式中，λ 为分离常数，由此可得

$$\begin{cases} R''(r) + \lambda R(r) = 0 \\ T'(t) + D\lambda T(t) = 0 \end{cases} \tag{3-30}$$

$$R(0) = 0, \ R(a) = 0$$

为了决定函数 $R(r)$，需求解一个特征值问题：

$$\begin{cases} R''(r) + \lambda R(r) = 0 \\ R(0) = 0, R(a) = 0 \end{cases} \tag{3-31}$$

只有当 $\lambda_n = \left(\dfrac{n\pi}{a}\right)^2$（$n=1,2,3,\cdots$）时，上述特征值问题才有非零解：

$$R_n(r) = \sin\frac{n\pi}{a}r \tag{3-32}$$

方程 $T'(t) + D\lambda T(t) = 0$ 对应于 λ_n 的解为

$$T_n(t) = C_n e^{-D\lambda_n t} \tag{3-33}$$

式中，C_n 为积分常数。于是，有以下函数：

$$V_n(r,t) = R_n(r)T_n(t) = C_n e^{-D\lambda_n t}\sin\frac{n\pi}{a}r \tag{3-34}$$

将 $V_n(r,t)$ 叠加起来，组成一个级数：

$$V(r,t) = \sum_{n=1}^{\infty} C_n e^{-D\left(\frac{n\pi}{a}\right)^2 t}\sin\frac{n\pi}{a}r \tag{3-35}$$

$$V(r,0) = rC_0 - rC_1 = \sum_{n=1}^{\infty} C_n \sin\frac{n\pi}{a}r \tag{3-36}$$

式中，C_n 为函数 $\varphi(r) = rC_0 - rC_1$ 的傅里叶正弦级数展开式的系数，即

$$C_n = \frac{2}{a}\int_0^a \varphi(r)\sin\frac{n\pi}{a}r\mathrm{d}r \tag{3-37}$$

求解得到

$$C_n = (-1)^n \frac{2a(C_1 - C_0)}{n\pi} \tag{3-38}$$

代入式 (3-35) 可得到

$$V(r,t) = \sum_{n=1}^{\infty} (-1)^n \frac{2a(C_1 - C_0)}{n\pi} e^{-D\left(\frac{n\pi}{a}\right)^2 t}\sin\frac{n\pi}{a}r \tag{3-39}$$

由 $u(r,t) = V(r,t) + W(r)$ 有

$$u(r,t) = V(r,t) + W(r) = \sum_{n=1}^{\infty} (-1)^n \frac{2a(C_1 - C_0)}{n\pi} e^{-D\left(\frac{n\pi}{a}\right)^2 t}\sin\frac{n\pi}{a}r + rC_1 \tag{3-40}$$

由 $u = cr$ 得

$$C(r,t) = \frac{u(r,t)}{r} = \frac{2a(C_1 - C_0)}{\pi r}\sum_{n=1}^{\infty} \frac{(-1)^n}{n} e^{-D\left(\frac{n\pi}{a}\right)^2 t}\sin\frac{n\pi}{a}r + C_1 \tag{3-41}$$

$$\begin{aligned}
\frac{\partial C(r,t)}{\partial r}\bigg|_{r=a} &= \frac{2a(C_1 - C_0)}{\pi}\sum_{n=1}^{\infty} \frac{(-1)^n}{n} e^{-D\left(\frac{n\pi}{a}\right)^2 t}\left(\frac{\sin\frac{n\pi}{a}r}{r}\right)' \\
&= \frac{2a(C_1 - C_0)}{\pi}\sum_{n=1}^{\infty} \frac{(-1)^n}{n} e^{-D\left(\frac{n\pi}{a}\right)^2 t}\frac{\frac{n\pi}{a}r\cos\frac{n\pi}{a}r - \sin\frac{n\pi}{a}r}{r^2}
\end{aligned}$$

$$= \frac{2a(C_1 - C_0)}{\pi} \sum_{n=1}^{\infty} \frac{(-1)^n}{n} \mathrm{e}^{-D\left(\frac{n\pi}{a}\right)^2 t} \frac{(-1)^n n\pi}{a^2} = \frac{2(C_1 - C_2)}{a} \sum_{n=1}^{\infty} \mathrm{e}^{-D\left(\frac{n\pi}{a}\right)^2 t} \tag{3-42}$$

以

$$Q_t = 4\pi a^2 \int_0^t D\left(\left.\frac{\partial C(r,t)}{\partial r}\right|_{r=a}\right)\mathrm{d}t = 4\pi a^2 D \frac{2(C_1 - C_0)}{a} \sum_{n=1}^{\infty} \int_0^t \mathrm{e}^{-D\left(\frac{n\pi}{a}\right)^2 t}\mathrm{d}t$$

$$= 4\pi a^2 D \frac{2(C_1 - C_0)}{a} \frac{a^2}{-D\pi^2} \sum_{n=1}^{\infty} \frac{1}{n^2} \mathrm{e}^{-D\left(\frac{n\pi}{a}\right)^2 t}\bigg|_0^t = \frac{8a^3(C_0 - C_1)}{\pi} \sum_{n=1}^{\infty} \frac{1}{n^2} \mathrm{e}^{-D\left(\frac{n\pi}{a}\right)^2 t} \tag{3-43}$$

$$Q_\infty = \frac{4\pi a^3 (C_0 - C_1)}{3} \tag{3-44}$$

由 $Q_t = Q_\infty - Q$ 得

$$\frac{Q_t}{Q_\infty} = 1 - \frac{Q}{Q_\infty} = 1 - \frac{6}{\pi^2} \sum_{n=1}^{\infty} \frac{1}{n^2} \mathrm{e}^{-D\left(\frac{n\pi}{a}\right)^2 t} \tag{3-45}$$

式中，Q_t 为经历了时间 t 后进入或离开球粒的气体量；Q_∞ 为达到平衡时最终进入或离开球粒的气体量。式(3-45)为一元孔隙模型下甲烷扩散规律的一般表达式。

研究表明，在扩散初期，$\frac{Q_t}{Q_\infty}<0.5$ 时，有

$$\left(\frac{Q_t}{Q_\infty}\right)^2 = \frac{36}{\pi} \frac{D}{a^2} t \tag{3-46}$$

定义有效扩散系数 D_e 为

$$D_\mathrm{e} = \frac{D}{a^2} \tag{3-47}$$

$$\frac{Q_t}{Q_\infty} = \frac{6}{\sqrt{\pi}}(D_\mathrm{e}t)^{\frac{1}{2}} \tag{3-48}$$

即在扩散初期，扩散量与最终扩散量的比值与时间的平方根成正比[16, 21]。由式(3-48)，可以通过实验得到煤样的有效扩散系数 D_e。

3. 煤中甲烷扩散参数计算实例

根据等温吸附实验监测的压力-时间过程数据，采用等温吸附-扩散性能计算模型计算吸附过程中每一秒的吸附量，并根据其线性关系式计算扩散系数。下面以云南东南部地区新近系中新统小龙潭组煤样为例，说明煤中甲烷扩散参数计算方法。

1) 实验样品

实验所采集的样品为云南东南部地区新近系中新统小龙潭组煤层，煤种为褐煤。煤样所采煤矿均为露天矿，煤样具体特征如下：山心村煤样属于暗淡型煤，灰褐色，质地松软，水分含量高，粒状断口[图 3-8(a)]。普阳煤样为半亮型煤，灰黑色，贝壳状断口，质地坚硬，

含有一条裂隙[图 3-8(b)]。布沼坝煤样属于暗淡型煤,灰褐色,块状,贝壳状断口,质地坚硬[图 3-8(c)]。石槽河煤样为半暗型煤,褐黑色,贝壳状断口,质地稍硬,污手,含少量亮煤 0.5～3mm 条带,裂隙不发育[图 3-8(d)]。实验煤样煤岩成分及工业分析结果如表 3-2 所示。

(a)山心村煤样

(b)普阳煤样

(c)布沼坝煤样

(d)石槽河煤样

图 3-8　煤样照片

表 3-2　实验煤样煤岩成分及工业分析结果

测试样品编号	显微煤岩组成				煤的工业分析				镜质组反射率 $R_{o,max}$/%	备注
	腐植组/%	惰质组/%	稳定组/%	矿物质/%	Mad/%	Aad/%	Vad/%	FCad/%		
山心村号	80.6	16.0	0.1	3.3	47.95	15.83	24.05	23.37	0.36	褐煤
普阳	84.2	12.4	0.4	3.0	20.24	9.61	34.19	45.08	0.32	褐煤
布沼坝	80.2	15.0	0.2	4.6	29.30	5.19	35.58	42.32	0.43	褐煤
石槽河	81.0	17.0	0.0	2.0	26.41	5.01	33.91	47.11	0.28	褐煤

2)等温吸附实验

等温吸附实验采用的样品粒径为 0.20～0.25mm,取其平均半径为 0.1125mm。采用干燥样和平衡水样进行实验,实验温度为 27℃。等温吸附实验结果如表 3-3 和图 3-9 所示。

3)煤中甲烷气体扩散参数计算

根据等温吸附实验监测的压力-时间过程数据,采用等温吸附-扩散性能计算模型计算吸附过程中每一秒的吸附量,并根据其线性关系式计算扩散系数。等温吸附实验采用的样品粒径为 0.20～0.25mm,取其平均半径为 0.1125mm,在 27℃条件下煤中甲烷吸附过程中吸附量与时间的关系如图 3-10 所示，在温度 27℃，注入气体压力为 1MPa 条件下煤中甲烷扩散系数计算结果如表 3-4 所示。

表 3-3　煤中甲烷等温吸附实验结果

样品编号		温度/℃	水分条件	镜质组反射率 $R_{o,max}$/%	Langmuir 体积 /(m³/t)	Langmuir 压力 /MPa
低煤阶样	山心村	27	干燥	0.36	2.74	6.78
		27	平衡水	0.36	2.15	7.67
	普阳	27	平衡水	0.32	4.61	4.46
	布沼坝	27	平衡水	0.43	2.80	4.67
	石槽河	27	平衡水	0.28	3.18	3.17

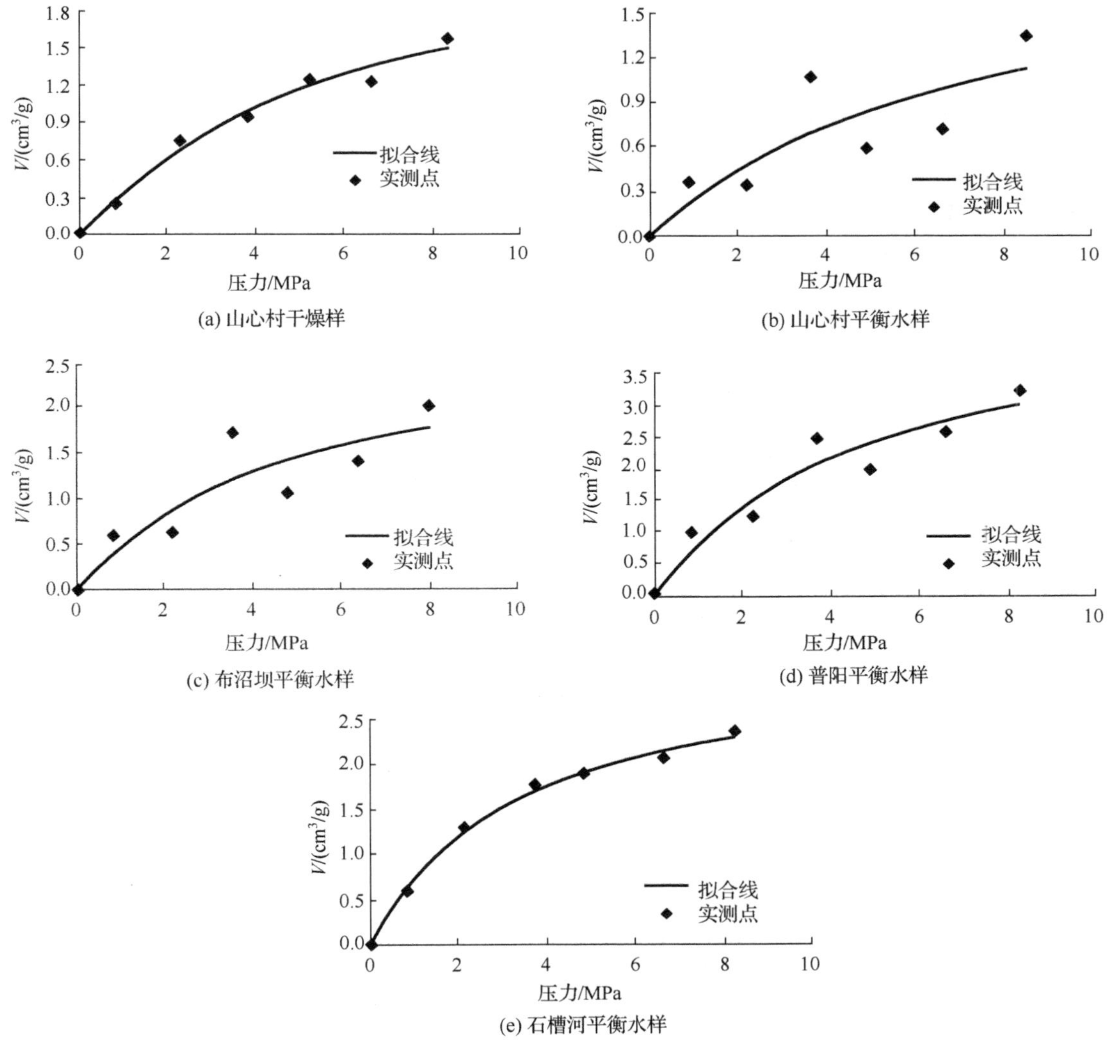

(a) 山心村干燥样

(b) 山心村平衡水样

(c) 布沼坝平衡水样

(d) 普阳平衡水样

(e) 石槽河平衡水样

图 3-9　低煤阶煤样等温吸附实验结果

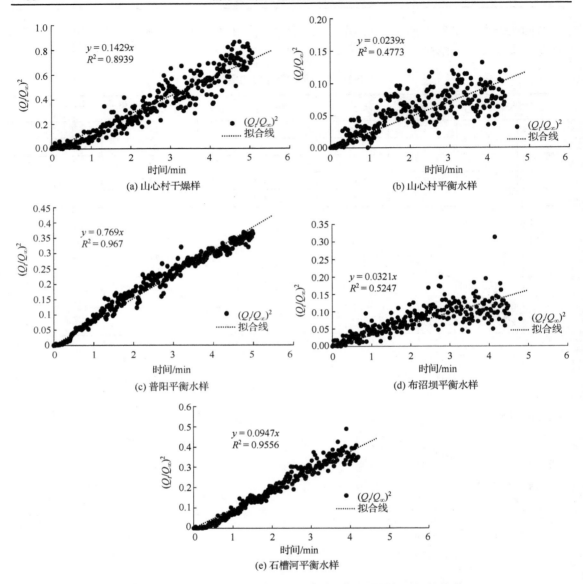

图 3-10　在 27℃ 条件下煤中甲烷吸附过程中吸附量与时间的关系

表 3-4　煤中甲烷扩散系数计算结果

实验样品	水分条件	镜质组反射率 $R_{o,max}$/%	颗粒等效半径/mm	斜率 k	有效扩散系数 D_e/(s^{-1})	扩散系数 D/(m^2/s)	吸附时间常数 τ/s	相关系数 R^2
山心村	干燥	0.36	0.1125	0.1429	2.08×10^{-4}	2.630×10^{-12}	320.76	0.8939
	平衡水	0.36	0.1125	0.0239	3.48×10^{-5}	4.399×10^{-13}	1917.85	0.4773
普阳	平衡水	0.32	0.1125	0.0769	1.12×10^{-4}	1.416×10^{-12}	596.05	0.967
布沼坝	平衡水	0.43	0.1125	0.0321	4.67×10^{-5}	5.909×10^{-13}	1427.93	0.5247
石槽河	平衡水	0.28	0.1125	0.0947	1.38×10^{-4}	1.743×10^{-12}	484.02	0.9556

3.2.4　煤中甲烷扩散性能

煤是一种复杂的多孔隙介质，具有多尺度分布的孔隙裂隙系统，在纳米级孔隙中，微孔贡献了大部分的比表面积，并主要决定了煤基质对气体的吸附能力；中孔和大孔则是气体扩散的主要通道。对于高煤阶煤层，煤变质程度高，煤基质微孔发育，吸附性能和含气性往往较好，而割理、裂隙不太发育，扩散性能和渗透性能较弱；对于低煤阶煤层，煤化作用程度低，煤基质的大孔、中孔较发育，埋深相对较浅，有效应力较低，吸附性能和含气性相对较弱，但渗透性和扩散性能相对较好。

扩散主要发生在煤基质孔隙系统中，受浓度梯度控制，一般用 Fick 定律来表征。通常采用扩散系数、吸附时间来定量描述其扩散性能[1]。

甲烷分子与煤基质孔隙表面分子之间的作用力属于范德华力。而甲烷分子在脱附后，在浓度梯度驱动下，经过分子与分子间相互碰撞以及分子与基质孔隙壁面的碰撞，发生了气体物质在空间的整体迁移，这种扩散也属于物理过程。根据分子运动理论，扩散的驱动因素主要包括浓度差、温度差以及电场、磁场等外力作用。固体、液体、气体均可以发生扩散形式的质量迁移。不同形态物质分子间距不同，其排列方式也不同，物质分子热运动或振动的剧烈程度不一致，因此，气体扩散速率最大。分子质量越小、浓度差越大、温度越高，其扩散速度也越大。由于气体分子间极为频繁地互相碰撞，分子运动瞬时速率很高，但每个分子的运动都是无规则的自由运动。通常情况下，温度越高，分子运动就越激烈。例如，在常压下，0℃的大气分子的平均运动速率约为 400m/s，由于极为频繁地碰撞，包括分子与分子之间的碰撞和分子与多孔介质孔壁之间的碰撞，气体分子运动的速度大小和方向时刻都在改变，在某一方向上的质量迁移速度很慢。因此，气体扩散速度比分子运动的速度要低得多，即扩散是一种效率较低的物质迁移方式。由于吸附态甲烷要经历扩散运移，煤层气井生产周期较长，最长可以达 20 年，而且气井产气速率是逐步升高的，达到峰值后逐渐下降，这与常规油气生产规律明显不同。

煤中甲烷扩散性能对煤层气井产气速率具有重要的影响，即扩散性能对于产气速率和时间曲线形态具有重要影响，扩散性能在一定程度上制约着煤层甲烷的运移效率。根据气体分子运动自由程与多孔介质的孔隙大小之间的关系，采用克努森数（Knuolsen Number）指标，将气体在多孔介质中的扩散分为三类：Fick 扩散（$Kn<0.1$）、Knudsen 扩散（$Kn>10$）及过渡型扩散（$Kn=0.1\sim10$）。Fick 扩散中，分子与分子之间碰撞占主导，而 Knudsen 扩散中，分子与孔隙壁面的碰撞占主导。

克努森数的定义为

$$Kn=\frac{\lambda}{d} \tag{3-49}$$

式中，λ 为分子运动平均自由程，m；d 为分子运移特征长度，一般为孔隙平均直径，m。

根据分子运动论，分子运动平均自由程 λ 为

$$\lambda=\frac{K_{\mathrm{B}}T}{\sqrt{2}\pi d_0^2 p} \tag{3-50}$$

式中，K_{B} 为玻尔兹曼常数，1.38×10^{-23}J/K；T 为气体温度，K；d_0 为分子有效直径，nm；p 为气体压力，MPa。

在常温 20℃，甲烷分子的平均自由程随压力降低而升高，在 1 个大气压下，λ 约为 63nm，在 5MPa 下，λ 约为 1nm，如图 3-11 所示。煤是一种复杂多孔隙介质，一般认为可以用双孔隙模型来描述，即裂隙系统和基质孔隙体系，其中，基质孔隙以纳米级孔隙发育为特征，甲烷主要吸附在小于 10nm 甚至小于 2nm 的基质微孔中。根据煤基质孔隙分布情况和克努森数指标，甲烷分子在煤体裂隙中的运移以 Fick 扩散为主，而在煤基质中的运移以 Knudsen 扩散和过渡型扩散模式为主。气体在多孔介质中的扩散系数，可通过直接测实或由等温吸附试验数据结合吸附扩散动力学理论模型来求解，以了解煤基质颗粒中甲烷吸附扩散性能。

1. 不同压力下的煤中甲烷扩散规律

为了分析不同压力下的煤中甲烷扩散规律，实验煤样为山西晋城矿区寺河煤矿高变质无烟煤，镜质体反射率 R_o 为 3.2%，煤样水分 (M_{ad}) 为 1.54%，灰分 (A_{ad}) 为 13.60%，挥发分 (V_{ad}) 为 12.07%，固定碳为 72.79%。

等温吸附实验设备为美国 TerraTek 公司生产的 ISO-300 等温吸附解吸仪，实验严格遵循 GB/T 19560—2008《煤的高压等温吸附试验方法》，筛取 0.2～0.25mm（即 60～80 目）的破碎粒状煤样样品 100～120g 作为等温吸附实验样品，测试温度为 27℃，测试结果表明，山西晋城矿区寺河煤矿高变质无烟煤 Langmuir 体积和 Langmuir 压力分别为 42.75 ml/g 和 3.53 MPa。其吸附量与压力之间关系如图 3-12 所示。

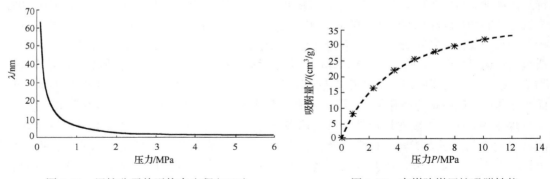

图 3-11　甲烷分子的平均自由程(20℃)　　　　　图 3-12　高煤阶煤甲烷吸附性能

煤样在压力 0.84～10.10MPa 条件下，有效扩散系数为 3.32×10^{-5}～$9.26 \times 10^{-5} s^{-1}$、扩散系数为 3.83×10^{-13}～$1.07 \times 10^{-12} m^2/s$，且随着压力的增高而增大（表 3-5）；吸附时间常数随着压力的增高而减小（表 3-5 和图 3-13）。

表 3-5　不同压力下煤中甲烷扩散参数计算结果

样品	压力/MPa	颗粒等效半径/mm	有效扩散系数 $D_e/(s^{-1})$	扩散系数 $D/(m^2/s)$	吸附时间常数/s
山西晋城矿区寺河煤矿无烟煤样品	0.84	0.1125	3.32×10^{-5}	3.83×10^{-13}	2010
	2.26	0.1125	3.85×10^{-5}	4.45×10^{-13}	1730
	3.77	0.1125	4.80×10^{-5}	5.55×10^{-13}	1390
	5.21	0.1125	5.67×10^{-5}	6.56×10^{-13}	1180
	6.62	0.1125	6.76×10^{-5}	7.82×10^{-13}	986
	7.99	0.1125	8.17×10^{-5}	9.45×10^{-13}	816
	10.10	0.1125	9.26×10^{-5}	1.07×10^{-12}	720

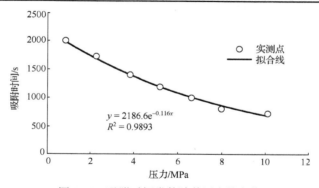

图 3-13　吸附时间常数随着压力的变化

扩散系数是吸附浓度的函数，即煤中甲烷的不稳定扩散可以用以下方程描述：

$$\frac{1}{r^2}\frac{\partial}{\partial r}\left(r^2 D\frac{\partial C}{\partial r}\right)=\frac{\partial C}{\partial t} \tag{3-51}$$

式中，C 为吸附质浓度；D 为扩散系数，是吸附质浓度的函数。

因为扩散性能受基质孔隙、气体状态控制，而基质孔隙又随气体压力变化导致的吸附/解吸而变化，所以气体等温吸附规律服从 Langmuir 方程，同样，其扩散规律也满足如下关系：

$$D_s=\frac{D_L p}{p+p_D} \tag{3-52}$$

式中，D_s 为某温度压力条件下有效扩散系数或扩散系数；D_L 为该温度下 Langmuir 有效扩散系数或扩散系数；p_D 为有效扩散系数或扩散系数的中值对应的压力，或称 Langmuir 压力；p 为气体压力。

式 (3-52) 中将 D_s 对 P 求微分，得

$$\frac{\mathrm{d}D_s}{\mathrm{d}P}=\frac{D_L P_D}{(P+P_D)^2} \tag{3-53}$$

将式 (3-53) 转变为直线形式：

$$\frac{P}{D_s}=\frac{1}{D_L}P+\frac{P_D}{D_L} \tag{3-54}$$

利用式 (3-54) 以 $\dfrac{P}{D_s}$ 为纵坐标，以 P (压力) 为横坐标，对不同压力下有效扩散系数和扩散系数参数进行拟合，拟合结果如图 3-14 所示。

由表 3-5 可以看出，晋城寺河煤矿煤样中甲烷扩散系数随着压力的增高而增大。采用建立的方程对样品的扩散性能参数进行拟合，晋城寺河煤矿煤样 Langmuir 有效扩散系数和扩散系数 D_L 分别是 $12.18\times10^{-5}\,\mathrm{s}^{-1}$ 和 $14.10\times10^{-13}\,\mathrm{m}^2/\mathrm{s}$，Langmuir 有效扩散系数或扩散系数的中值对应的压力 P_D (Langmuir 压力) 分别为 4.48MPa 和 4.49MPa。扩散系数 Langmuir 方程拟合结果如图 3-15 所示。

2. 不同温度和含水量下的煤中甲烷扩散规律

在相同温度条件下，干燥煤样的有效扩散系数和扩散系数要大于平衡水分煤样，例如，低煤阶在 27℃下干燥煤样的有效扩散系数和扩散系数分别为 $2.08\times10^{-4}\,\mathrm{s}^{-1}$ 和 $2.63\times10^{-12}\,\mathrm{m}^2/\mathrm{s}$，平衡水条件下煤样的有效扩散系数和扩散系数分别为 $3.48\times10^{-5}\,\mathrm{s}^{-1}$ 和 $4.399\times10^{-13}\,\mathrm{m}^2/\mathrm{s}$。

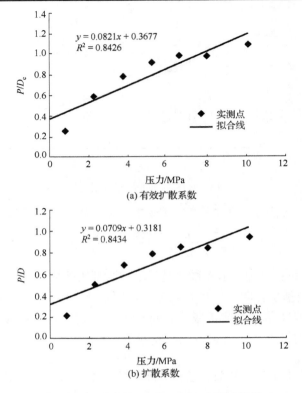

图 3-14　扩散系数 Langmuir 方程拟合计算

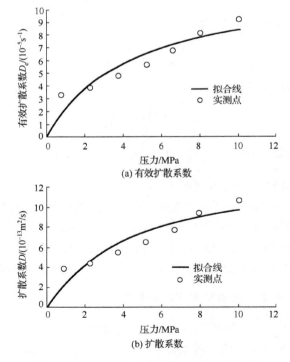

图 3-15　不同压力下高阶煤中甲烷扩散性能

随着温度的增高，煤的扩散性能增强，无论低煤阶样，还是中煤阶样，其有效扩散系数和扩散系数均随温度的增高而增大(表3-6、图3-16和图3-17)，且服从对数函数关系变化。

表 3-6　煤中甲烷等温吸附扩散模拟结果

样品编号		温度 /℃	水分	斜率 k	颗粒等效半径/mm	有效扩散系数 D_e/s^{-1}	扩散系数 D/(m^2/s)	吸附时间 τ/s	拟合优度 R^2
低煤阶 (R_o=0.36%)	山心村 1#	27	干燥	0.1429	0.1125	2.08×10^{-4}	2.63×10^{-12}	320.76	0.8939
	山心村 2#	27	平衡水	0.0239	0.1125	3.48×10^{-5}	4.399×10^{-13}	1917.85	0.4773
	山心村 3#	32	平衡水	0.0651	0.1125	9.47×10^{-5}	1.198×10^{-12}	704.10	0.565
	山心村 4#	40	平衡水	0.0757	0.1125	1.10×10^{-4}	1.393×10^{-12}	605.50	0.6323
中煤阶 (R_o=1.10%)	西山 2#	27	平衡水	0.0342	0.1125	4.97×10^{-5}	6.295×10^{-13}	1340.25	0.9936
	西山 3#	32	平衡水	0.0395	0.1125	5.75×10^{-5}	7.271×10^{-13}	1160.42	0.9935
	西山 4#	40	平衡水	0.041	0.1125	5.96×10^{-5}	7.547×10^{-13}	1117.97	0.9932

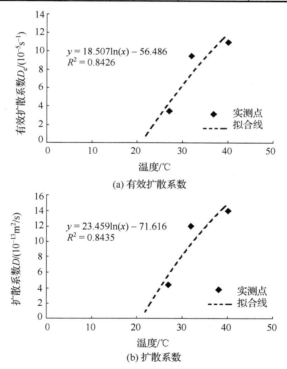

图 3-16　低煤阶煤样中甲烷扩散性能随温度变化规律

3. 不同煤阶煤中甲烷扩散规律

从煤阶来看，从表 3-6 可以看出，在相同温度和水分条件下，褐煤煤中甲烷有效扩散系数和扩散系数整体上高于中煤阶煤样。煤化作用过程中，由于受到温度、压力等外界作用力及煤自身产气作用的影响，煤中孔隙结构发生变化，在中-低煤阶阶段，也就是在 $R_{o,max}$ 位于 1.5%~1.7%，随着煤化作用增高，孔隙结构减小，煤中甲烷扩散性能降低；在中-高煤阶阶段，即 $R_{o,max}$ 为 1.5%~1.7% 时，随着煤化程度的增高，煤中孔隙体积增大，尤其在高煤级阶段微孔数量急剧增加，为甲烷气体的吸附提供了条件，煤吸附能力增强，煤中甲烷扩散性

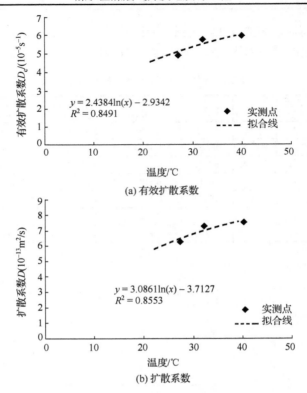

图 3-17　中煤阶煤样中甲烷扩散性能随温度变化规律

能随煤化程度的增高而增强，煤中甲烷扩散性能随镜质体反射率的增高呈不对称"U"形分布（图 3-18）。

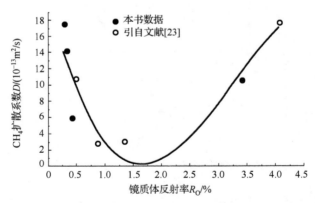

图 3-18　煤中甲烷扩散系数与镜质体反射率之间关系

　　Meng[25]根据扩散实验结果分析认为，在相同温度、气压和围压下，随着镜质组反射率的增高，也就是煤演化程度增高，煤中甲烷气体扩散系数首先快速减小，然后缓慢增高，呈不对称"U"形（图 3-19）。其特征如下。

　　(1)在煤中镜质组反射率小于或等于 1.5% 时，且随着镜质组反射率的增高，也就是由低煤阶向中煤阶演化，煤中甲烷扩散系数快速降低。

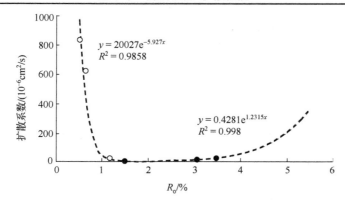

图 3-19　不同煤阶煤中甲烷扩散系数变化曲线

（2）在煤中镜质组反射率大于 1.5%时，且随着镜质组反射率的增高，也就是由中煤阶向高煤阶演化，煤中甲烷扩散系数缓慢增高。

煤中甲烷扩散系数与煤阶的关系反映了煤中孔隙结构对煤中甲烷扩散系数的影响。煤储层具有由孔隙、裂隙组成的双重孔隙结构。煤孔隙大到裂缝\小到分子间隙。煤的细微孔隙结构随着煤化作用而变化，是煤储层的重要特征。

3.3　煤体结构及其吸附性能

我国晚古生代含煤盆地大多经历了多次不同规模的构造运动作用，煤层遭受不同程度的构造变形破坏，形成了不同结构类型构造煤，由于煤体结构不同,其吸附性能存在较大差异性，因此，从微观层面上探讨不同煤体结构煤对煤层气的吸附控制机理，可以为我国煤层气勘探开发，尤其是高变质构造煤区煤层气勘探开发提供理论依据。

3.3.1　煤体结构及其分类

煤体结构是指煤体中各组成的颗粒大小、形态特征以及组分之间的相互关系与赋存状态。煤层在含煤岩系中属于相对软弱层，在受到构造应力的作用时，煤层此围岩的应变要显著得多。在煤体结构未遭破坏的煤层中，原始沉积特征得以完好保存。

国外有关煤体结构的分类可追溯到 20 世纪 50 年代末，苏联学者根据煤体结构遭受变形破坏的破碎程度，提出了煤体结构的五分法，即非破坏煤、破坏煤、强烈破坏煤、粉碎煤、全粉煤，按该分类方法划分的煤体结构肉眼简单易辨，但未能反映其构造变形的本质。直到 20 世纪 80 年代，在构造岩的研究有了一定进展之后，构造煤体的成因机制才开始被考虑到其分类方案中，有了脆性和韧性两大系列之分[30]。

国内对煤体结构分类工作始于 20 世纪 80 年代，在苏联对煤破坏类型划分的影响下，焦作矿业学院瓦斯地质研究所、武汉地质学院煤田教研室和中国矿业学院瓦斯组等，都试图从结构这一角度来对其进行划分（表 3-7）[30-35]，其中，具有代表性的是焦作矿业学院瓦斯地质研究所提出的分类方案，该方案根据煤体宏观和微观结构特征，把煤体结构划分为原生结构煤、碎裂煤、碎粒煤和糜棱煤。而后脆韧性系列的提出以及对糜棱煤的进一步认识，使得煤体结构的划分不再停留在结构层面，而是综合考虑了其成因因素。琚宜文等[33]按照构造变形机制将煤体分为 3 个构造变形序列和 10 种类型；姜波和琚宜文[34]根据构造煤结构特征及其形成的环境，将构造煤分为碎裂煤和糜棱煤两个大系列以及初碎裂煤、碎裂煤、碎斑煤、碎粒煤、鳞片煤、揉皱煤，糜棱煤七类；王恩营等[35]根据煤体形态特点，在构造岩的分类基础上，将脆性系列细分出片状和粒状两大亚序列。

表 3-7　煤体结构分类的不同方案

	原生结构煤		构造煤			
《防治煤与瓦斯突出实施细则》	非破坏煤		破坏煤	强烈破坏煤	粉碎煤	全粉煤
焦作矿业学院	原生结构煤		碎裂煤	碎粒煤		糜棱煤
米勒岩体结构分类	完整结构	块裂结构	碎裂结构			散体结构
本书	完整结构煤	块裂结构煤	碎裂结构煤	碎粒结构煤		糜棱结构煤

　　由于煤层在构造应力作用下发生破裂所具有的形态特征是不同的，根据煤体破裂的程度，参照《防治煤与瓦斯突出实施细则》中煤的破坏类型划分方案，本书将煤体结构划分为完整结构煤、块裂结构煤、碎裂结构煤、碎粒结构煤和糜棱结构煤。前两者为原生结构煤；后三者为构造煤。其中，原生结构煤是指煤体保留了原生沉积形成的结构和构造特征的煤层，原生结构煤的煤岩组分、结构和构造等清晰可辨。构造煤是煤层中的软弱层，是煤层在构造应力作用下发生韧性变形或塑性流变甚至破碎的产物，也就是说构造煤是煤层在经历了区域变质作用之后，又叠加了动力变质作用，是构造应力作用的结果。从原生结构到糜棱结构，煤层的破裂程度逐渐增强。

　　构造煤与原生结构煤的主要差别是煤岩体发生了构造变形且具有不同的结构构造特征，其特征对比如表 3-8 所示。构造煤是原生结构煤受后期构造变动影响，其成分和结构、构造发生显著变化的一类煤。构造煤与原生结构煤相比，表现在煤储层物性的显著差异。多期、多次构造运动的作用，破坏了煤储层中孔隙-裂隙系统，进而影响了其煤层气的吸附性、孔渗性和储集性。例如，沁水盆地的构造煤虽然孔隙度较大、吸附性较强，但渗透率却很低，气体不易发生脱附。构造运动还影响到煤层的变质程度，一般认为同一矿区同一层位的构造煤变质程度略高于原生结构煤。这是由于地壳运动所引起的构造热效应促使煤层发生了动力变质作用[36, 37]。

表 3-8　构造煤与原生结构煤特征对比

特征对比	原生结构煤		构造煤		
	完整结构煤	块裂结构煤	碎裂结构煤	碎粒结构煤	糜棱结构煤
宏观煤岩成分	清晰易辨	清晰易辨	可辨	不易辨认	不可辨认
结构构造	层状构造、块状构造、条带清晰明显	具条带结构和水平层理构造	可追踪条带结构，棱角块状构造	破碎成粒、无明显棱角、结构松散	压固成块或颗粒定向排列成片，多呈鳞片状，揉皱滑面镜面发育
基本粒度/mm			2~10	1~2	<1
破碎状态	整体性较好，硬度大，呈块状	用手极易剥成小块，中等硬度	呈碎块状，具棱角，无定向排列和明显位移	破碎成粒，偶夹原生结构煤碎块，有定向排列和位移现象	呈粉状，压固成块，触之成粉

特征对比	原生结构煤		构造煤		
	完整结构煤	块裂结构煤	碎裂结构煤	碎粒结构煤	糜棱结构煤
裂隙与孔渗性	裂隙系统完整，孔渗性好	裂隙系统较完整，孔渗性较好	割理发育，孔渗性较好	割理不发育，裂缝已不复存在，孔渗性差	割理不发育，裂缝被煤粉充填，孔渗性较差
吸附放散性	坚固性系数（f值）高，瓦斯放散速度（ΔP值）低	f值高，ΔP值较低	吸附性强，随煤体结构破坏程度的加强，f值变小，ΔP值增大		

注：$f=P/10$（P为岩石的单轴抗压强度，MPa）。

3.3.2　煤体结构测井响应特征

不同煤体结构因煤岩密度、裂缝密度及煤岩强度等的不同表现出不同的测井响应特征。大量的试验表明，煤岩在电性曲线上表现为"三高三低"："三高"即电阻率高、声波时差高及中子测井值高；"三低"即自然伽马低、体积密度低及光电有效截面低[38]。

以沁水盆地南部晋城矿区的典型井田——寺河井田和赵庄井田为例，对不同煤体结构煤的测井响应特征进行分析。

研究区为沁水盆地南部晋城矿区的寺河井田和赵庄井田。寺河井田主采煤层为 3#、9# 和 15#煤层，变质程度均为无烟煤。赵庄井田主采煤层为 3# 和 15#煤层，变质程度为贫煤和无烟煤。不同煤体结构测井响应表现如下：随着煤碎裂程度增加，电阻率减少，声波时差增大，井径扩径加重，随着孔隙和裂隙的发育，密度减少；随着煤的碎裂程度增加，煤中泥质含量增高，使自然伽马值增大。由于该区测井响应不能很好区分碎粒结构和糜棱结构，故本书将碎粒结构和糜棱结构合并为一类进行分析。

1. 寺河井田煤体结构测井响应

根据 52 口井的测井参数统计，寺河井田主要为原生结构煤，煤体结构类型主要有完整结构煤、块裂结构煤和碎裂结构煤。由于碎粒-糜棱煤只有一个样本，故只统计了完整结构煤、块裂结构煤和碎裂结构煤的测井响应值分布（表 3-9）。

(1) 完整结构煤。自然伽马测井响应值分布范围在 20.802～111.449CPS，自然电位为 -214.778～162.45mV；井径Ⅰ和井径Ⅱ分布较为一致，分别在 21.666～28.018cm 和 21.096～27.648cm；聚焦电阻率（电阻率均取对数值）分布在 1.057～3.845Ω·m，深侧向电阻率为 1.624～3.07Ω·m，浅侧向电阻率为 1.053～3.04Ω·m；声波时差测井分布范围为 293.125～681.205μs/m；密度测井分布范围在 1.3～1.67g/cm³；补偿中子测井响应分布范围在 22.95～41.36PU。图 3-20 为完整结构煤的测井曲线，3#煤层的密度曲线表现为平缓的微波状，其值在 1.54～1.59g/cm³，明显低于围岩；井径值为 240mm 左右，形态近似为一条直线，与上覆岩石相比略有降低，与下伏岩石相近；自然伽马在 25CPS 左右，低于上覆岩石和下伏岩石（围岩值为 50CPS 左右），呈现明显的低幅值异常。

(2) 块裂结构煤。自然伽马值分布范围为 26.822～96.535CPS；自然电位测井响应值同完整结构煤相近，为 -205.109～183.75mV；从井径测井响应看，井径Ⅰ和井径Ⅱ分布范围较为一致，分别为 21.666～39.86cm 和 21.75～32.052cm，分布范围较完整结构煤广；聚焦电阻率

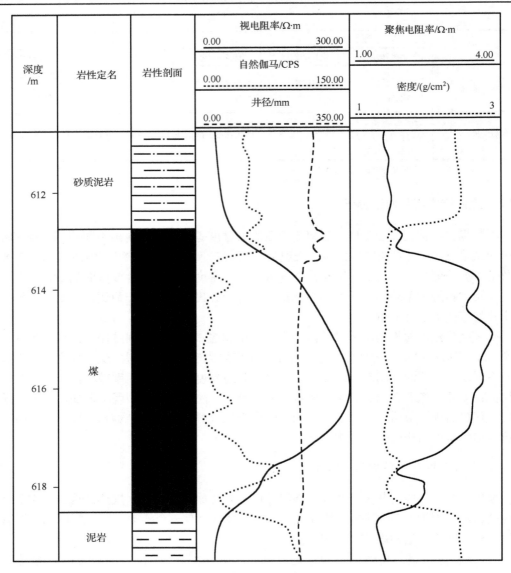

图 3-20　SH-Y 井 3#煤层测井曲线图

分布在 0.946～3.961Ω·m，深侧向电阻率分布在 1.575～3.13Ω·m，浅侧向电阻率分布在 1.064～
3.01Ω·m，同完整结构煤的电性分布较为一致；声波时差测井响应值分布在 406.25～
653.087μs/m，密度测井响应分布范围在 1.23～1.758g/cm³，补偿中子测井响应分布在 31.455～
51.868PU。除密度测井响应值略小于完整结构煤外，块裂结构煤的声波时差测井响应值同补
偿中子测井响应值均大于完整结构煤。图 3-21 为块裂结构煤的测井曲线，块裂结构煤的密度
较完整结构煤相比有所降低，其值在 1.34～1.41g/cm³，明显低于围岩；井径表现为明显的起
伏状，值在 260～290mm，略高于围岩，反映了该结构的煤体扩径的不均性，与原生结构煤
相比有所增加；自然伽马在 58CPS 左右，高于原生结构煤，低于上覆岩石 68CPS 左右，低
于下伏岩石 116CPS 左右，呈现明显的低幅值异常。

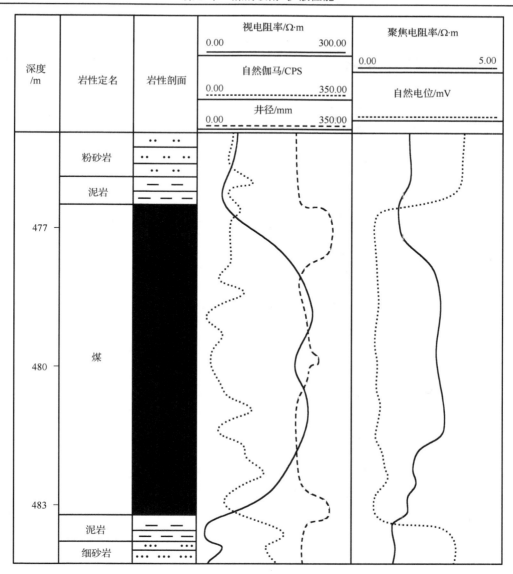

图 3-21 SH-Z 井 3#煤层测井曲线图

(3)碎裂结构煤。自然伽马测井响应值分布范围在 44.25～141.19CPS，较完整结构煤和碎裂煤明显增大；自然电位值为–119.25～157.919mV，平均为–22.246mV；从井径测井响应看，井径 I 和井径 II 分布范围十分一致，分别为 22.065～66.116cm 和 22.2～67.157cm，但井径 II 的平均值要大于井径 I；从电性特征看，碎裂结构煤的聚焦电阻率分布在 0.899～3.47Ω•m，深侧向电阻率为 1.477～3.06Ω•m，浅侧向电阻率分布范围在 1.158～3.06Ω•m，电阻率小于完整结构煤和块裂结构煤；碎裂结构煤声波时差测井响应值分布在 370～699.875μs/m，补偿中子测井响应值分布在 36.33～48.603PU，两者均较完整结构煤和块裂结构煤大，碎裂结构煤密度测井响应值小于完整结构煤和块裂结构煤，分布在 1.12～1.354g/cm³。

表 3-9　寺河井田煤体结构测井分布范围和均值对比表

测井响应值	完整结构	块裂结构	碎裂结构
自然伽马 /CPS	20.802～111.449 38.423	26.822～96.535 47.451	44.25～141.19 64.038
自然电位 /mV	−214.778～162.45 −40.048	−205.109～183.75 −41.909	−119.25～157.919 −22.246
井径 I /cm	21.666～28.018 22.846	21.666～39.86 24.507	22.065～66.116 29.015
井径 II /cm	21.096～27.648 23.050	21.75～32.052 24.482	22.2～67.157 31.072
聚焦电阻率 /Ω·m	1.057～3.845 2.572	0.946～3.961 2.531	0.899～3.47 2.153
深侧向电阻率 /Ω·m	1.624～3.07 2.345	1.575～3.13 2.330	1.477～3.06 2.051
浅侧向电阻率 /Ω·m	1.053～3.04 2.135	1.064～3.01 2.148	1.158～3.06 1.941
声波时差 /(μs/m)	293.125～681.205 467.676	406.25～653.087 510.218	370～699.875 578.327
密度 /(g/cm³)	1.3～1.67 1.456	1.23～1.758 1.376	1.12～1.354 1.262
中子 /PU	22.95～41.36 31.554	31.455～51.868 38.431	36.33～48.603 42.267

注：(最小～最大)/平均。

2. 赵庄井田煤体结构测井响应

赵庄井田煤体结构主要为构造煤，完整结构煤的测井响应与寺河矿区相近，密度一般较高，为 1.4～1.7g/cm³，部分井可以达到 1.8g/cm³ 以上；井径较为平直，与围岩值相近，为 195～250mm；自然伽马值较低，为 10～35CPS。在 40 口参数统计井中，完整结构煤只有四个样本，故只统计了块裂结构煤、碎裂结构煤和碎粒-糜棱结构煤(表 3-10)。

表 3-10　赵庄井田煤体结构测井分布范围和均值对比表

测井响应值	块裂结构	碎裂结构	碎粒-糜棱结构
自然伽马 /CPS	8.658～33.389 18.589	14.644～112.539 34.921	35.45～93.684 56.374
自然电位 /mV	−1236.8～−24.511 −343.511	−1160～275.287 −188.069	−517.393～300.776 −132.848
井径 /cm	229.184～265.169 251.358	246.731～298.791 268.971	257.558～395.774 304.797
聚焦电阻率 /Ω·m	1.246～4.949 2.791	1.272～4.736 2.650	1.220～3.508 2.568
视电阻率 /Ω·m	56.126～288.696 138.709	42.185～914.316 283.938	59.075～876.526 238.108
密度 /(g/cm³)	1.215～1.565 1.419	1.086～1.504 1.358	1.016～1.413 1.269

（1）块裂结构煤。自然伽马测井响应值分布范围在 8.658～33.389CPS，自然电位测井响应值分布范围在−1236.8～−24.511mV，块裂结构煤的井径测井响应值为 229.184～265.169cm；从电性特征看，聚焦电阻率分布范围为 1.246～4.949Ω•m，视电阻率的分布范围为 56.126～288.696Ω•m；从密度测井响应特征来看，块裂结构煤的分布范围在 1.215～1.565g/cm³。如图 3-22 所示，在 625.05m 之下煤层为块状结构煤，密度范围为 1.39～1.45g/cm³；井径值为 271mm 左右，与碎裂结构煤相比明显降低；自然伽马受下伏泥岩影响，值较高，在 65～146CPS。

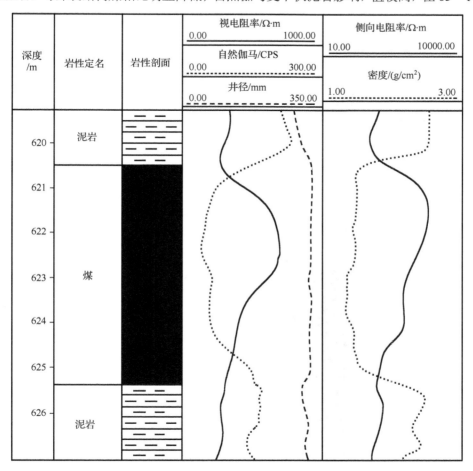

图 3-22　ZZ-Y 井 3#煤层测井曲线图

（2）碎裂结构煤。自然伽马响应值为 14.644～112.539CPS，分布范围与均值远大于块裂结构煤，自然电位测井响应值分布范围在−1160～275.287mV，井径测井响应值为 246.731～298.791cm；从电性特征看，碎裂结构煤聚焦电阻率较块裂结构煤小，分布范围为 1.272～4.736Ω•m，视电阻率的分布范围为 42.185～914.316Ω•m；碎裂结构煤的密度测井响应分布范围在 1.086～1.504g/cm³，小于块裂结构煤。如图 3-22 所示，在 625.05m 之上煤层为碎裂结构煤，密度表现为起伏状，值在 1.28～1.39g/cm³，明显低于围岩；井径值为 315mm 左右，形态近似为一条直线，高于上覆岩石；自然伽马值在 31～55CPS，明显低于上覆岩石和下伏岩石，呈现明显的低幅值异常。

（3）碎粒-糜棱结构煤。自然伽马响应值分布范围为 35.45～93.684CPS，其分布范围介于块裂结构煤和碎裂结构煤之间，均值大于碎裂结构煤；碎粒-糜棱结构煤的自然电位响应值分布范围在–517.393～300.776mV，与块裂结构煤和碎裂结构煤相比有最小的负向偏值；井径测井响应值的分布范围为 257.588～395.774cm；从电性特征看，聚焦电阻率分布在 1.220～3.508Ω·m，分布范围和均值小于块裂结构煤和碎裂结构煤，视电阻率的分布范围为 59.075～876.526Ω·m；碎粒-糜棱结构煤密度测井响应均值最小，为 1.269g/cm³，分布在 1.016～1.413g/cm³。如图 3-23 所示，879.85m 之上和 880.5m 之下煤层为碎粒-糜棱结构煤，密度值在 1.05～1.15g/cm³；井径值在 287～374mm，近似为一条直线；自然伽马在 44～56CPS，明显低于上覆岩石和下伏岩石，呈现明显的低幅值异常。879.85～880.5m 煤层为碎裂结构煤，密度为 1.15～1.34g/cm³，由于厚度较薄，故表现为单峰状；井径值为 290mm 左右，明显低于碎粒-糜棱结构煤；自然伽马在 30～44CPS，明显低于碎粒-糜棱结构煤。

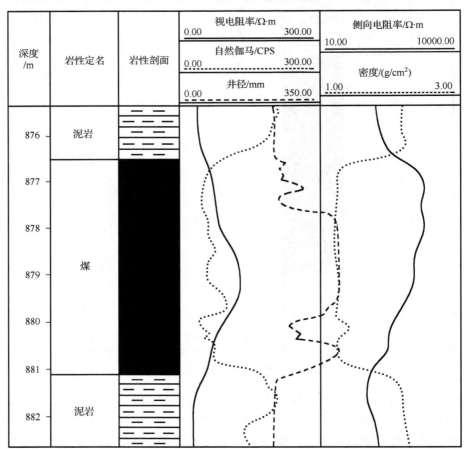

图 3-23　ZZ-Z 井 3#煤层测井曲线图

3. 两个井田煤体结构测井响应对比分析

为了更直观表示寺河煤体结构的测井响应差异，对各测井响应做了规一化处理。寺河井田煤体结构测井响应均值表现如下：井径、声波时差、补偿中子、自然电位值随着煤体破碎程度增高逐渐增大；而电阻率、密度随着破碎程度加深逐渐减少，自然伽马除碎粒-糜棱结构煤的单一样本值较低外，完整结构—块裂结构—碎裂结构有增加的趋势［图 3-24（a）］。赵庄井田煤体结构的测井响应均值随着破碎程度增高，其井径、自然伽马测井响应均值逐渐增大；而聚焦电阻率、密度随着破碎程度加深逐渐减少［图 3-24（b）］。

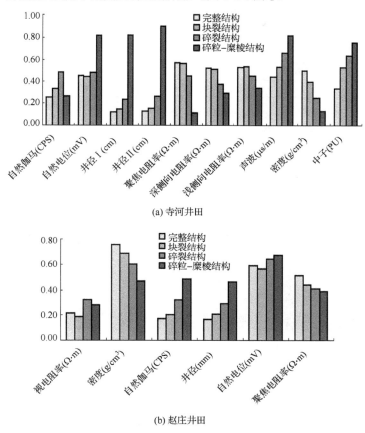

图 3-24　煤体结构测井均值响应对比图

整体来说，寺河井田和赵庄井田不同煤体结构煤的变化规律基本一致。随着煤体破碎程度的增大，自然伽马测井参数值也相应增大，这是由煤中黏土矿物含量和比表面积增高所致的；自然电位和井径测井参数值随煤体结构破碎程度的增大而增大，但完整结构、块裂结构和碎裂结构煤三者差别不大；以泥岩井段自然电位变化幅度为基线，煤岩相对泥岩段呈现负值，负值偏向越大，反映煤储层渗透性越好，煤体结构从原生和碎裂结构到碎粒-糜棱结构，煤储层渗透性急剧降低；随着破碎程度的提高，井径范围逐渐增大，扩径更为明显。密度测井随着煤体破碎程度的增加，煤的体积密度有减小的趋势；视电阻率测井响应特征随煤体结构的变化规律不明显，这是由于受井内泥浆、围岩和侵入带等因素的影响，使视电阻率测井反映的不是地层真实的电阻率所致。

3.3.3　不同煤体结构煤的吸附性能

为了分析不同煤体结构煤的吸附性能，本次实验所采取的样品全部来自山西沁水盆地东南部的赵庄矿山西组 3[#]煤层,煤层以亮煤为主、暗煤次之,夹镜煤条带,属半亮～光亮型煤。采集的煤体结构类型样品有原生结构煤、碎裂结构煤、碎粒结构煤和糜棱结构煤。实验煤样特征如表 3-11 所示。利用 SDLA618 工业分析仪,参照 GB/T 212—2008《煤的工业分析方法》,筛选小于 0.2mm(80 目)的空气干燥基煤样 10g 进行工业分析,实验样品基本参数如表 3-12 所示。各煤样样品如图 3-25 所示。

表 3-11 不同结构煤体特征的宏观描述

样品编号	宏观煤岩类型	构造煤类型	描述
ZZ-1	半亮型煤	原生结构煤	条带结构明显,原生构造清晰可见;有擦痕,块状结构,坚硬
ZZ-2	半亮型煤	碎裂结构煤	条带状结构可见,层状构造保存完整;多向裂隙切割,无明显位移,扁平块状,较硬
ZZ-3	半亮型煤	碎粒结构煤	原生结构基本被破坏,不同方向的小裂隙发育,碎粒结构、块状结构;手拭具一定硬度,捏成碎块
ZZ-4	半亮型煤	糜棱结构煤	原生结构完全消失,具糜棱构造;颗粒定向排列,手拭易捏成粉末状

(a)原生结构煤

(b)碎裂结构煤

(c)碎粒结构煤

(d)糜棱结构煤

图 3-25 不同煤样宏观特征

表 3-12 煤样的工业分析结果表

样品编号	煤体结构	试验环境		水分 M_{ad}/%	灰分/%	挥发分/%	镜质体反射率/%
		温度/℃	湿度/%				
ZZ-1	原生结构煤	15	17	1.3	11.04	9.76	2.53
ZZ-2	碎裂结构煤	15	17	0.77	11.91	8.65	2.61
ZZ-3	碎粒结构煤	15	17	0.83	12.7	10.23	2.50
ZZ-4	糜棱结构煤	15	17	1.02	9.83	5.42	2.85

注:Mad 为空气干燥基水分。

　　利用 TerraTek 公司 ISO-300 吸附等温仪，遵循 GB/T 19560—2008《煤的高压等温吸附试验方法》，设置系统温度（一般为储层温度），按照规程进行试验，吸附平衡时间不少于 12h。在进行等温吸附试验之前，先对煤样进行平衡水分处理。由于样品缸容积有限，煤样在试验前需要破碎，根据等温吸附试验需要（GB/T 19560—2008），将四个不同煤体结构煤样品破碎至 60～80 目。根据研究区煤储层赋存条件，选择在 25℃、35℃和 45℃三个温度下进行等温吸附试验，实验压力区间为 0～14MPa。

　　不同煤体结构煤的等温吸附实验结果如图 3-26 和表 3-13 所示。在同一温度条件下对不同煤体结构煤吸附甲烷能力进行比较可以看出，在 0～2MPa 压力条件下，四类煤样等温吸附

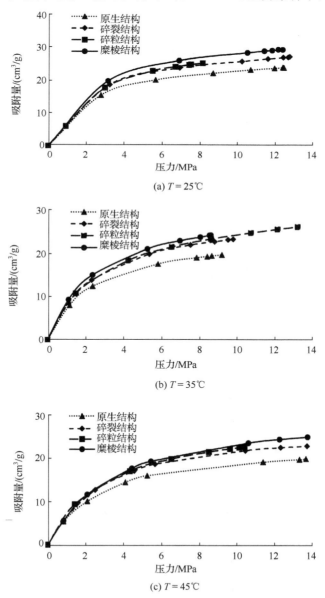

图 3-26　不同煤体结构煤等温吸附曲线

曲线几乎重合，甲烷吸附量没有明显差别；随着压力增大，不同煤体结构煤样对甲烷吸附量产生变化，煤样对甲烷吸附量表现为糜棱结构煤>碎粒结构煤>碎裂结构煤>原生结构煤的规律，构造煤与原生结构煤之间的吸附量差别较大。相同温度条件下，糜棱结构煤的 Langmuir 体积最大，其次为碎粒结构煤、碎裂结构煤和原生结构煤，反映了不同煤体结构煤的吸附能力[39]。

煤是一种多孔介质，具有大的内表面积，吸附性是煤的一种自然属性，由于气体分子与煤内表面之间的范德华力作用，煤对甲烷的吸附属于物理吸附。已有研究显示，煤的结构与石墨的结构类似，Kaplan[26]对石墨分子结构进行了研究，研究认为其芳香微晶片层之间的结合能大约为 5.4kJ/mol，结合能的大小基本上属于分子之间范德华力的作用范畴。甲烷的液化热仅为 9.4kJ/mol，表明其饱和的成键结构所表现出的极大化学惰性。实际上，甲烷在煤中的吸附是煤基质孔裂隙表面分子同甲烷气体分子间的相互吸引，是甲烷分子在煤基质孔裂隙表面的暂时逗留。煤对甲烷的吸附一般用 Langmuir 单分子层吸附理论进行描述，反映出煤的吸附能力是吸附剂(煤体)性质与温度、吸附质(甲烷)、压力的函数关系。

表 3-13 不同煤体结构煤的等温吸附实验结果

样品编号	煤体结构	温度/℃	Langmuir 体积/(cm³/g)	Langmuir 压力/MPa
ZZ-1	原生结构	25	32.26	2.40
		35	28.41	2.42
		45	27.25	2.74
ZZ-2	碎裂结构	25	36.76	2.44
		35	34.60	2.72
		45	32.57	3.04
ZZ-3	碎粒结构	25	37.04	2.23
		35	34.84	3.12
		45	33.56	3.07
ZZ-4	糜棱结构	25	40.32	2.52
		35	36.50	2.66
		45	36.36	3.61

3.3.4 温度和压力对煤体吸附性能的影响

煤对甲烷的吸附是吸附解吸的动态平衡过程。吸附的热力学理论表明，多孔介质(煤)对气体的吸附是一个放热过程，反之，解吸吸热。因此，温度的上升必然会导致煤对甲烷吸附能力的减弱及解吸能力的增强。同时，在甲烷气体压力梯度的作用下，气体向压力较低的煤基质孔隙发生运移，吸附速度同压力正相关。在未达到饱和吸附之前，压力增加，甲烷气体在煤中的吸附速度要大于解吸速度，这种现象一直持续到甲烷在煤中的吸附达到最大吸附量。不同温度下不同煤体结构煤的吸附性能实验结果如图 3-27 所示。

由图 3-27 可以看出，煤样的吸附能力与温度密切相关，压力一定，吸附量与温度呈负相关。随温度的增高，煤的吸附能力减弱，四类不同煤体结构煤甲烷吸附量受温度的影响相似，但储层压力对其吸附能力的影响表现出了不同的特征，煤样的吸附能力与储层压力密切相关，随着压力的增大，煤对甲烷的吸附量也相应增加，明显可见，在不同压力区间，煤对甲烷气体吸附量的增长速率不一样，在起始压力区间，煤对甲烷气体的吸附量随压力的增高以较高的斜率近似呈线性增长，压力继续增大，甲烷吸附量的增长速率逐渐减小，直至吸附增量趋

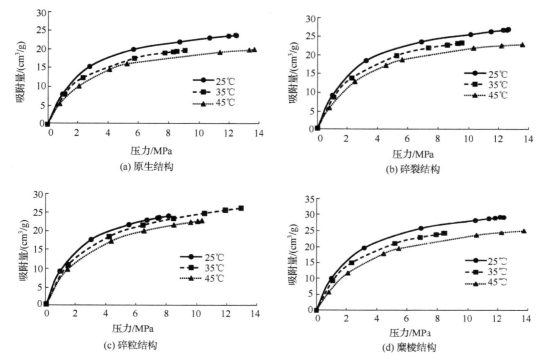

图 3-27 不同温度下不同煤体结构煤等温吸附曲线

于零，煤的吸附达到饱和状态，各煤样曲线形态基本符合 Langmuir 等温吸附方程。煤岩在储层条件下的吸附性能受温度和压力条件的综合作用，在较低压力阶段，煤样在不同温度下的吸附曲线比较靠近，温度对吸附量的影响不大；在较高压力阶段，甲烷吸附量随着压力增加增量减小，不同温度曲线相离较远，反映出温度是此阶段影响煤对甲烷吸附能力的主要因素。在起始较低的压力阶段，压力对煤吸附甲烷能力的影响要大于温度的影响，而在较高的压力阶段，温度对煤吸附甲烷能力的影响要大于压力对其的影响。

3.3.5 煤的粒径对煤体吸附性能的影响

煤的粒径大小直接影响煤的吸附能力，戴林超和聂白胜[40]对不同粒径煤的微观结构特征参数进行了计算分析，发现随着煤粒粒径的增大，煤粒的比表面积和总孔容逐渐减小，而平均孔径增大；许江等[41]对由不同粒径煤颗粒压制成的型煤孔隙特征及发育程度开展了系统研究，发现随着型煤颗粒粒径逐渐减小，型煤中的孔隙半径逐渐减小，孔隙总数逐渐增多，分形维数值逐渐增大，孔隙发育程度逐渐增大。因此，煤作为一种多孔的复杂物质，其孔隙性直接关系到煤中气体的吸附性，在相同变质程度下由于不同破裂程度形成不同粒径结构，所以煤的吸附性能存在差异性。

为了分析煤的粒径对吸附性能的影响，进一步揭示不同煤体结构煤的吸附性能。实验样品采用晋城矿区寺河井田和赵庄井田煤样，粒径分别为 13～25mm、1～6mm、0.4～0.8mm（20～40 目）、0.18～0.25mm（60～80 目）。寺河井田山西组 3# 煤层，煤变质程度均为高变质无烟煤，镜质体最大反射率为 3.45%，宏观煤岩类型为光亮型煤，煤体结构为原生结构。

赵庄井田也为山西组 3# 煤层，煤变质程度为贫煤，镜质体最大反射率为 2.34%，宏观煤岩类型为半亮～光亮型煤，煤体结构主要为碎裂-碎粒结构煤。

实验结果表明，无论是寺河井田，还是赵庄井田煤样的甲烷吸附量均随着压力的增加逐渐增大，符合 Langmuir 方程；而且不同粒径煤样的吸附量差异较大，粒径最小的 60～80 目煤样的吸附量最大，粒径最大的 13～25mm 煤样的吸附量最小，并且吸附量随着粒径的增大而逐渐减小，即 60～80 目煤样的吸附量>20～40 目煤样的吸附量>1～6mm 煤样的吸附量>13～25mm 煤样的吸附量，反映到不同构造煤的吸附量上，即糜棱结构煤的吸附量>碎粒结构煤的吸附量>碎裂结构煤的吸附量>原生结构煤的吸附量（图 3-28～图 3-31）。因此不同粒径煤样等温吸附实验表明，不同煤体结构对吸附量的影响明显，即糜棱结构煤的吸附量要大于碎粒结构煤、碎粒结构煤的吸附量要大于碎裂结构煤、碎粒结构煤的吸附量大于原生结构煤[42]。

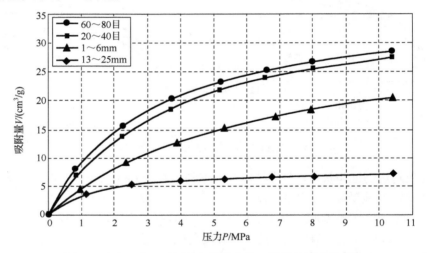

图 3-28　寺河井田不同粒径煤样空气干燥基等温吸附曲线

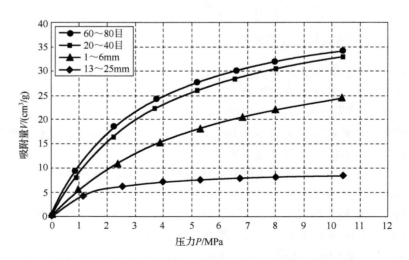

图 3-29　寺河井田不同粒径煤样干燥无灰基等温吸附曲线

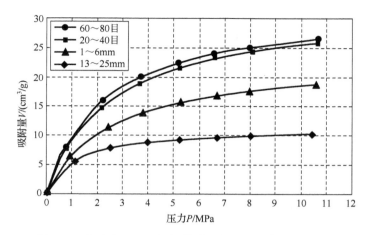

图 3-30　赵庄井田不同粒径煤样空气干燥基等温吸附曲线

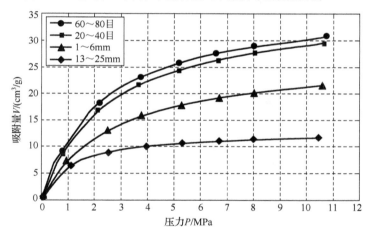

图 3-31　赵庄井田不同粒径煤样干燥无灰基等温吸附曲线

3.4　等温吸附过程中能量变化规律

3.4.1　固体对气体的吸附机理

　　固体对气体的吸附从本质上说是由固体表面的原子或离子与气体分子之间的相互作用力引起的，最终表现为固体表面分子与气体分子间引力的作用。在常温下，煤对甲烷的吸附属于物理吸附，引起物理吸附的力是普遍存在于各种原子和分子之间的范德华力，范德华力主要来源于原子和分子间三种力的作用——静电力、诱导力和色散力。甲烷分子为非极性分子，陈昌国等[43]用量子化学的方法计算出煤吸附甲烷的最大吸附势仅为 2.65kJ/mol。Kaplan[44]认为煤的结构与石墨的结构类似，石墨芳香碳层之间的结合能约为 5.4kJ/mol，电子相关能比例都在 80%左右，说明煤与甲烷之间吸附的范德华力主要为色散力。

　　所有物质之间都存在色散力作用，在煤吸附甲烷的过程中，当吸附分子间彼此靠近时，色散力对吸附产生影响。设原子核间的距离为 r，a 为色散力系数，b 为物质相互靠近时的斥力系数，势能曲线 $U(r)$ 可由 Lennard-Jones 公式表示：

$$U(r) = -ar^{-6} + br^{-12} \qquad (3\text{-}55)$$

如图 3-32 所示，甲烷分子在距离煤表面原子核距离为 r 时同时受到大小为 $-ar^{-6}$ 的引力和 br^{-12} 的斥力作用，假定未被吸附的甲烷分子从无穷远处慢慢靠近，其受到的引力作用大于斥力作用，煤体对它的合力做正功，分子的势能 $U(r)$ 减小；靠近到距离为 r_0 时，煤体对甲烷分子的斥力作用开始占主导，合力作负功，分子的势能 $U(r)$ 逐渐增大。r_0 处的势能最小，出现吸附势阱，此处的甲烷分子即为最稳定的吸附平衡状态，势能越小，势阱深度（ε_a）越大，煤对甲烷的吸附能力就越强。

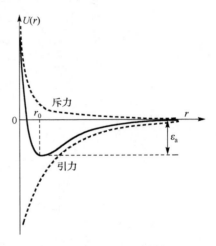

当甲烷分子在煤体表面上吸附后，甲烷分子从原来的空间自由运动变成表面层上的二维运动（实际上是介于二维与三维之间），运动的自由度减小了，因而热力学熵 S 也减小，即 $\Delta S < 0$；由于物理吸附是自发行为，吉布斯自由能 ΔG 也是负值，由吉布斯函数表达式 $\Delta G = \Delta H - T\Delta S$ 可以得到 ΔH 也一定小于 0，煤吸附甲烷是放热的过程。

图 3-32　吸附过程中的势能变化曲线

在煤吸附甲烷的过程中，甲烷分子在引力作用下损失部分势能，若吸附势阱被吸附，整个过程中由于能量的降低而释放热量，势能变化越大，整个体系能量的改变也越大，吸附越容易进行，表现为煤对甲烷的吸附能力也越强。因此，煤吸附甲烷过程中能量的变化可以很好地反映煤的吸附能力，并通过一系列热力学变化反映出来。

3.4.2　等温吸附过程中的能量计算

甲烷主要吸附在煤基质的孔隙表面，随着等温吸附的进行，甲烷分子在煤体表面吸附场中发生能量的变化，并通过一系列热力学变化反映出来，这是煤体表面分子与甲烷分子相互作用的宏观表现。吸附的进行建立在能量变化的基础上，通过对吸附势和表面自由能的计算可以衡量煤吸附甲烷过程中分子力的作用，反映吸附过程中能量的变化。

1. 吸附势与吸附空间

吸附势理论是 Polanyi 于 1914 年提出的适用于物理吸附的热力学理论，反映的是吸附单位摩尔质量的吉布斯自由能的变化。该理论认为固体同行星一样存在表面的重力场，附近的吸附质分子被该引力吸附到固体表面，形成多分子的吸附层。与 Langmuir 方程所描述的单分子层吸附理论不同，Polanyi 吸附势理论不需要建立吸附层的物理模型，甲烷分子在微孔的吸附与在中孔或非孔性表面进行的单分子或多分子的逐层吸附不同，而是依据吸附势的大小依次实现孔容积的充填，Polanyi 吸附势理论是 Dubinin 微孔填充理论的基础，是当今描述微孔吸附剂，特别是碳微孔吸附剂气相吸附行为最为完整、成熟和实用的理论体系，吸附势特性曲线与温度无关。

假设理想气体的平衡压力为 P_i,吸附层的压力等于气体的饱和蒸汽压力 P_0,根据热力学,把单位质量的吸附质从气相转移到吸附层所做的功 ε 可以表示为

$$\varepsilon = \int_{P_i}^{P_0} \frac{RT}{P} \mathrm{d}P = RT \ln \frac{P_0}{P_i} \tag{3-56}$$

式中,ε 为吸附势,J/mol;P_0 为气体饱和蒸汽压力,MPa;P_i 为理想气体在恒温下的平衡压力,MPa;P 为平衡压力,MPa;R 为普适气体常数,8.3143J/(mol·K);T 为绝对温度,K。

由于甲烷在煤体表面的吸附处于临界温度之上,临界条件下的饱和蒸汽压力 P_0 采用 Dubinin 建立的超临界条件下虚拟饱和蒸汽压力的经验计算公式代替:

$$P_0 = P_C \left(\frac{T}{T_C} \right)^2 \tag{3-57}$$

式中,P_C 为甲烷的临界压力,取值 4.62MPa;T_C 为甲烷的临界温度,取值 190.6K。

吸附空间容积是表征微孔结构的特性参数,代表了气体在煤中吸附所占的空间,其计算表达式为

$$w = V_{ad} \frac{M}{\rho_{ad}} \tag{3-58}$$

式中,w 为吸附空间容积,cm³/g;M 为气体的分子量,g/mol;V_{ad} 为气体吸附量,mol/g;ρ_{ad} 为气体吸附相密度,g/cm³。

计算气体吸附相密度 ρ_{ad} 的经验公式为

$$\rho_{ad} = \frac{8P_C}{RT_C} M \tag{3-59}$$

2. 吸附表面自由能

一般认为,煤是由不同的基本结构单元通过多种形式的桥键连接形成的大分子结构,其基本结构单元核由 2~5 个缩合芳香环或氢化芳环组成,侧链由烷基和各种官能团组成[45],组成煤大分子骨架的碳原子之间相互吸引而处于力的平衡状态。当煤孔隙表面形成时,孔隙表面碳原子的一侧空缺造成其受力不平衡,并受到指向煤体内部的引力而具有向煤体内部运动的趋势,该趋势下煤表面的碳原子获得的能量即表面自由能。

根据表面化学理论,由煤对甲烷吸附所引起的表面张力降低的吉布斯公式表达为

$$-\mathrm{d}\sigma = RT\varGamma\mathrm{d}(\ln P) \tag{3-60}$$

式中,σ 为表面张力,J/m²;$\varGamma$ 为表面超量,mol/m²;R 为普适气体常数,8.3143J/(mol·K);T 为绝对温度,K;P 为甲烷气体压力,Pa。

表面超量 $\varGamma$ 是指甲烷气体在煤表面区域的浓度与煤结构内浓度的差值,其计算式为

$$\varGamma = \frac{V}{SV_0} \tag{3-61}$$

式中,V 为甲烷气体吸附量,L;V_0 为标准状况下的气体摩尔体积,22.4L/mol;S 为煤比表面积,m²/g。

计算甲烷气体吸附量的 Langmuir 方程表达式为

$$V = V_L \times P / (P_L + P)$$ (3-62)

式中，V 为甲烷气体吸附量，m^3/t；P 为达到吸附平衡时的压力，MPa；V_L 代表 Langmuir 体积；P_L 代表 Langmuir 压力。其中，Langmuir 体积值反映了煤的最大吸附能力；Langmuir 压力值是指吸附量达到 1/2 Langmuir 体积时所对应的压力值。

将式(3-61)与式(3-62)代入式(3-60)并积分可得

$$\Delta\gamma = \frac{V_L RT}{V_0 S} \ln\left(1 + \frac{P}{P_L}\right)$$ (3-63)

式中，$\Delta\gamma$ 为表面自由能降低值，J/m^2，表示未吸附状态煤的表面自由能与吸附气体之后煤的表面自由能差值。

对式(3-63)中 P 进行微分，得到各压力点处表面自由能变化值：

$$\Delta\gamma_P = \frac{V_L RTP_L}{V_0 S(P_L + P)}$$ (3-64)

3.4.3　不同煤体结构煤吸附热力学特征

1.　吸附势与吸附空间

由于吸附势特性曲线与温度无关，在此选取 35℃ 的温度点，根据等温吸附实验的结果，利用 Polanyi 吸附势理论和吸附空间容积公式(3-58)，计算出各结构煤体在该温度下不同吸附空间的吸附势，结果如图 3-33 所示。

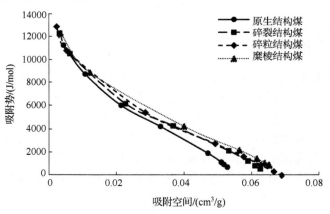

图 3-33　不同煤体结构煤的吸附特征曲线

由图 3-33 可以看出，相同的吸附空间，糜棱结构煤的吸附势最大，其次为碎粒结构煤、碎裂结构煤和原生结构煤，吸附势越大，煤吸附甲烷的能力就越强，这是因为吸附同样体积甲烷时，吸附势高的煤样所需的压力小，就越容易被吸附。由吸附势的变化规律得到不同煤体结构煤的吸附能力遵循糜棱结构煤>碎粒结构煤>碎裂结构煤>原生结构煤的规律，这与上面所讨论的等温吸附曲线所呈现的规律一致。当吸附空间趋于 0 时，吸附势特征曲线向 Y 轴逐渐无限逼近，可以看出微孔存在很强的吸附势，根据微孔填充理论，甲烷按照吸附势的大小顺序在煤体表面进行选择吸附，因此在煤体吸附甲烷的过程中。甲烷分子首先充填在微孔孔隙中。吸附势随吸附空间的增大而减小，反映出甲烷在微孔充填之后依次进行中孔、大孔的充填。由于微孔的两个孔壁距离很近，孔壁产生的范德华势得以相互重叠，因此微孔的吸附势远大于中孔、大孔的吸附势。

2. 吸附表面自由能

根据式(3-63)和式(3-64)，对不同温度下各煤体结构煤的表面自由能降低值进行计算，结果如图 3-34 和图 3-35 所示。

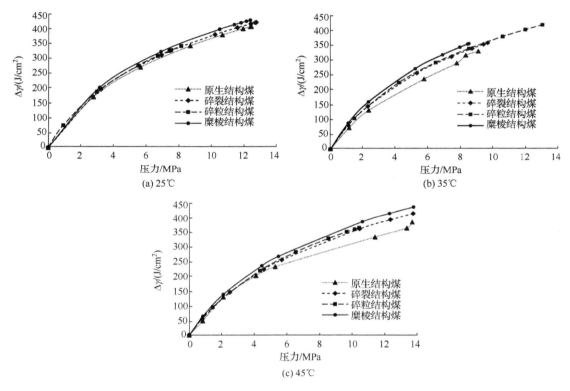

图 3-34　不同煤体结构煤表面自由能的总降低值

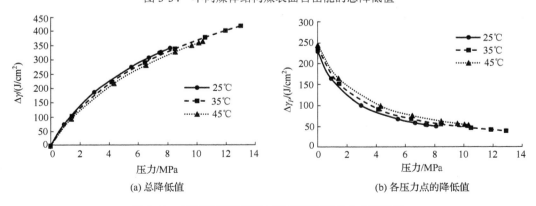

图 3-35　不同温度下碎粒结构煤表面能自由能的变化

由图 3-34 可知，在煤体吸附甲烷过程中，不同温度下糜棱结构煤的表面自由能总的变化值最大，其次为碎粒结构煤、碎裂结构煤和原生结构煤。由能量最低原理可知，系统的能量越低越稳定，煤表面在吸附平衡过程中通过吸附甲烷分子来降低其表面自由能，表面自由能的降低值越大，通过吸附气体降低能量的动力就越大，吸附气体的量也相应增大，因此，煤表面自由能的差异决定了煤吸附气体能力的差异。图 3-34 还反映了不同煤体结构煤表面能自由能在各压力点的变化值，随着压力的上升，煤体在各压力点表面自由能的降低值减小，说明煤体对甲烷的吸附随着反应的进行越来越难，甲烷优先占据煤体的强吸附位。不同温度下各压力点表面自由能的降低值遵循原生结构煤>碎裂结构煤>碎粒结构煤>糜棱结构煤的规律，在图 3-34 表面自由能整体降低值变化规律的基础上，原生结构煤表面自由能的变化最快，糜棱结构煤表面自由能的变化最慢。因此图 3-34 中反映的不同煤体结构煤的吸附性能强弱关系仍表现为糜棱结构煤>碎粒结构煤>碎裂结构煤>原生结构煤，构造煤比原生结构煤更容易吸附甲烷气体，煤体结构的差异可以导致表面自由能的差异[46]。

温度是分子运动的动能标志，不同温度下各煤体结构煤表面自由能随压力的变化规律相同，以碎粒结构煤为代表（图 3-35），在相同的压力条件下，煤体表面自由能总的降低值随温度的上升而减小，反映出温度上升，甲烷分子动能增加，在宏观上表现为煤体吸附甲烷能力变弱，这与等温吸附实验所得到的结果一致，温度越高，各压力点表面自由能的降低值越大，在煤体表面自由能总的降低值与温度负相关规律的基础上，温度升高，表面自由能的变化加快。

另外，根据伯克海姆理论，煤基质变形量与表面自由能的变化量成正比，糜棱结构煤的气体吸附膨胀量最大，最容易受到破坏，原生结构煤的膨胀变形量最小，这也是构造煤区比原生结构煤区更容易发生瓦斯突出的原因之一。

参 考 文 献

[1] 孟召平, 田永东, 李国富. 煤层气开发地质学理论与方法[M]. 北京：科学出版社, 2010.

[2] 孟召平, 刘翠丽, 纪懿明. 煤层气/页岩气开发地质条件及其对比分析[J]. 煤炭学报, 2013, 38(5):728-736.

[3] 刘金融. 云南东南部低煤阶煤层气吸附扩散规律及控制机理 [D]. 北京：中国矿业大学, 2017.

[4] 苏现波, 张丽萍, 林晓英. 煤阶对煤的吸附能力的影响[J]. 天然气工业, 2005, 25(1):19-21.

[5] 张晓东, 桑树勋, 秦勇, 等. 不同粒度的煤样等温吸附研究[J]. 中国矿业大学学报, 2005, 34(4):427-432.

[6] PAN J N, HOU Q L, JU Y W, et al. Coalbed methane sorption related to coal deformation structures at different temperatures and pressures [J]. Fuel, 2012, 102 (6): 760-765.

[7] MASTALERZ M, DROBNIAK A, STRĄPOĆ D, et al. Variations in pore characteristics in high volatile bituminous coals: implications for coal bed gas content[J]. International Journal of Coal Geology, 2008, 76: 205-216.

[8] MENG Y, LI Z P. Experimental study on diffusion property of methane gas in coal and its influencing factors. Fuel, 2016 185, 219-228.

[9] Guoqing Li, Zhaoping Meng. A prelimin ary investigation of CH4 diffusion through gas shale in the Paleozoic Longmaxi Formation, Southern Sichuan Basin, China[J]. Journal of Natural Gas Science and Engineering 36

（2016）1220-1227.

[10] MOORE A T. Coalbed methane: a review[J]. International journal of coal geology, 2012, 101:38-81.

[11] Ya Meng, Zhiping Li, Fengpeng Lai. Experimental study on porosity and permeability of anthracite coal under different stresses. Journal of Petroleum Science and Engineering, 133（2015）: 810-817.

[12] MENG Z P, LIU S S, LI G Q. Adsorption capacity, adsorption potential and surface free energy of different structure high rank coals [J]. Journal of petroleum science and engineering, 2016, 146: 856-865.

[13] MENG Z P , ZHANG J C, WANG R. In-situ stress, pore pressure, and stress-dependent permeability in the Southern Qinshui Basin[J]. International journal of rock mechanics & mining sciences, 2011, 48:122-131.

[14] MENG Z P, LI G Q. Experimental research on the permeability of high-rank coal under a varying stress and its influencing factors[J]. Engineering geology, 2013, 162:108-117.

[15] PAN Z J, CONNELL L D. Modelling permeability for coal reservoirs: a review of analytical models and testing data[J]. International journal of coal geology, 2012, 92:1-44.

[16] CLARKSON R C, BUSTIN M R. The effect of pore structure and gas pressure upon the transport properties of coal: a laboratory and modeling study. 1. Isotherms and pore volume distributions[J]. Fuel, 1999, 78:1333-1344.

[17] CLARKSON R C, BUSTIN M R. The effect of pore structure and gas pressure upon the transport properties of coal: a laboratory and modeling study. 2. Adsorption rate modeling[J]. Fuel, 1999, 78:1345-1362.

[18] SAGHAFI A, FAIZ M, ROBERTS D. CO_2 storage and gas diffusivity properties of coals from Sydney Basin, Australia[J]. International journal of coal geology, 2007, 70:240-254.

[19] SHI J Q, DURUCAN S. A bidisperse pore diffusion model for methane displacement desorption in coal by CO_2 injection[J]. Fuel, 2003, 82:1219-1229.

[20] SMITH M D, WILLIAMS L F. Diffusion effects in the recovery of methane from coalbeds[J]. SPE, 1984, 529-535.

[21] RUCKENSTEIN E, VAIDYANATHAN S A, YOUNGQUIST R G. Sorption by solids with bidisperse pore structures[J]. Chemical Engineering Science, 1971, 26:1305-1318.

[22] 张时音, 桑树勋. 不同煤级煤层气吸附扩散系数分析[J]. 中国煤炭地质, 2009, 21（3）:24-27.

[23] 张登峰, 崔永君, 李松庚, 等. 甲烷及二氧化碳在不同煤阶煤内部的吸附扩散行为[J]. 煤炭学报, 2011, 36（10）:1693-1698.

[24] 孟召平, 刘金融, 李国庆. 高演化富有机质页岩和高煤阶煤中甲烷吸附-扩散性能的实验分析[J]. 天然气地球科学, 2015, 26（8）:1499-1506.

[25] MENG Y, LI Z. Experimental study on diffusion property of methane gas in coal and its influencing factors [J]. Fuel, 2016, 185: 219-228.

[26] 崔永君. 煤对 NH_4、N_2、CO_2 及多组分气体吸附的研究[D]. 西安:煤炭科学研究总院西安分院, 2003.

[27] 陈振宏, 王一兵, 宋岩, 等. 不同煤阶煤层气吸附解吸特征差异对比[J]. 天然气工业, 2008, 28（3）:30-32.

[28] 苏现波, 林晓英 . 煤层气地质学[M]. 北京：煤炭工业出版社, 2009.

[29] 孟雅. 高、低煤阶煤吸附变形及其渗透性差异性实验研究[R]. 中国地质大学(北京)研究报告, 2017.

[30] 琚宜文. 构造煤结构演化与储层物性特征及其作用机理[D]. 徐州:中国矿业大学, 2003.

[31] 袁崇孚. 构造煤和煤与瓦斯突出[J]. 瓦斯地质, 1985, 1（1）:45-52.

[32] 朱兴珊, 徐凤银, 肖文江. 破坏煤分类及宏观和微观特征[J]. 焦作矿业学院学报, 1995, 14（1）:38-44.

[33] 琚宜文, 姜波, 侯泉林, 等. 构造煤结构-成因新分类及其地质意义[J]. 煤炭学报, 2004, 29(5): 513-517.

[34] 姜波, 琚宜文. 构造煤结构及其储层物性特征[J]. 天然气工业, 2004, 24(5):27-29.

[35] 王恩营, 殷秋朝, 李丰良, 等. 构造煤的研究现状与发展趋势[J]. 河南理工大学学报(自然科学版), 2008, 27(3): 278-281.

[36] 张文静, 琚宜文, 孔祥文, 等. 沁水盆地南部高煤级变形煤结构组成特征及其对吸附/解吸的影响[J]. 中国科学院研究生院学报, 2014, 31(1): 98-107.

[37] 倪小明, 陈鹏, 李广生, 等. 恩村井田煤体结构与煤层气垂直井产能关系[J]. 天然气地球科学, 2010, 3(3):508-512.

[38] 孟召平, 刘珊珊, 王保玉, 等. 晋城矿区煤体结构及其测井响应特征研究[J]. 煤炭科学技术, 2015, 43(2):58-63, 67.

[39] 孟召平, 刘珊珊, 王保玉, 等. 不同煤体结构煤的吸附性能及其孔隙结构特征[J]. 煤炭学报, 2015, 40(8):1865-1870.

[40] 戴林超, 聂百胜. 煤粒的微观孔隙结构特征实验研究[J]. 矿业安全与环保, 2013, 40(4):4-7.

[41] 许江, 陆漆, 吴鑫, 等. 不同颗粒粒径下型煤孔隙及发育程度分形特征[J]. 重庆大学学报, 2011, 34(9):81-89.

[42] 王保玉. 晋城矿区煤体结构及其对煤层气井产能的影响[D]. 北京: 中国矿业大学, 2017.

[43] 陈昌国, 魏锡文, 鲜学福. 用从头计算研究煤表面与甲烷分子相互作用[J]. 重庆大学学报(自然科学版), 2000, 23(3): 77-79.

[44] KAPLAN I G. Theory of molecular interactions [M]. New York: Elsevier, 1986: 178-251.

[45] 谢克昌. 煤的结构与反应性[M]. 北京:科学出版社, 2002.

[46] 刘珊珊, 孟召平. 等温吸附过程中不同煤体结构煤能量变化规律[J]. 煤炭学报, 2015, 40(6): 1422-1427.

第4章　煤储层含气性及其受控机制

4.1　概　　述

煤储层含气性是决定煤层气井的产能及其开发潜力的重要参数。煤储层含气性包括煤层含气量及控制煤层含气量的煤储层压力和含气饱和度等参数[1]。煤储层含气性及其富集成藏主要受煤层的生气条件、储气条件和保存条件的控制，煤层气甲烷碳同位素值反映了煤层气成因及其赋存条件。利用甲烷碳同位素来进行天然气的演化和气源、烃源岩的对比研究，已取得了显著进展和成效[2-8]，研究认为，煤型气甲烷碳同位素值随着烃源岩成熟度的增大而逐渐变重，煤型气甲烷碳同位素 $\delta^{13}C_1$ 与镜质组反射率 ($R_{o,max}$) 之间呈对数函数关系，这些成果对于煤层气甲烷碳同位素的研究具有一定的借鉴意义。一方面煤储层压力和含气饱和度控制煤层含气量分布；另一方面煤储层压力直接决定着煤层对甲烷等气体的吸附能力和解吸能力，是影响煤层气开发的重要参数。在煤层气井排采时，煤储层压力越高，越容易降压排采，越有利于煤层气开发。煤层含气饱和度是实测含气量与原始储层压力对应的吸附气量的比值。依据含气饱和度可以分析煤层气产出的基本特征。因此，对煤储层含气性及其影响因素进行分析研究，对于认识煤层气富集成藏规律具有理论及实际意义。本章从煤层气的赋存状态和气体组分特征分析入手，通过对沁水盆地沁南东区块煤层甲烷碳同位素和煤储层含气性进行分析，剖析研究区二叠系山西组 3# 煤储层含气性及其甲烷碳同位素分布特征，建立煤层甲烷碳同位素与镜质组反射率、煤层埋藏深度和煤储层含气性之间的相关关系及模型，揭示煤储层含气性及甲烷碳同位素分布的控制机理。在此基础上，建立基于测井参数的煤层含气量 BP 人工神经网络预测模型和方法，为煤层气勘探与开发资源评价提供理论依据和有效方法。

4.2　煤层气的赋存状态及气体组分特征

4.2.1　煤层气的赋存状态

煤层气主要以三种形式赋存在煤层中，即吸附在煤孔隙表面上的吸附状态、分布在煤的孔隙及裂隙内呈游离状态和溶解在煤层水中呈溶解状态。煤层气主要以吸附状态存在，吸附气量占煤层含气量的绝大多数。

1. 吸附气

吸附气是指以吸附状态保存在有机质颗粒表面的气体。物理吸附指以颗粒表面的范德华力吸附周围的气体分子，是一种在固体表面进行的物理吸附过程，符合 Langmuir 等温吸附方程。即在等温吸附过程中，压力对吸附作用有明显影响，随压力的增加吸附量逐渐增大。煤层吸附气量预测模型为

$$V = V_L \times P / (P_L + P) \qquad (4\text{-}1)$$

$$P = 0.01 \times P_k \times D \qquad (4\text{-}2)$$

式中，V 为吸附量，m^3/t；P 为煤储层压力，MPa；P_k 为煤储层压力梯度 MPa/100m；D 为煤层埋藏深度，m；V_L 为 Langmuir 体积，m^3/t；P_L Langmuir 压力，MPa。

2. 游离气

游离气是指储存在孔隙或裂隙中能自由移动的天然气。这部分气体服从一般气体方程，其量的大小取决于孔隙体积、温度、气体压力和气体压缩系数，即

$$Q_y = \phi \cdot P \cdot K \qquad (4\text{-}3)$$

式中，Q_y 为游离气含量，cm^3/g；ϕ 为单位质量内的孔隙体积，cm^3/g；P 为气体的压力，MPa；K 为气体压缩系数，MPa^{-1}。

在气体压力<20MPa 和温度>20℃的情况下，游离气含量可按理想气体状态方程式进行计算：

$$\frac{P_0 V_0}{T_0} = \frac{PV}{T} \quad \text{或} \quad P = \frac{RT}{M} \rho \qquad (4\text{-}4)$$

式中，P_0、V_0、T_0 分别为标准状态下游离气压力、游离气体积(煤层总孔隙体积与去水分占据孔隙体积之差)和绝对温度；P、V、T 分别为储层状态下游离气压力、游离气体积(可由煤岩体三轴压缩实验得到总孔隙体积，再减去水分占据孔隙体积，或乘以含气饱和度求得)和绝对温度；ρ 为气体密度；M 为气体的摩尔质量；R 为阿伏加德罗常数。

实际上气体分子之间存在着作用力，且分子体积也不为零，按理想气体状态方程式进行计算可能会带来较大误差。由马略特定律得

$$V_g = \frac{VPT_0}{P_0 TZ} \qquad (4\text{-}5)$$

式中，V_g 为换算成标准状态后的游离气体积；Z 为气体压缩因子(在给定温度和压力条件下，真实气体所占体积和相同条件下理想气体所占体积之比)，是压力和温度的函数，即 $Z=Z(P, T)$，可查表 4-1 获得[9]；其他符号同前。

表 4-1　甲烷气体压缩系数[9]

甲烷压力 /MPa	温度/℃					
	0	10	20	30	40	50
0.1	1.00	1.04	1.08	1.12	1.16	1.20
1.0	0.97	1.02	1.06	1.10	1.14	1.18
2.0	0.95	1.00	1.04	1.08	1.12	1.16
3.0	0.92	0.97	1.02	1.06	1.10	1.14
4.0	0.90	0.95	1.00	1.04	1.08	1.12
5.0	0.87	0.93	0.98	1.02	1.06	1.11
6.0	0.85	0.90	0.95	1.00	1.05	1.10
7.0	0.83	0.88	0.93	0.98	1.04	1.09

3. 溶解气

溶解气是指在地下地质条件下，溶解在地层水中的天然气。煤层中含有内在水分和外在水分。内在水分是指吸附或聚集在内部毛细孔中的水，其含量较低。外在水分是指充填在基质孔隙和裂隙中的自由水。甲烷在常温、常压的纯净水中有一定的溶解度，但溶解度很小。甲烷在水中的溶解度主要取决于水的温度、矿化度、环境压力和气体成分。

甲烷溶解度实验表明：如果矿化度相同，则甲烷在水中的溶解度随压力增加而增大；当温度低于 80℃时，甲烷溶解度随温度升高而降低。由此，可建立储层压力-温度-矿化度-甲烷溶解度关系量板(图 4-1)，进而间接求取水溶态甲烷含量。

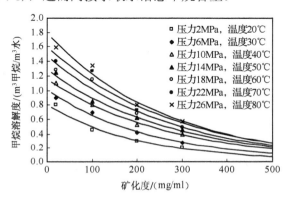

图 4-1　甲烷在水中溶解度与矿化度的关系[1]

甲烷在煤层水中的溶解度大于在去离子水中的溶解度，在去离子水中的溶解度又大于在相同矿化度水中的溶解度；压力越高，这一趋势越明显[9](表 4-2)。由此推测，煤层水中所含有机质对甲烷具有较强吸附作用。因此，水溶气还应包括煤层水中有机质微粒的吸附气。煤储层中水溶气的含量可由煤层水样在地层温度-压力条件下的溶解度实验，结合煤储层原位含水量求出。

表 4-2　甲烷溶解度实验成果[9]

温度/℃	压力/MPa	潘庄煤层气井水样 /(m³甲烷/m³ 水)	等量矿化度水样 /(m³甲烷/m³ 水)	去离子水溶液 /(m³甲烷/m³ 水)*
20	5	1.162	0.354	0.827
140	22	3.898	1.463	1.967
140	36	4.530	1.862	2.945

*据郑大庆等 1996 年在 100℃、相同压力下去离子水溶液中溶解度的线性插值；潘庄煤层气井水样矿化度为 1756mg/L；等量矿化度水样是指含 1756mg/L 的 $NaHCO_3$ 水样。

煤层气在煤层中以上述三种形式存在，当煤层生烃量增大或外界条件改变时，三种储存形式可以相互转化。通常情况下，90%以上的气体以吸附气的形式保存在煤的内表面，游离气不足 10%，溶解气仅占很小的一部分。

4.2.2　煤层气的气体组分特征

煤层气化学组分主要包括甲烷、二氧化碳和氮气，含少量的重烃气(乙烷、丙烷、丁烷和戊烷)、氢气、一氧化碳、二氧化硫、硫化氢以及微量的稀有气体(氦气、氖气、氩气、氪气等)。其中，甲烷和重烃气统称为烃气。通常，将甲烷与烃气之百分比定义为干燥系数(C_1/C_{1-5})。干燥系数大于95%的煤层气称为干气，小于95%的称为湿气。一般情况下，煤层甲烷在煤层气中的体积百分比在80%以上，以干气占绝对优势。例如，美国985个不同盆地不同煤级的煤层气样中，甲烷占93.2%，重烃C_{2+}占2.6%，二氧化碳占3.1%，氮气占1.1%，平均干燥系数为97.29%(表4-3)。我国煤层气中甲烷浓度为90%左右，氮气浓度约为8%，二氧化碳浓度约为2.0%，重烃浓度极低[10]。

表 4-3 美国典型煤层气的化学组分[10]

盆地	煤层	煤层气组分/%				
		CH_4	C_{2+}	H_2	惰性气体	O_2
中阿巴拉契亚	波卡洪斯特3号	96.87	1.40	0.01	2.09	0.17
北阿巴拉契亚	匹兹堡	90.75	0.29	—	8.84	0.20
北阿巴拉契亚	基坦宁	97.32	0.01	—	2.44	0.24
阿奇马	下哈兹霍恩	99.22	0.01	—	0.66	0.10
黑勇士	马里利	96.05	0.01	—	3.45	0.15

通过对我国沁水盆地300余个煤层含气量进行数据统计可知，煤层气成分中甲烷为71.63%~100.00%；N_2含量为0~20.74%，一般小于10%；CO_2含量为0~7.90%；部分样品检测出重烃，其含量为0~2.10%，一般小于1%(表4-4)。

表 4-4 沁水盆地典型区块主要煤层煤层气气体组分统计表

地区	煤层编号	气体成分/%				备注
		CH_4	CO_2	N_2	C_{2+}	
寿阳	3#	82.87~99.60 95.06	0.29~3.65 1.35	0.25~15.35 3.49	0.00~0.62 0.24	甲烷带
	15#	79.24~99.64 94.94	0.11~5.09 1.49	0.06~18.20 3.66	0.00~1.37 0.22	甲烷带
和顺	3#	72.36~98.92 85.64	0.0~2.82 1.41	1.08~24.82 12.95	—	甲烷带
	15#	96.87~98.42 97.73	0.0~0.64 0.32	1.09~2.94 1.86	0.00~0.11 0.05	甲烷带
潞安	3#	82.57~99.30 93.67	0.16~6.01 1.91	0~11.42 4.49	0~2.10 0.78	甲烷带
晋城	3#	71.63~100.00 94.86	0~7.90 1.88	0~20.74 3.16	0~0.42 0.01	甲烷带
	9#	90.01~100.00 96.55	0~5.70 1.00	0~9.99 2.43	0~0.19 0.02	甲烷带
	15#	79.09~100.00 95.96	0~6.18 1.57	0~16.49 2.42	0~0.32 0.05	甲烷带
马壁	3#	89.62	0.59	9.78	—	甲烷带
	15#	87.84	0.61	11.55	—	甲烷带
郑庄	3#	80.45~98.39 94.61	0.38~1.46 0.79	0.54~18.31 4.60	0	甲烷带
	15#	89.39~98.16 94.00	1.23~4.78 2.62	0.39~7.77 3.22	0	甲烷带

4.2.3　煤层甲烷碳同位素特征

我国煤层甲烷碳同位素 $\delta^{13}C_1$ 值分布在−78‰～−13‰（表 4-5 和图 4-2），大部分煤层甲烷的 $\delta^{13}C_1$ 值分布在−70‰～−40‰[11, 12]。

表 4-5　不同地区甲烷碳同位素值

地区	$\delta^{13}C_1$ 值	气源
中国[13]	−78‰ ～ −13‰	热成因与生物成因
鄂尔多斯盆地东缘[14]	−70.5‰ ～ −36.19‰	热成因与生物成因
沁南东区块	−53.27‰ ～ −28.89‰	热成因
悉尼和堡恩盆地[15]	−70‰ ～ −50‰	主要是生物成因
圣胡安盆地[16]	−47.89‰ ～ −42.43‰	热成因

图 4-2　我国煤层甲烷碳同位素分布对比图[9, 12, 17-19]

以沁水盆地沁南东区块 3#煤层解吸气为例，在煤层气井钻探过程中，利用绳索取心工具迅速提取煤心并立即装入解吸罐。先在现场解吸 8h 后在实验室对罐内煤层样进行解吸实验，用恒温水浴加热法保持罐内温度与储层温度相近。气样采集的时机是在大量气体解吸出时，采用排液取气法取气样，煤层气甲烷碳同位素样品取自在密封后第 24h 的解吸气样。甲烷碳同位素值用 Thermo Fisher Scientific 公司生产的 MAT253 稳定同位素比质谱仪测定，分析精度为±0.2‰（PDB），实验遵照 SY/T 5238—2008《有机物和碳酸盐岩碳、氢、氧同位素分析方法》执行。研究区共测试了 72 个煤样解吸气样品，实验样品点分布如图 4-3 所示。

实验结果统计分析，认为研究区煤层气成分具有如下特征。

（1）研究区山西组 3#煤层气成分单一，组分以甲烷为主，煤层气成分中 CH_4 变化于 55.82%～99.30%，平均 94.88%；N_2 含量次于 CH_4，为 0.48%～42.97%，平均 4.73%；CO_2 含量为 0.10%～1.22%，平均 0.37%，并含有少量重烃，占 0～0.31%，平均 0.03%。

（2）自然解吸气中甲烷碳同位素 $\delta^{13}C_1$ 值为 $-28.89‰\sim-53.27‰$，平均 $-36.48‰$；与沁水盆地南部的樊庄区块相比，研究区 $3^{\#}$ 煤层甲烷碳同位素 $\delta^{13}C_1$ 值要稍微偏轻，樊庄区块 $3^{\#}$ 煤层甲烷碳同位素 $\delta^{13}C_1$ 值为 $-30.30‰\sim-48.20‰$，平均为 $-35.37‰$；$15^{\#}$ 煤层甲烷碳同位素 $\delta^{13}C_1$ 值为 $-27.62‰\sim-34.03‰$，平均为 $-30.94‰$；与沁水盆地北部的和顺区块相比，研究区 $3^{\#}$ 煤层甲烷碳同位素要稍微偏重，和顺区块 $3^{\#}$ 煤层甲烷碳同位素 $\delta^{13}C_1$ 值为 $-35.5‰\sim-48.6‰$，平均为 $-42.05‰$；$15^{\#}$ 煤层甲烷碳同位素 $\delta^{13}C_1$ 值为 $-32.76‰\sim-39.00‰$，平均为 $-36.05‰$。

（3）研究区和沁水盆地南部煤层甲烷碳同位素 $\delta^{13}C_1$ 值与全国其他地区同等演化程度的煤层气相比总体偏重（图 4-2）。

（4）平面上分布存在一定的差异性，除西部 1 个数据点较低外，煤层甲烷碳同位素 $\delta^{13}C_1$ 值整体表现出：由东往西或由东南往西北方向逐渐变重。研究区的东南部煤层甲烷碳同位素 $\delta^{13}C_1$ 值较轻，一般小于 $-40.00‰$；而在研究区的西南部和西北部煤层甲烷碳同位素 $\delta^{13}C_1$ 值较重，一般大于 $-35.00‰$，其间区域煤层甲烷碳同位素 $\delta^{13}C_1$ 值为 $-35.00‰\sim-40.00‰$，如图 4-3 所示。平面上分布的差异性主要受控于煤的热演化程度和煤层气解吸-扩散-运移效应以及地下水动力作用等方面。

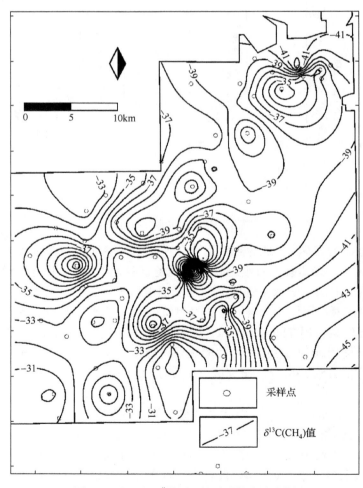

图 4-3　山西组 $3^{\#}$ 煤层甲烷碳同位素分布图

4.3　煤储层含气性

4.3.1　煤储层含气性参数

煤层含气性包括煤层含气量及控制煤层含气量的煤储层压力和含气饱和度。煤层含气性及其富集成藏主要受煤层的生气条件、储气条件和保存条件的控制，所有影响这些条件的因素都影响着煤层含气性的分布，包括地质构造、煤层顶底板岩性、煤岩煤质、煤变质程度、埋藏深度和水文地质条件等因素。

1. 煤储层压力

煤储层压力是指作用于煤孔隙-裂隙空间上的流体压力(包括水压和气压)，故又称为孔隙流体压力，相当于常规油气储层中的地层压力。

煤储层流体要受到三个方面力的作用[9]，包括上覆地层压力、静水柱压力和构造应力。当煤储层渗透性较好并与地下水连通时,孔隙流体所承受的压力为连通孔道中的静水柱压力，也就是说储层压力等于静水压力。若煤储层被不渗透地层所包围，由于储层流体被封闭而不能自由流动，储层孔隙流体压力与上覆地层压力保持平衡，这时储层压力便等于上覆地层压力。在煤储层渗透性很差且与地下水连通性不好的条件下，由于岩性不均而形成局部半封闭状态，则上覆地层压力即由储层内孔隙流体和煤基质块共同承担，即

$$\sigma_v = p + \sigma \tag{4-6}$$

式中，σ_v 为上覆地层压力，MPa；p 为煤储层压力，MPa；σ 为煤储层骨架应力，MPa。此时，煤储层压力将小于上覆地层压力而大于静水压力。

煤储层压力是钻井和生产的一个重要参数。煤层气储层压力一般是通过注入/压降试井获取的，对于没有测试资料的地区，可采用煤田勘探阶段抽水试验测定的地下水水位估算。煤储层压力与煤层含气性密切相关，它不但决定煤层气的赋存状态，还直接影响采气过程中排水降压的难易程度。因此，煤储层压力的研究对于煤层含气性和煤层气开发地质条件的评价具有理论及实际意义。

在实践中，为了对比不同地区或不同储层的压力特征，通常根据储层压力与静水柱压力之间的相对关系确定储层的压力状态。正常储层压力状态下，储层中某一深度的地层压力等于从地表到该深度的静水压力。储层压力与其相应深度的静水压力不符时称地层压力异常。如果储层压力超过了静水压力，则属于异常高地层压力(或称超压、高压)；如果储层压力低于静水压力，则称为异常低地层压力(或称欠压)。在描述地层压力状态时，通常采用储层压力梯度和压力系数两个参数。

储层压力梯度：指单位垂深内的储层压力增量，常用井底压力除以从地表到测试井段中点深度而得出，用 kPa/m 或 MPa/100m 表示，在煤储层研究中应用广泛。储层压力梯度若在自由状态、淡水条件下，则静水压力梯度为 9.79kPa/m；饱和盐水条件下的静水压力梯度为 11.90kPa/m 时，储层压力状态为正常；若大于静水压力梯度，则称为高压或超压异常状态；若小于静水压力梯度，则称为低压异常状态。

压力系数定义为实测地层压力与同深度静水压力之比值，石油天然气地质界常用该参数表示储层压力的性质和大小。当压力系数在 0.9～1.1(9.79～11.0kPa/m)范围时，储层压力处于正常状态；若压力系数超过这一范围，则为异常高储层压力，即异常高压(或简称高压)或异常超高压(简称超高压)，低于此范围时，即储层压力低于静水压力，为异常低储层压力。

根据煤储层压力梯度将储层压力状态划分为四类[20]：欠压(9.30kPa/m)、正常(9.30～10.30kPa/m)、高压(10.30～14.70kPa/m)、超压或者超高压(≥14.70kPa/m)(图4-4)。

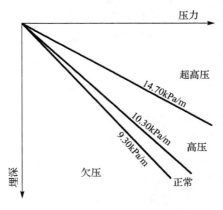

图 4-4　煤层气储层压力分类[27]

我国煤储层试井成果表明，我国煤储层压力梯度最低为 0.224MPa/100m，最高达 1.728MPa/100m。处于欠压状态的煤储层占总测试层次数的 45.3%；处于正常压力状态的煤储层占总测试层次数的 21.9%；处于高压异常状态的煤储层占总测试层次数的 32.8%[21]。上述情况表明：我国以欠压煤储层为主、分布普遍，但也存在高压煤储层。例如，焦作恩村井田煤层、韩城的 5#煤和 11#煤等区为高压煤储层(表 4-6)；淮南、鄂尔多斯离柳及沁水盆地南部晋城和郑庄等地区所测试的煤层几乎均为正常压力状态；而阜新、开滦、安阳-鹤壁、焦作、淮北、阳泉-寿阳、丰城等地区所测试的煤层全部或大部分为欠压煤储层。同一盆地不同位置煤储层压力也存在明显差异性，例如，由沁水盆地通过注入/压降试井获得的煤储层压力参数统计可知，沁水盆地北部的寿阳、阳泉、和顺地区以及中部潞安地区煤储层压力偏低，平均压力梯度在0.62～0.69MPa/100m，比正常的静水压力梯度(1MPa/100m)偏低。而沁水盆地南部，如晋城和郑庄地区煤储层压力较高，平均压力梯度分别为 0.94MPa/100m 和 0.96MPa/100m，与正常的静水压力梯度基本相当，局部可能存在高于正常的静水压力梯度的较高压力分布区(表 4-6)。

表 4-6　国内部分地区煤储层压力统计表

地点	储层压力梯度/(MPa/100m)		
	最大	最小	平均
焦作恩村井田	1.095	—	1.095
渭北韩城	1.19	1.16	1.15
鹤壁 CQ-8 井	—	—	0.54
安阳	0.58	0.46	0.52
鄂尔多斯离柳	1.12	1.00	1.06
唐山开滦矿区	0.58	0.46	0.52
鹤岗	0.94	0.69	0.86

续表

地点		储层压力梯度/(MPa/100m)		
		最大	最小	平均
两淮	淮北	0.78	0.61	0.68
	淮南	1.26	0.57	1.03
沁水盆地	寿阳	0.94	0.44	0.69
	阳泉	0.95	0.52	0.65
	和顺	0.92	0.44	0.62
	潞安	0.75	0.43	0.62
	晋城	1.20	0.50	0.94
	郑庄	1.18	0.84	0.96

煤储层有效压力系统决定了煤层气产出的能量大小及有效驱动能量持续作用时间。储层压力越高、临界解吸压力越大、有效地应力越小，煤层气的解吸-扩散-渗流过程进行得就越彻底，表现为采收率增大，气井产能增大。有效压力系统由静水压力、地应力以及气体压力组成。对不饱和储层来说，气体本身没有压力，因此煤储层有效压力系统主要由储层压力和地应力组成。有效地应力为地应力与储层压力之差，有效地应力与煤储层渗透率成反比。有效地应力越高，煤储层渗透率越低，储层压力传导能力越差，直接导致煤层气井产能降低。

例如，煤层气开发中对沁南东区块二叠系下统山西组 3$^{\#}$煤储层压力进行了测试，测试钻孔 18 个，主要分布在 886.30m 以浅，如图 4-5 所示。沁南东区块 18 个煤储层压力测试资料

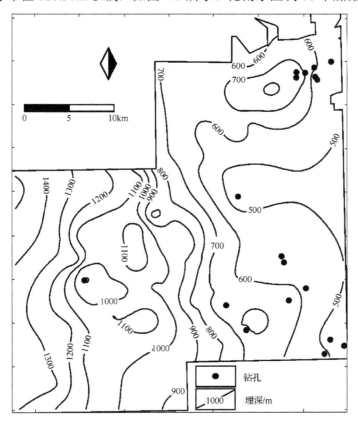

图 4-5 煤层埋藏深度及储层压力测试钻孔分布图

统计表明：研究区二叠系山西组 3# 煤层深度在 886.30m 以浅，煤储层压力为 0.86～5.96MPa，平均为 3.09MPa，煤储层压力梯度为 0.11～1.06MPa/100m，平均为 0.49MPa/100m；与沁水盆地南部 3#煤储层相比，研究区煤储层压力梯度明显要小。煤储层压力随着煤层埋藏深度的增加也增高，其关系为

$$P_0 = 0.0096D - 2.6333 \tag{4-7}$$

式中，P_0 为煤储层压力，MPa；D 为煤层埋藏深度，m。

临界解吸压力是指煤层中的甲烷开始解吸的压力点。根据临界解吸压力与储层压力可以了解煤层气早期排采动态，为制定排采方案提供重要依据。

临界解吸压力按式(4-8)计算：

$$P_{临界} = V_{实际} \cdot P_L / (V_L - V_{实际}) \tag{4-8}$$

式中，$P_{临界}$ 为临界解吸压力，MPa；$V_{实际}$ 为实际含气量，m³/t；V_L 为 Langmuir 体积，m³/t；P_L 为 Langmuir 压力，MPa。

含气饱和度按式(4-9)计算：

$$\phi = \frac{V_{实际}}{V_L} \cdot \frac{P_L + P_{储层}}{P_{储层}} \tag{4-9}$$

式中，$P_{储层}$ 为煤储层压力，MPa；$V_{实际}$ 为实际含气量，m³/t；P_L 为 Langmuir 压力，MPa；ϕ 为含气饱和度。

在排水降压作业时，压力只有降低到临界解吸压力，煤层气才可能产出。含气饱和度低的储层，压力降低幅度大，作业难度大；煤储层为过饱和或饱和储层，煤层气开发排水降压较小幅度，就会有煤层气产出。因此，储层含气饱和度是煤层气开发选区评价时的一个重要指标，对煤层气排采作业也具有指导作用。

煤层含气量中可采气量与总量之百分比，称为煤层气采收率。采用排采曲线历史拟合法，基于煤层气井实际生产资料，通过历史反演获得煤层气采收率，称为实际抽采率，这一结果最为准确可靠。但是，排采曲线历史拟合法只有在取得煤层气井实际生产资料之后才有应用前提，而多数地区不具备这种条件。这种情况下，只有采用相关方法对采收率进行估算，所得结果称为煤层气理论采收率。

煤层气理论可采率一般采用三种方式进行预测：①直接解吸法，根据煤样解吸资料求算解吸率，以解吸率来衡量可采率；②等温吸附法，通过等温吸附实验求得相关参数，进而根据理论关系估算煤层气理论最大可采率；③储层数值模拟法，采用基于吸附-解吸-扩散-渗流相关定律建立的煤层气产能数值模拟方法，通过模拟求得煤层气理论抽采率。

2. 煤层含气量

煤的含气量是指单位重量煤中所含气体体积量(标准状态下)。准确的含气量数据是煤层气开发规划中估算资源量必不可少的参数之一，它关系到产气能力的预测、布井和开采条件的确定，决定着煤层气资源前景的好坏以及能否进行经济开发。一般来说，含气量高，煤体中的气体富集程度高，有利于开发。因此，获取准确的含气量数据就显得尤其重要。含气量测定方法不同，测定结果不同。采用 USBM 直接法，煤层含气量由三阶段实测气量构成，即逸散气量、解吸气量和残留气量，采用中国煤炭行业标准(MT-77-84)来测定煤层含气量，煤层含气量由损失气量(V_1)、现场 2h 解吸量(V_2)、真空加热脱气量(V_3)、粉碎脱气量(V_4)四部

分构成。与 USBM 直接法相比，MT-77-84 解吸法的损失气量与逸散气量的概念相当，现场 2h 解吸气量只是 USBM 法解吸气量的一部分，且没有考虑储层温度。尽管将气体体积校正到了标准状态，但不同温度条件下煤层气解吸速度不同，导致由现场 2h 解吸气量推算的损失气量也存在差别。解吸温度低时，损失气量偏少；解吸温度高时，损失气量偏大。国际上目前普遍采用的煤层含气量测定方法是美国矿业局（United States Bureau of Mines，USBM）直接法。我国根据具体情况对此进行调整，先后于 1984 年和 1994 年发布中华人民共和国煤炭行业标准《煤层气测定方法解吸法》（MT/T-77-84，MT/T-77-94）。2008 年，我国进一步与国际接轨，发布了新的国家标准《煤层气含量测定方法》（GB/T 19559—2008），煤层含气量测定方法见文献[22]。

例如，沁南东区块构造位置处于沁水盆地沁水块坳东部，晋获褶断带以西，东邻太行山块隆；总体构造形态为一走向北北东，倾向北西，倾角一般为 5°～10°的单斜构造，伴有宽缓褶曲和小型断裂，3#煤层埋藏深度受区域构造所控制，由西往东变深，如图 4-6 所示。

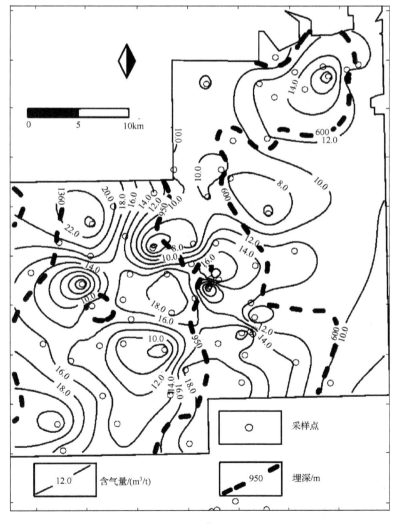

图 4-6　沁南东区块 3#煤层含气量分布图

对研究区山西组 3#煤层含气量实测结果表明，3#煤层含气量 2.87～24.63m³/t，平均为 13.78m³/t，且随着埋藏深度的增加而增高，其含气量相对沁水盆地南部偏低，如图 4-6 所示。研究区煤储层含气量分布主要受控于本区煤层生气、储气和保存等因素。煤层气以吸附态赋存于煤层中的一种自生自储式非常规天然气，其富集成藏应具备"生、储、保"基本地质条件及其动态发展过程的有利配置。

3. 含气饱和度

煤层含气饱和度是衡量煤层气井开始产气时间的参数，是煤层含气量、煤层吸附性能和煤储层压力三个基本因素的派生因素，它与常规天然气的含气饱和度不同。常规气层的含气饱和度是气体在岩石孔隙中占据空间的百分比。煤储层含气饱和度是实测含气量与原始储层压力对应的吸附气量之百分比，可由煤层含气量、储层压力、等温吸附常数计算出来。

含气饱和度计算公式如下：

$$\varPhi = \frac{V_{实际}}{V_L} \cdot \frac{P_L + P_{储层}}{P_{储层}} \tag{4-10}$$

式中，$P_{储层}$ 为煤储层压力，MPa；$V_{实际}$ 为实际含气量，m³/t；P_L 为 Langmuir 压力，MPa；$\varPhi$ 为含气饱和度，%。

影响煤层含气量分布的地质因素都将影响煤储层含气饱和度，其中在煤系沉积后，构造运动使煤系抬升剥蚀，煤储层压力降低，煤层气解吸、逸散，含气量降低。此后，煤层又发生大规模的沉降运动，但煤系再次沉降，其沉积地层厚度不足以引起煤变质程度的加深，也不会发生再次生气和再次吸附的过程。

例如，华北型石炭-二叠系煤层除在三叠纪末以后的抬升剥蚀作用导致煤层自然脱气，煤层含气量降低以外，新生界局部快速沉降，对煤储层压力和煤层气饱和度同样可能产生显著的影响。新生界沉降可使煤储层压力增高，若按静水压力梯度估计，新生界厚度增加 100m，煤储层压力将提高近 1MPa，即使原始煤层处于气体饱和状态，如果在储层压力升高的同时煤层含气量没有增加，那么含气量将从相应的等温吸附曲线上下移，使得煤层处于气体不饱和状态。此外，断层和岩溶陷落柱的存在煤层气逸散，气含量减小，导致煤储层含气饱和度降低。

例如，沁南东区块 3#煤层主要为贫煤和无烟煤，通过对研究区 3#煤层 72 个等温吸附实验资料统计分析，Langmuir 体积空气干燥基为 18.15～34.75m³/t，平均为 29.36 m³/t；Langmuir 压力为 1.47～2.71MPa，平均为 2.03MPa；研究区 3#煤层等温吸附实验测试数据点及 Langmuir 体积和压力平面上分布如图 4-7 和图 4-8 所示。其分布具如下规律。

(1) Langmuir 体积在研究区北部高值分布区呈北东-南西方向分布，从研究区北东角一直往南西方向延伸，Langmuir 体积均在 30m³/t 以上；由北东-南西高值分布带向东南部和西北部逐渐减小，且 Langmuir 体积值从 33m³/t 逐渐减小到 26m³/t；在南部高值分布区呈南北方向展布，且向研究区东部和西部逐渐减小（图 4-7）。

(2) Langmuir 压力在研究区整体上由东向西也就是由浅向深部增高（图 4-8），且存在较大变化。在研究区北部，呈现一条北东-南西向展布的低 Langmuir 压力带，该区域的 Langmuir 压力值均不超过 2.0 MPa，并向研究区南部和西南部延伸；其余为高 Langmuir 压力分布区，Langmuir 压力值均在 2.0 MPa 以上。

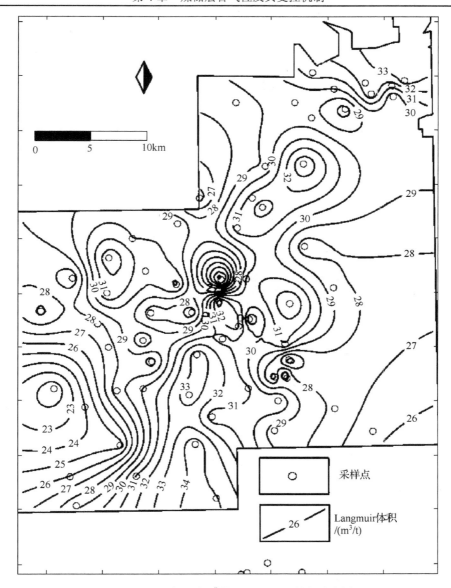

图 4-7　沁南东区块 3#煤层 Langmuir 体积分布图

（3）研究区 3#煤层 Langmuir 体积与 Langmuir 压力之间呈正相关关系（图 4-9），Langmuir 体积大的区域，Langmuir 压力也相对比较高，这些对煤层气开发是有利的。由于煤岩煤质、煤孔隙率及孔隙结构、变质程度、储层压力和温度在平面上的变化，导致同一煤层，在平面上，煤吸附能力存在一定的差异。

研究区 3#煤层 Langmuir 体积与 Langmuir 压力分布规律主要取决于研究区煤的热演化程度和煤孔隙率及孔隙结构。

根据实测含气量和储层压力资料及等温吸附实验结果统计，研究区 3#煤层含气饱和度为 12.34%～117.76%，平均为 67.58%，除局部含气饱和度呈饱和状态外，整体呈欠饱和状态，整体上，随着煤层埋藏深度的增加，煤层含气饱和度也逐渐增高（图 4-10）。

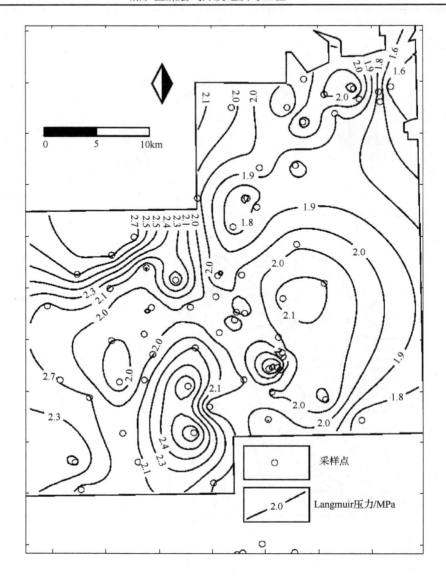

图 4-8　沁南东区块 3#煤层 Langmuir 压力分布图

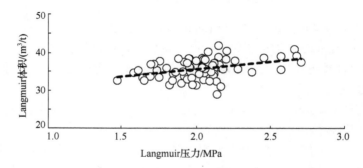

图 4-9　研究区 3#煤层干燥无灰基 Langmuir 体积与 Langmuir 压力之间的关系

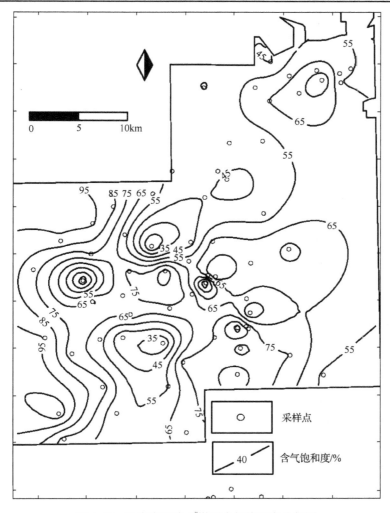

图 4-10　沁南东区块 3#煤层含气饱和度分布图

又如，沁水盆地山西组 3#煤层在埋深 192.41～780.05m，煤层的含气饱和度为 22.41%～117.0%，平均为 62.36%；太原组 15#煤层在埋深 383.84～888.0m，煤层的含气饱和度为 28.05%～96.0%，平均为 58.51%，盆地内除局部区域煤层的含气饱和度较高，达到饱和状态外，各主要煤层大多为不饱和状态。

同一个斜坡带，煤层气可产生层内运移和差异聚集，一般煤层气含气饱和度上倾部位比下倾部位高，即煤层气上倾部位储层物性好，埋藏相对浅，在承压水封闭条件下煤层气富集。下倾部位至盆地腹部反之。区域性平缓斜坡带局部构造、断层封闭区或煤层裂缝、割理发育区由于煤储层物性变好，煤层气富集。例如，沁水盆地南部潘庄-樊庄地区煤层埋深为 300～800m，含气量最高为 31m³/t，煤层渗透率达 0.5×10⁻³～1.64×10⁻³μm²，单井日产气最高达 1.6×10⁴m³，含气饱和度为 90%～100%。而下倾部位靠近盆地腹部的地区煤层埋藏加深，埋深达 850～1150m，含气量降低为 12～23m³/t，煤层渗透率变差，为 0.1×10⁻³μm²，含气饱和度降低为 83%～87%，单井日产气减少，仅有 2700m³。

4.3.2　甲烷碳同位素与煤储层含气性关系

根据沁水盆地沁南东区块山西组 3#煤储层甲烷碳同位素与煤储层含气性测试资料，统计分析表明，随着煤层气含量、煤储层压力和含气饱和度增加，3#煤层甲烷碳同位素也变重，研究区 3#煤层甲烷碳同位素 $\delta^{13}C_1$ 与煤层气含量和控制煤层含气量的煤储层压力和含气饱和度之间呈对数函数关系(图 4-11)，其关系分别为

$$\delta^{13}C_1 = 6.7121\ln(Q) - 53.284 \tag{4-11}$$

$$\delta^{13}C_1 = 4.9751\ln(P) - 44.012 \tag{4-12}$$

$$\delta^{13}C_1 = 8.1572\ln(S) - 69.975 \tag{4-13}$$

式中，$\delta^{13}C_1$ 为煤层甲烷碳同位素值，‰；Q 为煤层含气量，m^3/t；P 为煤储层压力，MPa；S 为煤储层含气饱和度，%；式(4-11)～式(4-13)相关系数 R^2 分别为 0.4072、0.3324 和 0.4024，统计点数 N=72。

由图 4-11 可以看出，在煤级大致相似的煤层中，煤储层压力越低、煤层含气量也就越低，且含气饱和度也越低，煤层甲烷碳同位素就越轻，煤层含气性与甲烷碳同位素值有很好的相关性。

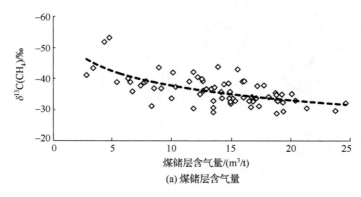

(a) 煤储层含气量

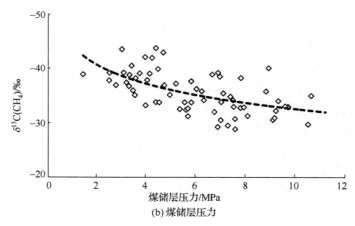

(b) 煤储层压力

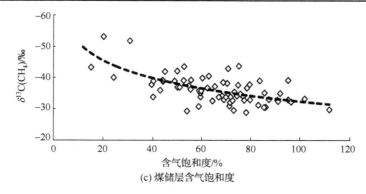

(c) 煤储层含气饱和度

图 4-11　煤储层含气性与碳同位素值之间的关系

煤层甲烷碳同位素与煤储层含气性之间的相关性，进一步说明，控制煤储层含气性的因素与控制煤层甲烷碳同位素的因素存在一致性。众所周知，常规天然气富集成藏必须具备生、储、盖、运、圈、保等基本成藏地质条件及其动态发展过程的有利配置；而煤层气以吸附态赋存于煤层中的一种自生自储式非常规天然气，其富集成藏应具备"生、储、保"基本地质条件及其动态发展过程的有利配置[1, 23]。所有影响煤层生气、储气和保存等因素都影响着煤层含气性和煤层甲烷碳同位素 $\delta^{13}C_1$ 分布。

4.4　煤储层含气性的受控机制

煤层气以吸附态赋存于煤层中的一种自生自储式非常规天然气，其富集成藏应具备"生、储、保"基本地质条件及其动态发展过程的有利配置。煤层气藏的形成与分布受地质条件所控制。所有影响煤层生气、储气和保存的因素都影响着煤层气分布，包括地质构造、煤层顶底板岩性、煤岩煤质、煤变质程度、埋藏深度和水文地质条件等因素。

4.4.1　构造对煤层含气性的影响

地质构造是控制煤层气赋存的重要因素。构造运动的影响一方面表现在地壳的升降与剥蚀会改变地层温压条件，打破原有的动态平衡；另一方面表现在断裂活动可使封盖层产生裂隙或使其断开形成气体运移通道，也可形成良好的侧向封堵而使煤层气得以保存，研究区域构造运动对煤层气散失的影响，特别是成煤后主要构造运动对煤层气保存的影响十分重要。构造抬升剥蚀形成的煤层上覆有效地层厚度可以维持地层压力及相态的平衡，并阻止地层水的垂向交替。煤层的埋藏历史受控于构造运动发展阶段，每一阶段构造运动的性质决定了该阶段煤层的埋藏特征，进而控制着煤层的生烃演化历程，由此影响到不同地区煤层气的保存和逸散特征。

如沁水盆地从晚二叠到晚三叠世，随着地壳的快速沉降和温度的升高，煤层气不断生成。从晚三叠世末期到早白垩世，燕山运动导致地层抬升，煤层气随着地层上升而解吸，导致含气量降低。尽管地层抬升，但由于燕山构造热事件的影响，石炭-二叠纪煤层的温度要比之前高，因此煤层不断生气，烃源岩产气达到高峰，煤层的吸附气不断增高。煤层在新生代局部区段经历了大规模的沉降运动，但沉降运动并未导致煤变质程度的增加，因此也没有再产生吸附气体(图 4-12)。但新生界沉降可使煤储层压力增高，若按静水压力梯度估计，新生界厚度增加 100m，煤储层压力将提高近 1MPa，即使原始煤层处于气体饱和状态，如果在储层压力升高的同时煤层含气量没有增加，那么含气量将从相应的等温吸附曲线上下移，使得煤层处于气体不饱和状态。

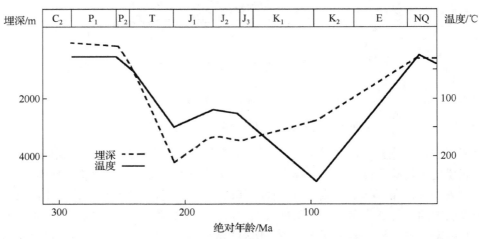

图 4-12　石炭-二叠纪煤层埋深与热演化史[24]

　　除了地壳抬升与剥蚀对研究区煤层含气性产生影响，褶皱和断裂构造也对煤层含气性产生重要影响。在断层带，煤层含气量变低，在向斜轴部和断层下降盘煤层含气量较在背斜轴部和断层上升盘相对较高（图 4-13）。

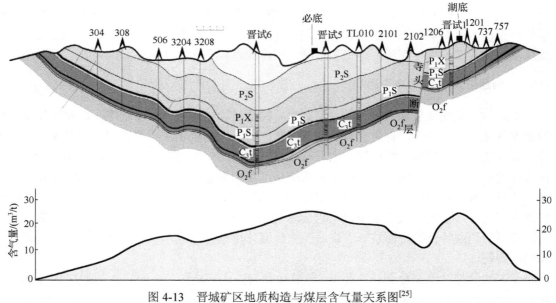

图 4-13　晋城矿区地质构造与煤层含气量关系图[25]

4.4.2　煤变质作用对煤层含气量及甲烷碳同位素的影响

　　煤层含气量分布取决于煤的变质作用。沁水盆地实测煤层含气量资料统计表明，煤层含气量随镜质组最大反射率的增大而增高（图 4-14 和图 4-15）。

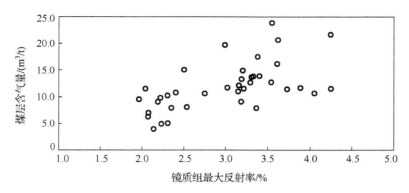

图 4-14　山西组 3#煤层煤层含气量与镜质组最大反射率关系图

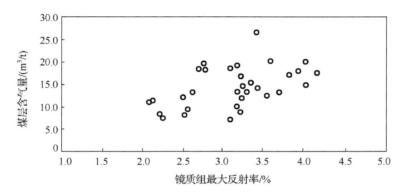

图 4-15　太原组 15#煤层煤层含气量与镜质组最大反射率关系图

　　沁水盆地实测山西组 3#煤镜质组 $R_{o,max}$=3.29%～4.24%，平均 $R_{o,max}$=3.91%，太原组 15#煤镜质组 $R_{o,max}$=3.29%～4.28%，平均 $R_{o,max}$=3.82%，且煤变质程度分布表现为盆地内南北两端的晋城、阳泉镜煤反射率值高，煤的吸附能力强；而盆地中部地区由浅部向深部镜煤反射率值增高，煤的吸附能力相对增强。因此，盆地内煤层含气量的分布规律与镜煤反射率值的分布相一致，表现为盆地南北两端煤层含气量相对较高，且盆地中部地区由浅部向深部煤层含气量增高。

　　煤变质作用过程中对煤层气甲烷碳同位素分馏产生影响。其主要是由于 $^{13}C—^{13}C$ 键断开所需要的能量要大于 $^{12}C—^{12}C$ 键断开所需要的能量，$^{12}C—^{13}C$ 键断开所需的能量介于前两者之间。煤化过程中在温度较低的条件下，$^{12}C—^{12}C$ 键断开产生甲烷的概率要大于 $^{13}C—^{13}C$ 键断开产生甲烷的概率。当煤层的温度升高时，$^{12}C—^{13}C$ 键和 $^{13}C—^{13}C$ 键断开的概率增大[13]。

　　不同煤化程度煤层甲烷碳同位素 $\delta^{13}C_1$ 值的分布特征也有所不同。腐殖型常规天然气在生物气、热解气和裂解气阶段的甲烷碳同位素 $\delta^{13}C_1$ 值分别为-78‰～-55‰、-55‰～-35‰和大于-35‰。研究区石炭-二叠系煤层主要为高煤阶贫煤和无烟煤，实测镜质组最大反射率 $R_{o,max}$=1.97%～2.71%，平均 $R_{o,max}$=2.36%，研究区煤层气主要为热成因气，与腐殖型常规天然气热解气阶段甲烷碳同位素 $\delta^{13}C_1$ 值相一致。

如沁水盆地沁南东区块统计表明,研究区 3#煤层甲烷碳同位素 $\delta^{13}C_1$ 与镜质组最大反射率 $R_{o,max}$ 之间呈对数函数关系(图 4-16),且随着镜质组最大反射率 $R_{o,max}$ 的增加而变重,其关系为

$$\delta^{13}C_1 = 29.406\ln(R_{o,max}) - 60.559 \qquad (4-14)$$

式中,$\delta^{13}C_1$ 为煤层甲烷碳同位素,‰;$R_{o,max}$ 为镜质组反射率,%,相关系数 R^2=0.4033,统计点数 N=72。

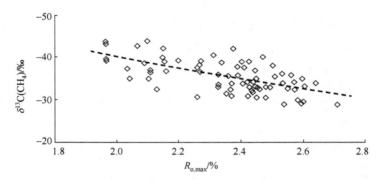

图 4-16　煤层甲烷碳同位素 $\delta^{13}C_1$ 与镜质组反射率 $R_{o,max}$ 之间的关系

我国煤层甲烷碳同位素 $\delta^{13}C_1$ 的统计值在镜质组最大反射率 0.5%处为−62‰,在反射率 2.0%处为−43‰,在反射率 4.0%处为−36‰。对比众多学者统计获得的煤型气甲烷碳同位素 $\delta^{13}C_1$ 与镜质组最大反射率 $R_{o,max}$ 之间呈对数函数关系可以看出,研究区与全国煤层甲烷碳同位素统计规律一致。煤层甲烷碳同位素 $\delta^{13}C_1$ 与镜质组最大反射率 $R_{o,max}$ 之间总体可表示为

$$\delta^{13}C_1 = a\ln(R_{o,max}) + b \qquad (4-15)$$

式中,$\delta^{13}C_1$ 为煤层甲烷碳同位素,‰;$R_{o,max}$ 为镜质组反射率,%,a、b 为回归系数(表 4-7)。

表 4-7　甲烷碳同位素与镜质组反射率之间回归系数取值表

序号	学者	时间	回归系数 a	回归系数 b	备注
1	Stahl 和 Carey[2]	1975 年	8.6	−28.0	煤型气,德国北部($R_{o,max}$>0.5%)
2	Schoell[3]	1980 年	15.0	−35.0	煤型气,北美
3	徐永昌和沈平[4]	1985 年	8.64	−32.8	煤型气,东濮凹陷($R_{o,max}$>0.6%)
4	戴金星等[5]	1985 年	14.12	−34.39	全国($R_{o,max}$>0.5%)
5	徐永昌等[6]	1993 年	49.56	−34.48	辽河盆地($R_{o,max}$=0.3%~1.3%)
6	沈平等[7]	1991 年	40.49	−34.0	全国($R_{o,max}$=0.3%~2.0%)
7	刘文汇和徐永昌[8]	1999 年	48.77	−34.1	全国主要煤型气盆地资料
			22.42	−34.8	
8	李五忠等[13]	2010 年	7.69	−45.80	全国典型煤层气盆地
9	本书	2014 年	29.41	−60.56	沁水盆地沁南东区块煤层气

由于不同学者根据不同区块的研究,其系数不同,但甲烷碳同位素 $\delta^{13}C_1$ 与镜质组最大反射率 $R_{o,max}$ 之间函数关系一致。沁南东区块 3#煤层甲烷碳同位素 $\delta^{13}C_1$ 不仅与我国煤层气稳定碳同位素组成演化的统计趋势基本吻合;而且与腐殖型常规气有机质热解气的甲烷碳同位素 $\delta^{13}C_1$ 值相似,主要受控于煤层气形成的热动力学机制之下的同位素分异效应[18, 19]。研究

区 3#煤层甲烷碳同位素 $\delta^{13}C_1$ 与镜质组反射率 $R_{o,max}$ 之间存在一定的离散，表明这部分煤层气的形成除热演化过程中甲烷碳同位素的分馏效应之外，应叠加其他原因。

4.4.3　煤层埋藏深度对煤层含气量及甲烷碳同位素影响

煤层沉降埋藏是煤化作用进展的根本条件，对煤层气的生成和保存自始至终有着至关重要的影响。不同地质时期和不同地区煤层埋藏深度存在一定的差异，这种差异性决定了煤层气生成和保存条件存在显著不同。煤储层的埋藏条件与地壳的升降运动有关，相对沉降幅度大的地段，煤储层埋深大，煤层气保存状况良好。相对沉降幅度小或相对抬升的地段，煤储层埋深小，煤层气保存状况不好。其原因是在埋藏深度小的地段，煤层气沿风化裂隙向大气扩散，同时地下水的流动也溶解一部分煤层气并带走。在沉降幅度大的地段，煤层气沿风化裂隙向大气扩散极为困难(风化裂隙不发育)，地下水径流差或处于滞流状态，因地下水流动而引起的煤层气损失量很小。如沁水盆地三叠纪末以后，研究区抬升剥蚀作用有可能降低了煤层含气量。主采煤层顶板到新生界基底之间的厚度反映了不整合面形成后残存的盖层厚度，也反映了煤层有效埋藏深度，该不整合面在煤系地层抬升遭受剥蚀期间控制了煤层气自然释放的幅度，随着有效埋藏深度的增厚，煤层气的保存能力不断增强，含气量也随之增加(图 4-17 和图 4-18)。

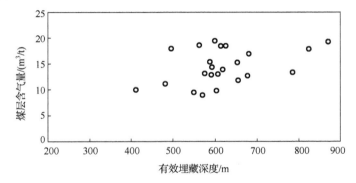

图 4-17　山西组 3#煤层含气量与有效埋藏深度关系图

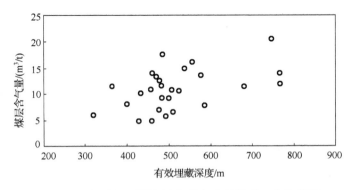

图 4-18　太原组 15#煤层含气量与有效埋藏深度关系图

从埋藏深度来看，由盆地的浅部向深部，即向斜轴部煤层埋深逐渐加大，上覆盖层厚度增大，且裂隙发育程度变差，地下水的流动也越来越缓慢乃至相对静止，煤层气的保存状况也越来越好。因此，沁水盆地的深部，即向斜轴部煤层埋藏深度大、保存条件最好。

　　沁南东3#煤层甲烷碳同位素值统计分析表明,随着煤层埋藏深度或有效埋藏深度(煤层顶板至新生界基底之间的厚度)的增加而增重,且3#煤层甲烷碳同位素与煤层埋藏深度或有效埋藏深度之间呈对数函数关系(图4-19和图4-20),其关系为

$$\delta^{13}C_1 = 7.5742\ln(D) - 86.672 \tag{4-16}$$

$$\delta^{13}C_1 = 7.9194\ln(D_e) - 88.33 \tag{4-17}$$

式中,$\delta^{13}C_1$为煤层甲烷碳同位素值,‰;D和D_e分别为煤层埋藏深度和有效埋藏深度,m;相关系数R^2分别为0.2948和0.4359,统计点数N=72。

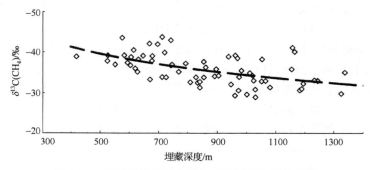

图4-19　煤层甲烷碳同位素与埋藏深度之间关系图

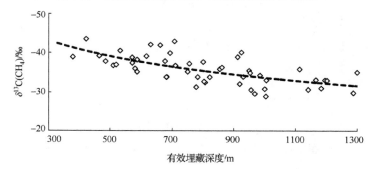

图4-20　煤层甲烷碳同位素与有效埋藏深度之间关系图

　　随着埋深或有效埋藏深度的增加煤层甲烷碳同位素$\delta^{13}C_1$变重,说明沁水煤层气存在因煤层抬升而卸压所导致煤层气的解吸-扩散-运移引起同位素的分馏效应,从而形成了该区甲烷碳同位素在平面上的分带现象。

　　煤层气主要呈吸附状态赋存于煤层之中,这与以游离气为主的常规天然气明显不同。甲烷在煤层中的解吸和吸附是一对相反的过程,在吸附过程中,由于$^{13}CH_4$与煤基质的范德华力作用相对较大,$^{13}CH_4$将优先于$^{12}CH_4$吸附到煤基质中。甲烷在煤层中的反复解吸/吸附将加强碳同位素的分馏作用,使煤基质中吸附态甲烷的碳同位素逐渐变重,游离态的甲烷逐渐变轻。因此,随着埋深或有效埋藏深度的增加,煤层气主要呈吸附状态赋存于煤层之中,煤层甲烷碳同位素$\delta^{13}C_1$变重。

　　导致研究区山西组 3#煤层甲烷碳同位素 $\delta^{13}C_1$ 分布规律的因素,除了上述控制机理,还有研究区 3#煤层在地质历史时期中受地下水动力作用导致煤层甲烷碳同位素 $\delta^{13}C_1$ 分馏,关于这方面有待专门研究。

4.5　基于测井参数的煤层含气量预测方法

煤层含气量是指单位重量煤中所含气体体积量(标准状态下)。准确的含气量数据是煤层气勘探开发中估算资源量必不可少的关键参数之一，它关系到产气能力的预测、布井和开采条件的确定，决定着煤层气资源开发前景。一般来说，含气量高，煤体中的气体富集程度高，有利于开发。因此，获取准确的含气量数据就显得尤其重要[1, 26]。以往对煤层含气量评价与预测的主要方法有钻孔岩心实测含气量法[1]、煤层含气梯度法[27, 28]、基于 Langmuir 方程的煤层含气量预测方法和地质统计分析法[29, 30]等。近些年来，国内外学者在应用地球物理测井预测煤储层参数方面，主要是用密度、自然伽马和视电阻率等测井参数，辅以声波、自然电位、井径等参数。由于煤层含气量受多种地质因素影响，它们之间关系复杂，存在着复杂的非线性关系，有些甚至是随机的、模糊的，利用传统的方法难以表达它们之间的内在关系；而人工神经网络方法具有极强的非线性逼近能力，能真实刻画出输入变量与输出变量之间的非线性关系。因此采用基于测井曲线的 BP 人工神经网络模型预测煤层含气量方法受到关注，并取得了好的应用效果[31-36]，侯俊胜等[31, 32]基于概率统计模型和神经网络模型对煤层气储层的含气量、基质孔隙度和裂缝孔隙度等参数进行了分析与评价。吴财芳和曾勇[33]基于遗传神经网络方法对煤层瓦斯含量进行预测研究；杨东根等[34]等分析了沁水盆地和顺地区的煤心实验数据与测井参数之间的关系，分别得到利用自然伽马测井值计算煤工业组分的计算方法和利用声波时差和密度组合参数来计算含气量的计算方法。黄兆辉等[35]等针对沁水盆地南部煤层气勘探目标层，分析了煤的工业组分与测井响应特征，利用改进的 Langmuir 煤阶方程建立煤质分析结果与含气量之间的关系模型。张作清[36]通过对岩心含气量与测井参数相关性分析，选择出与含气量相关系数较大的自然伽马、体积密度、声波时差等 3 个测井参数进行组合，得到一个复合参数预测煤层含气量。金泽亮等[37]通过多元回归分析得到了煤层含气量与测井参数—深侧向测井值、声波测井值、中子测井值、密度测井值等之间的经验公式并验证了可信度与有效性。邵先杰等[38]通过对韩城矿区煤样密度和声波速度参数的实验测定，研究了煤岩工业组分之间的关系及其对补偿密度、声波时差测井响应，应用多元回归分析和体积模型法建立了煤储集层工业组分、孔隙度和含气量测井解释模型。以往在识别方法和统计模型的研究方面为应用测井参数预测煤层含气量探索了可行途径。由于各种测井信息间的组合方式以及各种测井曲线反映煤层含气量的灵敏度不同，因此用测井参数建立的统计模型与实际存在一定的偏差，且大多缺少误差分析，应用效果受到限制。本书以沁水盆地东南部沁南东区块为依托，通过实验和统计分析了煤层含气量与测井参数之间相关关系，建立了基于测井参数的煤层含气量 BP 人工神经网络预测模型，并对模型进行误差分析和应用结果对比分析，反映了基于测井参数的煤层含气量预测方法效果较好，具有好的应用前景。

4.5.1　煤层含气量与测井参数相关性分析

1. 研究区地质概况

沁南东区块位于沁水盆地的东南部，行政区划隶属于长治市、长治县、长子县和安泽县等区管辖，区块面积 $1614km^2$，区内地势复杂，多为丘陵和山地。区块钻遇地层自上而下有：新生界第四系（Q）、新近系（N）、中生界三叠系（T）、上古生界二叠系石千峰组（P_2sh）、上石盒子组（P_2s）、下石盒子组（P_1x）和山西组（P_1s）、石炭系太原组（C_3t）和中统本溪组（C_2b）以及下古生界奥陶系峰峰组（O_2f）。研究区的主要含煤层地层为二叠系下统山西组 $3^{\#}$ 煤层和石炭系上统太原组 $15^{\#}$ 煤层，其中山西组 $3^{\#}$ 煤层位于山西组的下部，为中厚-厚煤层，煤层有效厚度一般为 5.00～6.50m，平均 5.40m，为研究区主要目标层。山西组 $3^{\#}$ 煤层煤岩镜质组最大反射率（$R_{o,max}$）为 1.97%～2.71%，平均 2.36%，煤种为贫煤-无烟煤。煤岩镜质组含量为 60.00%～90.80%，平均 73.66%；惰质组含量为 7.20%～40.00%，平均 26.34%。$3^{\#}$ 煤层原煤灰分含量为 7.94%～37.04%，平均 14.16%，属中-低灰煤；水分含量为 0.58%～1.53%，平均 1.14%；挥发分含量为 6.53%～15.45%，平均 9.77%。宏观煤岩类型主要为半亮煤，部分为半暗煤，煤体结构主要为原生-碎裂结构，一般不含或含一层夹矸。煤层构造整体呈西倾的单斜构造，其中发育次级褶皱和断层构造，断层主要为北东走向正断层。通过对研究区 41 个钻孔煤层含气量进行解吸法测试，得出 $3^{\#}$ 煤层含气量为 5.43～23.77m³/t，平均 14.39m³/t，含气量相对沁水盆地南部偏低。在测井曲线上，煤层的电性特征和放射性特征较为明显。

2. 煤层含气量与测井参数之间的关系

煤层含气量的分布主要受煤层的生气条件、储气条件和保存条件所控制，影响煤层含气量主要因素有地质构造、煤层顶底板岩性、煤层有效埋藏深度、煤变质程度和煤岩、煤质特征等，而这些地质因素决定了测井响应特征。因此煤层含气量的变化在不同测井曲线上会有不同程度的响应。

选择研究区的 41 个已进行含气量测试及具备测井数据的钻孔，通过煤层气井测井响应特征分析，发现煤层含气量与有效埋藏深度、体积密度、自然电位、电阻率（深侧向电阻率、浅侧向电阻率和微球形聚焦电阻率）、声波时差、自然伽马、补偿中子等参数之间存在一定的相关性（图 4-21），但是，如果按照单参数建立解释模型，发现这之中的任何一个作为含气量的定量测井解释模型参数，都不能满足生产所要求的精度，这说明利用单参数建模存在不足，因此，利用多测井参数建立解释模型是必要的。

1）煤层含气量与有效埋藏深度之间的关系

煤化作用过程中产生的大量气体能否得到很好的保存，有赖于构造分异作用导致的有效埋藏深度，即煤层顶板到新生界基底之间的厚度的变化，也就是煤层埋藏深度减去新生代松散层厚度，即有效盖层厚度。沁水盆地石炭-二叠系煤层形成后三叠系末发生抬升作用，新生代又发生了局部沉降，现今煤层埋藏深度不能代表煤层生气后的深度。有效埋藏深度增大，煤层气的保存能力不断增强，含气量也随之增加。主采煤层顶板到新生界基底之间的厚度反映了不整合面形成后残存的盖层厚度，也反映了煤层有效埋藏深度。该不整合面在含煤地层抬升遭受剥蚀期间控制了煤层气自然释放的幅度。统计分析表明，通过深度测井，获得本区 $3^{\#}$ 煤层含气量随着煤层有效埋藏深度（煤层深度-新生代松散层厚度）的增加而增高，且 $3^{\#}$ 煤层含气量与煤层有效埋藏深度之间呈对数函数关系 [图 4-21（a）]。

2）煤层含气量与体积密度（DEN）之间的关系

煤具有较低的基质密度，体现在测井补偿密度曲线上，研究区统计煤的体积密度一般为

1.17～1.63g/cm³，平均为 1.38g/cm³。煤层气主要以三种形式赋存在煤层中，即吸附在煤孔隙表面上的吸附状态，分布在煤的孔隙及裂隙内呈游离状态和溶解在煤层水中呈溶解状态。煤层气主要以吸附状态存在，吸附气量占煤层气含气量的绝大多数。随着煤的含气量增加，煤的体积密度值减小，因此，统计表明煤层含气量与体积密度之间呈负相关关系[图 4-21（b）]。

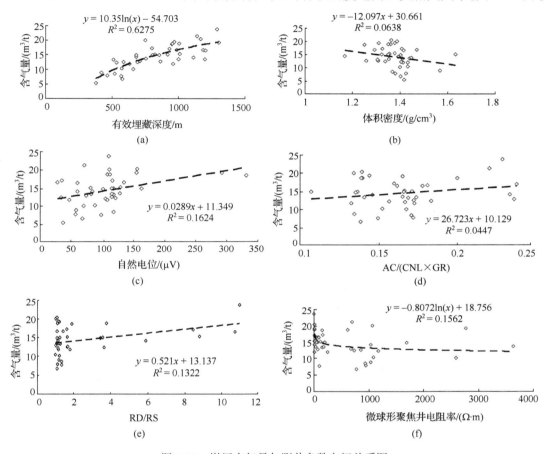

图 4-21　煤层含气量与测井参数之间关系图

　3）煤层含气量与自然电位（SP）之间的关系

　　自然电位（Spontaneous Potential，SP）测井实际以钻井液与钻穿岩层孔隙流体间存在的扩散-吸附现象为基础的测井方法。自然电位测井所用的测量工具包括一个放在井眼中的可移动电极和一个放在地面泥浆槽中的参考电极。通过变换可移动电极的位置，绘制出井轴上的自然电位曲线图，不同的电位曲线反映出不同的地层信息。统计表明，本区煤层含气量与自然电位之间呈较弱的正相关关系，反映随着煤层含气量的增高，自然电位有增高趋势[图 4-21（c）]。

　4）煤层含气量与声波时差（AC）、补偿中子（CNL）、自然伽马（GR）之间的关系

　　由于煤的分子结构相对松散，加之煤层内部条带状、片状、层状等结构的影响，声波在煤层中具有较低的传播速度，在声波测井曲线中体现为时差值较高。声波时差对含气性敏感，

煤储层含气性增高，声波传播速度减少，声波时差增大，含气量与声波时差表现出正相关性。煤的有机质和无机质都不是放射物质。在成煤过程中，外来矿物质决定煤的天然放射性，一般情况下，煤的自然放射性是很弱的，但是，由于煤中黏土矿物的存在影响煤的吸附性能，降低煤层含气量，所以随着煤的自然放射性增强，煤层含气量将减少，故表现为负相关；而补偿中子与煤层含气量的相关性较弱。

为了有效、合理地分析煤层含气量，从多种测井方法中选择了与含气量关系密切的自然伽马测井、补偿中子测井及声波时差测井。自然伽马测井主要与煤层泥质含量有关，泥质含量影响煤的吸附性能；补偿中子测井和声波时差测井反映了煤层孔隙度，从而影响煤的含气性，孔隙度越大、含气量越高，考虑到含气量与自然伽马测井、补偿中子测井呈负相关，与声波时差呈正相关，构造了一个复合参数如下：

$$C = \frac{AC}{GR \times CNL} \tag{4-18}$$

式中，C 为复合参数，无量纲；AC 为声波时差，us/m；GR 为自然伽马，API；CNL 为补偿中子，%。

统计表明，随着复合参数 C 值增大，煤层含气量增高，含气量与复合参数 C 值之间呈正相关关系［图 4-21(d)］。

5) 煤层含气量与深侧向电阻率 (RD) 和浅侧向电阻率 (RS) 比值及微球形聚焦电阻率 (MSF) 之间的关系

煤和其他岩石、矿物一样，也是一种导体。在自然条件下，煤的电阻率受煤的变质程度、煤岩成分、矿物质含量与分布、煤的构造以及水分和孔隙度等因素的影响。煤的电阻率取决于它的变质程度，并与其煤岩成分、矿物杂质含量、水分含量以及孔隙度有关。研究区山西组 3# 煤层煤岩镜质组最大反射率 ($R_{o,max}$) 为 1.97%～2.71%，平均 2.36%，煤种为贫煤–无烟煤，由于高煤阶煤含有大量的自由电子，它的电子导电性良好，因此电阻率极低。本次采用的电阻率参数包括深侧向、浅侧向和微球形聚焦三条测井曲线。利用三条曲线的幅度差，能够确定地层是否被钻井液流体侵入，确定煤储层含气性及含水饱和度。

为了有效、合理地分析煤层含气量与电阻率之间的关系，选择了深侧向、浅侧向和微球形聚焦电阻率测井参数，通过分析，煤层含气量与深侧向和浅侧向电阻率比值之间呈正相关性［图 4-21(e)］，煤层含气量与微球形聚焦电阻率呈弱的负相关关系［图 4-21(f)］。

4.5.2 煤层含气量预测的 BP 神经网络模型

1. 神经网络模型结构的确定

人工神经网络 (Artificial Neural Network) 是由人工神经元 (简称神经元) 互联组成的网络，在理论上可以任意逼近任何非线性映射。根据网络中神经元的连接方式的不同，将人工神经网络分为分层网络和相互连接型网络两大类，目前应用较广的是分层网络，根据实际输出和期望输出之差，对网络的各层连接权由后向前逐层进行误差校正的多层前馈网络，简称 BP 神经网络[39, 40]。因此，该方法的实质是求误差函数的最小值，它通过多个样本的反复训练，将多个已知样本训练得到的各层连接权及各层神经元的偏置值等信息作为知识保存，以便对未训练样本值进行预测，计算过程如图 4-22 所示。

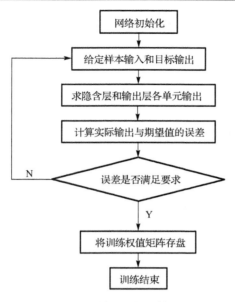

图 4-22　BP 神经网络计算流程图

本次以沁水盆地东南部沁南东区块 3#煤层为对象，以研究区 41 个钻孔的煤层含气量及测井参数为样本，随机选取 35 个样本作为训练样本，6 个样本作为检验样本；选取 6 个测井参数作为神经网络输入参数，即有效埋藏深度的对数值、体积密度、自然电位、深侧向电阻率与浅侧向电阻率比值、微球形聚焦电阻率的对数值、声波时差与自然伽马和补偿中子乘积的比值 6 参数，即输入节点为 6 个，根据 $\sum_{i=1}^{n} C_P^i > k$，（其中 n 为输入节点个数，P 为样本数），经过实际训练，采用隐含层神经元个数为 11 个；输出节点 1 个，为煤层含气量。神经网络结构如图 4-23 所示。

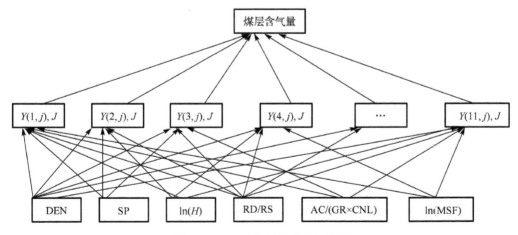

图 4-23　BP 神经网络模型拓扑图

在进入人工神经网络训练之前为了消除主控因素不同量纲的数据对网络训练和预测结果的影响，需要对数据进行归一化处理，以提高网络训练的效率和精度。

对于数值型的学习样本以及输出数据利用式(4-19)进行归一化处理，每个节点的输出值为 0～1。

$$X_i = \frac{X_i' - X_{\min}}{X_{\max} - X_{\min}} \tag{4-19}$$

式中，$X_{\max}$、$X_{\min}$、X_i' 分别为原始样本数据组的最大值、最小值和实测值。

2. 煤层含气量的 BP 神经网络模型建立

神经网络模型对于给定的映射关系的模拟，通过学习训练后才能完成。网络进行训练时，首先要提供一组训练样本，其中的每个样本由输入与目标输出对组成。如果提供的样本足够多，而且有很强的代表性，网络会通过自组织自适应的能力，找出主控因素与评价指标之间的非线性关系。把样本序列划分为训练集和测试集，训练集用于网络训练，使网络按照学习算法调节结构参数，直到满足要求；测试集则是用于评价已训练好的网络的性能是否达到目的，最终得到满意的预测模型。

本次研究采用训练集样本 35 个，检验集样本 6 个，输入层节点数为 6 个，输入层为测井参数包括密度测井(DEN)、自然电位(SP)、有效埋深的对数[ln(H)]、深侧向测井浅侧向测井的比值(RD/RS)、声波时差(AC)与补偿中子(CNL)和自然伽马(GR)乘积的比值[AC/(CNL×GR)]、微球形聚焦测井[ln(MSF)]共六个输入参数。建立的 BP 神经网络模型如表 4-8 所示。

表 4-8 BP 神经网络模型各阈值

| 序号 | 输入层到隐含层权值 w_{ij} | | | | | | 阈值 b_i |
	1	2	3	4	5	6	
1	3.3402	−0.26393	−1.1656	−2.2612	11.082	−0.1828	−12.5002
2	12.675	16.4397	−16.4397	−0.25783	23.9082	3.9961	5.4101
3	−1.4372	−1.0953	−2.7464	−0.86064	22.7079	1.6096	6.7329
4	2.5579	−0.42889	1.7387	0.70631	16.8374	0.2219	−17.4276
5	−19.1375	0.044236	6.8036	−0.55422	−64.6578	0.1127	−9.2989
6	−4.5947	−0.0077646	−3.2991	−0.86738	5.8520	−0.9009	16.6201
7	6.8025	−0.016495	−3.7196	0.17682	22.1664	0.1421	12.3303
8	4.416	2.1201	0.72644	0.14188	13.3059	0.1513	12.2085
9	−4.0351	0.24892	1.585	−0.98477	−5.9349	−0.0294	3.8706
10	−4.0717	−0.28399	0.58179	0.045246	−13.2715	−0.3462	−1.2742
11	−1.6266	−0.02717	18.2511	−11.2253	24.7594	28.7836	3.0392

| 隐含层至输出层权值 T_i | | | | | | | | | | | 阈值 b_i |
1	2	3	4	5	6	7	8	9	10	11	
−2.2943	1.9788	1.5893	0.99194	−7.753	−2.147	−11.9857	2.0078	1.5001	−3.6469	1.3631	2.9145

3. 预测结果及误差分析

为检验 BP 网络模型的泛化能力，对检验集样本进行运算，计算表明，6 个检验样本 BP 网络模型预测煤层含气量绝对误差为−0.368～3.634m³/t，相对误差为 2.458%～17.805%，平均为 5.898%(表 4-9)。

表 4-9　检验样本煤层含气量预测误差统计表

序号	DEN/ (g/cm³)	SP/mV	ln(H)	RD/RS	AC/ (GR×CNL)	LN(MSF)	含气量实 际值 /(m³/t)	BP 网络预 测值/(m³/t)	绝对误差 /(m³/t)	相对 误差/%
36	1.447	127.644	6.628	1.090	0.167	0.000	13.630	14.856	−1.226	8.995
37	1.349	114.866	6.690	1.202	0.168	−2.898	14.970	15.338	−0.368	2.458
38	1.305	73.655	6.566	1.003	0.239	−1.678	12.940	10.913	2.027	15.665
39	1.363	156.453	7.061	1.010	0.140	−5.811	20.410	16.776	3.634	17.805
40	1.399	70.294	6.495	1.024	0.170	−0.338	10.130	9.486	0.644	6.357
41	1.393	84.450	7.015	1.015	0.147	−1.260	14.180	15.349	−1.169	8.244
平均误差									0.194	5.898

　　训练样本和检验样本计算结果与实际测试结果对比表明，预测结果与实测值之间误差小，相对误差一般小于 10%，如图 4-24 所示，因此，基于测井参数的煤层含气量 BP 神经网络模型，在煤层气含量预测中具有好的应用效果。在煤层气勘探开发中可以作为煤层气含量预测的一种方法，并推广应用。

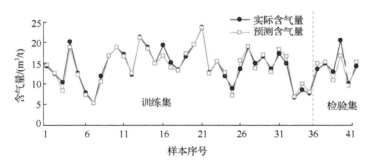

图 4-24　煤层含气量预测值与实测值对比

参 考 文 献

[1]　孟召平, 田永东, 李国富. 煤层气开发地质学理论与方法[M]. 北京: 科学出版社, 2010.

[2]　STAHL W J, CAREY J B B. Source rock identification by isotope analyses of natural gases from fields in the Val Varde Delaware Basins, West Texas[J]. Chemical Geology, 1975, 16: 257-267.

[3]　SCHOELL M. The hydrogen and carbon isotopic composition of methane from natural gases of various origins[J], Geochim Cosmochim Acta, 1980, 44（5）: 649-661.

[4]　徐永昌, 沈平. 中原-华北油气区"煤型气"地球化学特征初探[J]. 沉积学报, 1985, 3(2): 37-46.

[5]　戴金星, 戚厚发, 宋岩. 鉴别煤成气和油型气等指标的初步探讨[J]. 石油学报, 1985, 6(2): 31-38.

[6]　徐永昌, 刘文汇, 沈平等. 辽河盆地天然气的形成与演化[M]. 北京: 科学出版社, 1993. 1-140.

[7]　沈平, 徐永昌, 王先彬等. 气源岩和天然气地球化学特征及成气机理研究[M]. 兰州: 甘肃科学技术出版社, 1991. 1-248.

[8]　刘文汇, 徐永昌. 煤型气碳同位素演化二阶段分馏模式及机理[J]. 地球化学, 1999, 28(4): 359-366.

[9]　傅雪海, 秦勇, 韦重韬. 煤层气地质学[M]. 中国矿业大学出版社, 2007.

[10] 贺天才, 秦勇. 煤层气勘探与开发利用技术[M]. 中国矿业大学出版社, 2007.

[11] 秦勇, 唐修义, 叶建平. 华北上古生界煤层甲烷稳定碳同位素组成与煤层气解吸-扩散效应[J]. 高校地质学报, 1998, 4(2): 127-132.

[12] 秦勇, 唐修义, 叶建平, 等. 中国煤层甲烷稳定碳同位素分布与成因探讨[J]. 中国矿业大学学报, 2000, 29(2): 113-119.

[13] 李五忠, 雍洪, 李贵中. 煤层气甲烷碳同位素的特征及分馏效应[J]. 天然气工业, 2010, 30(11): 14-16.

[14] LI G, ZHANG H. The origin mechanism of coalbed methane in the eastern edge of Ordos Basin[J]. Science China(Earth Sciences) [J]. 2013, 43(8), 1359-1364.

[15] SMITH J W, PALLASSER R J. Microbial origin of Australian coalbed methane[J]. AAPG Bull. 1996, 80, 891-897.

[16] WANG B, XU F Y. Jiang, B. ; Chen, W. Y. ; Li, M. ; Wang, L. L. Studies on main factor coupling and its control on coalbed methane accumulation in the Qinshui Basin[J]. Energy Exploration Exploition 2013, 31 (2), 167-186.

[17] 李贵红, 张泓. 鄂尔多斯盆地东缘煤层气成因机制[J]. 中国科学: 地球科学, 2013, 43(8): 1359-1364.

[18] 张小军, 陶明信, 马锦龙, 等. 含次生生物成因煤层气的碳同位素组成特征-以淮南煤田为例[J]. 石油实验地质, 2009, 31(6): 622-626.

[19] 卫平生, 王新民. 民和盆地煤层气特征及形成地质条件[J]. 天然气工业, 1997, 17(4): 19-22.

[20] 苏现波, 林晓英. 煤层气地质学[M]. 北京: 煤炭工业出版社, 2009.

[21] 中国煤田地质总局. 中国煤层气资源[M]. 徐州: 中国矿业大学出版社, 1998.

[22] GB/T 19559-2008 煤层气含量测定方法[S]. 北京: 中国标准出版社, 2008.

[23] 孟召平, 刘翠丽, 纪懿明. 煤层气/页岩气开发地质条件及其对比分析[J]. 煤炭学报, 2013, 38(5): 728-736.

[24] LI W, ZHANG Z, YANG Y, et al. Constraining the hydrocarbon expulsion history of the coals in Qinshui Basin, North China, from the analysis of fluid inclusions[J]. Journal of Geochemical Exploration. 2006, 89(1), 222-226.

[25] 傅雪海, 秦勇, 韦重韬, 等. 沁水盆地水文地质条件对煤层含气量的控制作用[A]. 雷群, 李景明, 赵庆波主编. 煤层气勘探开发理论与实践[M]. 北京: 石油工业出版社, 2007, 61-69.

[26] 孟召平, 田永东, 雷旸. 煤层含气量预测的BP神经网络模型与应用[J]. 中国矿业大学学报, 2008, 37(4): 456-461.

[27] 王宏图, 鲜学福, 杜云贵, 等. 煤矿深部开采煤层气含量计算的解析法[J]. 中国矿业大学学报, 2002, 31(4): 367-369.

[28] 秦勇, 刘焕杰, 桑树勋, 等. 山西南部上古生界煤层含气性研究: 推定区煤层含气性评价[J]. 煤田地质与勘探, 1997, 25(4): 25-30.

[29] 陈春琳, 林大杨. 等温吸附曲线方法在煤层气可采资源量估算中的应用[J]. 中国矿业大学学报, 2005, 34(5): 679-682.

[30] 李贵红, 张鸿, 崔永君, 等. 基于多元逐步回归分析的煤储层含气量预测模型[J]. 煤田地质与勘探, 2005, 33(3): 22-25.

[31] 侯俊胜, 王颖. 神经网络方法在煤层气测井资料解释中的应用[J]. 地质与勘探, 1999, 35(3): 41-45.

[32] 侯俊胜. 煤层气储层测井评价方法及其应用[M]. 北京: 冶金工业出版社, 2000.

[33] 吴财芳, 曾勇. 基于遗传神经网络的瓦斯含量预测研究[J]. 地学前缘, 2003, 10(1): 219-223.

[34] 杨东根, 范宜仁, 邓少贵, 等. 利用测井资料评价煤层煤质及含气量的方法研究: 以和顺地区为例[J]. 勘探地球物理进展, 2010, 33(4): 262-265.

[35] 黄兆辉, 邹长春, 杨玉卿, 等. 沁水盆地南部 TS 地区煤层气储层测井评价方法[J], 现代地质, 2012, 26(6): 1275-1282.

[36] 张作清. 和顺地区煤层气工业组分与含气量计算研究[J]. 测井技术, 2013, 37(1): 99-102.

[37] 金泽亮, 薛海飞, 高海滨, 等. 煤层气储层测井评价技术及应用[J]. 煤田地质与勘探, 2013, 41(2): 42-45.

[38] 邵先杰, 孙玉波, 孙景民, 等. 煤岩参数测井解释方法: 以韩城矿区为例[J]. 石油勘探与开发, 2013, 40(5): 559-565.

[39] 朱大奇, 史慧. 人工神经网络原理及应用[M]. 北京: 科学出版社, 2006: 17-20.

[40] 闻新, 周露, 王丹力, 等. MATLAB 神经网络应用设计[M]. 科学出版社, 2000, 207-218.

第5章 煤储层孔渗性及其控制机理

5.1 概　　述

煤储层是由孔隙和裂隙构成的多孔介质，具有储集气体和允许气体扩散-渗流-运移的能力。煤储层的孔渗性是煤层气开发地质条件评价的重要参数，直接影响煤层气开采效果。对于我国高煤阶区，多数煤层在其沉积后经历了多个期次、多个方向的构造应力场改造，煤储层孔渗性非均质性严重。煤中孔隙是指煤基块中未被固体物(有机质和矿物质)充填的空间。煤的孔隙性常用孔容、孔表面积和孔隙率来定量描述。煤的孔隙性是研究煤层气赋存状态、气-水介质与煤基质间相互作用及煤层气解吸-扩散-渗流的重要基础。煤储层原始渗透性主要取决于天然裂隙的发育程度和裂隙的张开度，其中天然裂隙的发育程度受控于煤化历程和地质历史时期构造变形破坏作用；而裂隙的张开度受控于原岩应力(现今地应力)、储层压力和煤层气吸附与解吸导致煤体膨胀与收缩效应。现今地应力是在古构造应力场形成的天然裂隙背景上的叠加，往往制约着煤储层渗透性的高低和各向异性特征[1, 2]。有关裂隙岩体渗透性与应力之间关系已进行了广泛的研究，并取得了显著进展和成效[3-11]。煤储层为孔隙-裂隙型储集层，煤储层的渗透率对应力极为敏感，国内外学者研究表明，煤的渗透性随着有效应力的增加而呈负指数函数降低[12-19]；与常规油气储层相比，煤储层具有明显的弹塑性变形特征和应力敏感性，因此，研究煤储层孔渗性及其控制机理，对于揭示煤储层渗流规律，确定煤层气开发方案、工作制度和排采速度和提高煤层气井产量具有理论和实际意义。本章从煤的孔隙结构分析入手，系统介绍煤的孔隙结构测试方法，分析不同煤阶、不同煤体结构煤的孔隙结构特征。从影响煤储层渗透性的关键因素，即裂隙发育程度和裂隙开度分析入手，通过实验分析煤岩变形破坏过程中的渗透性变化规律和煤储层渗透性与应力之间耦合关系和模型，揭示不同应力下煤储层渗透性及其控制机理，为煤储层渗透性评价与预测提供了理论依据。

5.2 煤的孔隙性

5.2.1 煤的孔隙结构及其测试方法

1. 煤的孔隙结构

煤的孔隙结构是指煤中孔隙和吼道的集合形状、大小分布及其相互连通关系。煤孔隙包括大到裂缝和小到分子间隙。关于煤中孔隙的孔径结构，国内外现存多种划分方案，在我国煤层气界应用最为广泛的是 B.B.霍多特(Ходот, 1961)[20]的十进制分类系统(表 5-1)。根据十进制分类系统将孔隙分为四种：即孔径>1000nm 的孔隙为大孔；孔径为 100～1000nm 的孔隙为中孔；孔径为 10～100nm 的孔隙为小孔(或过渡孔)；孔径<10nm 的孔隙为微孔。该分类是

在考虑工业吸附剂基础上提出的，认为气体在大孔中主要以剧烈层流和紊流方式渗流，在微孔中以毛细管凝结、物理吸附及扩散现象等方式存在。此外，国际纯粹与应用化学联合会（International Union of Pure and Applied Chemistry，IUPAC）的影响也十分广泛。

本书煤的孔径分类参照 Ходот（1961）的十进制分类系统[2]，分为超微孔（<2nm），微孔（2～10nm），过渡孔（10～100nm），中孔（100～1000nm）和大孔（>1000nm），其中超微孔、微孔和过渡孔又被统称为吸附孔，中孔和大孔统称为渗流孔。

表 5-1　煤中孔径结构划分方案比较　　　　　　　　　（单位：直径，nm）

Ходот (1961)[20]	Dubinin (1966)[21]	IUPAC (1978)[22]	Gan (1972)[23]	秦勇 (1995)[24]	本书	
微孔，<10	微孔，<2	微孔，<2	微孔，<1.2	微孔，<15	超微孔，<2 微孔，2～10	吸附孔
过渡孔，10～100	过渡孔，2～20	过渡孔，2～50	过渡孔，1.2～30	过渡孔，15～50	过渡孔，10～100	
中孔，100～1000				中孔，50～400	中孔，100～1000	渗流孔
大孔，>1000	大孔，>20	大孔，>50	粗孔，>1000	大孔，>400	大孔，>1000	

煤的孔隙形态比较复杂，秦勇（1994）[25]根据压汞曲线"孔隙滞后环"特征，将煤的孔隙形态类型分为半封闭孔、开放孔和细颈瓶孔。开放孔具有压汞滞后环，半封闭孔则由于退汞压力与进汞压力相等而不具"滞后环"。但一种特殊的半封闭孔—细颈瓶孔，由于其瓶颈与瓶体的退汞压力不同，也可形成"突降"型滞后环的退汞曲线（图 5-1 和图 5-2）。

(a)开放孔　　　　　　　(b)半封闭孔　　　　　　　(c)细颈瓶孔

图 5-1　孔隙压汞滞后环与孔隙连通性[25]

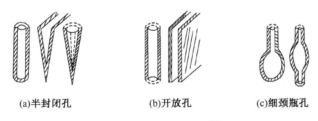

(a)半封闭孔　　　　　　　(b)开放孔　　　　　　　(c)细颈瓶孔

图 5-2　孔隙形态类型[25]

由吸附和凝聚理论，当对具有毛细孔的固体进行吸附实验时，气体首先在超微孔内进行毛细填充，微孔表面吸附少量的气体分子，随着相对压力增加，气体分子在微孔内表面达到吸附饱和并开始进行多层分子的吸附，便有相应的 Kelvin 半径的孔发生毛细凝聚（表 5-2）。压力达到极值时，最大孔内凝聚停止，最先充满凝聚液的是半径越小的孔，随着氮气相对压力不断升高，拥有较大半径的孔继小孔被凝聚液充满后而被充满，那些相对半径更大的孔，其孔壁上附着的吸附层则在压力的升高下继续增厚,当相对压力达到 1 时,理论上吸附剂内的所有孔都被充满,并且在一切表面上都发生凝聚。若增压之后再进行减压,将会出现吸附质逐渐解吸蒸发的现象,原先附着的多层气体分子在脱附的作用下变薄,吸附的分子层发生毛细蒸发及解凝现象,且孔中的凝聚液按照孔半径由大到小相继蒸发而出,同时会在孔壁残余同平衡相对压力相应厚度的吸附层,孔半径越小,蒸发解吸所需要的相对压力也越低[26]。

　　通过低温液氮吸附-脱附回线的形态特征可以反映出煤孔隙形态类型[26, 27],总体上可以分为圆筒形、圆锥形、平板型和细颈瓶型。不同的吸附剂与吸附质作用及不同的孔隙都会对吸附曲线产生影响,并在脱附时可以产生不同类型的滞后环,IUPAC[28]根据大量的实验研究,将吸附等温线划分为 6 种类型(图 5-3),一般情况下煤的吸附属于第Ⅱ类,将脱附滞后环划分成 5 类(图 5-4),氮气与煤脱附时一般产生第三类(H3)型的滞后环。

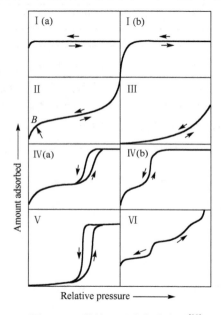

图 5-3　6 类等温吸附曲线类型[28]

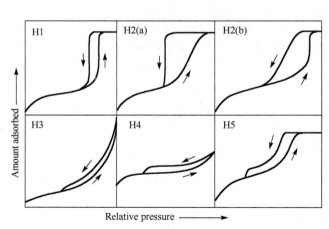

图 5-4　5 种类型的滞后环[28]

表 5-2　基于 Kelvin 公式的不同相对压力与孔隙半径的对应关系

相对压力 P/P_0	孔隙半径 R/nm	相对压力 P/P_0	孔隙半径 R/nm	相对压力 P/P_0	孔隙半径 R/nm
0.450	1.987	0.650	3.188	0.850	7.214
0.475	2.093	0.675	3.430	0.875	8.579
0.500	2.207	0.700	3.711	0.900	10.606
0.525	2.332	0.725	4.039	0.925	13.951
0.550	2.468	0.750	4.429	0.950	20.566
0.575	2.619	0.775	4.901	0.975	40.159
0.600	2.787	0.800	5.486	0.990	98.261
0.625	2.975	0.825	6.231	0.997	322.381

2. 煤的孔隙结构测定方法

煤的孔隙范围比较广，基质孔隙的孔径从不足 1 纳米至几百纳米。煤的孔隙结构参数是评价储集层特性的基本参数，其研究方法较多(图 5-5)，如有压汞法、低温氮吸附法、扫描电镜法和铸体图像法等。常用的方法有压汞法和低温氮吸附法以及扫描电镜法。

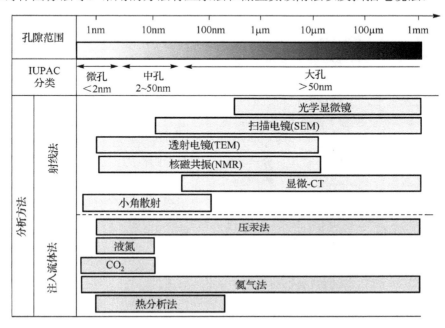

图 5-5　不同测试方法对孔隙结构的表征[29]

（1）压汞法主要是利用汞注入孔隙的方法测量孔径分布曲线及孔容、孔比表面积和排驱压力，其测定范围为几纳米至几千纳米，对于小孔以上孔的测量还是比较准确可靠的。煤中孔隙空间由有效孔隙空间和孤立孔隙空间构成，前者为气、液体能进入的孔隙，后者则为全封闭性"死孔"。因此，使用汞侵入法仅能测得有效孔隙的孔容和表面积。压汞法是基于毛细管现象设计的，由描述这一现象的 Laplace 方程表示。在压汞法测试煤孔隙过程中，低压下时水银仅压入到煤基质块体间的微裂隙，而高压下时水银才压入微孔隙。为了克服水银和固体之间的内表面张力，在水银充填尺寸为 r 的孔隙之前，必须施加压力 P。压汞实验中得出的孔径与压力的关系曲线称为压汞曲线或毛细管曲线，利用压汞资料可以测出各孔径段比孔容和比表面积，计算排驱压力(P_d)和最大孔喉半径(R_d)、毛细管压力中值(P_{50})、饱和度中值半径(R_m)、退汞效率(W_e)等，这些参数很好地反映了孔隙结构特征。

（2）低温液氮吸附法是依据煤对气体的物理吸附原理，测量煤中微孔孔隙的分布规律、比表面积和孔容等参数，测量范围为 1.7～300nm。实验中将煤样品粉碎过筛，取粒径 60～40 目(颗粒直径为 0.28～0.45mm)的样品 5～10g，在 105℃条件下烘 8h 后进行实验。测量原理是基于 BET 多层吸附理论，煤岩表面分子存在剩余的表面自由场，气体分子与固体表面接触时，部分气体分子被吸附在固体表面上。当气体分子的热运动足以克服吸附剂表面自由场的位能时发生脱附，吸附与脱附速度相等时达到吸附平衡。当温度恒定时，吸附量是相对压

力 p/p_0(平衡后系统压力/氮气的饱和蒸汽压)的函数，吸附量可根据玻义耳-马略特定律计算。测得不同相对压力下的吸附量，即可得到等温吸附曲线。由等温吸附曲线即可求出比表面积和孔径分布。

(3)CO_2吸附法与低温液氮法的原理相似，只是由于 CO_2 的分子直径(0.33nm)更小，所以可以测得煤中更小的孔隙。通过对吸附曲线的分析，采用 DFT 模型可以计算不同吸附量所对应的孔隙大小，从而获得微孔的体积与比表面积分布特征。此外，氦气分子直径 0.26nm，并且由于氦气是一种惰性气体，与煤不会发生化学反应，所以可以检测的孔径范围较大。

(4)扫描电镜法是将煤样放大至几十倍至几千倍后观察全貌和裂缝，并能计算出 0.1μm 以上的孔隙或裂隙。扫描电镜作为一种现代常用的观察手段，具有较高分辨率，且可以对放大倍数进行连续调节，可以观察材料表面的微观特征，具有较强的立体感，能够清晰地反应出不同类型煤的微观变化特征[30]。扫描电镜的原理是通过二次电子反应的衬度图像表现出测试材料的形貌特征，当入射电子与样品作用时，与样品外层电子进行能量交换被激发出来的电子称为二次电子。二次电子像具有分辨率高、无明显阴影效应、场深大、立体感强，是扫描电镜的主要成像方式，特别适用于粗糙样品表面的形貌观察。扫描电镜可直观地观测煤中孔隙类型、形态、大小等特征。张慧等[30]通过对煤扫描电镜研究发现，煤中的孔隙主要分为 4 大类 10 小类，分别是原生孔(胞腔孔、屑间孔)、变质孔(链间孔、气孔)、外生孔(角砾孔、碎粒孔、摩擦孔)、矿物质孔(铸模孔、溶蚀孔、晶间孔)。

(5)透射电镜(TEM)利用电子束透过样品经过聚焦与放大后所产生的物像来观察孔隙结构特征，透过样品的光束投射到荧光屏或照相底片后成像，由于电子束的波长相比可见光与紫外光要短得多，所以能够观察得到相对较高分辨率的图像，目前 TEM 的分辨力可以达到 0.1～0.2nm，但是由于测试对样品的制作有较高的要求，用于电镜的样品须制成约 50nm 的超薄切片，所以在煤的孔隙研究领域使用也受到了一定的限制，之前大多数学者主要利用其进行煤的分子结构的相关研究[31]。随着制样技术的进步及观察仪器的发展，对煤的孔隙结构研究也越来越多地使用透射电镜进行观察。

(6)核磁共振作为一种无损检测技术越来越多在储层评价中应用，核磁共振中重要的一个物理量是弛豫，弛豫是磁化矢量在受到射频场的激发下发生核磁共振时偏离平衡态后又恢复到平衡态的过程。核磁共振中有两种作用机制不同的弛量，分别称为 T1 和 T2 弛量。弛豫速度的快慢由岩石物性和流体特征决定，对于同一种流体，弛豫速度只取决于岩石物性。通过对 T2 弛量的分析，可以得到煤中孔隙的相关分布特征[32-34]。

(7)计算机断层扫描技术(CT)利用 X 射线穿过物质时会发生吸附或反射，透过物体后射线的强度与物质的密度之间存在一定的相关性，根据 X 射线穿过物质后的衰减强度可以计算煤中孔隙的分布情况，并且可以通过对 CT 图像的三维重建，获得煤中孔隙的三维分布特征，能直观地观察出孔隙在三维空间的展布效果。计算机断层扫描技术(CT)具有动态、定量和无损伤等测试优点，且对样品无特殊要求。该技术可定量分析煤岩内部孔隙结构的非均质程度，并可以比较煤中不同孔隙，裂隙和矿物的空间分布特征，为煤孔隙研究提供了很好的实验平台。

(8)小角 X 射线散射(SAXS)是通过物质内几至数百纳米范围内的电子密度起伏所产生的相干散射效应来获得散射体的大小、形状和分布等信息的技术，能够有效地研究多孔材料的孔结构分布，特别是在研究封闭孔结构信息方面具有一定的优势[35-38]。小角 X 射线散射(SAXS)检测多孔介质时，由于孔隙是产生小角 X 射线散射的主体，X 射线可以穿透样品进而得到其中开放孔和封闭孔全部的结构信息，相比较传统的分析方法，可以较好地获得封闭孔隙的结构信息，因此该方法用于分析煤的孔隙结构具有显著优点。

5.2.2　不同煤阶煤的孔隙结构特征

煤的孔隙结构随着煤化程度的不同而发生变化，深入认识不同煤阶煤的孔隙结构，对于煤储层评价具有理论和实际意义[39-41]。

1.　不同煤阶煤的吸附-脱附曲线及孔隙形态特征

通过不同煤阶煤的低温氮吸附实验(图 5-6，实验煤样的镜质体反射率见表 5-3)可以看出，煤对氮气的吸附曲线属于 IUPAC 分类中的第 II 类，吸附-脱附曲线滞后环属于 H3 型，不同煤阶煤在吸附与脱附曲线的形态上存在明显差异。初始压力阶段(P/P_0<0.03)中高煤阶煤的吸附曲线存在迅速上升的过程，并呈向上凸的形状，低煤阶煤在此阶段表现不明显，煤阶越高曲线上升的速度越快，低压区(P/P_0= 0～0.1)主要表现为微孔填充与单层吸附，根据 Kelvin 方程计算可知，在相对压力为 0.11 时，对应的孔半径是 0.43nm，而氮气分子的直径是 0.43nm，所以在此相对压力之前，发生的只是在超微孔中的毛细充填以及在较大孔壁上的单分子层吸附[26]。由于超微孔的孔壁相距非常近，吸附势存在相互重叠，在低相对压力时微孔能快速吸附一定量气体。随着压力增加，吸附曲线不断上升，吸附曲线的拐点通常位于单分子层吸附

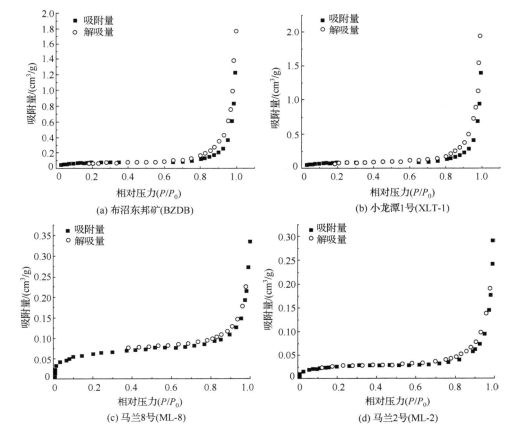

(a) 布沼东邦矿(BZDB)　　　　　　　　　　　(b) 小龙潭1号(XLT-1)

(c) 马兰8号(ML-8)　　　　　　　　　　　(d) 马兰2号(ML-2)

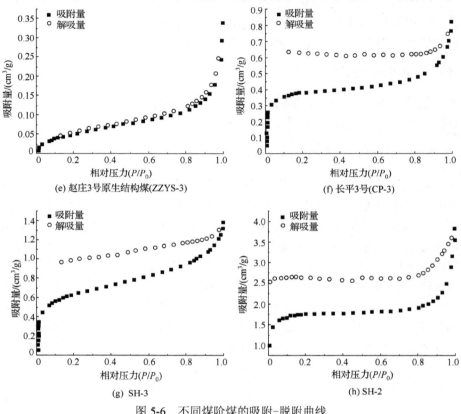

图 5-6　不同煤阶煤的吸附-脱附曲线

附近，之后随着压力的增加，开始多层吸附。对比吸附-脱附曲线的形态可知，低、中煤阶煤中的微孔含量相对较少，而高煤阶煤中的微孔含量相对较高。

当相对压力大于 0.11 时，半径小于 0.43nm 的微孔都被填满，在较大孔壁上的单分子层排布增多，随着相对压力增大，吸附层进一步加厚，开始由单分子层向多分子层吸附过渡；同时也会在相应较大半径的孔里发生毛细凝聚。曲线中间阶段（P/P_0=0.4～0.9）随压力的增大，低、中阶煤的吸附量几乎没有变化，表明对应的孔隙连通性较差，从滞后环的形态可以看出，孔隙主要是由一端开口的平行板状或尖劈型孔隙为主。而高煤阶煤的吸附量，随着相对压力增高而增大。例如，赵庄 3 号煤样的吸附曲线在相对压力位于 0.4～0.9 时呈现出较快上升的特点，表明样品中含有一端开口的圆筒形孔隙。CP-3 煤样、SH-3 煤样和 SH-2 煤样的吸附量在此压力段内，随着压力的增加，吸附量增加，脱附出现了明显的滞后性。

在相对压力 P/P_0=0.9～1 时吸附曲线急剧上升，表明气体大量进入孔隙中，在煤中较大的孔隙里发生了毛细凝聚现象，造成吸附量迅速增大，曲线急剧上升，吸附曲线并未出现平台，原因在于发生了大孔以及颗粒间堆积孔隙的吸附，此阶段对应的主要是平板状孔隙，从图 5-6 可以看出，低中煤阶煤在此相对压力区间内脱附过程较快，没有产生明显的滞后环，可知此阶段主要是由一端封闭的平行板状或尖劈形孔隙[42]，孔隙开口较大，连通性较好，脱附时不产生滞后性。赵庄 3 号煤样在此阶段吸附量也表现出了明显的上升，在脱附曲线也没有形成滞后环；而 CP-3 煤样、SH-3 煤样和 SH-2 煤样都发生了毛细凝聚作用吸附量上升，脱附曲线形成滞后环。

由吸附-脱附曲线可以看出，不同煤阶煤中孔隙的分布具有一定差异性。煤中的孔隙主要由圆筒形的微孔，细瓶颈形和墨水瓶形的过渡孔，以及平板狭缝型孔为主，而低煤阶煤中的过渡孔含量相对较高，且孔隙的连通性较好，主要由一端开口的平板型孔隙构成。中煤阶煤的中孔和过渡孔含量较高，且以连通性相对较好的平板狭缝形孔为主。高煤阶煤中的微孔含量占具有较大优势，且过渡孔以细瓶颈形孔隙为主，大孔主要为开放的平板型孔隙。

2. 不同煤阶煤的孔径分布特征

通过对不同煤阶煤的低温液氮吸附实验测试可以得到煤中孔径分布，如表 5-3 所示，从表中可以看出，随着煤化程度的增加，BJH 平均孔径呈现出先减小后增加的特点，这主要与煤化过程中的煤体结构的改变有密切关系，在低煤阶煤阶段，煤岩相对松散，中孔和过渡孔对孔体积的贡献较大，随着煤化程度的增高，煤岩受到温度-压力等地质作用的影响，煤岩变得更加致密，孔容减小，孔隙的平均孔径也相应减小；而在高变质煤中，由于产气作用产生大量的气孔和煤化作用过程中内生裂隙导致煤中孔隙平均孔径会有增加的趋势，但增加相对缓慢。

表 5-3　氮吸附测得煤中孔隙参数

样品	$R_{o,max}$ /%	BET 比表面积 /(m²/g)	BJH 平均孔直径/nm	BJH 总孔容 /(cm³/g)	BJH 孔容比/%			BJH 法总孔比表面积 /(m²/g)	BJH 孔面积比/%		
					微孔+超微孔	过渡孔	中孔		微孔+超微孔	过渡孔	中孔
BZDB	0.43	0.2670	61.086	0.002722	1.10	42.30	56.61	0.178266	12.60	68.01	19.39
XLT-1	0.23	0.3042	52.200	0.002993	2.11	43.86	54.03	0.229385	24.61	59.89	15.51
ML-8	1.47	0.2279	29.663	0.000439	5.54	52.27	42.19	0.059141	45.26	46.50	8.24
ML-2	1.10	0.0986	16.426	0.000664	14.53	50.86	34.61	0.161762	68.08	28.19	3.73
ZZYS-3	2.16	0.2133	9.650	0.000537	29.87	41.37	28.76	0.222576	84.56	13.61	1.83
SH-3	2.91	2.2343	5.895	0.001676	55.91	31.61	12.48	1.137183	91.81	7.74	0.45
CP-3	2.67	1.2956	10.924	0.000830	27.41	49.07	23.52	0.303844	78.27	20.17	1.56
SH-2	3.45	5.3582	25.231	0.003414	5.57	62.71	31.72	0.541000	45.47	49.91	4.62

3. 不同煤化程度煤的孔容分布特征

对比不同煤阶煤的孔容分布可以看出（图 5-7），随着煤阶的增高，总孔容和阶段孔容呈现出先减小后增大的规律，在 R_o 小于 1.5%～2.0% 之前，随着煤化程度增高煤的孔容降低，而在 R_o 大于 1.5%～2.0% 之后，随着煤化程度增高煤的孔容增大（图 5-7 和图 5-8），低煤阶煤中过渡孔和中孔孔容含量相对较高；而微孔+超微孔孔容含量相对较小，但从表 5-3 中可以看

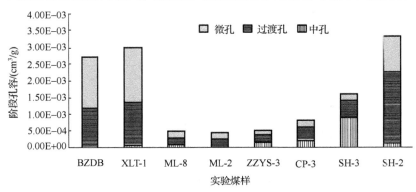

图 5-7　不同实验煤样阶段孔容分布直方图

出，随着煤阶的增加，过渡孔和微孔所占的比例有所增加，表明随着煤阶增高，不同孔径段的孔隙对总孔容的贡献在发生变化，微孔与超微孔的孔容也呈现出先下降后增加的规律，在 $R_o=1.0\%$ 之前微孔与超微孔的变化幅度较大，$R_o=1.5\%$ 时出现转折点，在 R_o 大于 1.5% 后，微孔+超微孔在煤中所占的比例总体上呈逐渐增大的趋势［图 5-8(a)］，其中的主要原因是在中、低阶煤阶段，过渡孔、中孔和大孔的孔体积减小的速度高于微孔+超微孔；而在高阶煤阶段，由于热变质作用会产生大量热成因孔，进一步提高了微孔体积占总孔容的比例[43]。10～100nm 的过渡孔孔容在 $R_o=1.5\%$ 之前，下降幅度较大，而之后变化相对缓慢；在 R_o 大于 1.5% 之后，随着煤化程度增高煤的孔容有增大趋势［图 5-8(b)］，BJH 总孔容随煤化程度变化规律与微孔+超微孔和过渡孔的孔容变化规律相同［图 5-8(c)］。

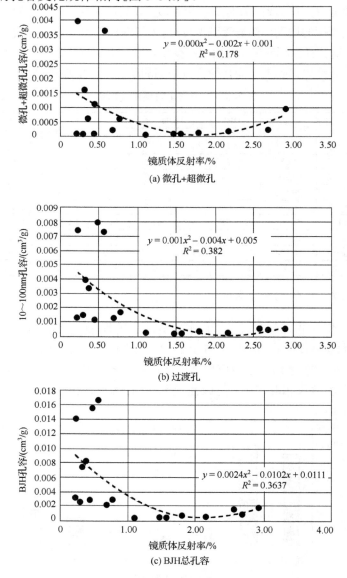

图 5-8　不同煤化程度煤的孔容分布

4. 不同煤化程度煤的比表面积分布特征

对比不同煤阶煤中的孔比表面积分布特征可知，煤的孔隙比表面积总体上随着煤化程度的增高也是呈现出先下降后增加的规律(图5-9和图5-10)，这与煤中孔容的变化规律具有一致性。不同煤化程度煤的孔比表面积分布规律表现为，在低煤阶煤中孔隙的比表面积变化相对较快，而中、高煤阶煤中孔比表面积变化相对较小(图5-10)，在高煤阶煤阶段，煤中微孔+超微孔对孔隙比表面积的贡献最大，其次是过渡孔，导致在高煤阶煤阶段，随着镜质组反射率的增高，煤的孔比表面积增高。煤中微孔+超微孔、过渡孔比表面积和BET总比表面积均在 R_c=1.5%之前，随着煤化程度增高而下降，在 R_o=1.5%之后，随着煤化程度增高而上升的特征(图5-10)。

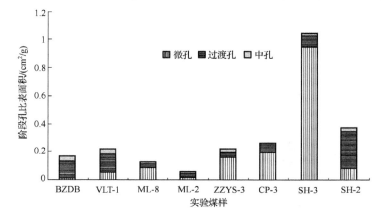

图 5-9 不同实验煤样阶段孔比表面积分布直方图

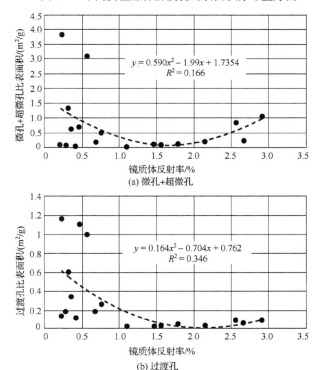

(a) 微孔+超微孔

(b) 过渡孔

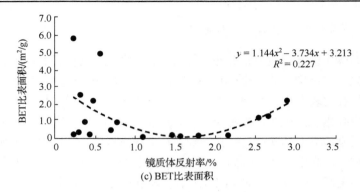

图 5-10　不同煤化程度煤的比表面积分布

5. 煤中的孔隙结构参数之间的关系

　　为了进一步对比分析不同煤阶煤孔隙特征及其变化，绘制了不同煤阶煤样孔径与累积孔容、阶段孔容、累积比表面积、阶段比表面积的关系曲线，如图 5-11 和图 5-12 所示。

　　由图 5-11 和图 5-12 可以看出，不同煤阶煤的孔径与累积孔容、阶段孔容、累积比表面积、阶段比表面积的曲线变化趋势一致。由图 5-11(a)和图 5-12(a)可以看出，煤的孔比表面积和孔容与平均孔径之间具有相同变化规律，因此煤的孔比表面积和孔容之间呈正相关关系，分布趋势基本相似。孔比表面积和孔容主要集中在微孔和过渡孔段，中孔和大孔段的孔比表面积和孔容最低。实验煤样的低煤阶煤和高煤阶煤的孔容在不同孔径阶段均大于中煤阶煤，在孔隙平均直径小于 20nm 之前，高煤阶煤的孔容要大于低煤阶煤，低煤阶要大于中煤阶煤；在孔隙平均直径大于 20nm 之后，低煤阶煤的孔容要大于高煤阶煤，但高煤阶要大于中煤阶煤(图 5-11)。

　　根据累积孔容和孔比表面积与平均孔径之间的关系曲线的形态[图 5-11(a)和图 5-12(a)]，可以大致判断不同孔径的孔容和比表面积分布均匀程度。如曲线较陡，则表示该孔径对应

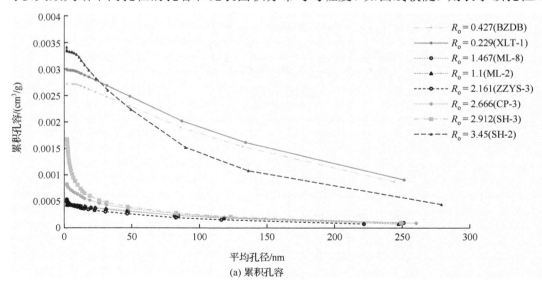

(a) 累积孔容

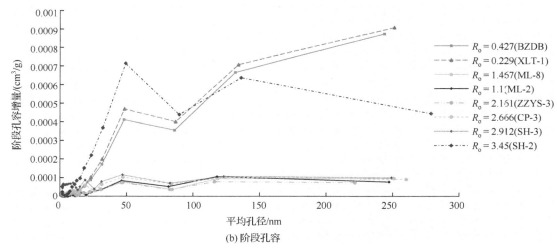

(b) 阶段孔容

图 5-11   孔径与孔容之间关系图

BZDB(布沼东邦矿)；XLT-1(小龙潭 1 号)；ML-2(马兰 2 号)；ML-8(马兰 8 号)；
ZZYS-3(赵庄 3 号原生结构煤)；CP-3(长平 3 号)；SH-3(寺河 3 号)；SH-2(寺河 2 号)

的孔容和比表面积增加较大；反之，曲线平缓，则表示该孔径对应的孔容和比表面积增加相对较小。

在相似孔容的前提条件下，孔径与孔比表面积呈负相关关系，平均孔径大，孔比表面积小。实验煤样的孔比表面积主要集中在过渡孔段，其次是微孔+超微孔，而中孔的孔比表面积较低。在比表面积的分布上(图 5-12)，低煤阶煤的微孔对比表面积的贡献相对较小，过渡孔对孔比表面积具有较大贡献(图 5-12)。中、高煤阶煤的微孔对比表面积的贡献较大(图 5-12)。

值得指出的是，由于低温液氮测量孔隙范围为 1.7～300nm，小于 2nm 的超微孔没有测定出来，实际上，随着煤化程度的增高煤中微孔和超微孔的孔容和孔比表面积是增高的，尤其是在无烟煤阶段，无烟煤中超微孔的孔容和孔比表面积会具有明显增高的规律。

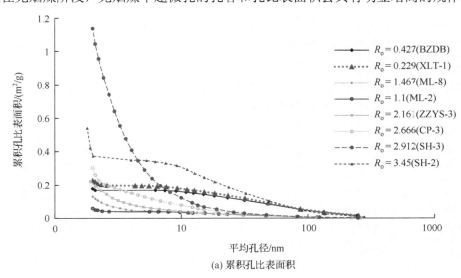

(a) 累积孔比表面积

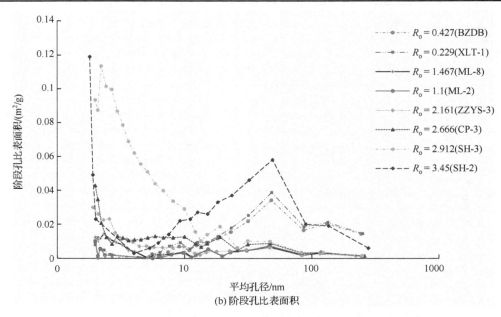

图 5-12　孔径与孔比表面积之间关系图

BZDB（布沼东邦矿）；XLT-1（小龙潭 1 号）；ML-2（马兰 2 号）；ML-8（马兰 8 号）；

ZZYS-3（赵庄 3 号原生结构煤）；CP-3（长平 3 号）；SH-3（寺河 3 号）；SH-2（寺河 2 号）

5.2.3　不同煤体结构煤的孔隙结构特征

煤孔隙结构是指煤中孔隙和喉道的集合形状、大小分布及其相互连通关系。一般采用煤的比表面积、孔容、孔隙模型及孔径分布等来表征，通过低温液氮实验获得。为了分析不同煤体结构煤的孔隙结构特征，实验样品来自山西晋城矿区赵庄煤矿山西组 3# 煤层，参照 GB/T 30050—2013 中煤体结构划分方案，采集原生结构煤、碎裂煤、碎粒煤和糜棱煤样品，实验样品基本参数如表 3-12 所示。

1.　不同结构煤体的低温液氮吸附−解吸回线

对 4 个不同煤体结构高煤阶煤样进行低温液氮吸附实验，并绘制出不同煤样的吸附回线，如图 5-13 所示，实验结果表明，不同煤体结构煤的吸附曲线总体形态基本一致，均出现一定的解吸滞后现象，这是中孔和大孔的毛细凝聚现象造成的。吸附开始的低压阶段，吸附曲线较为平缓，当相对压力达到与发生毛细凝聚的 Kelvin 半径所对应的某一特定值时，毛细孔凝聚现象开始在中孔发生，产生滞后环；吸附曲线在相对压力接近 1 时急剧上升，表明煤样中孔分布范围较窄，比较均一，一直持续到相对压力无限接近 1 时也未呈现出吸附饱和现象，这是毛细凝聚在煤样大孔中发生的容积充填。图 5-13 所呈现的吸附解吸滞后环类型与国际纯粹与应用化学联合会（IUPAC）推荐分类的 H3 型基本相一致，滞后环反映了煤中两端开口的狭缝形孔和平行板，解吸回线在相对压力 0.5 附近出现的下降拐点代表了煤中还存在一定量的墨水瓶孔。图 5-13(c) 和 (d) 的吸附−解吸回线较大，图 5-13(a) 和 (b) 的吸附−解吸回线较小，反映了原生结构和碎裂结构煤的孔隙连通性要好于碎粒结构和糜棱结构煤。

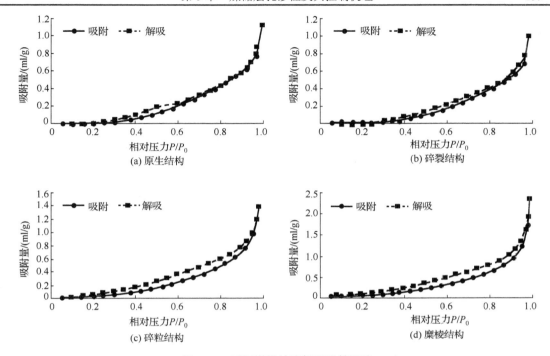

图 5-13 不同煤样的液氮吸附等温线

2. 不同煤体结构煤的孔隙表征参数

煤的孔隙表征参数常用孔容和孔表面积来定量描述。本次实验测得 4 个不同煤体结构煤样的孔径范围为 0～300nm，主要为吸附孔和部分中孔，不同煤体结构煤的孔容和比表面积参数如表 5-4 所示。

从表 5-4 和图 5-14 可以看出，不同煤体结构煤孔容和孔比表面积从大到小依次为糜棱结构煤、碎粒结构煤、碎裂结构煤、原生结构煤。原生结构煤到糜棱结构煤，随着煤体破坏程度的增大，孔容和孔比表面积也相应增大，从原生结构煤、碎裂结构煤到碎粒结构煤，煤体孔容和孔比表面积的增加量较小，到糜棱结构煤阶段孔容和孔比表面积增加急剧，相差一个数量级，吸附孔所占孔容和孔比表面积的大小也遵从糜棱结构煤>碎粒结构煤>碎裂结构煤>原生结构煤的规律。其中，孔容主要由中孔贡献，不同煤体结构煤样的中孔孔容所占比例最低者也达到了 49.93%，对于孔比表面积来说，吸附孔贡献较大，所占比例均超过了总比表面积的 50%，中孔的贡献相对很小。

表 5-4 煤样孔隙结构低温液氮吸附测试结果

样品编号	煤体结构	孔容/(10^{-4}ml/g)			孔容比/%		比表面积/(10^{-4}m²/g)			比表面积比/%	
		中孔	吸附孔	总孔容	中孔	吸附孔	中孔	吸附孔	总比表面积	中孔	吸附孔
ZZ-1	原生结构	2.80	1.01	3.81	73.48	26.52	71.24	88.76	160	44.53	55.47
ZZ-2	碎裂结构	3.56	2.58	6.14	57.92	42.08	91.70	368.30	460	19.94	30.06
ZZ-3	碎粒结构	5.63	3.99	9.62	58.49	41.51	141.83	578.17	720	19.70	30.30
ZZ-4	糜棱结构	12.36	12.39	24.75	49.93	50.07	326.39	2323.61	2320	12.32	87.68

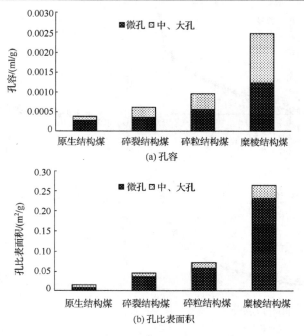

图 5-14　不同煤体结构煤的孔容及孔比表面积分布

　　为了进一步对比分析不同结构煤体孔隙特征及其变化,绘制了 4 个煤样孔径与累积孔容、阶段孔容、累积比表面积、阶段比表面积的关系曲线, 如图 5-15 和图 5-16 所示。

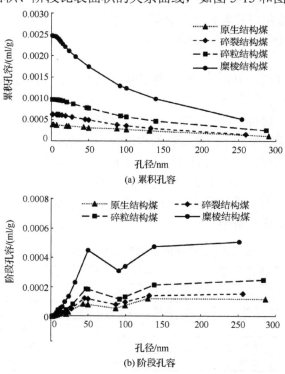

图 5-15　煤样孔径与孔容的关系

由图 5-15 和图 5-16 可以看出，不同煤体结构的煤孔径与累积孔容、阶段孔容、累积比表面积、阶段比表面积的曲线变化趋势一致，糜棱煤的孔容和孔比表面积在不同孔径阶段均最大，其次为碎粒煤、碎裂煤和原生结构煤，这和等温吸附试验反映的各结构煤体吸附能力的大小关系一致。

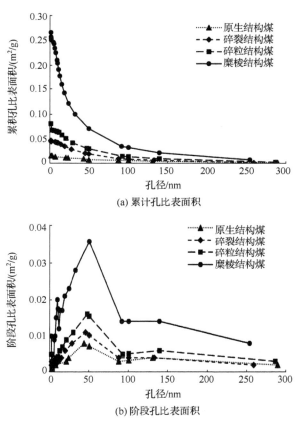

(a) 累计孔比表面积

(b) 阶段孔比表面积

图 5-16　煤样孔径与阶段孔比表面积的关系

从阶段孔容与孔径的关系图[图 5-15(b)]可以看出，四类煤样在吸附孔孔径范围内，只有 50nm 左右孔径处出现了一个高峰，该孔径所对应的孔容对煤体总孔容有较大的贡献；在孔径大于 90nm 范围内，阶段孔容随孔径的增加而增加，在孔径为 90～130nm，阶段孔容上升急剧，反映煤体该阶段孔径分布极为不均匀；孔径在 130～300nm 所对应的阶段孔容上升趋势比较平缓，且整体值均较过渡孔阶段孔容值大，反映该阶段不同孔径分布比较均匀，对应的孔容是煤体总孔容的主要贡献者。从阶段比表面积与孔径的关系图[图 5-16(b)]可以看出，四类煤样在吸附孔阶段较中孔阶段比表面值大，50nm 左右孔径处比表面值出现最高峰，该阶段孔径对应比表面值是孔比表面积的最主要贡献者，在中孔范围内，阶段比表面值随孔径增大呈现减小的趋势，且整体对孔比表面积的贡献小。

阶段孔容和阶段孔比表面积曲线[图 5-15(b)和图 5-16(b)]均在孔径 50nm 左右出现一个高峰，同时，对应的累积孔容和累积孔比表面积曲线[图 5-15(a)、图 5-16(a)]上升急剧，表明不同煤体结构高煤阶煤中 50nm 范围孔径较其他孔径发育，且累积孔容和累积比表面积随孔径的减小累积速率增加，反映煤中微孔的数量最多，其次为过渡孔、中孔，这和普遍认为的高煤级煤孔隙以微孔为主的观点相符。糜棱结构煤的孔容和孔比表面积在过渡孔阶段增加速度最快，曲线较陡，表明煤中吸附孔较为发育，原生结构煤、碎裂结构煤和碎粒结构煤的孔容和孔比表面积曲线变化较为平缓，表明从中孔到过渡孔再到微孔，煤体孔径过渡比较平缓，不同孔径在煤中的分布较为均匀。

5.3 煤储层渗透性及其测试分析

渗透率作为衡量多孔介质允许流体通过能力的一项指标，它是影响煤层气井产量高低的关键参数，又是煤层气中最难测定的一项参数。

5.3.1 煤储层渗透性及其受控因素

1. 煤储层渗透性

实验表明，单相流体通过多孔介质、沿孔隙通道呈层流时，其渗流状况符合达西定律：

$$Q = k\frac{A(P_1 - P_2)}{\mu L} \quad 或 \quad k = \frac{Q\mu L}{A(P_1 - P_2)} = \frac{Q\mu L}{A\Delta P} \tag{5-1}$$

式中，Q 为流体通过多孔介质流量，cm^3/s；P_1 为进口压力，$10^{-1}MPa$；P_2 为出口压力，$10^{-1}MPa$；Δp 为样品两端压力差，MPa；μ 为流体黏度，$mPa \cdot s$，对于甲烷，$m = 1.08 \times 10^{-5} Pa \cdot s$；$A$ 为样品过流断面面积，cm^2；L 为样品长度，cm；k 为流体渗透率，μm^2，渗透率的常用单位是毫微米平方或毫达西（$10^{-3}mm^2$ 或 mD，$1mD = 0.987 \times 10^{-3}mm^2$）。

达西公式也可以写成微分形式，即

$$Q = -\frac{kA}{\mu} \cdot \frac{dp_x}{dL} \quad 或 \quad k = -\frac{Q\mu}{A} \cdot \frac{dL}{dp_x} \tag{5-2}$$

因为沿流动方向压力降低，dp_x/dL 为负值，式中为保证 Q 为正值而添加一个负号。

渗透率的物理意义为：黏度为 $1 \times 10^{-3} Pa \cdot s$ 的均质流体在压力为 $0.1MPa$ 下，通过横断面积为 $1\ cm^2$、长度为 $1cm$ 的多孔介质时，当流量为 $1\ cm^3/s$，该多孔介质的渗透率是 $1\mu m^2$。

据目前收集到的全国煤层气勘探开发过程中试井资料进行统计分析可知[46]，我国煤层渗透率值变化于 $0.002 \times 10^{-3}m^2$（焦作矿区 CQ–6 孔）～$450 \times 10^{-3}m^2$（离柳矿区 SJ82008 井），变化范围很大。渗透率小于 $0.1 \times 10^{-3}m^2$ 的层次占 26.62%；0.1×10^{-3}～$1.0 \times 10^{-3}m^2$ 的层次占 42.45%；1.0×10^{-3}～$10.0 \times 10^{-3}m^2$ 的层次占 21.58%；大于 $10 \times 10^{-3}m^2$ 的层次占 9.35%。渗透率大于 $10 \times 10^{-3}m^2$ 的层次均很少，仅分布在华北的韩城、离柳–三交、阳泉–寿阳、淮南–淮北和开滦等区。说明我国煤储层试井渗透率以 0.1×10^{-3}～$1.0 \times 10^{-3}m^2$ 等级为主。美国黑勇士盆地煤储层通常为负压至正常压力状态，绝对渗透率多在 1.0×10^{-3}～$25.0 \times 10^{-3}m^2$；圣胡安盆地部分高压区煤层绝对渗透率为 5.0×10^{-3}～$15.0 \times 10^{-3}m^2$，相比之下，我国煤储层的渗透率总体相对偏低，且煤层渗透性非均一性明显，反映出我国煤层气开发条件的复杂性和多样性。即使是在同一盆地不同位置煤储层渗透性差异性非常大，如通过对沁水盆地南部的试井渗透率统计表明，沁水盆地南部山西组 $3^{\#}$ 煤层渗透率为 0.004×10^{-3}～$3.98 \times 10^{-3}\mu m^2$，平均为 $0.764 \times 10^{-3}\mu m^2$

(统计数 $N=27$)；太原组 15# 煤层渗透率为 $0.013 \times 10^{-3} \sim 5.707 \times 10^{-3} \mu m^2$，平均为 $0.736 \times 10^{-3} \mu m^2$ (统计数 $N=27$)。研究区煤储层渗透率一般也小于 $1.0 \times 10^{-3} \mu m^2$，整体相对较低。在平面上分布存在明显的差异，表现为盆地北部阳泉和寿阳等区的山西组 3# 煤层和太原组 15# 煤层渗透率均相对较高，整个盆地煤储层渗透性呈现出"由盆地周边向深部"减小，或"冀部高、轴部低"的总体展布态势，这主要是由盆地断裂构造发育程度和现今地应力所决定的。

2. 煤储层渗透性的主要控制因素

由于地质历史时期构造运动作用，煤储层被大量的节理裂隙所切割，流体在煤中的渗流，其本质是流体在裂隙及其相互交错形成的裂隙网络中渗流。假设一组平行裂隙的渗透率 K 表达式为[44]

$$K_f = c\beta \frac{\gamma b^3}{12\mu s} \cos^2 \alpha \tag{5-3}$$

式中，K_f 为裂隙中的渗透率；b 为裂隙的平均开度；γ 为流体的容重；μ 为流体的动态黏度；s 为裂隙的平均间距；α 为裂缝面与压力梯度轴的夹角，(°)；c 为与裂隙表面粗糙度相关的一个常量；β 为描述裂隙连通性的一个常量。

式(5-3)表明，煤储层渗透率的大小与裂缝张开度的 3 次方呈正比例关系，与裂隙的平均间距成反比。煤储层原始渗透性主要取决于天然裂隙的发育程度和裂隙的张开度，其中天然裂隙的发育程度受控于煤化历程和地质历史时期构造变形破坏作用；而裂隙的张开度受控于原岩应力(现今地应力)、储层压力和煤层气吸附与解吸导致煤体膨胀与收缩效应。

1) 地应力对煤储层渗透性的影响

地应力是影响煤储层渗透性的重要因素。根据沁南-夏店区块煤储层试井渗透率资料统计表明，随着地应力的增高，煤储层渗透性降低，煤储层试井渗透率与地应力之间亦呈负指数函数关系(图 5-17)，其关系如下：

$$K = 0.881 e^{-0.1625\sigma_v} \tag{5-4}$$

$$K = 0.3515 e^{-0.0841\sigma_H} \tag{5-5}$$

$$K = 0.5756 e^{-0.1814\sigma_h} \tag{5-6}$$

式中，K 为渗透率，$10^{-3} \mu m^2$；σ_v、σ_H 和 σ_h 分别为垂直主应力、最大水平主应力和最小水平主应力，MPa。

地应力与渗透性之间的这种关系，通过室内煤样应力敏感性实验也得到了相同规律。同时，该规律也适合于世界其他地区煤层气盆地的数据，如澳大利亚 Bowen 盆地、Sydney 盆地和 Glouscester 盆地，美国阿拉巴马州的黑勇士(the Black Warrior)盆地，这些煤层气盆地测试结果证明了这一规律[12-14]。

沁南-夏店区块 3# 煤层 886.30m 以浅 19 个试井渗透率数据(图 5-18)统计表明，山西组 3# 煤层渗透率为 $0.01 \times 10^{-3} \sim 0.20 \times 10^{-3} \mu m^2$，平均为 $0.05 \times 10^{-3} \mu m^2$ (统计数 $N=19$)，反映研究区煤储层渗透性相对较低，这主要是由所处构造位置，煤储层现今地应力较高所决定的。

根据煤储层渗透性与最小水平地应力之间的关系，计算获得研究区煤储层渗透性分布如图 5-18 所示。

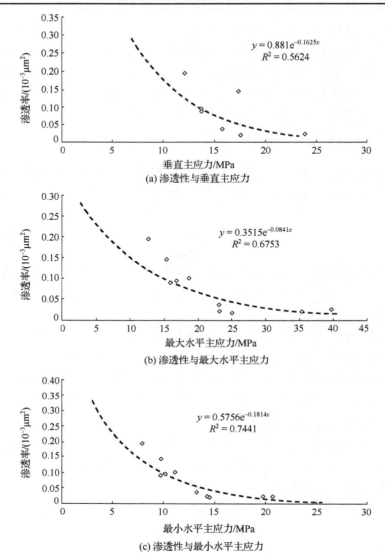

图 5-17　煤储层渗透性与 3 个主应力之间关系

由图 5-18 可以看出，研究区 3#煤层试井渗透率较低，一般小于 $0.5×10^{-3}μm^2$，且在平面上分布存在明显的差异性，呈现出"东高西低"分布规律，其渗透性分布具有如下特征。

（1）沁水盆地沁南-夏店在 600m 以浅，现今最小水平主应力小于 12MPa，煤储层渗透性相对较好，煤储层试井渗透率大于 $0.25×10^{-3}μm^2$。

（2）在 600~950m，煤储层现今最小水平主应力为 12~20MPa，煤储层渗透性变差。煤储层试井渗透率平均为 $0.05×10^{-3}$~$0.25×10^{-3}μm^2$。

（3）在 950~1350m 煤储层最小水平主应力 20~28MPa，煤储层试井渗透率为 $0.005×10^{-3}$~$0.05×10^{-3}μm^2$。

（4）在大于 1350m，最小水平主应力大于 28MPa，煤储层试井渗透率平均小于 $0.005×10^{-3}μm^2$。

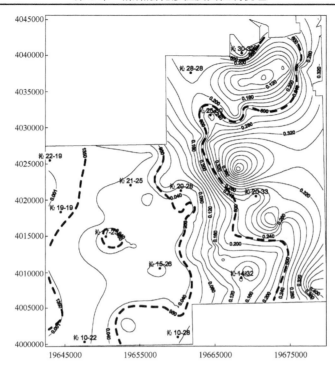

图 5-18　基于最小水平主应力预测的煤储层渗透性分布图（粗虚线为煤层埋藏深度）

2）煤岩变形破坏对煤储层渗透性的影响

为了了解地质历史时期构造运动对煤储层变形破坏及渗透性的影响和煤层气开发过程中变形破坏与渗透规律，采用 TAW-2000 型电液伺服三轴刚性试验机，对煤样进行全应力-应变-渗透试验研究。实验样品来自鄂尔多斯盆地东南缘中石化延川南区块二叠系山西组 2$^{\#}$ 煤层。试验样品的宏观煤岩类型为半亮型煤，具条带状结构。煤岩显微组分中镜质组含量为73.85%；镜质体反射率为 2.21%，煤变质程度高，煤种为贫煤。

根据研究区煤层埋藏深度和水平应力分布，4 个煤样的围压分别设计为 5MPa、10MPa、20 MPa、30 MPa 四个等级。采用先加围压至预定值，再以 0.06mm/min 的轴向位移速度加载至煤样破坏。煤渗流试验参数如表 5-5 所示。

表 5-5　煤渗流试验参数

编号	直径/mm	高度/mm	围压/MPa	水压/MPa	有效围压/MPa	峰值强度/MPa	弹性模量/GPa	初始渗透率/10^{-3}μm^2	备注
煤 5-2$^{\#}$	50	87	30	25.0	5.0	84.12	4.29	0.046	完整煤样
煤 6-1$^{\#}$	50	100	10	9.5	0.5	61.79	1.66	0.116	含裂隙
煤 6-2$^{\#}$	50	68	20	19.0	1.0	78.12	3.55	0.060	含裂隙
煤 7$^{\#}$	50	83	5	4.95	0.05	35.07	1.83	0.034	完整煤样

从试验结果可以看出，煤样全应力-应变过程的渗透性变化具有如下规律。

（1）对于完整结构煤样（如煤样 5-2$^{\#}$和煤样 7$^{\#}$），受力后表现出明显的弹塑性变形［图 5-19(a)、(d)］，在全应力-应变过程中具有明显的应变软化现象，在微裂隙闭合和弹性变形阶段，煤岩体积被压缩、煤岩体积应变曲线降低；煤岩渗透率随应力的增大而略有降低或渗透率变化不大；在煤岩的弹性极限后，随着应力的增加，煤岩进入裂纹扩展阶段，煤岩体积由压缩转为膨胀、煤岩体积应变曲线升高，煤岩渗透率先是缓慢增加然后随着裂隙的扩展而急剧增大；在煤岩峰值强度后的应变软化阶段，其体积应变曲线急剧升高，煤岩渗透率达到极大值，然后均急剧降低；在残余强度阶段，随应变的增加，煤岩体积应变和渗透率降低平缓（图 5-19 和图 5-20）。

(2)对于完整结构煤样(如煤样 5-2# 和煤样 7#)，煤岩应力-应变过程中最大渗透率主要发生在煤岩应变软化阶段(如煤样 5-2#)或与应力峰值 σ_{max} 重合部位(如煤样 7#)(图 5-19 和图 5-20)，反映出峰后煤岩的渗透率普遍大于峰前，说明煤样的破坏并与渗透率极大值同步，只有煤岩破坏后变形的进一步发展，才会导致峰值渗透的到来。因此，分析煤岩变形破坏来预测煤储层渗透性。

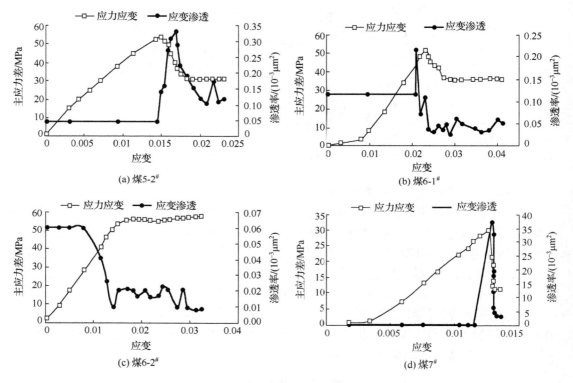

图 5-19　煤岩全应力-应变-渗透曲线

(3)对于含裂隙煤样(如煤样 6-1# 和煤样 6-2#)，煤中微观裂隙相对发育，受力后表现出明显的塑性变形，在全应力-应变过程中应变软化不明显(煤样 6-1#)或者表现为应变硬化规律(煤样 6-2#)[图 5-19(b)、(c)]，随着应力的增加，进入裂纹扩展阶段，煤岩发生塑性变形，煤岩体积膨胀，煤岩渗透率缓慢增加；然后随着应力的增加，煤岩产生应变硬化，煤岩体积应变和渗透率均急剧降低，并保持一定的残余值(图 5-20)。这一现象反映随着应力的增加，煤基质颗粒之间在应力作用下发生滑动，在屈服点之后，应力-应变曲线呈上升曲线，说明煤基质颗粒滑到新的位置后，煤体被压密，导致煤基质颗粒间相嵌、挤紧，如使之滑动，要相应增大应力，从而形成应变硬化现象或在全应力-应变过程中应变软化不明显。

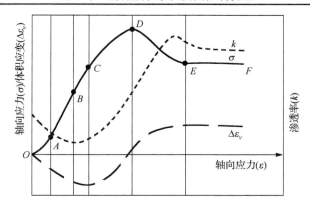

图 5-20　应变软化煤岩全应力-应变-渗透曲线变化图

（4）对于含裂隙煤样（如煤样 6-1# 和煤样 6-2#），煤岩应力-应变过程中最大渗透率主要发生在弹或塑性变形阶段（图 5-19 和图 5-21），其后随着煤岩应力-应变增加，其渗透率减小，该类煤样反映出峰后煤岩的渗透率普遍小于峰前，这一现象揭示了构造煤在应力作用下渗透率极低的特征（图 5-21）。

（5）煤岩渗透率值在应力-应变曲线峰后出现突然增大的"突跳"现象。煤岩应力-应变达到峰值后，内部裂隙已经贯通，使得渗透率值产生变化，随后煤岩的渗透率值趋于平稳，形成稳定渗流的趋势（图 5-19）。

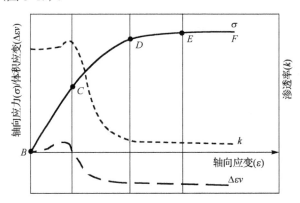

图 5-21　应变硬化煤岩全应力-应变-渗透过程曲线变化图

实际煤储层的渗透性受控于地质历史时期中构造运动作用使煤岩变形破坏程度。例如，沁水盆地成煤期后主要经历了印支、燕山和喜马拉雅三次构造运动，致使煤层遭受不同程度变形破坏，形成各种类型的构造煤。盆地区石炭-二叠纪主要煤层主要为碎裂-原生结构，局部地区为碎粒煤或糜棱煤。这些对煤的孔渗性产生重要的影响。沁水盆地南部 TL-001 和 TL-002 井实测煤层渗透率相对较低，分析原因就是煤体结构影响所致。对两口井的煤样品观测发现，TL-001 井煤层的煤体结构多为碎粒-糜棱结构煤，煤层渗透率较差；TL-002 井煤层为碎裂-糜棱结构，煤层渗透率相对较差，但明显好于 TL-001 井。在平面上受区内断裂构造控制煤储层渗透性分布具有一定的差异性。裂隙是煤储层渗透的前提，可以说，对煤层而言，没有裂隙就没有渗透率。煤中裂隙发育，则煤层渗透率好。盆地内煤层气参数井和生产试验井，测得的煤层渗透率数据表明，区内煤层渗透率相差在几至几十倍，如沁南 TL-011 井 3 煤层渗透率最大达 $112.6 \times 10^{-3} \mu m^2$ 和寿 SY-002 井 15# 煤层渗透率最大达 $82.84 \times 10^{-3} \mu m^2$。这些均说明由于构造位置和煤层、煤质等因素的不同，在区域上分布差异较大，反映了煤层的非均质性和煤层渗透率分布的复杂和多变性，同时，也说明在高变质煤分布地区，由于受构造作用的改造和影响，具有煤层渗透率相对高的高渗区。

5.3.2　煤储层渗透性测试及其评价分类

1.　实验室测试

关于煤储层渗透率的确定方法目前基本上是套用常规油气储层渗透率的确定方法。概括起来包括岩心实验室测定、试井和储层模拟以及各种井中地球物理方法（测井和井中物探）等。

实验室内适宜测定含有孔隙和微裂隙的完整煤岩样在各种控制条件下的渗透率，其测定装置和方法很多，可归纳为两种：瞬态法（Transient Method，适用于低渗透性煤岩石）和稳态法（Steady State Method，SS 法，适用于高渗透性煤岩石）。

(1) 瞬态法：低渗透率煤岩石瞬态测量方法，首先由美国学者 Brace 于 1968 年提出，煤岩石渗透率 K 由式 (5-7) 计算：

$$K = \mu \beta V \times \frac{L}{A} \cdot \frac{\lg(p_1 / p_r)}{(t_r - t_1)} \tag{5-7}$$

式中，A 为试件截面积，cm^2；L 为试件高度，cm；t_1、t_r 为实验始、止时间，s；P_1、P_r 为孔压的始、止值，MPa；μ 为流体的黏滞系数，$0.01cm^2/s$；V 为水箱体积，336L；β 为流体的体积压缩系数，$4.74 \times 10^{-6} Pa^{-1}$。该方法渗透率的测定范围在 $10^{-9} \sim 10^{-5}$Darcy。

(2) 稳态法：稳态法的代表装置为 Morrow 渗透仪，在美国 MTS815.02 试验系统上可通过控制孔隙水压作动器来控制流量，记录渗流稳定时试件两端的孔压差，基于达西定律，利用公式计算渗透率 K 的值：

$$K = \frac{\mu Q L}{A \Delta p} \tag{5-8}$$

式中，Q 为渗流过程中的水流量，m^3/s；可由孔隙压力作动器的活塞速度计算得到。稳态法渗透率测定范围是量级大于 10^{-5}Darcy，渗透性较强的煤岩样。

由于煤储层与常规油气储层相比有明显差异，其最大特点就是煤层既是生气层，又是储集层，煤层强度低、变形大，具有孔隙-裂隙双重孔隙结构，实验室测定的渗透率主要反映煤基质渗透率，因此用常规油气工业中通过实验室岩心测定渗透率的方法对于煤储层不完全适用。

井中地球物理方法与其他方法相比，不仅可以获得井及其周围各处的渗透率，而且是较为经济和快速的方法，国内外井中地球物理工作者相继开展了有关的研究和探索，其研究范围包括煤储层渗透率地球物理测井的直接测量技术、煤储层测井（定性和定量）评价解释技术以及利用井间地球物理的评价技术等三个主要方面，目前虽取得若干研究进展[45]，但该技术还处于探索阶段。

煤储层试井渗透率是在现场通过试井直接测得的。与常规油气井一样，煤层气井需要通过试井（Well Test）来了解煤储层的渗透性、储层压力、温度、煤层破裂压力、闭合压力以及表皮系数和原地应力等参数。其试井方法主要为单相注入/压降法，少数为 DST 法、水箱法和段塞法。煤层气与常规油气在孔隙结构、赋存状态、产出机理等方面完全不同，因此，其试井方法也不尽相同。DST 测试、段塞测试通常通过测试目的层的自然产出来了解储层特性，水箱法通过井口水箱中水的自然重力与井底压力的压差使其注入目的层来了解储层特性，适用于高储层压力和渗透率较高的目的层。由于煤储层与常规油气层相比通常具有低压、低渗的特点，采用上述几种方法几乎无法在短时间内安全、准确地测得煤储层特征参数，因此，迄今为止我国煤层气试井绝大多数均采用注入/压降试井方法获得煤储层渗透性数据。

历史拟合方法所确定的渗透率在各种方法中是最准确的，代表煤储层的真实渗透率[46]，但受煤层气勘探开发程度的限制，不能广泛使用。一般利用历史拟合方法确定的煤层渗透率变化幅度，对试井渗透率进行校正，从而确定未勘探地区的煤储层渗透率[47]。

2. 注入压降试井

（1）基本原理。注入压降试井是一种压力不稳定试井，是通过向测试煤储层段以恒定排量注入一段时间水后关井，分别记录注入期和关井期的井底压力数据，据此进行储层参数计算。在整个测试过程中，地层压力高于气体解吸压力，煤层割理孔隙始终被水饱和，流体流动呈单相流状态，这就为后续分析带来了很大的便利。进行注入压降测试时，通过测试仪器将井底压力随时间的变化规律记录下来，然后使用专用的软件分析求取储层的渗透率、储层压力、压力梯度、调查半径、表皮系数等。由于注入期压力波动较大以及煤层的应力敏感性，因此多采用关井期的压力衰减数据进行参数分析计算。注入压降试井最关键因素是注入排量和压力。为了减少应力敏感对煤储层渗透率影响，应使注入压力尽可能的低，最大注入压力应远低于煤层破裂压力，设计时最大注入压力不应超过破裂压力的 75%。注入压降试井以快速、探测半径大和可用于压裂后的分析的特点。因此目前煤层气勘探开发中将此方法作为首选方法。虽然用注入/压降试井获得的渗透率可以从整体上反映煤储层渗透率的变化趋势，但由于种种原因其所得到的渗透率值并不能完全显示煤层渗透率的真实情况，且对低渗储层测试难度大。

（2）测试方法。注入/压降试井作为一种常用试井方法，已在煤层气井中广泛应用。该方法一般使用油管串将井下压力计、封隔器、井下关井工具等下入井中，根据测井资料选择煤储层的直接顶坐封好封隔器，然后连接好地面注入系统，按设计泵率向储层注入地层水（或过滤过的洁净水），达到设计总流量后关闭井下关井工具，测试压力降落数据。

达到设计关井时间后一般均要进行原地应力测试。即用地面注入泵在很短时间内以较高的定排量向井筒中注入流体，使井底流动压力高于目的层破裂压力，从而使目的层破裂，产生裂缝后关井测压降曲线。通过分析注入曲线求取煤层的破裂压力，分析压降曲线求取煤层裂缝的闭合压力。

煤层气注入压降试井示意图如图 5-22 所示。

（3）煤层气井注入/压降测试的几点注意事项。

① 在一个新区块首次进行注入压降测试时，

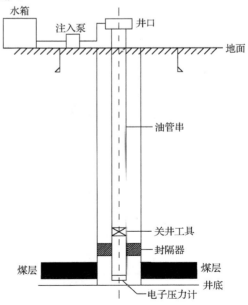

图 5-22　煤层气井注入压降测试示意图

为确定合适的泵注压力，一般应首先对目的层进行一次微破裂实验，以确保注入压降测试压力低于目的层破裂压力。同时进行微破裂实验后还可有效消除钻井液对井壁的污染，保证试井数据准确、可靠。

②　为保证测试数据准确、可靠，应尽可能早地进行注入压降试井。对煤层气取芯井而言，一般在取完最后一桶煤心、进行了必要的测井工作后马上开始试井。

③　对于渗透率较高的煤层气井，可以酌情选用水箱法进行注入压降测试。这样首先可节约部分费用，其次可以延长注入时间以获取较大的探测半径。

3. 煤储层渗透性评价分类

国外根据煤储层原位试井渗透率大小，将煤储层渗透率划分为：①高渗透率煤储层，渗透率大于 $10 \times 10^{-3} \mu m^2$；②中渗透率煤储层，渗透率介于 $1 \times 10^{-3} \sim 10 \times 10^{-3} \mu m^2$；③低渗透率煤储层，渗透率小于 $1 \times 10^{-3} \mu m^2$。我国煤储层渗透率普遍偏低，本书针对我国煤储层实际，主要参考石油行业常规储层孔渗性评价标准 SY/T 6285—1997 和国外煤储层渗透性分类标准。将我国煤储层渗透性分为四类 (表 5-6)，即① I 类为极高渗透率煤储层，渗透率 $\geq 10 \times 10^{-3} \mu m^2$；② II 类为高渗透率煤储层，渗透率介于 $1 \times 10^{-3} \sim 10 \times 10^{-3} \mu m^2$；③III类中渗透率煤储层，渗透率 $0.1 \times 10^{-3} \sim 1 \times 10^{-3} \mu m^2$；④IV类低渗透率煤储层，渗透率 $< 0.1 \times 10^{-3} \mu m^2$。并与石油行业常规储层孔渗性评价标准对比，如表 5-7 所示。

表 5-6　煤储层孔渗性评价分类表

类别	孔隙度/%	渗透率/$10^{-3}\mu m^2$	孔隙类型	储层评价
I	>10	≥10	孔隙裂隙发育，大孔、中孔为主	极好储集层
II	5~10	1~10	孔隙裂隙较发育，中孔、小孔为主	好储集层
III	3~5	1~0.1	孔隙裂隙中等发育，小孔、微孔孔为主	中等储集层
IV	<3	<0.1	孔隙裂隙不发育，小孔、微孔为主	差储集层

表 5-7　不同分类方案参数对比表

类型	罗蛰谭常规储层分类 (1984)		美国能源部致密气藏 (1978~1980)	西北地质所常规储层分类 1992			石油行业常规储层标准			煤储层分类		
	孔隙度/%	渗透率/($10^{-3}\mu m^2$)	渗透率/($10^{-3}\mu m^2$)	孔隙度/%	渗透率/($10^{-3}\mu m^2$)	级别	孔隙度/%	渗透率/($10^{-3}\mu m^2$)	级别	孔隙度/%	渗透率/($10^{-3}\mu m^2$)	级别
I	>20	>100	>1	>10	>3.5	I	30>	>2000	特高	≥10	≥10	I
							25~30	500~200	高			
							15~25	100~500	中			
II	12~20	100~1					>10~15	10~100	低	5~10	1~10	II
III	5~12	0.1~1	0.1~1	5~10	0.1~3.5	II	<10	<10	特低	3~5	0.1~1	III
IV	油<6 气<4	0.01~0.1	0.05~0.1		0.01~0.1	III				<3	<0.1	IV
V			0.001~0.05	<5	<0.01	IV						
			0.0001~0.001									

5.4　不同应力下煤储层渗透性试验及控制机理

5.4.1　试验条件与方法

鄂尔多斯盆地东南缘主要含煤地层为石炭系上统太原组和二叠系下统山西组，主要可采煤层为山西组 $2^{\#}$ 煤层和太原组 $10^{\#}$ 煤层，其中，$2^{\#}$ 煤层厚度 2.80~8.65m，平均 6.09m，一般含 2~3 层夹矸，全区稳定可采；$10^{\#}$ 煤层厚度 0.80~6.40m，平均 2.50m，一般含 0~2 层夹矸。试验中 12 块试验样品取自鄂尔多斯盆地东南缘山西组 $2^{\#}$ 煤层，其中干样 8 个和湿样 4 个；完整结构煤样 10 个，2 个为含裂隙煤样（$7^{\#}$ 和 $11^{\#}$），如表 5-8 所示。

试验样品的宏观煤岩类型，以半亮型煤为主，其次光亮型和半暗型煤，具条带状与均一状结构。煤岩显微组分中镜质组含量为 39.7%~81.6%，一般值为 73.85%；镜质体反射率为 2.22%，煤变质程度高，煤种为贫煤；14 块样品孔隙度为 1.3%~4.6%，平均 3.3%，煤岩原始渗透率 0.025×10^{-3}~$6.817\times10^{-3}\mu m^2$，平均为 $1.012\times10^{-3}\mu m^2$。

表 5-8　煤试验样品基础数据表

样品编号	试验样品尺寸		含水情况	初始渗透率/($10^{-3}\mu m^2$)	煤阶	备注
	直径/cm	长度/cm				
$1^{\#}$	3.772	6.328	干样	0.058	贫煤	完整结构
$2^{\#}$	3.773	6.433	干样	0.104	贫煤	完整结构
$3^{\#}$	3.767	4.370	干样	0.465	贫煤	完整结构
$4^{\#}$	3.777	5.130	干样	0.103	贫煤	完整结构
$5^{\#}$	3.776	6.540	干样	0.137	贫煤	完整结构
$6^{\#}$	3.773	6.843	湿样	0.025	贫煤	完整结构
$7^{\#}$	3.767	6.057	湿样	2.054	贫煤	含裂隙
$8^{\#}$	3.767	6.260	干样	0.323	贫煤	完整结构
$9^{\#}$	3.767	6.240	湿样	0.025	贫煤	完整结构
$10^{\#}$	3.767	5.558	湿样	0.034	贫煤	完整结构
$11^{\#}$	3.767	4.804	干样	4.258	贫煤	含裂隙
$12^{\#}$	3.773	5.610	干样	0.347	贫煤	完整结构
$13^{\#}$	2.520	5.168	自然样	0.155	焦煤	完整结构
$14^{\#}$	2.530	3.630	自然样	0.029	气煤	完整结构

为了了解煤储层应力对气体渗透性的影响，采用增加煤样的净围压模拟地层有效应力的变化，并测量渗透率随净围压变化的情况，来分析煤储层渗透性与应力之间的关系。煤储层应力敏感性远比砂岩的应力敏感性强，目前煤储层应力敏感性试验方法尚无行业标准，试验中参照石油天然气行业标准（GB/T29172-2012 岩心分析方法，SY/T 5358-2010 储层敏感性流动实验评价方法，SY/T 6385-2016 覆压下岩石孔隙度和渗透率测定方法）进行试验，试验包括净围压的应力敏感性评价实验和回压的应力敏感性评价实验。

实际操作中，保持进口压力不变，首先利用平流泵，逐步加大围压值，每个围压增加过程控制在 30min 以上，并测定每个围压下岩样的渗透率。然后逐步减小岩样所受围压值，围压减小过程控制在 1h 以上，以保证岩样变形达到一定的平衡状态，同样测量每个围压下岩样的渗透率，应力敏感性实验流程如图 5-23 所示。

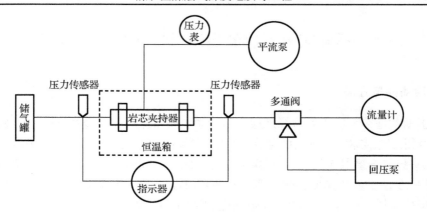

图 5-23　应力敏感性实验流程示意图[48]

　　本书将净围压定义为有效应力，由于本次研究区煤层埋藏深度大（800～1800m），所以最高实验应力设计达 20MPa，为避免滑脱效应对煤样渗透率的影响，在试验过程中保持驱替压力不变。每个应力点持续足够长时间后(应力上升时 30min，下降时 1h)测定岩样在该应力点下空气渗透率值。在试验中保持进口气体压力为 3MPa，围压分别为 2.5MPa、5MPa、10MPa、15MPa 和 20MPa。实验气体采用空气。

5.4.2　煤储层应力敏感性评价参数

　　煤储层应力敏感性评价参数包括如下几种。

　　1)渗透率损害系数

　　渗透率损害系数反映在单位有效应力增量作用下煤储层渗透率损害的程度，按式(5-9)计算：

$$D_{\mathrm{kp}} = \frac{K_i - K_{i+1}}{K_i \left| (P_{i+1} - P_i) \right|} \tag{5-9}$$

式中，D_{kp} 为渗透率损害系数，MPa^{-1}；K_i 为第 i 个净围压下的煤样渗透率，$10^{-3} \mu\mathrm{m}^2$；K_{i+1} 为第 i+1 个净围压下的煤样渗透率，$10^{-3} \mu\mathrm{m}^2$；P_i 为第 i 个净围压值，MPa；P_{i+1} 为第 i+1 个净围压值，MPa。

　　2)渗透率损害率

　　渗透率损害率反映在有效应力作用下煤储层渗透率损害的百分数，按式(5-10)计算应力敏感性引起的渗透率损害率 D_{k2}：

$$D_{\mathrm{k2}} = \frac{K_1 - K'_{\min}}{K_1} \times 100\% \tag{5-10}$$

式中，D_{k2} 为应力不断增加至最高点的过程中产生的渗透率损害最大值；K_1 为第一个应力点对应的煤样渗透率，$10^{-3} \mu\mathrm{m}^2$；$K'_{\min}$ 为达到临界应力后岩样渗透率的最小值，$10^{-3} \mu\mathrm{m}^2$。

　　3)不可逆渗透率损害率

　　不可逆渗透率损害率反映煤储层随着有效应力的增加渗透率逐渐减少，当有效应力降低以后,煤储层渗透率不能恢复的程度,用百分数表示，按式(5-11)计算应力敏感性引起的不可

逆渗透率损害率 D_{k3} ：

$$D_{k3} = \frac{K_1' - K_{1r}}{K_1'} \times 100\% \qquad (5\text{-}11)$$

式中，D_{k3} 为应力回复至第一个应力点后产生的渗透率损害率；K_1' 为第一个应力点对应的岩样渗透率，$10^{-3}\mu m^2$；K_{1r} 为应力回复至第一个应力点后岩样的渗透率，$10^{-3}\mu m^2$。

4）应力敏感系数

应力敏感系数（或渗透率模量）：目前研究者在研究油气储层渗流理论学理论时，绝大多数学者采用指数形式的渗透率计算公式，即

$$K(p) = K_0 \exp[-\alpha_k(p_0 - p)] \qquad (5\text{-}12)$$

式中，p_0 为原始地层压力，MPa；K_0 为原始地层压力下的渗透率，$10^{-3}\mu m^2$；$K(p)$ 为地层压力 p 时的渗透率，$10^{-3}\mu m^2$；α_k 为渗透率应力敏感系数（或渗透率模量），MPa^{-1}；

在实际环境中，煤层渗透率的影响因素十分复杂，地质构造、应力状态、煤层埋深、煤体结构、煤岩煤质特征、煤阶及天然裂隙等都不同程度地影响着煤层渗透率，很难对各因素的影响关系进行一一描述。为了反映有效应力对煤储层渗透率的影响，通过定义渗透率应力敏感系数：

$$\alpha_k = -\frac{1}{K_0} \cdot \frac{\partial K}{\partial p} \qquad (5\text{-}13)$$

通过比较可以看出，我国石油天然气行业标准（SY/T5336，5358，6385）对储层应力敏感性评价参数的渗透率损害系数与此处渗透率应力敏感性系数含义基本相同。

从式中可以很清晰地得知：α_k 值越大，表明煤样渗透率随着有效应力的变化就越敏感，在有效应力相同变化幅度下，煤样渗透率变化值越大；反之，α_k 值越小，表明煤样渗透率随着有效应力的变化敏感性越差，煤样渗透率随有效应力变化梯度就越小。

5.4.3　渗透性与应力之间关系及模型

为了更为直观的描述煤储层应力对气体渗透率的影响，定义无因次渗透率 K_i/K_0 为气体渗透率 K_i 与煤岩初始渗透率 K_0 的比值。试验结果具如下特征。

（1）在升压试验时，随着应力的增加煤样渗透率逐渐减少；在降压试验时，随着应力的降低煤样渗透率逐渐增高（图 5-24）。在升压试验时，当应力从 2.5MPa 增加增加到 10MPa 时，煤样无因次渗透率为 0.10~0.28，平均低于 0.15。如 12#煤样，当应力增加到 10MPa 时岩样渗透率仅为初始渗透率的 10%，即渗透率减少了 90%。当应力增加到 20MPa 时，煤样无因次渗透率为 0.017~0.106，平均为 0.04，渗透率损害率为 89.43%~98.30%，平均为 96.00%。

（2）对试验结果进行了回归分析发现：无论是升压试验还是降压试验，煤储层无因次渗透率与应力之间服从负指数函数关系，也就是煤储层渗透率随着应力的增加按负指数函数规律降低（图 5-24 和表 5-9）。其关系模型为

$$\frac{K_i}{K_0} = b e^{-a\sigma_e} \qquad (5\text{-}14)$$

式中，K_i 为给定应力条件下的渗透率，$10^{-3}\mu m^2$；σ_e 为从初始到某一应力的变化值，MPa；K_0

为初始应力条件下的渗透率，$10^{-3}\mu m^2$；a 为渗透率应力敏感系数（或渗透率模量），MPa^{-1}；b 为比例系数。

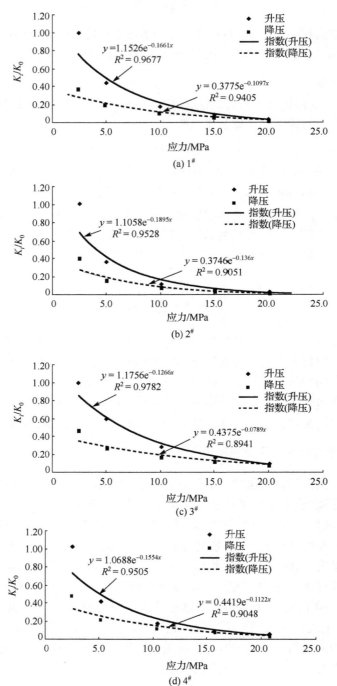

(a) 1#

(b) 2#

(c) 3#

(d) 4#

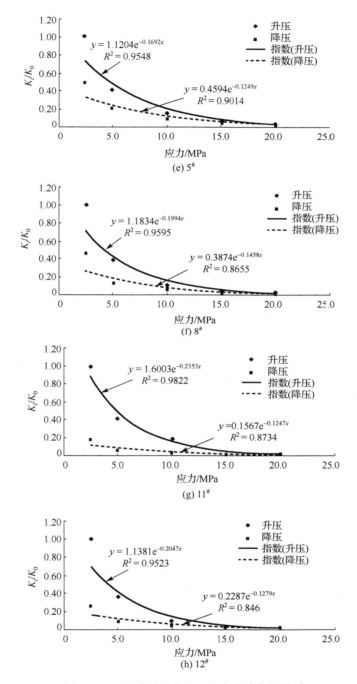

图 5-24　无因次渗透率 (K_i/K_0) 与应力之间关系

(3) 鄂尔多斯盆地东南缘山西组 2#煤层 8 个样品试验结果统计模型如表 5-9 所示。从表中可以看出研究区 2#煤层应力敏感性系数(或渗透率模量)为 0.13～0.24MPa^{-1}，平均为 0.18MPa^{-1}。

表 5-9　鄂尔多斯盆地东南缘煤样应力敏感性试验数据统计分析结果

T 样品编号	升压			降压		
	系数 a	系数 b	相关系数 R^2	系数 a	系数 b	相关系数 R^2
1#	0.1661	1.1526	0.9677	0.1097	0.3775	0.9405
2#	0.1895	1.1058	0.9528	0.1360	0.3476	0.9051
3#	0.1266	1.1756	0.9782	0.0789	0.4375	0.8941
4#	0.1554	1.0688	0.9505	0.1122	0.4419	0.9048
5#	0.1692	1.1204	0.9548	0.1249	0.4594	0.9014
8#	0.1994	1.1834	0.9595	0.1458	0.3874	0.8655
11#	0.2353	1.6003	0.9822	0.1247	0.1567	0.8734
12#	0.2047	1.1381	0.9523	0.1279	0.2287	0.8460
平均值	0.1808	1.1931	0.9623	0.1200	0.3546	0.8914
最大值	0.2353	1.6003	0.9822	0.1458	0.4594	0.9405
最小值	0.1266	1.0688	0.9505	0.0789	0.1567	0.8460

　　与沁水盆地南部山西组 3# 煤层实验结果对比(表 5-10),沁水盆地南部山西组 3# 煤层应力敏感性系数(或渗透率模量)为 0.26~0.54MPa^{-1},平均为 0.37MPa^{-1}。说明沁水盆地南部山西组 3# 煤层应力敏感性要大于鄂尔多斯盆地东南缘山西组 2# 煤层应力敏感性。

表 5-10　沁水盆地南部煤样应力敏感性试验数据统计分析结果

样品编号	系数 a	系数 b	相关系数 R^2
J-1-1	0.3086	2.7353	0.9902
J-1-2	0.5387	0.0267	0.9868
J-1-3	0.3628	0.1901	0.9797
J-1-4	0.4306	0.0390	0.9395
J-1-5	0.2615	0.1121	0.9811
J-1-6	0.2919	0.0670	0.9877
平均值	0.3657	0.5284	0.9775
最大值	0.5387	2.7353	0.9902
最小值	0.2615	0.0267	0.9395

　　根据鄂尔多斯盆地东南缘煤储层 26 口煤层气井的试井资料,统计表明,鄂尔多斯盆地东南缘煤储层试井渗透率与现今地应力具有非常好的相关性,随着现今地应力的增加煤储层试井渗透率显著降低。

　　回归分析结果表明,与室内不同应力下煤样渗透性试验分析获得的规律相同,煤储层渗透率与现今地应力之间同样具有如下负指数关系:

$$K = K_0 e^{-a\sigma_e} \tag{5-15}$$

式中,K 为给定应力条件下的渗透率,$10^{-3}\mu m^2$;σ_e 为从初始到某一应力状态下应力的变化值,MPa;K_0 和 a 为取决于主应力类型的拟合系数,其中 a 为应力敏感系数(或渗透率模量),MPa^{-1};K_0 初始应力条件下的渗透率,$10^{-3}\mu m^2$。

　　鄂尔多斯盆地东南缘煤储层试井渗透率与原岩应力之间的关系如下:

$$K = 3.86 e^{-0.1648(\sigma_v - p_p)} \tag{5-16}$$

$$K = 1.0896e^{-0.1003(\sigma_H - p_p)} \tag{5-17}$$

$$K = 1.4225e^{-0.2093(\sigma_h - p_p)} \tag{5-18}$$

式中，K 为渗透率，$10^{-3}\mu m^2$；σ_V、σ_H 和 σ_h 分别为垂直主应力、最大水平主应力和最小水平主应力，MPa；p_p 为煤储层压力，MPa，统计点数 $N=26$，相关系数分别为 0.69、0.61 和 0.62。

现场试井测试回归分析结果表明，最大有效水平主应力敏感性系数(或渗透率模量)为 0.10MPa^{-1}，最小有效水平主应力敏感性系数(或渗透率模量)为 0.21MPa^{-1}，垂直有效主应力敏感性系数(或渗透率模量)为 0.17MPa^{-1}，平均有效应力敏感性系数(或渗透率模量)为 0.16MPa^{-1}，与应力敏感性试验结果基本一致。

地应力随深度增加而明显增大，其对渗透率的影响也反映了煤层埋藏深度对渗透率的影响，煤储层渗透性与其埋藏深度之间的关系，其实质是地应力对渗透率的控制。

根据鄂尔多斯盆地东南缘煤储层渗透性资料统计表明，煤储层渗透性随着埋藏深度的增加而呈指数函数降低(图 5-25)：

$$K = 5.6948e^{-0.0035D} \tag{5-19}$$

式中，D 为煤层埋藏深度，m；统计数 N 为 26；相关系数 R^2 为 0.7。

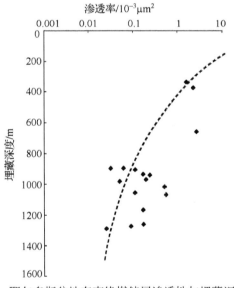

图 5-25 鄂尔多斯盆地东南缘煤储层渗透性与埋藏深度关系

5.4.4 煤储层应力敏感性及影响因素

所测试的 12 块高煤阶煤样，无论是 8 块干煤样，还是 4 块湿煤样，其应力敏感性评价参数如表 5-11 所示。具有如下特征。

(1)在 10MPa 围压下的渗透率损害率为 71.92%~90.14%，平均为 84.59%；不可逆渗透率损害率为 32.96%~83.26%，平均为 47.38%。

(2)在 20MPa 围压下的渗透率损害率为 89.43%~98.30%，平均为 96.00%；不可逆渗透率损害率为 36.0%~82.3%，平均为 60.3%。

（3）渗透率损害系数平均值为 0.106～0.152MPa^{-1}，平均为 0.139MPa^{-1}；应力敏感系数平均值为 0.065～0.084MPa^{-1}，平均为 0.077MPa^{-1}。这些均反映研究区煤储层应力敏感性极强，在 20MPa 围压下的渗透率损害率大于 90%。

（4）影响煤储层应力敏感性因素非常复杂，包括有效围压、煤中裂隙、含水情况、多次升降压、温度和时效性以及煤岩煤质等因素，其中研究发现前三个因素影响较大。

表 5-11　煤层应力敏感性评价参数统计表

样品编号	10MPa 围压下损害率/%		20MPa 围压下损害率/%		渗透率损害系数/MPa^{-1}		有效应力敏感系数/MPa^{-1}	
	不可逆损害率	损害率	不可逆损害率	损害率	最小～最大	平均	最小～最大	平均
1$^{\#}$	40.58	82.68	63.2	94.99	0.085～0.223	0.132	0.007～0.223	0.075
2$^{\#}$	40.79	88.31	60.1	96.78	0.088～0.254	0.145	0.005～0.254	0.080
3$^{\#}$	42.45	71.92	54.0	89.43	0.072～0.162	0.106	0.010～0.162	0.065
4$^{\#}$	36.67	82.83	53.9	94.16	0.077～0.234	0.129	0.007～0.234	0.076
5$^{\#}$	37.05	84.73	51.2	95.18	0.075～0.230	0.133	0.006～0.230	0.076
6$^{\#}$	32.96	87.53	65.4	96.95	0.089～0.284	0.150	0.005～0.284	0.084
7$^{\#}$	74.16	84.10	81.1	96.97	0.120～0.157	0.138	0.007～0.157	0.069
8$^{\#}$	45.26	88.82	53.5	96.93	0.089～0.241	0.145	0.005～0.241	0.079
9$^{\#}$	39.04	86.00	49.7	98.30	0.103～0.234	0.145	0.007～0.234	0.078
10$^{\#}$	38.94	86.59	36.0	97.45	0.092～0.231	0.144	0.005～0.231	0.077
11$^{\#}$	83.26	81.43	82.3	97.75	0.101～0.233	0.152	0.003～0.233	0.078
12$^{\#}$	57.42	90.14	73.4	97.13	0.088～0.256	0.149	0.004～0.256	0.081

1.　有效围压的影响

渗透率损害系数、损害率和应力敏感系数均随着有效围压的增加而发生变化，图 5-26～图 5-28 为渗透率损害系数、损害率和应力敏感系数与有效围压之间变化规律。

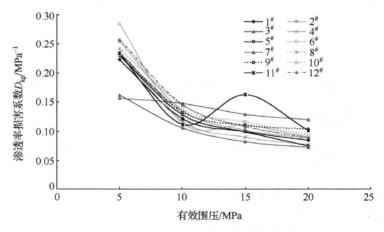

图 5-26　试验煤样渗透率损害系数与有效围压关系

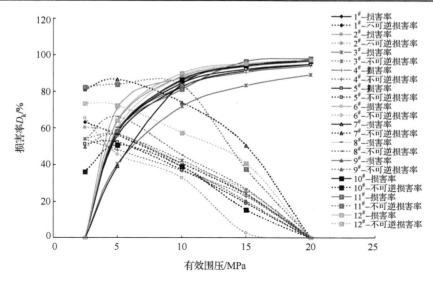

图 5-27 试验煤样渗透率损害率与有效围压关系

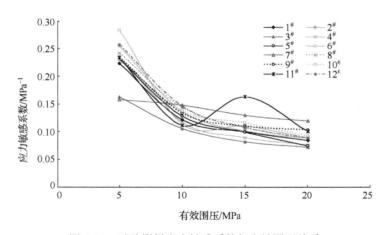

图 5-28 试验煤样应力敏感系数与有效围压关系

试验结果表明,随着有效应力的增加,除含裂隙的 11#煤样外,试验煤样渗透率损害系数、不可逆渗透率损害率和应力敏感系数均随有效围岩的增加而减小;而渗透率损害率随有效围岩的增加而增加。

所测试的 12 块煤样反映出如下规律。

(1)在有效围压小于 10MPa,煤储层渗透率损害系数、不可逆渗透率损害率和应力敏感系数以及渗透率损害率变化较大,且在煤储层渗透率随有效应力增加快速下降,表现出较强的应力敏感性;其中煤储层渗透率损害系数、不可逆渗透率损害率和应力敏感系数以及渗透率损害率增幅在有效围压 5MPa 时达到最大。

(2)在有效围压大于 10MPa,其变化减小,渗透率随有效应力的增加下降速度减缓,应力敏感性减弱。也就是说,在有效应力小于 10MPa 时,煤储层渗透率损害系数和应力敏感系数随着有效围压的增加而快速减小,且在有效围压 5MPa 时达到最大;而有效围压大于 10MPa 后,其随有效围压的增加而减小缓慢。

（3）渗透率损害率在有效应力小于 10MPa 时，随有效围压的增加而快速增大，尤其是在有效围压小于 5MPa 时增幅最大；而当有效应力大于 10MPa 后，随有效围压的增加而增加较为缓慢。

这些均表明，鄂尔多斯盆地东南缘山西组 2 煤层在有效应力小于 5MPa 时，煤储层渗透率随有效应力增加快速下降，应力敏感性最强；在有效应力为 5～10MPa 时，渗透率随有效应力增加而较快下降，应力敏感性较强；而当有效应力大于 10MPa 后，渗透率随有效应力的增加下降速度减缓，应力敏感性减弱。

2. 煤中裂隙的影响

除了有效围压对煤储层应力敏感性产生影响，煤层中裂隙和煤中含水情况对煤储层应力敏感性产生重要影响。

煤储层为孔隙-裂隙型储层，煤储层的渗透性主要取决于煤中裂隙的发育程度。为了探讨含裂隙煤储层的应力敏感性，选用 2 块裂隙煤样（7# 和 11#）进行应力敏感性试验。

试验结果表明，7# 和 11# 为含裂隙煤样，其初始渗透率分别为 $2.054×10^{-3}μm^2$ 和 $4.258×10^{-3}μm^2$，其随着有效围压的增高，煤样的渗透率开始降低较快，随后降低缓慢；当围压从 2.5MPa 增大到 10MPa 时，2 块含裂隙煤样的渗透率分别降低了 84.10% 和 81.43%；当有效围压增加到 20MPa 时其渗透率分别降低了 97.75% 和 98.30%，几乎了失去渗流能力；在降压后含裂隙煤样的渗透率恢复都很差，恢复率分别仅为 25.84% 和 16.74%；不可逆损害率分别高达 74.16% 和 83.26%；而其他煤样不可逆损害率一般都低于 50%（图 5-29 和表 5-11）。这说明含裂隙煤样初始渗透率较高，在有效围压作用下煤中孔隙-裂隙逐渐被压密闭合，煤样渗透率急剧降低；由于煤中裂隙被压密闭合产生不可恢复的塑性变形，裂缝不会重新张开、渗透率得不到有效恢复，导致降压后不可逆伤害率相对较高。

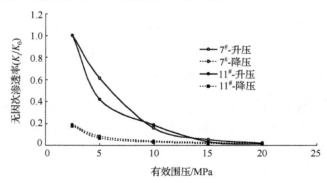

图 5-29　含裂隙煤样应力敏感性曲线图

煤储层为孔隙-裂隙型储层，煤储层的渗透性主要取决于煤中裂隙的发育程度。Louis[44] 通过实验得到了岩石地下水的渗透性与裂隙宽度和间距的函数关系，并提出岩石渗透性与裂隙的间距成反比；而与裂隙开度的 3 次方呈正比的函数关系，因此，裂隙密度越大岩石的渗透性也就越大。

8 块干煤样中的 11# 样品为含裂隙煤样，其初始渗透率最大，其为 $4.258×10^{-3}μm^2$。随着有效应力的增高，煤样的渗透率开始降低较快，随后降低缓慢（图 5-24）；当有效应力从 2.5 MPa

增大到 10MPa 时，含裂隙的 11#煤样的渗透率降低了 81.43%；当有效应力增加到 20MPa 时其渗透率降低了 98.30%，几乎了失去渗流能力；在降压后含裂隙煤样的渗透率恢复很差，恢复率仅为 16.74%；而其他煤样恢复率为 27%~49%（图 5-24）。含裂隙煤样的应力敏感系数较大（表 5-9），为 0.2353MPa^{-1}；而其他煤样为应力敏感系数为 0.1266~0.2047MPa^{-1}（表 5-9）。

对于完整结构的煤样，实验结果表明，除 3#样外，煤样初始渗透率越高，应力敏感性系数 a 值越大（图 5-30）。其关系模型为

$$a = 0.1334K + 0.1569 \qquad (5\text{-}20)$$

式中，a 为应力敏感性系数，MPa^{-1}；K 为煤样初始渗透率，$10^{-3}\mu m^2$；相关系数 $R^2=0.6865$。

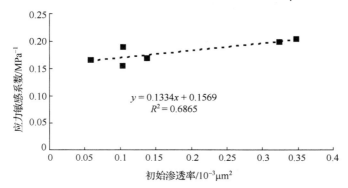

图 5-30　应力敏感系数与初始渗透率之间关系

这说明：含裂隙煤样初始渗透率较高，在有效应力作用下煤中孔隙-裂隙逐渐被压密闭合，煤样渗透率急剧降低；由于煤中裂隙被压密闭合产生不可恢复的塑性变形，裂缝不会重新张开、渗透率得不到有效恢复，导致降压后不可逆伤害率相对较高。

3. 煤岩显微组分含量

煤岩显微组分含量对裂隙发育和煤储层渗透性也有一定的影响，统计表明，在相同有效应力条件下，随着镜质组含量的增加煤储层渗透性按指数函数规律增高（图 5-31），其关系模型为

$$K = 0.0002e^{0.0958V} \qquad (5\text{-}21)$$

式中，K 为不同镜质组含量下的渗透率，$10^{-3}\mu m^2$；V 为煤的镜质组含量，%；相关系数 $R^2=0.9919$。

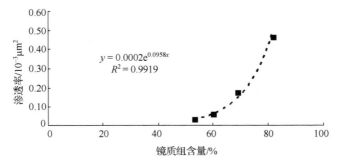

图 5-31　煤储层渗透率与镜质组含量之间关系

这说明：煤中镜质组含量越高，煤中裂隙相对发育，煤中连通性相对较好，煤储层渗透率相对较高，因此导致光亮煤和半光亮煤的渗透性要高于暗淡型煤的渗透性。

4. 煤中含水情况

煤层气藏在开发过程中储层始终有较高的含水饱和度，为了探讨含水情况对煤储层应力敏感性的影响，选用 4 块煤样，即 6#、7#、9#和 10#为饱水湿样进行应力敏感性试验，分析含水煤样的渗透率随有效应力的变化。

试验结果表明，4 块含水煤样的应力敏感性更明显（图 5-32 和表 5-12）。当围压从 2.5 MPa 增大到 10MPa 时，4 块煤岩样品的渗透率分别降低了 87.53 %、84.10 %和 86.00%和 86.59%，除含裂隙的 7#煤样外，比前面干煤样的实验结果大部分要偏高。与前面干煤样的实验结果对比（图 5-24 和表 5-9），升压过程中含水煤样试验结果回归的应力敏感系数 a 值一般要大于干煤样，含水煤样的平均应力敏感系数为干煤样的 1.1 倍，因此含水煤样的渗透率随有效应力的增加下降更快，应力敏感性更明显，即应力造成的渗透率伤害程度更大。

表 5-12　湿煤样应力敏感性试验数据统计分析

样品编号	升压			降压		
	系数 a	系数 b	相关系数 R^2	系数 a	系数 b	相关系数 R^2
6#	0.1866	1.0214	0.9437	0.1285	0.3645	0.9561
7#	0.2212	1.6844	0.9951	0.1143	0.1746	0.8906
9#	0.1938	1.2400	0.9770	0.1485	0.4925	0.9320
10#	0.1971	1.2474	0.9731	0.1632	0.6079	0.9171
平均值	0.1997	1.2983	0.9722	0.1386	0.4099	0.9240
最大值	0.2212	1.6844	0.9951	0.1632	0.6079	0.9561
最小值	0.1866	1.0214	0.9437	0.1143	0.1746	0.8906

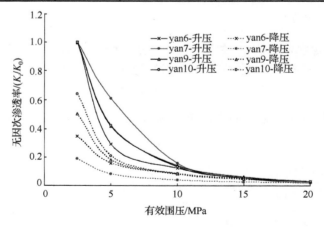

图 5-32　含水煤样应力敏感性曲线图

对比 7#与 6#、9#、10#样品，由于 7#煤样中裂隙的存在，初始渗透率高（$2.054\times10^{-3}\mu m^2$），导致 7#样品随着有效围压的增加渗透率衰减相对要慢，煤样应力敏感性相对较弱；当有效应力降低以后，煤储层渗透率有所恢复，但是全都不能恢复到原始水平，尤其是 7#煤样不可逆伤害率相对最高。

煤中水对煤岩变形与强度影响是由于水的加入而使分子活动能力加强，在煤的孔隙、裂隙中的液体或气体会产生孔隙压力，抵消一部分作用在煤岩内部任意截面的总应力，使煤的弹性屈服极限降低，易于塑性变形，同时还会降低煤的抗剪强度，因此含水煤样应力敏感性更明显，即应力造成的渗透率伤害程度更大。

在煤层气田开发过程中，常有多次开井和关井的情况，对应力敏感较强的气井，每次开关井都会对气层渗透率产生一定的影响。从实验结果可以看出当有效应力降低以后，煤岩样品的渗透率有所恢复，但是全都不能恢复到原始水平，渗透率不可逆损害率高高达 36.04%～82.31%，平均高达 60.33%。由此表明对于煤层气藏，开发过程中的压力变化会造成煤储层介质孔隙变形，对储层的渗透性能造成伤害。

5. 不同煤阶煤的应力敏感性

由于煤化程度不同，煤的结构不同，煤的应力敏感性存在差异性(图 5-33)。为了评价不同煤阶煤的应力敏感性特征，采用不同煤阶 3 个煤样，分别为 1#(贫煤)、13#(焦煤)和 14#(气煤)，在干燥条件下或自然烘干条件下进行应力敏感性试验，试验结果表明，试验的 3 个不同煤阶煤样：Y1#(贫煤)、DJ2-1#(焦煤)和 Bao1#(气煤)，其初始渗透率分别为 $0.058×10^{-3}μm^2$、$0.155×10^{-3}μm^2$ 和 $0.029×10^{-3}μm^2$，其随着有效围压的增高，煤样的渗透率开始降低较快，随后降低缓慢；当围压增大到 10MPa 时，3 块不同煤阶煤样的渗透率分别降低了 82.68%、78.90% 和98.70%；当有效围压增加到 20MPa 时其渗透率分别降低了 94.99%、90.60% 和99.8%；随着应力的增加，Bao1#(气煤)煤的损害率都较 Y1#(贫煤)和 DJ2-1#(焦煤)煤样大。

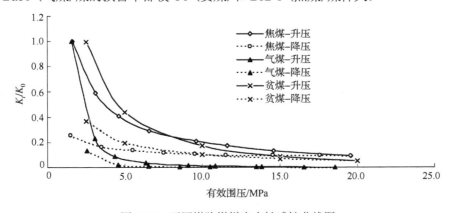

图 5-33　不同煤阶煤样应力敏感性曲线图

由以上内容可以看出，由于低煤阶煤化程度低，主要以孔隙为特征、煤岩力学强度小，在有效围压作用下煤中孔隙易于被压密，煤样渗透率急剧降低，应力敏感性强，但降压后不可逆伤害率较中、高煤阶煤相对要小；由于中、高煤阶煤以孔隙-裂隙为特征，在有效围压作用下煤中裂隙被压密闭合产生不可恢复的塑性变形，裂缝不会重新张开、渗透率得不到有效恢复，导致降压后不可逆伤害率相对较高。

5.4.5　应力对煤储层渗透性的控制机理

煤储层为孔隙-裂隙型储集层，包括煤的孔隙基质和天然裂隙(割理)组成(图 5-34)。

图 5-34　煤样照片，显示了面割理和端割理与基质的原始方位和间距[1]

1. 煤储层中裂隙压缩和变形

众所皆知，煤储层的孔隙结构是由基质孔隙和裂缝孔隙组成的双重孔隙系统。煤储层的渗透性主要取决于煤中裂隙，将煤体切割成许多基质块体。煤中的裂隙密度一般很大，这对煤储层是非常重要的，因为它不仅提供了储集空间，同时它相互交错可形成网络系统使基质孔隙相互连通，大大提高煤储层的渗透性能。

当裂隙面法向力 $\sigma_n \rightarrow \sigma_n + \Delta\sigma_n$ 为压应力时，裂隙产生法向压缩(压密)变形。开始先为点或线接触，经过挤压，局部破碎或劈裂，接触面增加。裂隙面压缩量呈指数曲线特征[1]，其指数函数为

$$x = b_0 \left(1 - \mathrm{e}^{-\frac{\Delta\sigma_n - \Delta p}{b_0 k_n}} \right) \tag{5-22}$$

$$b = b_0 - x = b_0 \mathrm{e}^{\frac{\Delta\sigma_n - \Delta p}{b_0 k_n}} \tag{5-23}$$

式中，x 为裂隙面压缩量，cm；b_0 为原始的裂隙开度，cm；b 为在法向应力 σ_n 时的开度，cm；$\Delta\sigma_n$ 为法向应力的变化量；$\Delta\sigma_n = \sigma_n - \sigma_n^0$；$\sigma_n^0$ 为原始法向应力，MPa；Δp 为裂隙中流体压力(孔隙压力)的变化值，MPa；$\Delta p = p - p_0$；p_0 为原始的孔隙压力，MPa；p 为孔隙压力，MPa；k_n 为裂隙面法向刚度，MPa/cm，实际上为法向变形曲线的斜率($k_n = \frac{\partial \sigma_n}{\partial u_n}$)。

2. 煤储层渗透性与应力的关系

由于地质历史时期构造运动作用，煤储层被大量的节理裂隙所切割，这些裂隙虽杂乱无章，但有一定的规律可循。地质调查发现，煤储层往往由 $1 \sim n$ 组相互平行的裂隙所切割。所以，可以将煤储层裂隙假设为平行、等间距、等隙宽的裂隙组进行理论研究。煤储层的渗透率包括基质渗透率和裂缝渗透率。由于煤层的基质孔隙太小，其表面的吸附作用很大，基质渗透率可忽略不计。这样煤层气在煤体中的渗流，其本质是煤层气在裂隙及其相互交错形成的网络中的渗流[49]。采用这些假设后可得到一组平行裂隙的渗透率 K_f 表达式为

$$K_f = c\beta \frac{\gamma b^3}{12\mu s} \cos^2 \alpha \tag{5-24}$$

式中，K_f 为裂隙中的渗透率；b 为裂隙的平均开度；γ 为流体的容重；μ 为流体的动态黏度；s 为裂隙的平均间距；α 为裂缝面与应力梯度轴的夹角，(°)；c 为与裂隙表面粗糙度相关的一个常量；β 为描述裂隙连通性的一个常量。

　　方程(5-24)表明裂隙的渗透率与裂隙的开度密切相关。裂缝储层的渗透率的大小与裂缝张开度的 3 次方呈正比例关系。由于外加压力和流体孔隙压力变化导致裂隙张开度发生变化，渗透率也随之变化。由有效应力导致的裂缝开度的变化，由式(5-23)代入式(5-24)，渗透性与应力之间的关系为

$$K_f = K_0 e^{\frac{-3(\Delta\sigma_n - \Delta p)}{b_0 k_n}} \tag{5-25}$$

式中，K_0 为原始应力条件下的渗透率。

　　这种关系表明有效应力的改变对于渗透率有很明显的影响。渗透性与有效应力之间的关系对于双孔-双渗煤储层具有重要意义。

　　煤储层通常都被两组相互垂直的裂隙所切割，如图 5-34 所示。将图 5-34 概化为两组正交裂隙系统(图 5-35)。对于两组相互垂直的裂隙，由于开度的变化导致其渗透率的变化可由下式表示[10]：

$$K_z = K_{0x}\left(1 - \frac{\Delta b_x}{b_{0x}}\right)^3 + K_{0y}\left(1 - \frac{\Delta b_y}{b_{0y}}\right)^3 \tag{5-26}$$

式中，K_z 为由于开度增量 Δb_x 和 Δb_y 导致渗透率的变化，压应变为正，拉应变为负；K_{0x} 为初始应力条件下沿 x 方向裂隙的初始渗透率；K_{0y} 为初始应力条件下沿 y 方向裂隙的初始渗透率；K_{0z} 为由两组裂隙导致的初始总渗透率，且 $K_{0z} = K_{0x} + K_{0y}$；b_{0x} 为在 x 方向上裂隙的初始平均法向开度；b_{0y} 为在 y 方向上的初始平均法向开度。

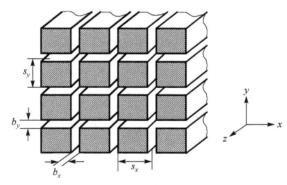

图 5-35　与 z 轴方向平行的两组相互正交的裂隙系统概化模型[10]

　　由有效应力导致裂隙的开度变化，并将开度变化 Δb_x 和 Δb_y 代入式(5-26)，在式(5-26)中 $\Delta b_x = b_{0x} - b_x$。存在 2 组裂隙下渗透率与应力之间关系为[1]

$$K_z = K_{0x} e^{\frac{-3(\Delta\sigma_{nx} - \Delta p)}{b_{0x} k_{nx}}} + K_{0y} e^{\frac{-3(\Delta\sigma_{ny} - \Delta p)}{b_{0y} k_{ny}}} \tag{5-27}$$

式中，b_{0x} 和 b_{0y} 为 2 组裂隙(在 x 和 y 方向上)的初始开度；$K_{0x} + K_{0y}$ 为两组裂隙导致的初始总渗透率；$\Delta\sigma_{nx}$ 为 x 方向上法向压力变化量，即 $\Delta\sigma_{nx} = \sigma_{nx} - \sigma_{nx}^0$；$\sigma_{nx}^0$ 为 x 方向上初始法向压

力；$\Delta\sigma_{ny}$ 为 y 方向上法向压力变化量；Δp 为裂隙中流体压力(孔隙压力)变化量，即 $\Delta p = p_p - p_0$；p_0 为初始孔隙压力；k_{nx} 为 x 方向上裂隙的法向刚度，k_{ny} 为 y 方向上裂隙的法向刚度。

　　煤储层的应力敏感性对煤层气井的产能有很大的影响，随着生产压差的增加，气井的产量增加幅度较小，并逐渐趋向稳定，放大生产压差并不能获得最大产量。在煤层气生产过程中，特别是煤层气排采初期，应力较高，由于煤储层强应力敏感性，切忌一味地快速降低井底压力，因此制定合理的排采工艺是保障煤层气井高产稳产的重要途径。

参 考 文 献

[1] MENG Z, ZHANG J, WANG R. In-situ stress, pore pressure and stress-dependent permeability in the Southern Qinshui Basin[J]. International journal of rock mechanics & mining sciences, 2011, 48(1):122-131.

[2] 秦勇, 张德民. 山西沁水盆地中,南部现代构造应力场与煤储层物性关系之探讨[J]. 地质论评, 1999, 45(6):576-583.

[3] FATT I, DAVIS D H. Reduction in Permeability With Overburden Pressure[J]. 1952, 4(12):16-16.

[4] MCLATCHIE A S, HEMSTOCK R A, YOUNG J W. The effective compressibility of reservoir rock and its effects on permeability[J]. Journal of petroleum technology, 1958, 10(6):49-51.

[5] WITHERSPOON P A, WANG J S Y, IWAI K, et al. Validity of Cubic Law for fluid flow in a deformable rock fracture[J]. Water resources research, 1979, 16(6):1016-1024.

[6] BARTON N, BANDIS S, BAKHTAR K. Strength, deformation and conductivity coupling of rock joints[J]. International journal of rock mechanics & mining sciences & geomechanics abstracts, 1985, 22(3):121-140.

[7] ZIMMERMAN R W, BODVARSSON G S. Hydraulic conductivity of rock fractures[J]. Transport in porous media, 1996, 23(1):1-30.

[8] MIN K B, RUTQVIST J, TSANG C F, et al. Stress-dependent permeability of fractured rock masses: a numerical study[J]. International journal of rock mechanics & mining sciences, 2004, 41(7):1191-1210.

[9] ZHANG J, STANDIFIRD W B, ROEGIERS J C, et al. Stress-dependent fluid flow and permeability in fractured media: from lab experiments to engineering applications[j]. rock mechanics and rock engineering, 2007, 40(1):3-21.

[10] ZHANG J, BAI M, ROEGIERS J C, et al. Experimental determination of stress-permeability relationship[C]//4th North American Rock Mechanics Symposium. American Rock Mechanics Association, 2000:817-822.

[11] PALMER I, MANSOORI J. How permeability depends on stress and pore pressure in coalbeds: a new model[C]//SPE Annual Technical Conference and Exhibition. Society of Petroleum Engineers, 1998: 539-544.

[12] ENEVER J R E, HENNING A. The relationship between permeability and effective stress for Australian coal and its implications with respect to coalbed methane exploration and reservoir model[C]// Proceedings of the 1997 international coalbed methane symposium. Tuscaloosa, AL, USA: University of Alabama, 1997: 13-22.

[13] MCKEE C R, BUMB A C, KOENIG R A. Stress-dependent permeability and porosity of coal othergeologic formations[J]. Spe formation evaluation, 1988, 3(1):81-91.

[14] 孟召平, 田永东, 李国富. 沁水盆地南部煤储层渗透性与地应力之间关系和控制机理[J]. 自然科学进展, 2009, 19(10):1142-1148.

[15] 林柏泉, 周世宁. 煤样瓦斯渗透率的实验研究[J]. 中国矿业大学学报, 1987(1):24-31.

[16] 孙培德, 凌志仪. 三轴应力作用下煤渗透率变化规律实验[J]. 重庆大学学报自然科学版, 2000, 23(s1):28-31.

[17] MENG ZHAOPING, LI GUOQING. Experimental research on the permeability of high-rank coal under a varying stress and its influencing factors [J]. Engineering Geology, 2013, 162(14):108-117.

[18] 孟召平, 侯泉林. 煤储层应力敏感性及影响因素的试验分析[J]. 煤炭学报, 2012, 37(3):430-437.

[19] B.B.霍多特著, 宋士钊, 王佑安译. 煤与瓦斯突出[M]. 北京：中国工业出版社, 1966.27-30.

[20] ELLIOT M A. 煤利用化学. 徐晓, 吴奇虎, 鲍汉深等译. 北京：化学工业出版社, 1991. 142-152.

[21] M.M. DUBININ, in Chemistry and physics of Carbon, Vol,2, P.L. Walker,Jr. ,Ed., Marcel Dekker,New York,1966,p.51.

[22] SING K S W. Reporting physisorption data for gas/solid systems with special reference to the determination of surface area and porosity (Recommendations 1984) [J]. Pure & Applied Chemistry, 1985, 57(4):603-619.

[23] GAN H, NANDI S P, JR P L W. Nature of the porosity in American coals[J]. Fuel, 1972, 51(4):272-277.

[24] 秦勇, 徐志伟, 张井. 高级煤孔径结构的自然分类及其应用[J]. 煤炭学报, 1995, 20(3):266-271.

[25] 秦勇. 中国高煤级煤的显微岩石学特征及结构演化[M]. 徐州：中国矿业大学出版社, 1994.

[26] 陈萍, 唐修义. 低温氮吸附法与煤中微孔隙特征的研究[J]. 煤炭学报, 2001, 26(5):552-556.

[27] 吴俊, 金奎励, 童有德,等. 煤孔隙理论及在瓦斯突出和抽放评价中的应用[J]. 煤炭学报, 1991(3):86-95.

[28] THOMMES M, KANEKO K, ALEXANDER V. Physisorption of gases, with special reference to the evaluation of surface area and pore size distribution (IUPAC Technical Report) [J]. Pure & applied chemistry, 2015, 87(9-10):1051-1069.

[29] ZHAO Y, LIU S, ELSWORTH D, et al. Pore structure characterization of coal by synchrotron small-angle x-ray scattering and transmission electron microscopy[J]. Energy & fuels, 2014, 28(6):3704-3711.

[30] 张慧, 李小彦, 郝琦, 等. 中国煤的扫描电子显微镜研究[M]. 北京: 地质出版社, 2003.

[31] PAN J, WANG S, JU Y, et al. Quantitative study of the macromolecular structures of tectonically deformed coal using high-resolution transmission electron microscopy[J]. Journal of natural gas science and engineering, 2015, 27: 1852-1862.

[32] CAI Y, LIU D, PAN Z, et al. Petrophysical characterization of Chinese coal cores with heat treatment by nuclear magnetic resonance[J]. Fuel, 2013, 108: 292-302.

[33] ZOU M, WEI C, HUANG Z, et al. Porosity type analysis and permeability model for micro-trans-pores, meso-macro-pores and cleats of coal samples[J]. Journal of natural gas science and engineering, 2015, 27: 776-784.

[34] SUN X, YAO Y, LIU D, et al. Interactions and exchange of CO_2 and H_2O in coals: an investigation by low-field NMR relaxation[J]. Scientific reports, 2016, 6: 1-1.

[35] 赵辉, 李志宏, 董宝中, 等. 小角 X 射线散射实验数据的初步处理[J]. 高能物理与核物理, 2001, 25(B12): 81-84.

[36] RADLINSKI A P, MASTALERZ M, HINDE A L, et al. Application of SAXS and SANS in evaluation of porosity, pore size distribution and surface area of coal[J]. International journal of coal geology, 2004, 59(3): 245-271.

[37] BENEDETTI A, CICCARIELLO S. Coal rank and shape of the small-angle X-ray intensity[J]. Journal de

physique III, 1996, 6(11): 1479-1487.

[38] 李志宏, 吴东, 顾永达, 等. 煤及半焦孔隙结构的 SAXS 研究[J]. 煤炭转化 1998: 176-178.

[39] 刘大锰, 姚艳斌, 蔡益栋, 等. 华北石炭—二叠系煤的孔渗特征及主控因素[J]. 现代地质, 2010, 24(6): 1198-1203.

[40] 宋岩, 张新民, 柳少波. 中国煤层气地质与开发基础理论[M]. 北京: 科学出版社, 2012.

[41] 赵兴龙, 汤达祯, 许浩, 等. 煤变质作用对煤储层孔隙系统发育的影响[J]. 煤炭学报, 2010, 35(9):1506-1511.

[42] WILLIAMS R A, SCHOENITZ M, DREIZIN E L. Characterization of pore systems in seal rocks using Nitrogen Gas Adsorption combined with Mercury Injection Capillary Pressure techniques[J]. Marine & petroleum geology, 2013, 39(1):138-149.

[43] 汪雷, 汤达祯, 许浩,等. 基于液氮吸附实验探讨煤变质作用对煤微孔的影响[J]. 煤炭科学技术, 2014, (s1):256-260.

[44] LOUIS C. A study of groundwater flow in jointed rock and its influence of the stability of rock masses. Rock Mech Res Rep 1969;10. Imperial College, London.

[45] 侯俊胜. 煤层气储层测井评价方法及其应用[M]. 北京: 冶金工业出版社, 2000.

[46] 张新民, 庄军, 张遂安. 中国煤层气地质与资源评价[M].北京: 科学出版社, 2002.

[47] 董敏涛, 张新民, 郑玉柱,等. 煤层渗透率统计预测方法[J]. 煤田地质与勘探, 2005, 33(6):28-31.

[48] 陈振宏, 王一兵, 郭凯,等. 高煤阶煤层气藏储层应力敏感性研究[J]. 地质学报, 2008, 82(10):1390-1395.

第6章 煤层气开发工程及井网优化方法

6.1 概　　述

煤层气开发是通过特定的工程及其开发方式来改变煤层气赋存环境条件使煤储层条件发生变化的过程[1,2]。煤层气地面开发是指利用垂直井或定向井技术、储层改造技术和排水降压采气技术来开采煤层气资源的开发方式[1-3]。煤层气地面开发工程及技术主要包括五部分：钻井工程(包括钻井、固井和测井等)、压裂工程(包括射孔和水力压裂)、作业工程(包括设备安装、下抽水泵、安装油管、水管和地面抽水设备(抽油机和螺杆泵等)、排采工程和集输气与利用工程(除尘、脱水、脱硫工程)及相关技术[1,3]。长期以来，在煤炭地下开采过程中煤层气被视为有害气体，大多进行井下抽放，利用很少，并未从资源的角度加以认识。传统瓦斯抽采以井下钻孔抽采为主，主要在生产区进行，抽采效果差，抽采浓度低，抽采时间长。直到20世纪80年代美国解决了从地面开发煤层气技术以后，我国应用美国有关煤层气开发理论与技术进行煤层气地面开发的研究和试验。在沁水盆地南部高变质无烟煤中获得了较为理想的单井工业气流，创建了沁水盆地南部煤层气开发示范工程[4-7]。煤层气开发井网优化是煤层气开发的重要环节[8]，合理布置井网，不仅能够提高煤层气井产量，而且可以减少井间干扰，降低开发成本[9-11]。我国煤储层渗透性普遍偏低，因此井间距相比国外要小，在煤层气开发井网优化中需要考虑地质因素、经济效益和开发工程因素，并通过数值模拟方法来实现[12-14]。目前关于煤层气开发井网优化研究国内外还没有形成统一的方法和标准，因此开展煤层气开发井网优化研究尤为重要。本章主要针对煤矿区实际，重点介绍煤层气开发工程包括煤层气地面开发的钻井工程、压裂工程、作业工程、排采工程、集输与利用工程、煤与煤层气协调开发工程，在此基础上，进一步开展煤层气地面开发井网优化和煤矿区煤层气井工厂化开发技术研究，为煤矿区煤层气开发提供理论与技术支持。

6.2 煤层气地面开发工程

煤层气开发是通过特定的工程及其开发方式来改变煤层气赋存环境条件使煤储层条件发生变化的过程。煤层气地面开发工程主要包括钻井工程、压裂工程、作业工程、排采工程、集输与利用工程。

6.2.1 钻井工程

1. 钻井程序

一开：Φ311.15mm(12 1/4″)，以钻穿地表黄土及松散岩石层，至基岩下10m终孔为原则，J55 Φ244.5mm(9 5/8″)套管固井。

二开：Φ215.9mm（8 1/2″）钻至目标煤层底板以下 50m 终孔，全井段 J55 Φ139.7mm（5 1/2″）套管固井。

煤层气井的钻井方式主要采用常规旋转式钻机钻进。一开采用常规密度钻井泥浆，二开钻井采用低密度、低固相水基泥浆，泥浆比重小于 $1.05g/cm^3$，煤层段要求采用清水钻进。对取芯井和参数井，煤系地层采用清水钻进。

2. 固井及套管程序

表层套管规范：J55 Φ244.5mm（9 5/8″）×8.94mm 至一开孔底，采用常规密度水泥套管固井，水泥返高至地面。

生产套管规范：J55 Φ139.7mm（5 1/2″）×7.72mm 至二开孔底，采用常规密度水泥套管固井，水泥返高至煤层顶板以上 150m。

3. 地面垂直井井身结构

根据国内外煤层气开发的实际经验，煤层气地面垂直井的生产套管一般采用Φ139.7mmJ55 套管；个别情况因产水量大、地层复杂或为提高气、水产量，可采用更大直径的套管。

根据生产套管尺寸和上述井身结构设计原则，地面垂直井的井身结构通常设计为：用Φ311.5（12 1/4″）的钻头一开，钻至基岩 10m 处，下入Φ244.48（9 5/8″）表层套管；然后用Φ215.9（8 1/2″）的钻头二开，钻至设计完钻层位，下入Φ139.7（5 1/2″）生产套管。详见表 6-1和图 6-1。

表 6-1　煤层气地面垂直井井身结构

序号	井段/m	钻头尺寸/mm	表套尺寸/mm	生产套管尺寸/mm	水泥返高	备注
一开	第四系～基岩（10m）	311.5（Φ12 1/4″）	244.48（Φ9 5/8″）		地面	封地表松软层
二开	基岩～煤层之下（40～60m）	215.9（Φ8 1/2″）		139.7（Φ5 1/2″）	煤层上 200m	

4. 钻井液

钻井液在钻井中的重要性是通过它在钻井过程中的功用表现出来的[2]，钻井液在钻杆内向下循环，通过钻头水眼流出，经过井壁（或套管）和钻杆的环形空间上返，钻井液携带着钻屑经过振动筛，钻屑留在筛布上面，钻井液流经钻井液槽到钻井液池。去掉钻屑后的钻井液被钻井泵从钻井液池吸入并泵入钻杆内，开始下一个循环（图 6-2）。

钻井液密度是指单位体积钻井液的质量。单位用 kg/m^3 或 g/cm^3 表示，钻井液密度是钻井液的重要性能参数。合适的钻井液密度用于平衡煤层气储层气、水的压力。防止气、水侵入井内造成井涌或井喷；同时钻井液液柱压力平衡岩石侧压力，保持钻井井壁稳定，防止井壁的坍塌。钻井液密度不能过高，否则容易造成地层压漏，对煤层气储层造成伤害影响储层的渗透率；同时钻井液密度对钻井速度有很大的影响。为了提高钻井速度在地层情况允许的条件下，应尽可能使用低密度的钻井液。在正常钻井过程中，需要降低钻井液密度的时候，可采取机械除砂、加清水、充气、混油、加入速凝剂等措施促使钻井液中的固相颗粒下沉。

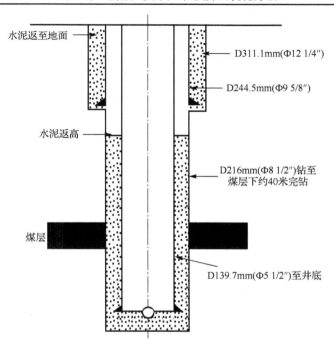

图 6-1 地面直井井身结构示意图

如果为了防止井喷需要增加钻井液密度，需要根据监测的地层压力来调整钻井液的密度，即根据下式求得平衡地层压力的钻井液密度：

$$\rho_d = \frac{p_p}{0.00981D} \qquad (6-1)$$

式中，D 为井深，m；ρ_d 为钻井液密度，g/cm³；p_p 为地层压力，MPa。

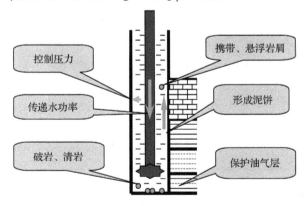

图 6-2 钻井液的主要功能[2]

一般情况下钻井液液柱压力稍大于地层压力，所以真正使用的钻井液密度为从式(6-1)求得后再加一附加值 $\Delta\rho$，对于含气层，附加值范围为 0.07～0.15g/cm³，对于油层附加值为 0.05～0.10g/cm³。

煤层气井的钻井方式主要采用常规旋转式钻机钻进。一开采用常规密度钻井泥浆，二开钻井采用低密度、低固相水基泥浆，泥浆比重小于 $1.05g/cm^3$，煤层段要求采用清水钻进。对取芯井和参数井，煤系地层采用清水钻进。

钻井循环介质设计应根据地质设计提供的地层压力和压力系数，确定钻井循环介质的压差，并用当量循环密度进行验算，确定钻井循环介质类型、密度等技术指标以及这些指标的允许使用范围。

煤层气井钻井循环介质设计应充分考虑以下主要因素(不局限于这些因素)：①尽量减少对煤储层的伤害，保护煤储层；②稳定和保护井壁，平衡地层压力，以保障钻进施工安全；③润滑、冷却钻头。

泡沫(包括充气、泡沫)作为钻井循环介质钻煤层气井，实现欠平衡或近平衡钻井，减少对煤储层的污染。

气体(包括空气、氮气)作为钻井循环介质钻煤层气井，实现欠平衡或近平衡钻井，有利于防止对煤储层的污染。

根据煤储层条件和井壁稳定性特点，原则上选用清水或无黏土钻井液，或采用空气/雾化循环介质或空气/泡沫循环介质对煤储层保护是有利的。

5. 煤层气井的完井和固井

按照储集层的性质、生产状况等条件，在保证煤层气井的稳产高产的前提下进行钻井和完井的工艺设计，不同的储集层岩性、不同的生产方式要求有不同的钻井完井方式。与常规油气井钻井相比，煤层气井钻完井有其特殊性。煤层气井完井工艺分为套管完井、裸眼完井、割缝衬管完井和混合完井(或称裸眼/套管完井)，其特征如下。

(1)套管射孔完井：应用最广泛和最主要的完井方式，适合于低渗煤储层，可选择性的射开不同压力和物性的煤层，实现分层开采，可进行压裂、酸化作业，出液面积小，对射孔和固井质量要求严格。但出液面积小，对射孔和固井质量要求严格。

如晋城矿区赵庄区块煤层气井套管完井方案如表 6-2 所示。套管完井方案采用一开钻入基岩 10m 左右，表套固井；二开至煤层底板以下 40m 终孔，技术套管固井；射孔后进行水力压裂。

表 6-2　晋城矿区赵庄区块煤层气井套管完井方案

开钻次序	钻头尺寸/mm	套管尺寸/mm	套管下入深度/m	环空水泥浆返高	备注
一开	D311.15	D244.5	30～60	地面	一开钻入基岩 10m 左右，下入 Φ244.5mm 套管固井，封固地表易漏地层，水泥返至地表
二开	D215.9	D177.8	接近井深	煤层顶板200m以上	二开施工至着 15#煤层底板以下 40m，下入 Φ139.7mm 技术套管

(2)裸眼完井：该完井方式成本低、煤储层不受水泥浆的伤害，煤储层导流能力强，产量损失少，使用裸眼封隔器可以实施生产控制和分隔层段。但可能造成井眼堵塞，甚至造成报废，生产控制能力差，难以避免层段间窜通，增产措施有限。

如晋城矿区赵庄区块煤层气井裸眼洞穴完井方案如表 6-3 所示。裸眼洞穴井方案采用一开钻入基岩 10m 左右，表套固井；二开施工至煤层顶板，见煤前停钻，技术套管固井；三开至 3#煤层底板以下 40m 终孔，以不揭露 9#煤为原则。造穴井径需达到至少 1000mm，先进行排采而不进行压裂改造，等试采 1～2 月后，若效果不明显，则选择进行水力或胶液压裂。

表 6-3 赵庄区块煤层气井裸眼洞穴完井方案

开钻次序	钻头尺寸 /mm	套管尺寸 /mm	套管下入深度 /m	环空水泥 浆返高	备注
一开	D311.15	D244.5	30～60	地面	一开钻入基岩10m左右，下入Φ244.5mm套管固井，封固地表易漏地层，水泥返至地表
二开	D215.9	D177.8	煤层顶板	煤层顶板 200m以上	二开施工至煤层顶板，下入Φ177.8mm技术套管
三开	D152.4				裸眼完井，终孔于3#煤层底板以下40m，造直井1000mm洞穴

(3)割缝衬管完井：该完井方式成本相对较低、储层不受水泥浆伤害，衬管可以起到保持煤层与井眼间的通道，可防止井眼坍塌。但不能实施层段分隔，可能存在层段间的窜通，无法进行选择性增产、增注措施，不可控制生产，测井困难。

(4)裸眼或套管砾石充填完井：该完井方式下储层不受水泥浆伤害，可以防止松软煤层出煤粉及井眼坍塌，放大生产压差生产，获得较大产能。缺点与割缝衬管完井方式相同。

煤层气固井是将储层及相邻的上下岩层封闭，以便建立产区通道，采用优质的水泥和不同作用的外加剂调配出性能优良的水泥浆，优质的水泥环保护产层，保障压裂作业，延长每一口井的开发寿命。固井及套管程序如下。

(1)表层套管 J55 Φ244.5mm（9 5/8″）×8.94mm 至一开孔底，采用常规密度水泥套管固井，水泥返高至地面。

(2)生产套管 J55 Φ139.7mm（5 1/2″）×7.72mm 至二开孔底，采用常规密度水泥套管固井，水泥返高至煤层顶板以上200m。

固井质量验收评级标准如表 6-4 所示。完井测井分为两次，第一次测井井段为表层套管底部至二开终孔，第二次测井井段为固井质量测井。

表 6-4 固井质量验收评级标准

评级指标			评级级别			
			优良	合格	基本合格	不合格
声幅值/% (固井质量声幅测井)		第一界面	声幅值≤10	10<声幅值≤20	20<声幅值≤30	声幅值>30
		第二界面	地层波强、清晰	地层较强、较清晰	地层波较弱、可以辨认	地层波弱、难辨认
套管试压	试压压力/MPa	技术套管	≥12			达不到基本合格
		生产套管	≥20			
	30min 降压情况/MPa		≤0.5			
用现场水对设计用的水泥做48h抗内压强度试验/MPa			≥14			
套管柱质量、组合、下置深度			符合设计			
生产套管用微珠低密度水泥固井,水泥浆密度/(g/cm³)			<1.60,水泥浆的返深达到设计要求			
生产套管环空水泥返高为最上目的煤层以上200m，正、负值 m			10	30	50	

注：1. 固井质量声幅测井，技术套管水泥候凝36h；生产套管水泥候凝48h。

2. 若有部分封固段水泥环胶结质量较差时，而且煤层上下各有30m以上优质水泥环可视为单层封固合格。

3. 水泥浆密度低于 1.30g/cm³ 时，声幅值可在表值基础上增加10%验收。如30%<声幅值≤40%为基本合格。

4. 固井质量不合格的井，经中联公司认可的补救措施达到上述标准者，视为补救固井合格。

5. 表层必须用 G 级以上水泥固井，水泥要返至地面。技术套管水泥返高按设计。

测井目的主要是确定钻孔岩性剖面、煤层位置及厚度、评价煤系地层储层性质，提供煤层含气量、渗透性参数、提供固井所需参数和检查固井质量等方面。测井项目包括生产测井和固井质量测井，其中固井质量测井包括补偿中子、岩性密度、视电阻率、测向电阻率、自然伽马、自然电位、双井径、井斜等测井；固井质量测井包括声幅、磁定位、自然伽马等测井。

6.2.2 压裂工程

煤层压裂改造作为一种重要的强化增产措施，在国内外煤层气开采过程中得到了广泛应用，尤其是低压低渗地区。煤层压裂改造的实际意义在于通过实施压裂，可以十分有效地将井筒与煤层天然裂隙沟通，提高了煤层至井筒的导流能力，扩大了排水降压范围，从而有效地提高了煤层气产量和采收率。煤层气储层压裂工程包括射孔和压裂两个环节。

1. 射孔

煤层气井射孔设计原则：所选弹型能够穿透固井水泥环，保证煤层与井眼连通；最大限度地降低孔眼摩阻，使射孔的孔眼流量控制在 150 L/min 左右。

射孔段选择：根据在煤层段井筒轨迹与煤层层面夹角的大小，选取煤层段中部加密、集中射孔方式，煤层气井射孔段选择如表 6-5 所示。

表 6-5　煤层气井射孔段选择

井筒轨迹与煤层层面夹角	射孔井段
<15°	煤层有夹矸：煤层顶板以下 0.5～1.0m 至夹矸顶
	煤层无夹矸：煤层顶板以下 0.5～1.0m 至煤底以上 1.5～2.0m
≥15°	煤层有夹矸：煤层顶板以下 1.0～1.5m 至夹矸顶
	煤层无夹矸：煤层顶板以下 0.5～1.0m 至煤底以上 2.0～2.5m
水泥环厚度≥70cm 时，采用深穿透射孔弹射孔	

根据以往地面煤层气预抽项目的经验，煤层气井的射孔方案采用 Φ102 射孔枪、YD127 射孔弹对煤层进行射孔，射孔孔密为 16 孔/m，相位角 90°。

射孔方式包括电缆输送射孔、油管输送射孔、油管输送射孔联作、电缆输送过油管射孔和超高压正压射孔，其特点和性能如表 6-6 所示。结合目前沁水盆地南部煤层气区块已投产井情况，推荐电缆输送套管射孔。

2. 压裂

水力压裂是利用地面高压泵系统，通过井筒向煤层气储层注入高黏度的压裂液，当施工压力大于煤层气储层的破裂压力时，煤层将被压开并产生裂缝，继续向储层注入压裂液，裂缝就会继续向储层内部扩张，当把煤储层压出许多裂缝后，为了保持压开的裂缝处于张开状态，接着向储层内加入带有支撑剂(通常为石英砂)的携砂液，携砂液进入裂缝之后，一方面可以使裂缝继续向前延伸，另一方面可以支撑已经压开的裂缝，使其不再闭合，再接着注入顶替液，将井筒的携砂液全部顶替进入裂缝，用石英砂将裂缝支撑起来，最后，注入的高黏度压裂液会自动降解排出井筒之外，在储层中留下一条或多条长、宽、高不等的裂缝，使煤储层与井筒之间建立起一条新的流体通道。典型水力压裂施工曲线如图 6-3 所示。

表 6-6　煤层气直井射孔方式及其特点和性能

射孔方式		特点	性能
电缆输送射孔	套管正压射孔	① 施工简单，成本低及较高的可靠性 ② 高孔密、深穿透 ③ 适用于高、中、低压煤储层	对储层损害程度大
	套管负压射孔	① 施工简单，成本低及较高的可靠性 ② 具有高孔密、深穿透 ③ 中、低压煤储层	损害程度小
油管输送射孔		① 安全性能好，便于测试、压裂、酸化和射孔联作 ② 具有高孔密、深穿透 ③ 适应斜井、水平井和高压井	损害程度相对小
油管输送射孔联作		测试、压裂、酸化和射孔联作	适用于自喷井
电缆输送过油管射孔		适合于不停产补孔和打开新层位的生产井，对煤层损害程度小	不具有高孔密、深穿透、大孔径射孔
超高压正压射孔		对煤层损害程度小，但不利于煤层气的解吸	成本高(注液氮)

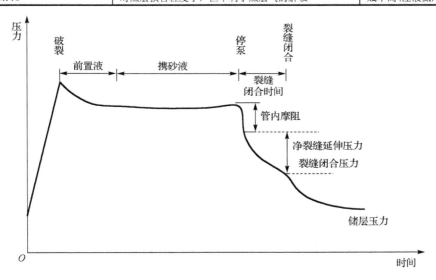

图 6-3　典型水力压裂曲线示意图

1)煤储层压裂工序及质量标准

　　水力压裂效果的好坏直接关系到煤层气井后期的产气效果。煤层气压裂施工效果好坏不仅取决于地层条件，更取决于压裂技术和施工工艺。煤储层压裂工序及质量标准如下。

　　井筒试压：采用清水正试压，试压值:套管抗内压强度×95%，试压时间:30min 内压降≤0.5MPa 为合格。

　　通井：通井前必须查清套管情况(套管内径、井斜、套管是否变形)，然后选用合适的通井规通至人工井底。通井时必须装指重表，指重表要灵敏可靠，遇阻悬重不得超过 20~30kN。

　　洗井：用清水正洗井替出井内全部泥浆，循环洗井 2~3 周，进、出口液性一致为合格。

　　射孔：射孔前，井内压井液应符合设计要求。严禁误射、漏射，发射率要求100%，低于80%应补射。射孔时严防井下落物并应连续进行，未做好射孔准备不准施工。

　　压裂施工：煤层气井正式压裂施工以前，必须进行变排量测试。阶梯排量压裂测试用与该井加砂压裂相同的压裂液，光套管注入，注入排量由小到大，排量分别为 1、2、3、4、5、6、7m³/min，每个排量稳压 1～2min，在 1m³/min 时作 ISIP，测试压后测压力降落，时间为 30min。正式的压裂施工必须根据阶梯排量测试结果及时完善和修改实际的压裂施工设计。

煤层气井压裂施工采用光套管压裂，并严格按设计要求充分准备施工用压裂液和石英砂，按泵注程序进行压裂。

探砂面、冲砂：采用油管探砂面时，反复探 2 次，其标准是:指重表悬重下降范围在 5～10kN，两次深度误差不超过 0.5m。

冲砂至预定深度并且返出液中含砂量低于 0.2% 时，应再循环洗井一周停泵 2h，再次反复探砂面，2 次砂面上升不超过 2m 为合格。

更换井口：井口采油树必须试压合格，配件齐全，安装要规范化，在工作压力内不渗不漏。

测压力降落曲线：压裂施工停泵后测 30min 的压力降落曲线，并严格记录。

2）压裂液种类

根据煤层气井压裂施工的要求和沁水盆地南部地面煤层气压裂施工情况，煤层气井压裂施工的压裂液主要选用活性水作压裂液，并适当尝试液氮泡沫加砂压裂和 CO_2 加砂压裂等。中石油华北油田公司在山西长治古城试采井组共 19 口井（表 6-7）开展不同介质压裂试验，其中 10 口井活性水压裂，6 口井活性水氮气伴注压裂，3 口井氮气泡沫压裂。试采井中，活性水压裂井平均日产最高（696m³/d），活性水伴氮压裂次之（583m³/d），泡沫压裂液压裂最差（435m³/d）；阶段产气量活性水最好。

表 6-7　中石油华北油田公司山西长治古城试采井压裂参数表

序号	井号	压裂液	入井净液量/m³	前置液比例	平均砂比	排量/(m³/min)	最高压力/MPa	破裂压力/MPa	停泵压力/MPa
1	沁 15-30-62	活性水	742	33.1	10.2	3～7	20.7	20.7	12.8
2	沁 15-30-64	活性水	843	33.54	10.5	1.6～6.2	22.9	不明显	9.52
3	沁 15-31-57	活性水	915.38	22.21	9.9	2.8～7.9	21.7	不明显	8.81
4	沁 16-30-14	活性水	765.27	33.5	10.8	1.5～7.5	22.6	不明显	14.62
5	沁 16-30-16	活性水	760.46	33.71	10.86	5.6～7.5	23.1	不明显	12.62
6	沁 16-30-6	活性水	772	30.7	9.5	3～7.5	24.8	19	19.8
7	沁 16-30-7	活性水	735.33	33.6	10.9	4～7.5	30.58	30.58	21.22
8	沁 16-30-8	活性水	739.21	33	11	3～7.64	23.48	23.48	9.5
9	沁 16-31-1	活性水	811.54	29.9	9.5	3.9～7.5	23.34	不明显	17.21
10	沁 16-31-9	活性水	758.22	29.6	10	6～7.5	30.08	不明显	22.82
11	沁 15-30-47	活性水伴氮	606.5	42.4	12.1	4～6.5	21.7	19.6	11
12	沁 15-30-48	活性水伴氮	644.72	32.76	11.8	6.5	16.97	24	13.3
13	沁 15-30-54	活性水伴氮	575.2	37.5	10.1	4～6.5	32	32	14
14	沁 15-30-56	活性水伴氮	765.8	35.6	13.3	4～6.5	25.1	24.4	13.5
15	沁 16-31-2	活性水伴氮	632.2	30.1	12	4～6.8	18.1	17.9	12
16	沁 15-30-63	活性水伴氮	634.9	39.4	15.6	4～6	29	26.2	11
17	沁 15-31-49	氮气泡沫	572.3	39.3	17.2	4～6.5	29.7	27.4	21
18	沁 15-31-50	氮气泡沫	460	38.7	16.9	3～6	21	19.8	14.2
19	沁 15-31-58	氮气泡沫	524	38	16.8	4～7	24.5	21.7	

3）压裂液用量

压裂液用量包括前置液、携砂液和顶替液的用量确定。煤层气压裂施工排量不但决定了压裂液的携砂能力，同时也直接影响压裂裂缝的形态。压裂施工排量的增加不可避免地会造成裂缝净压力升高，从而引起裂缝高度、长度及宽度的变化，尤其对裂缝延伸的高度影响较大。目前压裂设备和压裂技术条件所达到的排量范围内，地层中形成的裂缝宽度是有限的，即使在煤层中，平均宽度也只有 10～15mm。这主要是因为在地层中形成裂缝后，其受力面积迅速增大，地面压裂设备泵组功率有限。

砂比也是压裂的一个重要指标，砂比越大，形成的压裂裂缝内支撑剂的浓度就越高，裂缝相对导流能力就越强，越利于煤层的排水降压。但由于煤层弹性模量较低（与普通砂岩相比相差一个数量级），嵌入因素的存在无疑影响了支撑剂支撑裂缝的宽度。当动态裂缝闭合后，支撑剂上受到的有效应力为最小地应力减去支撑带孔隙中流体压力。如果支撑剂有足够的强度没有被压碎，那么有部分支撑剂将嵌入到煤层，实际上形成的支撑裂缝宽度将减小。因此在煤层压裂施工作业中一般以增加地面砂比来弥补由于支撑剂的嵌入带来裂缝宽度的影响。如美国在勇士盆地用冻胶压裂，支撑剂的加入浓度平均值可达 50%～60%。由此可见提高支撑剂的加入浓度是煤层气井压裂增产改造的一个重要方面。但由于目前煤层普遍采用清水压裂施工，提高地面注入砂比确有许多困难。注入砂比过高，会造成砂堵压力升高而使压裂施工作业被迫中止。另外，在加砂量一定的情况下，提高注入砂比就意味着降低了支撑裂缝长度。在压裂加砂施工阶段，适当降低注入的排量，延长加砂时间，可以相对增加裂缝延伸的长度。而对于低渗煤层，增加压裂裂缝的长度则有利于提高压裂效果。因此要统筹考虑各种因素的影响，才能达到优化施工。

4）支撑剂

支撑剂的作用是支撑压裂施工所造成的人工裂缝，使其能够形成良好的导流能力。由于煤层埋藏浅，煤层闭合应力小，因此煤层气井压裂普遍选用天然石英砂作支撑剂。压裂石英砂圆度不得低于 0.7，球度不得低于 0.7，并保证清洁无机械杂质。煤层气井单井总加砂量不低于 40m³。

煤储层力学强度低，特别是抗拉强度低使得煤岩容易开裂；泊松比高使得地层水平应力增大导致地层难以开裂。所以煤岩破裂的难易程度需视具体情况计算才能得出结论。但煤岩的低弹性模量和高泊松比将导致裂缝长度减小、宽度增大。由于压裂裂缝宽度增加，在相同的施工排量下，裂缝延伸长度增加将受到限制，因此，煤层气井压裂施工排量远高于常规砂岩气井，压裂过程中，施工砂比应逐步增加，煤层气井施工平均砂比不低于 12%。煤层气井单井施工平均排量不低于 8m³/min。

6.2.3　作业工程

煤层气井作业主要包括新井投产、措施作业、维修作业、大修作业等作业项目。煤层气作业工程包括设备安装，下抽水泵，安装油管、水管和地面抽水设备（抽油机和螺杆泵等）。

直井检泵压井作业，压井液最好选用产出水，如果水源不充足，可用清水替代。检泵作业参照标准《煤层气井井下作业技术规范》。

煤层气排采工艺和设备有多种方式，以适应不同煤层气井和生产的需要。根据以往沁水盆地南部煤层气井的具体情况，将采用(地面油梁式抽油机+井下整筒泵组合)作为煤层气井的排采设备。

排采设备分为地面设备和井下设备两大部分，各部分设备与工艺流程如下。

1. 地面设备与工艺流程

煤层气排采地面设备包括井口装置、抽油机、气水分离器、集输管线等。煤层气排采地面设备流程如图 6-4 所示。

抽油机：根据储层的埋深及相应的井下泵挂深度选择 5 型的油梁式抽油机，并且配备与之相适应的动力系统，以确保煤层气排采作业的正常运转。为便于生产控制，抽油机将采用变频电机驱动。

气水分离器：选用简易气水分离器。

阀门：气、水管线分别安装气、水阀门。

管线：排采的产气系统和排液系统管线均采用 Φ73mm 油管，并配备弯头、三通、四通等配件，气、水管线分别采用黄色、绿色油漆涂刷。

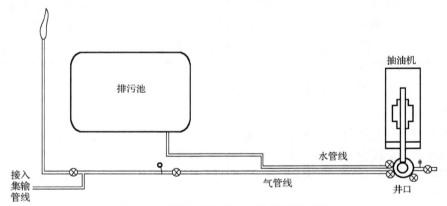

图 6-4　地面主要设备与工艺流程示意图

2. 井下设备与工艺流程

煤层气排采主要井下设备与工艺流程如图 6-5 所示。其组成部件主要有整筒式抽油泵、气锚、砂锚、生产油管、抽油杆系统、柱塞等。

管柱结构：丝堵+Φ73mm 油管 1 根(沉砂管)+Φ89mm 金属绕丝筛管+Φ73mm 油管 1 根+Φ56mm 二级整体筒管式泵+Φ73mm 油管 (Φ89mm 音标×150m)。

抽油杆结构：Φ56mm 管式泵柱塞+Φ3/4″抽油杆(20CrMo，D 级；加装扶正器)+Φ1″光杆。

防冲距：0.6m。

6.2.4　排采工程

煤层气是以吸附态赋存于煤储层孔隙-裂隙中的非常规天然气。煤层气开发不同于常规天然气，其是通过抽排煤层中的地下水，降低煤储层压力使煤层中吸附的甲烷气释放出来的过程。煤层气排采工程是煤层气开发的重要环节，包括煤层气井排采设备及其排采控制技术。

1) 煤层气排采设备

煤层气排采设备均采用抽油机。目前煤层气井排采工艺主要有抽油机和螺杆泵两种方式，其中抽油机占 95% 左右。两种工艺优缺点如下：

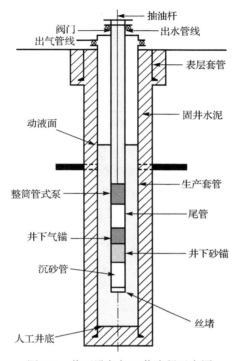

图 6-5　井下设备与工艺流程示意图

抽油机+管式泵：优点是不怕干磨、工艺成熟、运行成本低；缺点是上下负荷差异大、携煤灰能力差和凡尔易漏失。

螺杆泵：优点是安装简单，排量易调整、排量大、携煤灰能力强；缺点是停机频繁、泵故障率高、检泵费用高。

根据下泵深度、选择泵型及所选用抽油杆计算悬点最大载荷数据。

(1) **泵型选择**：根据开发层系、构造位置和地下水动力条件，并结合邻井产水情况，选择泵型。煤层气井排采的泵型主要有杆泵、螺杆泵和电潜泵，煤层气井排采设备的泵型及其特征如表 6-8 所示。

表 6-8　煤层气井排采设备的泵型及其特征

设备类型	型号	理论排量/(m³/d)	优点	缺点
抽油机	CYJY3-1.5-6.5HB	5.9～63.8	泵的价格便宜，排量选择空间大	维护量大，防砂、煤粉能力差
螺杆泵	GLB300-21	15.2～50	维护量小、防砂、煤粉能力强	换泵的价格较高，排量选择空间小
电潜泵	QYB101-50-500S	24～65	维护量小、防砂、煤粉能力强	换泵的价格较高，排量选择空间小

(2) **抽油杆选择**：根据 D19mm，D 级抽油杆的抗拉强度测算，D57mm 管式泵最大下泵深度为 1020m。根据 D25mm，D 级抽油杆的抗拉强度测算，D70mm 管式泵最大下泵深度为 1020m。若选择 H 级的高强度抽油杆，抗拉强度可满足排采需求，但同尺寸 H 级高强度抽油

杆价格比普通 D 级抽油杆价格高 16.7%，不符合煤层气低成本开发的要求。因此，沁水盆地南部煤层气井中以普通的 D19mm 抽油杆为主，少量应用 D25mm 抽油杆。

（3）**油管选择：**目前油管钢级主要有 J55 油管和 N80 油管（表 6-9）。按 D70mm 大泵、深度 945m 计算油管载荷，J55 油管利用率最大 37.54%。因此 J55 油管即可满足要求。

表 6-9　J55 油管和 N80 油管基本参数对比表

钢级	油管外径/mm	壁厚/mm	螺纹抗拉强度/kN	平均重量/(kg/m)	945m 油管重量/kN	以 70mm 泵计算液柱载荷/kN	总载荷/kN	利用率/%
J55	73	5.51	329.2	9.5	87.98	35.61	123.59	37.54
N80	73	5.51	478.9	9.5	87.98	35.61	123.59	25.81

2）煤层气井排采控制

煤层气井排采过程中渗透性动态变化取决于三个方面：一是有效应力效应对煤储层渗透率的影响；二是煤基质收缩效应对煤储层渗透率的影响；三是气体滑脱效应对煤储层渗透率的影响。

煤层气排采控制的目的是在煤层气井排采过程中使煤储层渗透性向有利于煤层气产出方向动态变化。

为确保煤层气生产井能够稳定、持续高产，煤层气排采需采用合理的排采工作制度。

根据沁水盆地南部煤层气井排采的成功经验，煤层气井的排采工作制度一般有定压排采和定产排采两种。

（1）定压排采。

为确保煤层气生产井能够稳定、持续高产，在煤层气排采的早期采用定压排采作为正常生产的工作制度。

定压排采关键性工艺技术是有效地控制井底流动压力与储层压力之间的压差，适度控制井筒附近的流体流动速率，以保证煤粉等固相颗粒物、水、气的均匀、正常产出。在排采过程中主要通过调整产水量和井口套管压力来控制井底流动压力与储层压力之间的压差。

（2）定产排采。

当煤层气生产井达到产气高峰期时，为了有效地控制煤层气产量，可以采用定产排采进行正常的生产。

在煤层气排采过程中做好液面控制和套管压力控制是煤层气井排采控制的关键。在煤层气排采的不同时期应采用不同的工作制度，在前期排水为主的阶段，工作制度以控制动液面为核心来制定；在后期产气为主的阶段，以控制套压为核心来制定。

液面控制：煤层气井排采初期，主要排水阶段，煤储层应力敏感性强，排水试气液面要逐步下降，初期每天降液速度要小，以防止井底生产压差过大，造成吐砂和煤粉。见气后要控制液面基本稳定进行观察，然后控制降液速度排采，具体的抽排强度和液面下降速度都要根据测试数据和返出液体的性质来确定。根据试气和煤粉排出状况，进行清洗煤层的作业，清洗作业必须将井筒内的砂和煤粉洗净。

套管压力控制：煤层气井排采，油管出口进分离器，关套管闸门，当解吸气产出后，打开套管闸门进分离器测气。根据套压的高低决定油嘴大小，防止砂、煤粉颗粒运移造成井筒附近煤层堵塞。在煤层气生产过程中，在保持一定回压确保煤层安全的前提下，应尽可能降低套压或防压(不保持套压)生产，以利于煤层平均压力的降低，扩大煤层气的解吸范围，获得高产气。根据山西蓝焰煤层气公司经验总结，套压一般应保持在 0.3MPa 以上。

煤层气井排采控制技术是煤层气井排采工程的重要内容，对煤层气井产量会产生重要影响，该部分内容将在 8.5 节中详细介绍。

6.2.5　煤层气集输与利用工程

煤层气集输是指在煤层气田内，将煤层气井采出的煤层气汇集和输送的全过程，包括煤层气除尘、脱水、脱硫、汇集和输送等工程(图 6-6 和图 6-7)。

煤层气井集输的特点和难点，一方面，煤层气井大都采用网格状布井，井间距离一般为几百米，井间距小、井的数量多，同时煤层气井的单井产气量低、井口压力低，不同的煤层气井的气产量和井口压力差别很大，气井的日产气量可能从几百立方米到几千立方米不等，井口压力也在略高于大气压与十几个大气压之间变化，产气量和压力高的煤层气井往往影响产气量与压力低的煤层气井，因此煤层气井的集输要求尽量降低气井之间压力差异的相互干扰；另一方面，煤层气的生产要求降低煤层气井的井口压力，以提高气井的产量，因此，煤层气井的集输要求尽量降低管道工作压力。

煤层气井的集输方式通常有枝状集输方式和成组型集输方式。枝状集输：以树枝状布局的多井集输工艺。成组型集输：针对多井，集气管道分组进行集输的工艺。

枝状集输方式下气井之间的干扰相对较大，因此针对煤层气生产井井间距较小、单井气产量较低、井口压力低、压力差异大等特点，成组型多井集气、集中处理的集输方式，即首先根据地形、地势等条件将煤层气井分组，每组有几到十几口气井，各井分别单独向各自的多井集气站输气，然后各多井集气站再到集中处理站统一处理。

煤层气主要成分为甲烷(CH_4)，约占 95%，其次含有少量的 CO_2 和 N_2，故又称煤层甲烷，其成分与常规天然气基本相同，可与常规天然气混输、混用，是与天然气有同等价值的优质能源和化工原料。作为一种新型的能源，煤层气具有广泛的市场前景。我国天然气资源相对贫乏，煤层气市场广阔。开发的煤层气也可以就地转化，用于民用、发电、汽车燃料，或生产甲醇、二甲醚等化工产品。主要用途有如下几个方面。

(1)民用。煤层气清洁无毒害、热值高(高达 8500～9000Cal/m^3)(1Cal=4186.8J)，是替代水煤气的最佳民用燃料，因此煤层气可以用于居民燃气管道，用于日常生活中代替煤气进行集中供气和集中采暖。

(2)煤层气发电。煤层气还可以用于发电，通常国内的燃气机组每立方米煤层气可以发电 3.0kW·h 左右，国外的燃气机组热效率相对较高，每立方米煤层气可以发电 3.6kW·h 左右。如晋煤集团利用井下抽放的瓦斯，已经建成寺河 120MW 煤层气发电厂、成庄热电分公司 18MW 瓦斯发电厂、王台热电分公司 36MW 瓦斯发电厂和寺河 15MW 瓦斯电站，正在筹建成庄热电分公司瓦斯发电二期扩建工程(16MW)、王台热电分公司瓦斯发电二期扩建工程(24MW)和更大规模的胡底瓦斯发电工程(150MW)。

(3)煤层气汽车。煤层气汽车与天然气汽车类似，1m^3 煤层气的热值与 1.1～1.3L 汽油辛烷的热值相当,国外天然气汽车技术已推广应用了 60 多年。煤层气汽车具有显著的经济效益，它可降低维修费用 50% 左右，节约燃料费 30%～50%，同时可减少大量油料运输费，还可带动相关产业发展。

（4）煤层气化工。煤层气是优质的化工原料，可以生产甲醇、合成氨和炭黑等化工产品，煤层气生产化工产品的工艺简单。对于高浓度煤层气而言，每立方米煤层气可分别生产合成氨 1.48kg、甲醇 1.09kg 和炭黑 0.23kg。

除上述几项煤层气井工程外，还有供电工程，是确保煤层气抽采井和增压站的动力驱动系统的正常运行的前提条件。

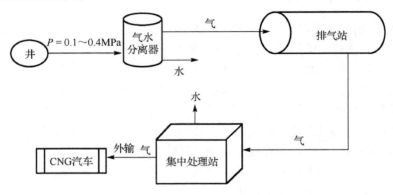

图 6-6　煤层气集输工程工艺流程示意图

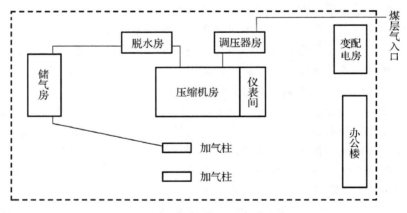

图 6-7　煤层气集中处理站总平面图

6.3　煤与煤层气协调开发工程

煤与煤层气两种资源具有同源共生的特点，决定了煤炭开采与煤层气开发密切相关且相互影响。传统瓦斯抽采以井下钻孔抽采为主，主要在生产区进行，抽采效果差，抽采浓度低，抽采时间长，影响煤矿的安全高效开采。因此，从 20 世纪 90 年代开始探索煤与煤层气协调开发技术，通过地面煤层气抽采能有效降低煤层气含量和煤储层压力，有利于煤炭资源的安全开采和采掘活动的衔接；煤炭开采引起岩层移动，使邻近层的透气性显著提高，有利于煤层气资源的高效抽采。

"煤与煤层气协调开发工程"是将煤与煤层气作为资源一起开发，包括先采气、后采煤、采气采煤一体化。目前，以保护层卸压和强化预抽技术为代表的区域性瓦斯治理技术，称为

"淮南模式"，在国内多煤层高瓦斯矿区广泛应用[15-17]。

20 世纪 90 年代初，随着山西晋城无烟煤矿业集团有限责任公司（简称"晋煤集团"）东部老区煤炭资源逐步衰竭，煤炭开采不得不向西部新区转移。西部新区煤炭开采面临的主要问题是瓦斯含量太高，生产实践证明仅仅靠传统的瓦斯抽采，不能满足矿井衔接和安全生产的需要，如何有效降低煤层瓦斯含量成为了制约煤矿安全生产的首要问题。为了实现煤矿安全高效生产，从根本上解决瓦斯问题，晋煤集团开始从地面和井下两个方面治理瓦斯，提出煤层的瓦斯含量未降至 $8m^3/t$ 以下不开掘、未达到《煤矿瓦斯抽采基本指标》不回采，并针对我国许多地区实行单一煤层开采，井下和地面抽采煤层气（瓦斯）的情况，成功地开发了煤矿规划区、开拓准备区、生产区"三区"联动煤层气开发模式，采后继续对煤矿采空区进行抽采，建立了立体抽采工艺与配套技术，称为"晋城模式"，并在国内推广应用，并取得了好的效果[18-20]。

通过实施地面钻井、井下顺煤层长钻孔预抽、边采掘边抽、采空区抽放相结合，对单一中厚煤层气进行抽采，实现煤炭与煤层气资源的合理开发、综合利用及两类产业的健康发展。

通过晋煤集团多年的实践和研究[21]，探索出煤与煤层气协调开发模式主要包括以下两方面内容。

（1）时间上，保持煤层气（瓦斯）预采与矿井的开发协调一致，形成地质勘探、地面预抽、矿井建设、煤炭开采、采中抽采、采后抽采的煤与煤层气协调开发技术。

（2）在空间上，保证地面煤层气抽采井位的布置与矿井开拓与采掘布置衔接柜适应，实现煤炭开采与煤层气开发协调防治目的。

6.3.1　煤与煤层气协调开发模式

根据煤炭开发时空接替规律，将煤矿区划分为煤炭生产规划区（简称规划区）、煤炭开拓准备区（简称准备区）与煤炭生产区（简称生产区），简称煤矿"三区"。煤与煤层气协调开发就是指煤矿"三区"煤层气地面抽采与井下抽采在时间和空间上与煤矿生产相协调，通过抽采为煤炭开采创造出安全开采的条件；同时充分利用采煤过程中岩层移动对瓦斯卸压作用并根据岩层移动规律来优化抽放方案、提高抽出率等（表 6-10）。煤与煤层气协调开发模式如下[21]。

（1）规划区开采：规划区的煤炭资源一般在 5～8 年其至更长时间以后方进行买煤作业，留有充分的煤层气预抽时间。煤炭规划区，可以采用地面直井、丛式井、水平井等多种方式进行最大限度的超前预抽，实现煤与煤层气两种资源的有效协调开发，最好提前 15 年进行预抽。

（2）准备区开采：准备区是煤炭生产矿井近期（一般为 3～5 年内即将进行回采的区域）。煤炭开拓准备区，一般在 3～5 年转化为煤炭生产区，超过 5 年以上会增加维护成本，时间太短因瓦斯解吸时间不足会造成瓦斯含量和瓦斯压力不达标。晋煤集团首创了井上下联合抽采技术，充分发挥"地面压裂技术"与"井下定向长钻孔技术"的优势叠加，为准备区加速转化为生产区创造了条件。

（3）生产区开采：生产区即煤炭生产矿井现有生产区域；煤炭生产区，虽然已经实现了区域抽采达标，但为保障煤炭安全高效生产，仍然需要进行本煤层钻孔抽采。如果瓦斯含量和瓦斯压力高于煤矿安全生产容许阈值，应实施边抽边采同时采动区地面抽采技术，提高煤层气抽采率。

通过三区联动立体抽采，可以实现三区瓦斯抽采的科学布局和有序接替，解决一直困扰高瓦斯矿井的抽、掘、采衔接紧张问题，促进矿井安全高效生产，引领高瓦斯矿区煤与煤层气的高效开采。

表 6-10　煤与煤层气协调开发模式[21]

抽采区域	煤炭规划区	煤炭开拓准备区		煤矿生产区	煤矿采空区
		煤矿开拓区	煤矿准备区		
	原岩应力区	采动影响区			采空区
抽采方法	超前预抽	先抽后采	边抽边掘	边抽边采	采后抽采
抽采条件	煤层气(瓦斯)含量高于煤矿安全开拓容许值，提前5~10年或更早时间超前预抽	煤层气(瓦斯)含量低于安全开拓容许值但高于煤矿安全生产容许值且瓦斯压力高于安全生产容许值，提前3~5年或更长时间先抽后采	煤层气(瓦斯)含量和煤层气(瓦斯)压力高于煤矿安全生产容许值，应边抽边掘	煤层气(瓦斯)含量和煤层气(瓦斯)压力高于煤矿安全生产容许值，应实施边抽边采	采空区抽采
技术体系	地面直井或丛式井或水平井	地面与井下联合抽采和/或井下区域抽采		井下区域抽采和/或采动影响区L形井抽采	地面或井下采空区抽采

6.3.2　煤与煤层气协调开发技术

1. 煤层气井下区域抽采技术

针对晋城矿区井下抽采实际情况，采用定向长钻孔钻进工艺，创新了区域递进式抽采技术和条带迈步式抽采技术，与地面煤层气抽采技术相配合，成功实现了地面与井下联合抽采，建立了井上下联合抽采技术体系，消除了抽采的盲区和死角，实现了真正意义上的抽采达标[21]。

(1)定向长钻孔钻进工艺：随着我国煤炭综采技术的推广和发展，对煤层气抽采量和抽采效率提出更高的要求。对于高瓦斯矿区实施沿煤层长钻孔瓦斯抽采技术，进行本煤层模块抽采可减少专用巷道掘进量、减少钻孔工程量、缩短工作面准备时间、降低吨煤成本，同时可满足高产高效综采技术的要求，为煤矿的安全生产提供有力保障。近10年来，晋煤集团通过引进澳大利亚千米钻机和通过与煤炭科学研究总院合作，在晋城西区和成庄煤矿进行了有益的探索，逐渐形成了以顺煤层模块式钻孔抽采工艺技术为主的煤矿井下顺煤层大口径千米长钻孔钻进工艺技术。

(2)区域递进式抽采技术：在采煤工作面生产的同时，利用巷道向接替面施工定向长钻孔，实施区域抽采，实现回采面与接替面的循环递进、良性接替(图6-8)。

(3)条带迈步式抽采技术：矿井掘进按双巷或多巷组织生产。一条巷道掘进，其他巷道前方布置条带式定向长钻孔抽采，抽采达标后进行掘进，多条巷道循环往复(图6-9)。该技术的成功应用，对实现井上下联合抽放提供了技术支撑。

2. 煤层气地面采动区抽采技术

把地面抽采井施工到采掘工作面的动压影响区，利用卸压增透技术提高抽采效率，有效降低煤炭回采引起的瓦斯不均匀涌出，解决了工作面上隅角瓦斯超限问题。煤层气地面采动区抽采是指在距井下采煤工作面前方一定距离，在地面打垂直井进入主采煤层顶板，进行抽采。随煤炭开采工作面向前推进，抽放井附近煤层顶板的采动影响范围逐渐扩大，气井产气量增加，逐渐达到最高值。随工作面逐渐远离，气井产气量降低，直到报废。

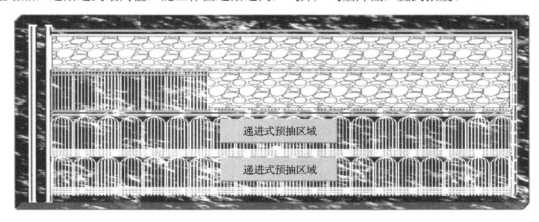

图 6-8　区域递进式抽采示意图[21]

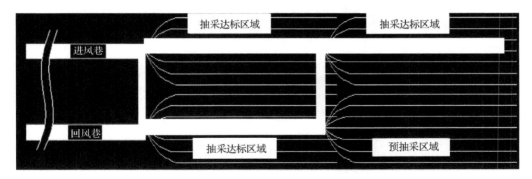

图 6-9　条带迈步式抽采示意图[21]

　　对于煤层气含量较高，煤层层数较多、且层间距也不大，煤炭开采导致采动影响区范围内的邻近层气源对气井补给条件较好。随矿井开采深度增大，煤层气含量逐渐增高，煤层气资源丰度增大。因此，会有越来越多的煤层气资源适应使用地面采动区抽采技术。

　　煤层气地面采动区抽采主要是开发受煤矿采动影响区域的煤层气资源。受煤矿采动影响，不仅会使煤层应力释放，裂隙开启，煤储层渗流能力增强，抽采会更容易。煤层气地面采动影响区抽采采用的井型由直井和 L 形井。L 形井因井的空间形态形似字母"L"而得名，作为一种煤层气开发井型（图 6-10 和图 6-11），相比传统的煤层气垂直井和多分支水平井具有显著优点：单井有效抽采范围远高于垂直井，而钻井成本和施工难度远低于多分支水平井，是一种经济、高效的煤层气开发井型。

　　L 形井钻井采用三开模式，一开为垂直段，二开为垂直和造斜段，三开为造斜和水平段，水平段位于煤层中。具体钻井方法为：一开与常规钻井相同，钻头钻入第四系稳定基岩 5～10m 位置止钻，下入表层套管固井；二开垂直钻进至设计造斜点处开始定向钻进，直至设计着陆点，在此期间，井斜逐渐由 0° 增加至近水平，随后下入技术套管固井；三开采用三开钻头继续定向钻进，在煤层中形成一段水平段，直至设计井深完钻。三开可根据煤层气开发地质条件，采用裸眼、筛管或下套管射孔等多种方式完井。

　　L 形井技术把地面抽采井施工到采掘工作面的动压影响区，利用卸压增透技术提高抽采效率，有效降低煤炭回采引起的瓦斯不均匀涌出，解决了工作面上隅角瓦斯超限问题，杜绝了工作面瓦斯超限。

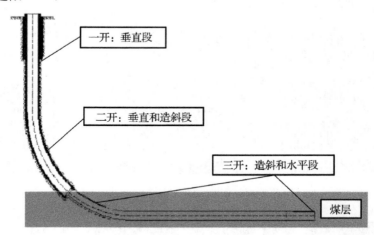

图 6-10　L 形井井身结构示意图

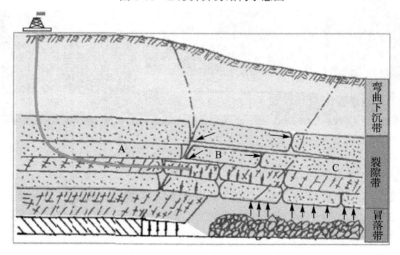

图 6-11　采动影响区 L 形井示意图

A—原岩应力区+支承压力区；B—卸载压力区；C—应力恢复区

3.　井上下联合立体抽采技术

　　采用地面水平羽状井和 U 形井钻井技术，发挥"地面压裂工艺"与"井下定向长钻进"工艺优势，形成地面与井上下联合抽采技术，实现准备区煤层气（瓦斯）的高效抽采（图 6-12）。

　　通过井上下立体抽采，降低了煤层气（瓦斯）含量和压力，为保障矿井安全生产发挥了重要作用，实现了高瓦斯矿井低瓦斯生产，提高了矿井安全生产水平。

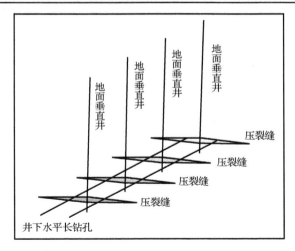

图 6-12 地面与井上下联合抽采示意图

6.4 煤层气地面开发井网优化方法

煤层气井网优化与部署是煤层气开发方案的重要组成部分,也是开发工程中的关键环节,科学、合理的井网部署可以不仅保障煤层气开发的顺利实施,而且可以有效利用煤层气资源,提高煤层气采收率与经济效益。我国地面煤层气开发的主要井型以直井为主,多年来直井开发经历了广泛的实践检验,取得了一定的认识。井网部署研究中综合地质因素、开发要素及经济效益评价,可提高煤层气动用储量、采收率和经济效益[8-14]。

6.4.1 井网优化参数

1. 井型选取

目前我国原岩应力区煤层气开发区主要应用井型采用直井和丛式井。在煤层气开发中,由于受地质、地面条件的限制,直井很难满足开发效益和环境保护的需求,因此,为最大限度地保护环境、降低投资,在开发方案设计上,常采用丛式井、水平井与直井相结合的模式进行井位部署,同时考虑其他水平井井型的应用。如中石油华北油田公司在沁水盆地南部樊庄区块煤层气开发中主要采用直井,实施少量丛式井;而郑庄区块开发中考虑地形地貌,尽量不破坏林场、避开水库、少占耕地,采用较多丛式井[1,22]。

2. 井网样式

实践证明,选定煤层气开发目标区块以后,煤层气开发井网布置的合理与否,既关系到单井产量的大小,又关系到区域开发的成败。为此,依据对目标区的地质评价和储层认识,运用先进的储层模拟手段,对目标区块的煤层气开发井网进行优化就是必不可少的工作。煤层气勘探开发井网的布置包括井网的布置样式(井间的平面几何形态)、井网方位和井间距等方面。

合理的井网布置样式,不仅可以大幅度地提高煤层气井产量,而且会降低开发成本。煤层气井井网布置样式通常有不规则井网、矩形井网、五点式井网等。

不规则井网：在受地形限制或地质条件发生强烈变化的情况下，采取的一种布井形式，是一种非常规的煤层气布井形式。

矩形井网：要求沿主渗透和垂直于主渗透两个方向垂直布井，且相邻的四口井呈一矩形。矩形井网规整性好，布置方便，多适用于煤层渗透性在不同方向差别不大的地区；矩形井网布井的主要缺陷是：在相邻 4 口井的中心位置，压力降低的速度慢、幅度小，导致排水采气的效率低。

五点式井网：要求沿主渗透方向和垂直于主渗透两个方向垂直布井，且相邻的四口井呈一菱形。五点式井网是煤层气开发常用的布井形式，该布井形式的最大优点是，在煤层气开发排水降压时，在井与井之间的压力降低比较均匀，可以达到开发区域同时降压的目的。

3. 井网方位

对煤层气开采而言，压裂裂缝的主要作用是沟通煤层的天然裂隙，提高煤层气产量。因此，煤层气工业界通常将矩形井网的长边方向与天然裂隙主导方向平行或与人工压裂裂缝方向平行，以实现尽可能地提高煤层气产量、降低开发投资。因此，井网方位的确定通常依赖于人工压裂裂缝方位和主导天然裂隙方位。

天然裂隙主导方向：煤层中的天然裂隙是影响煤层渗透性的重要因素，因此煤中裂隙的主要延伸方向往往是渗透性较好的方向。

人工压裂裂缝方向：根据岩石力学原理和生产实践，在人工压裂施工过程中，其压裂裂缝多沿垂直于现今最小主应力方向延伸。

根据天然裂隙主导方位和人工压裂裂缝延展方向，确定煤层气开发矩形井网的长边。

如在沁水盆地南部以 NE 向断裂构造方向最为发育，最大主应力方向为 NEE 向，因此煤储层压裂后沿 NE 向和 NEE 方向煤层渗透率可能高于其他方向，因此在该地区矩形井网的长边方向应设计为 NE 或 NEE 向较为有利。

4. 井间距优化

井间距是产量预测和经济评估的重要参数，它决定着煤层气开发的经济效益和煤层气资源的回收率。井间距的大小取决于储层的性质和生产规模对经济性的影响以及对采收率的要求。

为确定煤层气开发的合理井间距，通过对煤储层条件研究的基础上，采用数值模拟与经济评价相结合的方法进行，主要流程和步骤，如图 6-13 所示。

(1)根据研究区实际情况建立地质模型、设计井网方案。

(2)通过数值模拟计算不同井网方案下的生产动态，并进行开发指标的优化对比。

(3)对设计的不同井网方案进行经济评价，计算其税后累积现金流等主要经济指标。

(4)综合分析不同井网的开发指标和经济指标，确定合理的井网密度和井距。

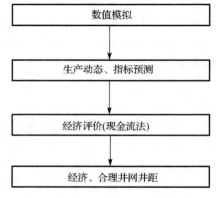

图 6-13　合理井距研究主要流程

6.4.2　煤层气开发井网优化实例分析

本次研究利用 ECLIPSE 数值模拟软件的 COALBED 模块（模型采用的是修正后的 Warren&Root 双重介质模型），模拟预测不同井网型式和井排距的开发效果，通过开发技术指标对井网形式、井排距依次进行优化研究，确定合理的井网井距。

1. 模型建立及方案设计

以沁水盆地东南部潞安、赵庄和长平等煤矿区为例，建立地质模型如图 6-14 所示，其中 X 方向 75 个网格，Y 方向 75 个网格，压裂裂缝半长 80～100m，以网格表征压裂裂缝（增加其渗透率），采用矩形井网，沿最大主应力方向井距适当加大。需要重点说明：在数值模拟中，利用等效导流能力的方法模拟压裂裂缝。所谓"等效导流能力"是指适当地扩大缝宽而同时等比例缩小裂缝渗透率，保持裂缝导流能力即缝宽与缝中渗透率乘积不变的做法处理压裂裂缝。

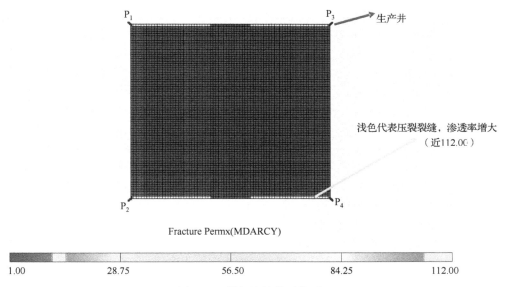

Fracture Permx(MDARCY)

图 6-14　模拟计算地质模型

由于沁水盆地东南部不同埋深地区的原始含气量、等温吸附特征、地应力、渗透率、煤层气产能差别较大，对开发井网井距的要求也不同，因此根据埋深划分了三个区块（分别为 500m 以浅区域、500～1000m 区域、1000m 以深区域），分别进行合理井距的模拟计算，其具体参数及模拟方案见表 6-11。

表 6-11　沁水盆地东南部不同埋深区域主要参数及井网井距方案设计

分类	PL /MPa	VL /(m³/t)	储层压力系数	煤厚 /m	含气量 /(m³/t)	储量丰度 /(10⁸m³/km²)	渗透率 /md	方案设计
500m 以浅	2.1	29	0.6	5.6	12	0.96	0.5～1	5 种井距：250m×200m、300m×250m、300m×300m、350m×300m、400m×350m

续表

分类	PL /MPa	VL /(m³/t)	储层压力系数	煤厚 /m	含气量 /(m³/t)	储量丰度 /(10⁸m³/km²)	渗透率 /md	方案设计
500～1000m	2.2	31	0.6	5.6	15	1.21	0.1～0.5	5种井距：250m×200m、250m×250m、300m×250m、350m×300m、400m×350m
1000m以深	2.3	33	0.6	5.6	20	1.62	0.01～0.1	5种井距：250m×200m、250m×250m、300m×250m、350m×300m、400m×350m

2. 主要参数和生产制度设置

主要的参数包括地质参数（表6-11）和岩石及流体参数（表6-12）、等温吸附曲线（图6-15）和气-水相对渗透率曲线（图6-16）。

表6-12　岩石、流体参数取值表

名称	数值	名称	数值
气体比重	0.57	岩石的压缩系数/10⁻⁴MPa⁻¹	4.35
水的地层体积系数	1.01	扩散系数/(m²/day)	0.003
水的黏度/MPa·s	0.73	气藏温度/℃	30
水的压缩系数/10⁻⁴MPa⁻¹	4.4		

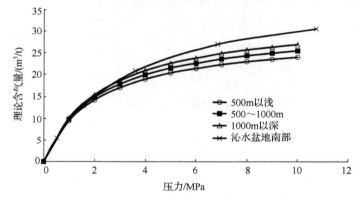

图6-15　研究区不同深度煤储层等温吸附曲线对比图

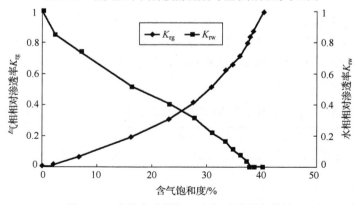

图6-16　实验室实测气、水相对渗透率曲线

生产制度的设置：主要是参考本区已有生产井的排采制度和生产管理经验，模拟中采用定产水进行生产，初期单井产水量设定为 $2\sim3m^3/d$。

3. 模拟结果分析

1）500m 以浅区域

在 500m 以浅区域主要地质特征是渗透率高、含气量低（$12m^3/t$）、储量丰度低，井距优化时应以单井控制较大的储量、最终采出更多的气量为目的，建议井距适当放大。由图 6-17 和图 6-18 可以看出，由于含气量低，因此单井的产量较低，最高日产气在 $1200\sim1300m^3/d$。随着井距的增大，累积产气量增大，采出程度降低，当井距从 350m×300m 增加到 400m×350m 时，累积产气量由 494 万 m^3 增加到 547 万 m^3，仅增加了 11%，但采出程度从 50% 降到 40%，降幅达 20% 左右，因此整体考虑累积产气量及最初采出程度，确定 350m×300m 的井距为合理井距。

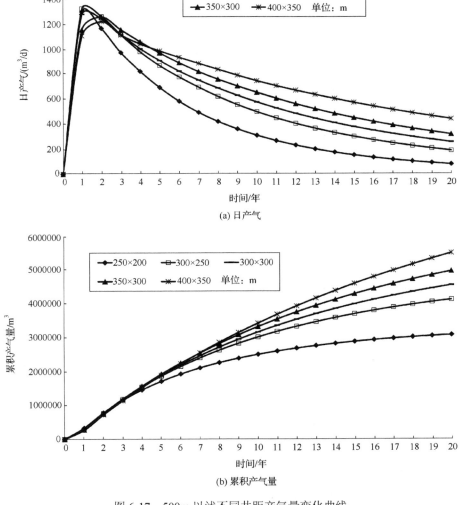

(a) 日产气

(b) 累积产气量

图 6-17　500m 以浅不同井距产气量变化曲线

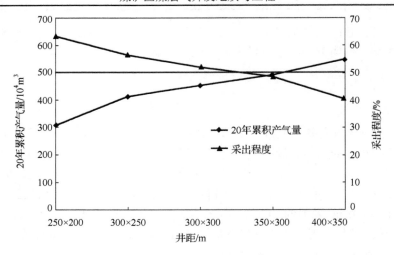

图 6-18　500m 以浅不同井距累积产气量及采出程度

不同井距下计算的日产气和累积产气量数据如表 6-13 所示。

表 6-13　500m 以浅不同井距下产气量对比

生产时间/a	250m×200m		300m×250m		300m×300m		350m×300m		400m×350m	
	日产气/(m³/d)	累积产气量/10⁴m³	日产气/(m³/d)	累积产气量/m³	日产气/(m³/d)	累积产气量/m³	日产气/(m³/d)	累积产气量/m³	日产气/(m³/d)	累积产气量/m³
0	0	0	0	0	0	0	0	0	0	0
1	1295	34	1320	29	1277	30	1154	28	1105	27
2	1164	78	1258	77	1240	77	1255	74	1218	73
3	973	116	1115	119	1116	119	1154	118	1113	114
4	818	145	980	154	1005	156	1059	156	1042	152
5	689	171	865	186	908	189	971	192	986	188
6	583	192	773	214	821	219	889	224	935	222
7	494	210	692	239	748	246	817	254	885	255
8	420	225	620	262	685	271	755	282	835	285
9	360	238	556	282	628	294	701	307	787	314
10	310	250	499	301	577	315	651	331	743	341
11	268	260	449	317	529	335	605	353	703	367
12	232	268	405	332	486	352	562	374	668	391
13	202	275	366	345	446	369	523	393	635	414
14	176	282	332	357	411	384	486	410	603	436
15	154	288	302	368	379	397	451	427	573	457
16	136	292	274	378	350	410	420	442	544	477
17	119	297	250	388	324	422	392	457	517	496
18	105	301	228	396	300	433	366	470	491	514
19	93	304	208	403	278	443	342	482	466	531
20	82	307	191	410	258	453	320	494	443	547

2) 500～1000m 区域

由图 6-19 和图 6-20 可以看出,在 500～1000m 埋深条件下含气量有所增加,达到 15m³/t,但渗透率有所降低,单井产气量有所增加,单井初期日产气量可达 1400～1500m³/d。采用与前面相同的分析方法,综合考虑产气情况及采出程度,确定 300m×250m 的井距比较合理,该井距条件下单井初期日产气较高、20 年累积产气量较高、期末采出程度可达到 50%以上。

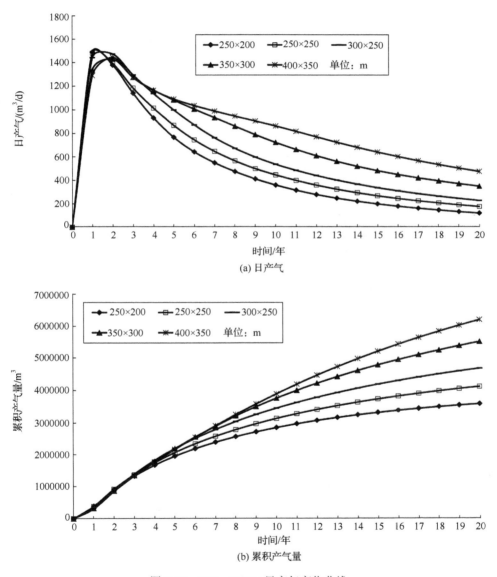

图 6-19　500～1000m 日产气变化曲线

不同井距下计算的日产气和累积产气量数据列于表 6-14 中。

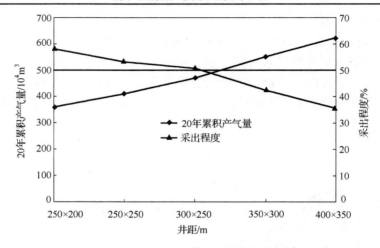

图 6-20　500～1000m 不同井距累积产气量及采出程度

表 6-14　500～1000m 深度内不同井距下产气量对比

生产时间/a	250m×200m		250m×250m		300m×250m		350m×300m		400m×350m	
	日产气/(m³/d)	累积产气量/10⁴m³	日产气/(m³/d)	累积产气量/m³	日产气/(m³/d)	累积产气量/m³	日产气/(m³/d)	累积产气量/m³	日产气/(m³/d)	累积产气量/m³
0	0	0	0	0	0	0	0	0	0	0
1	1488	39	1480	38	1441	34	1336	32	1289	31
2	1378	91	1391	92	1472	90	1429	86	1444	85
3	1140	132	1184	137	1294	139	1274	134	1272	133
4	931	166	1014	174	1137	182	1166	178	1164	176
5	767	194	868	206	999	218	1082	218	1091	216
6	643	218	746	233	872	250	1006	254	1036	253
7	550	238	647	257	763	278	933	288	989	290
8	476	255	566	277	673	303	861	320	946	324
9	414	271	500	296	598	324	789	349	904	357
10	362	284	447	312	537	344	723	375	862	389
11	319	295	401	327	486	362	664	399	817	418
12	283	306	362	340	442	378	610	422	771	447
13	251	315	328	352	404	393	562	442	725	473
14	225	323	298	363	370	406	520	461	682	498
15	201	330	272	373	340	419	483	479	641	521
16	181	337	249	382	314	430	451	495	603	544
17	163	343	228	390	290	441	422	511	568	564
18	147	348	210	398	269	451	397	525	535	584
19	133	353	193	405	249	460	374	539	504	602
20	121	358	179	411	232	468	353	552	477	620

3）1000m 以深区域

在 1000m 以深区域渗透率低、含气量高、煤层气储量丰度高、压裂裂缝易闭合，因此井距优化时应以提高初期产气量和最终的采出程度为主要目的，建议井距适当缩小。如图 6-21 和图 6-22 所示，由于含气量高，单井初期日产气量可达 1700～1900m³/d，且井距越小，初期产气量越高。综合考虑产气及采出程度(初期产量高、期末采出程度 50%以上)，900m 以深区域合理井距应在 250m×250m 左右。

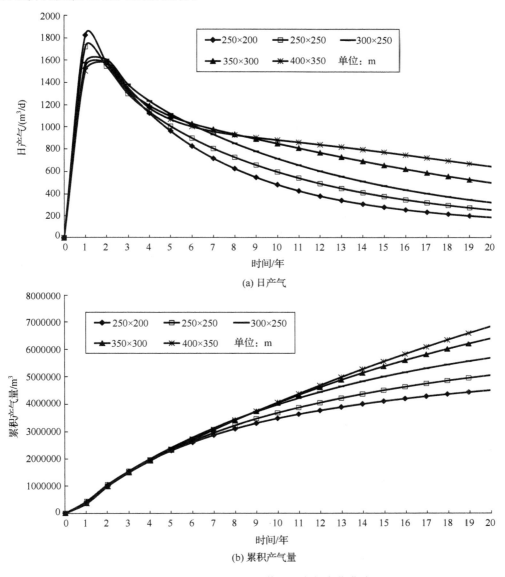

(a) 日产气

(b) 累积产气量

图 6-21　1000m 以深不同井距日产气变化曲线

1000m 以深区域不同井距下计算的日产气和累积产气量数据列于表 6-15 中。

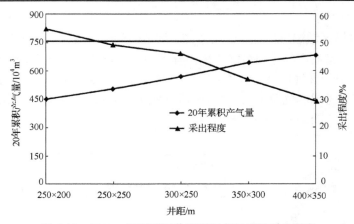

图 6-22　1000m 以深不同井距累积产气量及采出程度

表 6-15　1000m 以深不同井距下产气量对比

生产时间/a	250m×200m		250m×250m		300m×250m		350m×300m		400m×350m	
	日产气/(m³/d)	累积产气量/10⁴m³	日产气/(m³/d)	累积产气量/m³	日产气/(m³/d)	累积产气量/m³	日产气/(m³/d)	累积产气量/m³	日产气/(m³/d)	累积产气量/m³
0	0	0	0	0	0	0	0	0	0	0
1	1825	42	1720	44	1575	40	1543	37	1501	36
2	1575	103	1544	105	1606	102	1579	98	1579	98
3	1321	154	1297	154	1381	155	1331	149	1350	152
4	1124	195	1134	196	1232	200	1190	192	1169	196
5	962	230	1006	232	1116	241	1096	232	1068	235
6	829	260	899	265	1018	278	1029	270	1002	272
7	718	286	807	295	932	312	978	306	958	307
8	625	309	728	321	853	343	933	340	927	340
9	547	329	657	345	782	371	891	372	903	373
10	482	347	595	367	716	398	851	403	882	406
11	427	362	540	387	657	422	811	433	862	437
12	380	376	492	405	603	444	770	461	842	468
13	341	389	449	421	554	464	731	488	820	498
14	308	400	410	436	510	482	692	513	798	527
15	279	410	377	450	471	500	655	537	774	555
16	254	419	346	463	435	516	620	560	748	583
17	233	428	320	474	402	530	587	581	723	609
18	215	436	296	485	373	544	556	602	696	634
19	199	443	275	495	347	557	527	621	670	659
20	185	450	255	504	323	568	499	639	645	682

　　总之,煤层埋深浅,渗透率高,含气量低,单井产量低,但采收率高;煤层埋深大,渗透率低,含气量高,单井产量高,但采收率低。因此,建议埋深浅的区域适当扩大井距以提高单井控制储量和累积产气量,而埋深大的区域可适当缩小井距提高初期产气量和最终采收率。

　　模拟结果表明,随着井距的增大,最终采收率降低,为了达到较好的开发效果可以选用较小的井距,但是缩小井距、增大井网密度又加大了投资,降低了收益,因此有必要结合经济评价的结果进一步优化井距。

4. 基于经济评价的合理井距

本次计算选取 $1km^2$ 面积作为计算单元，根据不同井距计算单元内井数和产量，对 500m 以浅、500～1000m、1000m 以深三种情况分别进行现金流分析。

现金流是项目从方案设计开始到项目结束的整个期间各年现金流入量与流出量的总称，在长期投资策中应以现金流出作为项目的支出，以净现金流量作为项目的净收益，并在此基础上评价投资项目的经济效益。

1）经济评价主要参数

通过现场实际的产气过程，确定沁南-夏店区块不同井深的单井投资如下：500m 以浅：200 万/井；500～1000m：220 万/井；1000m 以深：240 万/井。该区主要的经济评价参数如表 6-16，据此可计算不同深度下、不同井网井距条件下的净现金流，评价其经济性。

表 6-16　主要经济评价参数表

项目	参数	项目	参数
煤层气商品率	98%	教育附加税率	3%
井口气价	1.38 元/m³	评价期限	20 年
煤层气补贴	0.2 元/m³	所得税率	25%
基准收益率	10%	长期借款利率	6.90%
增值税率	13%(先征后返)	短期借款利率	6.56%
城建维护税率	5%		

2）结果及分析

在 500m 以浅区域：图 6-23 为 500m 以浅区域不同井距下的采收率及税后累积现金计算结果，可以看出，随着井距增加，期末采收率下降，而累积现金流呈现先上升后下降的趋势，主要原因是小井距时，投资大，经济效果差；而井距过大时，区块累积产气量量低，销售收入低，经济性也差。综合考虑采收率和经济性，确定 350m×300m 的井距为合理井距，此时累积现金流最大，采收率也可达到 50% 以上。

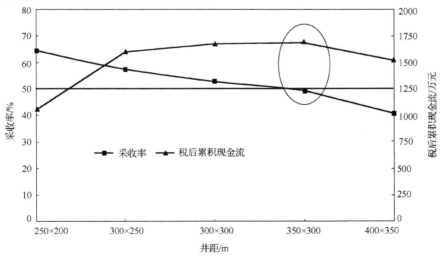

图 6-23　500m 以浅不同井距下评价期内采收率及税后累积现金流

在埋深 500m～1000m 区域：结果如图 6-24 所示，与前面分析一样，300m×250m 的井距累积现金流最大，采收率 50%以上，可作为合理的井距。

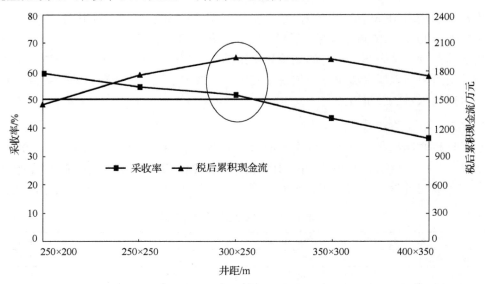

图 6-24　500～1000m 内不同井距下评价期内采收率及税后累积现金流

在 1000m 以深区域：结果如图 6-25，与前面分析一样，综合考虑累积现金流和采收率，250m×250m 的井距可作为合理的井距。

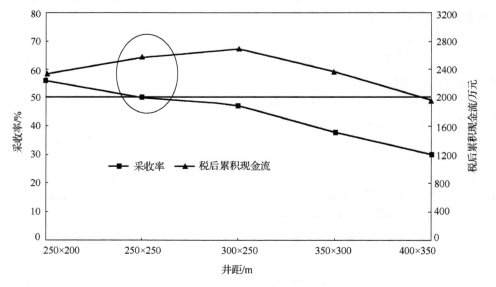

图 6-25　1000m 以深不同井距下评价期内采收率及税后累积现金流

由上可以看出，数值模拟，并结合经济评价(现金流方法)可以较好地反映煤层气开发指标和收益情况，可以此为依据确定合理井距。根据沁南-夏店区块煤储层实际地质情况，按深度分区进行井距优化的做法是合理的，最终优化 500m 以浅的区域合理井距为 350m×300m，500～1000m 的区域合理井距为 300m×250m，1000m 以深的区域合理井距为 250m×250m，实际井网部署、实施时应根据实际地质条件适当调整。本区 500m 以浅区域含气量低、资源丰度小、渗透性较好，布井时应优选相对高含气区，并适当扩大井距，以使单井控制更多的地质储量、采出更多的气量；而对于煤层埋深大、含气量高、储量丰度大、渗透性差的区域，建议缩小井距，同时增大储层改造程度，以提高单井初期产量及最终采收率。

6.5　煤矿区煤层气井工厂化开发技术

目前煤矿区煤层气以直井开发为主，采用分散作业模式，单井产量低、井网密度大、管网集输困难，开采效率低，商业运行困难。针对煤矿区煤层气开发中存在的问题，开展煤矿区煤层气井工厂化开发技术研究，包括煤矿区煤层气井型井网优化、煤层气井模块化布置和集中化作业，形成煤矿区煤层气钻井-压裂-排采-集输一体化开发技术体系。使煤矿区煤层气开发由单一、分散的钻井、压裂、排采、集输作业方式发展到煤矿区煤层气井模块化布置-集中化作业目的。

6.5.1　工厂化开发井型、井网优化方法

煤矿区工厂化开发井型通常采用 L 形井开发。根据矿井采掘工程设计来部署工厂化煤层气井井网（图 6-26），钻场主要沿盘区大巷布置，水平井沿工作面煤柱钻进，水平井长度为工作面走向长度，水平井间距为工作面倾斜长度。

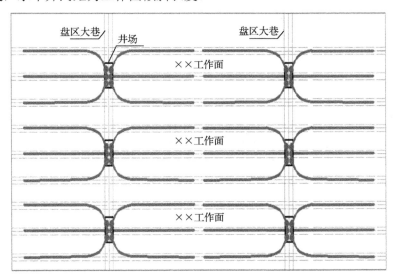

图 6-26　煤层气井井网优化示意图[23]

6.5.2　煤矿区煤层气井模块化布置

煤层气开发钻场主要沿盘区大巷布置，每个钻场沿回采工作面煤柱左、右两侧各布置水平钻井，如果是多煤层（n 层），水平井沿工作面各煤层煤柱钻进，实现煤层气井模块化布置目的（图 6-27）。

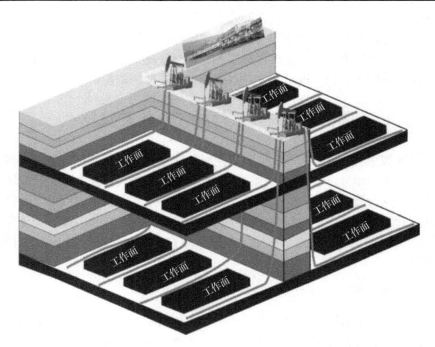

图 6-27　煤层气井工厂化作业井场布局示意图[23]

6.5.3　煤矿区煤层气井集中化作业

在煤矿区煤层气井模块化布置后,进行钻井-压裂-排采-集输一体化集中作业,通过施工环节的集中进行,可大幅缩短施工周期并降低施工成本。

1)工厂化钻井

传统的煤层气开发工艺为每个井场施工 1 口煤层气直井,通过工厂化钻井,可在每个井场向不同方向施工多口煤层气井,极大地降低了井场、道路等施工工作量,缩短了施工周期。

通过工厂化集中钻井,可一次性完成原有多井场、多钻井、多煤层的钻井施工,快速高效。为保证钻井质量,采用了集成导向平台和实时数据采集及远程传输控制技术,实现了钻进条件下的实时精细地质导向。通过实时调整井眼轨迹,避开构造煤和断层等不利区域,沿原生结构煤钻进,保障了煤层钻遇率。

2)工厂化压裂改造

在钻井完成后采用水平井分段压裂技术对多井场、多井、多煤层集中进行压裂改造。压裂中采用低密度支撑剂和特殊配比的新型煤层低伤害压裂液。根据不同地质条件,选用连续油管水力喷砂压裂、滑套压裂、机械封隔分段压裂、环空加砂分层压裂等压裂施工工艺,在水平井段中以较短的时间,安全地通过压裂形成多条经过优化的水力裂缝,并在压后通过快速排液,实现低储层伤害的水平段分段压裂,取得优良的煤层压裂改造施工效果。

3)工厂化排采作业

对多井场、多井和多煤层集中排采。采用现场智能化排采设备,通过安装各类传感器,实现排采液面、电机转速、气井瞬流等核心生产数据的实时采集,经远程数据传输系统回传至控制室，实时监测煤层气井生产状态和排采参数的动态变化，并及时进行调整，形成了一整套以井底流压控制为核心的排采工艺技术，实现了煤层气井智能化、集中化排采管理。

4）工厂化集输

以 10 万 m^3 为一个模块，配置相应的集输管道和压缩站，通过管道或 CNG 槽车输送。改变原有"点多面广"的集输模式，显著降低管道铺设工程量和后期运行维护成本，减小管理难度和安全风险。

通过工厂化、流水化的模式，实现钻井-压裂-排采-集输一体化的集中作业，大幅度减少施工环节，提高功效 3～5 倍。

煤矿区煤层气井工厂化开发方法是指煤矿区煤层气钻井-压裂-排采-集输一体化开发技术体系。由单一、分散的钻井、压裂、排采、集输作业，发展到工厂化作业方式。实现钻井-压裂-排采-集输一体化集中作业，大幅度减少施工环节。采用煤矿区煤层气井工厂化开发技术，与大规模直井开发相比，钻井、压裂、排采等工程量减少了 2/3，提高功效 3～5 倍；井场、排采设备和集输管网等工程量减少了 70% 以上，单井产量提高了 3～5 倍。优点和效果如下。

（1）由过去单一、分散的钻井、压裂、排采、集输作业，发展到工厂化作业模式。

（2）与大规模直井开发相比，钻井、压裂和排采等工程量减少了 2/3；井场、排采设备和集输管网等减少了 70% 以上，L 形井水平段布置在煤柱内减少了对煤炭开采的影响，避免了采煤过程对于煤层气井的破坏。

（3）实现了煤矿区煤层气开发模块化布置-集中化作业模式，完善了煤与煤层气共采理论与技术，具有推广应用价值。

参 考 文 献

[1]　孟召平，田永东，李国富.煤层气开发地质学理论与方法[M].北京：科学出版社,2010.

[2]　王宇红.晋城赵庄井田煤层气开发工程对气井产能的影响[D].北京：中国矿业大学(北京)硕士学位论文，2011.

[3]　张卫东，王瑞和.煤层气开发概论 [M] .北京：石油工业出版社,2013.

[4]　叶建平.中国煤层气勘探开发进展综述 [J] .地质通报，2006，25（9/10）：1074-1078.

[5]　申宝宏，刘见中，雷毅.　我国煤矿区煤层气开发利用技术现状及展望 [J] .煤炭科学技术，2015，43（2）：1-4.

[6]　袁亮.卸压开采抽采瓦斯理论及煤与瓦斯共采技术体系 [J] .煤炭学报,2009,34（1）:1-8.

[7]　张遂安，袁玉，孟凡圆.我国煤层气开发技术进展 [J] .煤炭科学技术，2015，44（5）:1-5.

[8]　杨秀春，叶建平.煤层气开发井网部署与优化方法[J].中国煤层气，2008,5(1):13-17.

[9]　李士伦.气田开发方案设计[M].北京：石油工业出版社,2006.

[10]　倪小明，王延斌，接铭训，等.晋城矿区西部地质构造与煤层气井网布置关系[J].煤炭学报，2007，32(2):146-149.

[11]　李腾.不同构造条件下多煤层区煤层气井井型井网优化设计[D].徐州：中国矿业大学,2014.

[12]　桑浩田，桑树勋，周效志，等.沁水盆地南部煤层气井生产历史拟合与井网优化研究[J].山东科技大学

学报(自然科学版), 2011, 30(4):58-65.

[13]　王振云, 唐书恒, 孙鹏杰, 等. 沁水盆地寿阳区块煤层气井网优化及采收率预测[J]. 中国煤炭地质, 2013(10):18-21.

[14]　张培河, 张群, 王晓梅, 等. 煤层气开发井网优化设计—以新集矿区为例[J]. 煤田地质与勘探, 2006, 34(3):31-35.

[15]　李国富, 李波, 焦海滨, 等. 晋城矿区煤层气三区联动立体抽采模式[J]. 中国煤层气, 2014, 11(1): 3-7.

[16]　雷毅, 申宝宏, 刘见中. 煤矿区煤层气与煤炭协调开发模式初探[J]. 煤矿开采, 2012, 17(3):1-4.

[17]　袁亮. 复杂地质条件矿区瓦斯综合治理技术体系研究[J]. 煤炭科学技术, 2006, 34(1):1-3.

[18]　程远平, 俞启香. 中国煤矿区域性瓦斯治理技术的发展[J]. 采矿与安全工程学报, 2007, 24(4):383-390.

[19]　程远平, 董骏, 李伟, 等. 负压对瓦斯抽采的作用机制及在瓦斯资源化利用中的应用[J]. 煤炭学报, 2017, 42(6): 1466-1474.

[20]　秦勇, 袁亮, 程远平, 等. 我国煤层气产业战略效益影响因素分析[J]. 科技导报, 2012, 30(30):5-10.

[21]　贺天才, 王保玉, 田永东. 晋城矿区煤与煤层气共采研究进展及急需研究的基本问题[J]. 煤炭学报, 2014, 39(9): 1779-1785.

[22]　张卫东, 王瑞和. 煤层气开发概论[M]. 北京: 石油工业出版社, 2013.

[23]　孟召平, 郝海金. 煤矿区工厂化开发成套技术[R]. 晋城无烟煤矿业集团有限责任公司研究报告(内部资料), 2016.

第7章 煤储层地应力条件及水力压裂效果评价

7.1 概　　述

煤储层属于低孔低渗非常规储层，由于煤储层的渗透率都很低，仅靠井眼圆柱侧面作为排气面是远远不够的，所以必须采取人工强化增产措施。利用以钻井水力压裂为关键技术的一整套工艺过程对煤储层进行改造，是当今世界开发煤层气所用的主要技术。尽管水力压裂是于 1947 年开始试验并于 1949 年开始成功应用的一种成熟技术，但是已往的应用多是在砂岩等一些脆性的岩石中，近些年该技术大面积应用于塑性较强的煤储层压裂改造中，取得了好的应用效果，但仍然存在一定的技术挑战[1]，有必要对煤储层地应力条件及水力压裂效果进行深入研究。煤储层地应力条件是影响煤层气开发的基本条件。地应力的形成主要与地球的各种动力作用过程有关，按不同成因，地应力可分为自重应力、构造应力、变异及残余应力和感生应力(附加应力)等类型[2]。人们获得地应力的途径主要是通过现场实测和统计分析预测[3-10]，在地应力现场测试中应力(或应变)解除法和水压致裂法是目前地应力测量中应用较广的方法，通过这些方法能够获得原岩应力的分布规律。从 20 世纪 80 年代中期开始，随着美国煤层气地面开采的成功和对煤层气商业价值与能源战略地位的认识不断提高，我国开始参考美国的有关理论进行煤层气地面开发研究和试验，并采用水压致裂法对煤储层地应力进行了测量，获得了煤储层地应力资料，并应用这些地应力资料指导煤层气勘探与开发。由于我国煤储层地应力资料有限，实际应用受到影响，因此，加强煤储层地应力条件研究并制定合理的煤储层改造方案是非常必要的。

本章从地壳岩体中应力状态分析入手，介绍岩体中地应力随深度变化规律，并针对鄂尔多斯盆地东南缘二叠系山西组 2# 煤储层实际，分析研究区最小水平主应力、垂直主应力和储层压力之间的关系，揭示了现今地应力分布规律及受控机制。在此基础上进一步分析煤层气井排采中煤储层地应力动态变化规律和水力压裂裂缝形成与扩展规律，建立煤储层压裂效果评价方法，为煤层气开发工程设计和压裂改造提供理论依据。

7.2 岩体中地应力及其分布规律

在煤储层工程力学评价中，准确地掌握原岩应力信息至关重要。当钻井围向应力集中超过井壁岩体强度时，会发生井壁坍塌；断层弱面上剪切应力和正应力的比值超过自身摩擦强度时，也会产生断裂滑动[11,12]。地应力控制着水力压裂裂缝扩展与压裂效果。因此研究煤储层地应力对于煤层气开发具有非常重要的理论和实际意义。

7.2.1　岩体中地应力

地应力的形成主要与地球的各种动力作用过程有关，按不同成因，地应力可分为自重应力、构造应力、变异及残余应力和感生应力(附加应力)等类型。在人类工程活动实施以前，岩体处于未经人为扰动的自然应力状态下，这种存在于地层中的未受工程扰动的天然应力，称作岩体的天然应力或地应力，也称原岩应力，包括自重应力、构造应力和变异及残余应力[6]。在这些不同成因类型的地应力中，自重应力是唯一能够计算的应力。

1. 岩体地应力状态

岩体中的天然应力为三向不等压的空间应力场，三个主应力的大小和方向随空间与时间变化。由于受岩性、构造和地形等方面影响，地应力的分布极其复杂，但是，根据三个主应力的大小和空间关系，可以确定出岩体天然应力状态有三种类型。

1)准静水应力状态

当组成地应力的三个主应力大小大致相等时，表现为准静水压力场型[13,14]。如在地壳深部和软弱破碎岩体地段原岩地应力场表现为静水压力状态。由瑞士地质学家海姆于 1905～1912 年提出，他以岩体具有蠕变的性能为依据，认为地壳岩体任一类的应力都是各向相等的，均等于上覆岩层的自重：即 $\sigma_x = \sigma_y = \sigma_v = \gamma h$。

2)垂直应力为主的应力状态

当岩体中垂直应力大于水平应力，即 $\sigma_V > \sigma_H > \sigma_h$ 时，地应力表现为大地静力场型。岩体内的应力主要是重力场作用下形成的自重应力。区域地应力场与地壳运动有着密切关系，如有些地区位于运动地块的后方，处于拉张应力场中，在拉张应力作用下，全区不断下沉，呈现大地静力场型特点[13,14]。具有这种应力状态区域的构造活动性往往是不明显或很微弱的。

3)水平应力为主的应力状态

当水平应力大于垂直应力时，即 $\sigma_H \geqslant \sigma_h \geqslant \sigma_v$ 或 $\sigma_H \geqslant \sigma_v \geqslant \sigma_h$，地应力表现为大地动力场型[13,14]。组成地应力的三个主应力中最大主应力为水平方向，且处于构造挤压应力场中，构造应力大，并且具有十分明显的各向异性，其水平应力值往往比 $\sigma_z = \gamma h$ 大 5～10MPa 或更多，而且与现代构造活动有关。具有这种应力状态区域的构造活动性往往是明显的，较大的水平应力是造成钻井、煤矿井下巷道和采场变形破坏与发生矿井动力现象的主要原因。近年来，大量的震源机制资料和地应力实测资料清楚地揭示出地壳岩体内的应力状态存在着水平主应力大于垂直主应力的这种类型。

安德森(Anderson)从最简单的情况出发，分析了形成断层的三种不同的应力状态，作出了产生正断层、逆断层和平移断层的力学条件，相应地给出了这三种断层的方位，较好地分析解释了地表或接近地表脆性断裂构造的形成依据。他认为形成断层的三轴应力状态中的一个主应力轴趋向于垂直水平面，其余两个主应力轴呈水平状态，并以此为依据提出了形成正断层、逆断层和走滑断层的三种应力机制(图 7-1)，其中正断层应力机制为垂直应力为主的应力状态，逆断层和平移断层应力机制为水平应力为主的应力状态类型。

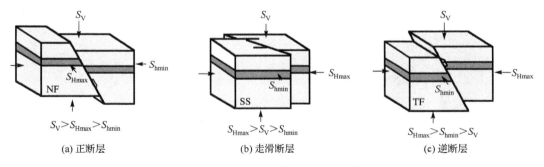

(a) 正断层　　　　　　　　(b) 走滑断层　　　　　　　　(c) 逆断层

图 7-1　形成断层的三种应力状态

正断层应力与滑移断层应力状态比较常见。在上述两种应力状态下的岩层，水力压裂将产生垂直裂缝，即裂缝沿垂直方向与最大水平主应力方向扩展。在这两种应力状态下，钻进水平井并分段压裂，增产幅度比垂直井大。处在逆断层应力状态的地层，水力压裂将产生水平裂缝，即裂缝沿两个水平主应力方向扩展。这种情况下，水平井可能失去其产生多段水力压裂裂缝的优越性，导致压裂效果不佳[1]。

2. 岩体中地应力随深度变化规律

根据主应力作用方向，岩体中的天然应力可以分为垂直主应力、最大水平主应力和最小水平主应力。根据 Zoback 研究成果[15]，岩体中地应力和孔隙流体压力具有随埋藏深度的增加而增大的规律。这是由于地壳岩体埋藏深度的增加，其摩擦强度的增高，各个主应力的差值随深度的增加而增大；但在高压发育的情况下，由于孔隙流体压力的升高，摩擦强度的降低，各个主应力的差值随深度的增加而减小(图 7-2)。

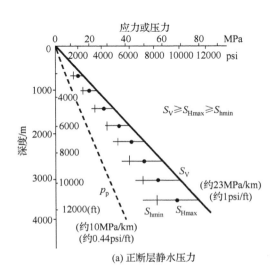

(a) 正断层静水压力

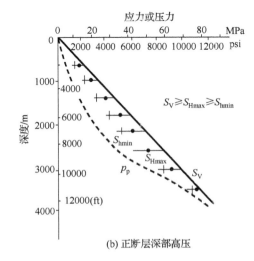

(b) 正断层深部高压

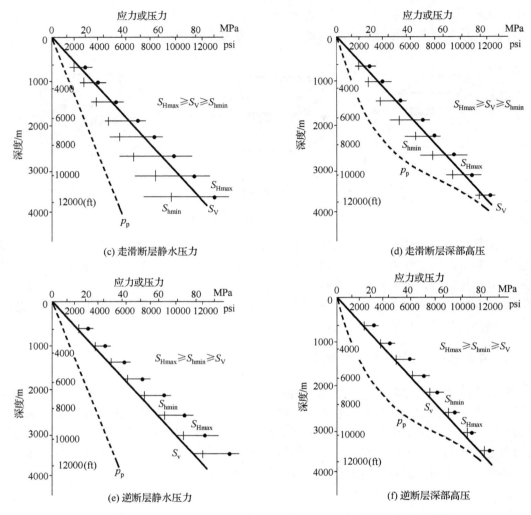

图 7-2　正断层、逆断层和走滑断层应力机制下应力随深度变化规律[15]

7.2.2　鄂尔多斯盆地东南缘煤储层地应力分布规律

通过地面垂直钻孔，采用水力压裂方法进行地应力测量是目前煤层气开发中常采用的方法，该方法获得主要参数包括最小水平主应力、最大水平主应力和垂直主应力及煤储层压力等。测试中压裂裂缝的闭合压力 P_c 为最小水平主应力 σ_h，即

$$\sigma_h = P_c \tag{7-1}$$

最大水平主应力 σ_H 的表达式为

$$\sigma_H = 3P_c - P_f - P_0 + T \tag{7-2}$$

式中，T 为岩层抗拉强度，MPa；P_c 为闭合压力，MPa；P_0 为煤储层压力，MPa；P_f 为煤岩破裂压裂，MPa。

垂直主应力可通过上覆岩层的重量进行估算：

$$\sigma_v = \gamma h \tag{7-3}$$

式中，γ 为上覆岩层的容重，kN/m³；h 为上覆岩层的厚度(或埋深)，m。

鄂尔多斯盆地东南缘地理位置位于晋陕交界处，以黄河为界分为山西省部分和陕西省部分，包括大宁-吉县、延川南和韩城等区，构造上隶属于渭北隆起和晋西挠褶带交汇处。采用水压致裂测量地应力方法，获得了鄂尔多斯盆地东南缘 26 口煤层气井地应力数据[16]。

根据区内 26 口煤层气井试井资料统计表明，鄂尔多斯盆地东南缘二叠系山西组 2 煤层最大水平主应力 7.73～40.98MPa，平均为 23.76MPa；最大水平主应力梯度为 1.11～3.53MPa/100m，平均为 2.56MPa/100m；最小水平主应力，即为闭合压力 5.82～27.475MPa，平均为 15.68MPa；闭合压力梯度为 1.00～2.78MPa/100m，平均为 1.69MPa/100m。

统计分析表明，尽管煤储层地应力和煤储层压力随地质条件有所变化，但本区煤储层地应力和储层压力随深度的增加呈线性增大的规律(图 7-3)。

(1) 最小水平主应力即闭合压力为

$$\sigma_h = 0.0157D + 0.9436 \tag{7-4}$$

(2) 最大水平主应力为

$$\sigma_H = 0.0235D + 1.8101 \tag{7-5}$$

式中，D 为煤层埋藏深度，m；统计数 N 为 26；相关系数 R 为 0.68。

(3) 垂直应力 σ_v 按 Brown 和 Hock 给出的关系估算(图 7-2)：

$$\sigma_v = 0.027D \tag{7-6}$$

式中，σ_v 为垂直主应力，MPa；D 为埋藏深度，m。

(4) 煤储层压力。随着煤层埋藏深度的增加，煤储层压力也增高(图 7-3)，其关系为

$$P_0 = 0.0095D - 2.2215 \tag{7-7}$$

式中，D 为煤层埋藏深度，m；统计数 N 为 26；相关系数 R 为 0.74。

随着现今地应力的增大或有效应力的增高，煤储层渗流空间减少，渗透率下降。在煤层气开发过程中，随着储层压力下降，有效压力增加，煤储层渗透率下降。

煤储层压力直接决定着煤层对甲烷等气体的吸附与解吸能力。煤储层压力越高，越容易排采，越有利于煤层气开发，但是当煤储层压力随煤层埋藏深度线性增大的同时，煤储层渗透率按指数函数快速降低。煤储层压力对渗透率的影响是通过有效应力的变化来影响煤储层渗透性，其远小于埋深对渗透率的控制。因此对生产过程中地应力和储层压力变化过程的研究，将有助于煤层气的合理开采，减少煤储层伤害，提高最终采收率。

回归分析统计表明(图 7-3)，在 1000m 以浅煤储层地应力状态主要表现为 $\sigma_v > \sigma_{h\max} > \sigma_{h\min}$，且最小水平主应力小于 16MPa；而在 1000m 以深煤储层地应力状态为 $\sigma_{h\max} \geq \sigma_v \geq \sigma_{h\min}$，且最小水平主应力大于 16MPa。

研究区两个水平应力分量不相等，两个水平主应力 σ_h 和 σ_H 之比(σ_H/σ_h)在 1.07～1.72，平均为 1.47。最大水平主应力 σ_H 与垂直应力 σ_v 之比为 0.41～1.31，平均为 0.96。

根据上面的分析可以看出，在 1000m 以浅，煤储层位于拉伸盆地或形成正断层应力机制中，地应力以垂直应力为主的特征；在 1000m 以深，煤储层受到挤压应力作用，最大水平应力大于垂直应力或者三个主应力趋于一致。

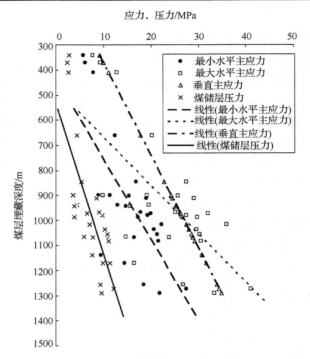

图 7-3　鄂尔多斯盆地东南缘煤储层应力、压力与深度的关系

7.2.3　最小水平主应力、垂直主应力和储层压力之间的关系

1. 煤层破裂压力与闭合压力（最小水平主应力）之间的关系

通过鄂尔多斯盆地东南缘煤层气井的水力压裂试验资料统计表明：二叠系山西组 2 煤层在埋藏深度 341.84～1289.45m，煤层破裂压力 7.31～29.63MPa，平均为 17.84MPa，破裂压力梯度为 0.99～2.98MPa/100m，平均为 1.96MPa/100m；闭合压力 5.82～27.475MPa，平均为 15.68MPa；闭合压力梯度为 1.00～2.78MPa/100m，平均为 1.69MPa/100m（表 7-1）。

表 7-1　鄂尔多斯盆地东南缘煤层水力压裂试验参数统计表

测试参数	鄂尔多斯盆地东南缘山西组 2 煤层
煤层埋藏深度/m	$\dfrac{341.84～1289.45}{949.79}$
破裂压力/MPa	$\dfrac{7.31～29.63}{17.84}$
破裂压力梯度/(MPa/100m)	$\dfrac{0.99～2.98}{1.96}$
闭合压力/MPa	$\dfrac{5.82～27.47}{15.68}$
闭合压力梯度/(MPa/100m)	$\dfrac{1.00～2.78}{1.69}$
煤储层压力/MPa	$\dfrac{2.39～12.22}{6.82}$

测试参数	鄂尔多斯盆地东南缘山西组 2 煤层
煤储层压力梯度/(MPa/100m)	0.31～1.03
	0.71
煤抗拉强度/MPa	0.25～0.81
	0.42

表中：(最小～最大)/平均

本区煤层破裂压力与闭合压力(最小水平主应力)之间的关系具有高度的线性相关性(图 7-4)，其关系为

$$P_f = 0.9974P_c + 1.7321 \tag{7-8}$$

式中，P_f 主采煤层破裂压力，MPa；P_c 为闭合压力(最小水平主应力)，MPa；统计数 N 为 26；相关系数 R 为 0.99。

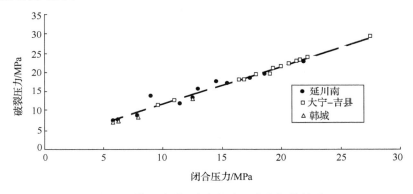

图 7-4　煤层破裂压力与闭合压力之间的关系

2. 最小水平主应力与垂直主应力和储层压力关系

试井测试结果统计表明，本区二叠系山西组 2 煤层在埋藏深度 341.84～1289.45m 范围内，煤储层压力为 2.39～12.22MPa，平均为 6.82MPa；煤储层压力梯度为 0.31～1.03MPa/100m，平均为 0.71MPa/100m(表 7-1)。

最小水平主应力在一般沉积盆地中通常近似为垂直应力的 70%。图 7-5 反映了鄂尔多斯盆地东南缘水力压裂测试获得的最小水平主应力与按煤储层中垂直应力的 70%估算的应力值。从图中可以看出，按煤储层中垂直应力的 70%不能准确地描述最小水平主应力的大小。煤储层中最小水平主应力比一般沉积盆地中沉积岩石地层中的应力偏低，这主要由于煤为有机质，煤岩力学强度较低所致。

测量数据分析表明，煤储层最小水平主应力与有效垂直主应力(垂直应力-储层压力)较好的相关关系(图 7-6)，其关系式如下：

$$\sigma_h = 0.4758(\sigma_V - p_0) + p_0 + 1.3168 \tag{7-9}$$

式中，σ_h 最小水平主应力，MPa；σ_V 为垂直主应力，MPa；p_0 为储层压力，MPa；统计数 N 为 26；相关系数 R 为 0.76。

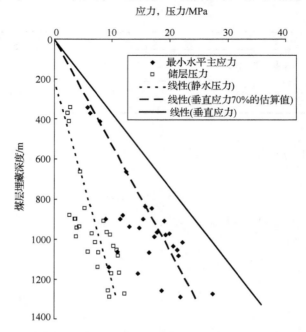

图 7-5　煤储层垂直应力、测试的煤储层压力及最小水平主应力

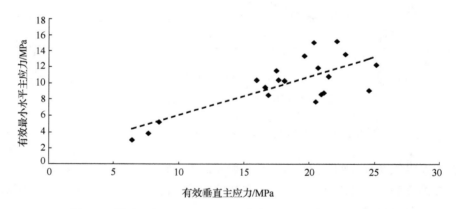

图 7-6　煤储层有效垂直主应力和有效最小水平主应力的关系

　　其关系式表明,煤储层具有与一般油气盆地内沉积地层相类似的有效应力关系。Matthews 和 Kelly 根据有效应力系数和垂直应力及储层压力来预测分析最小水平主应力(或破裂梯度)。

$$\sigma_h = K_0(\sigma_V - p_0) + p_0 \qquad (7\text{-}10)$$

式中,K_0 为有效应力系数,$K_0 = \sigma_h'/\sigma_V'$;$\sigma_h'$ 为最小有效应力;σ_V' 为垂直有效应力。

　　根据现场经验的破裂阈值确定 K_0 值。K_0 可以通过漏失测试(leak-off tests,LOT)和区域经验确定。从式(7-10)可以看出鄂尔多斯盆地东南缘煤储层有效应力系数 K_0 为 0.48,其低于油气盆地中页岩层中通常使用的值(如 $K_0 = 0.80$)[4,17]。

　　戴恩斯(Daines)提出了相类似的最小水平主应力预测模型,即

$$\sigma_{\mathrm{h}} = \frac{\nu}{1-\nu}(\sigma_{\mathrm{V}} - p_0) + p_0 + \sigma_{\mathrm{tec}} \tag{7-11}$$

式中，σ_{h} 为最小水平主应力，MPa；σ_{V} 为垂直应力，MPa；p_0 为储层压力，MPa；σ_{tec} 为构造应力，MPa。

与鄂尔多斯盆地东南缘煤储层获得的经验关系相比较，式(7-8)与式(7-10)完全一致。由式(7-8)和式(7-10)可以看出，本区构造应力 σ_{tec}=1.3168MPa，构造应力较小，反映了鄂尔多斯盆地东南缘具有拉伸盆地特征；煤储层泊松比 ν=0.322，该值与本区煤储层试验值完全一致。

3. 煤储层压力与最小水平主应力关系

本区煤储层压力偏低，石炭-二叠系煤系地层中含水层水位深度平均为 213m，比沁水盆地南部 120～140m 偏深 73～93m，相同深度条件下鄂尔多斯盆地东南缘煤储层压力要比沁水盆地南部偏低 0.73～0.93MPa。这主要是由于新生代以来，鄂尔多斯盆地不断抬升，地下水位下降。

地壳抬升作用，除对煤储层压力产生影响外，由于盆地抬升导致煤层自然脱气，煤层含气量和含气饱和度降低。地壳抬升，地下水位下降，可使煤储层压力降低，若按静水压力梯度估计，地下水位下降 100m，煤储层压力将降低近 1MPa，在储层压力降低的同时煤层含气量也相应降低。原始煤层处于气体饱和状态，由于煤储层含气量的降低，那么含气量将从相应的等温吸附曲线上下移，使得煤层处于气体不饱和状态。因此研究区煤储层为不饱和状态，且含气饱和度低。研究区测试结果表明，2 号煤层的含气饱和度为 39.51%～56.11%，10 号煤层的含气饱和度为 26.95%～50.91%。

煤储层压力与地应力密切相关，随着地应力的增加，煤储层孔隙-裂隙被压缩，体积变小，煤储层压力增大；反之，则减小。因此，地应力与煤储层压力存在相关性(图 7-7)。

根据鄂尔多斯盆地东南缘煤层储层压力与地应力(闭合压力)实测数据统计分析表明，煤储层压力与最小水平主应力呈线性正相关关系：

$$p_0 = 0.4498\sigma_{\mathrm{h}} - 0.399 \tag{7-12}$$

式中，p_0 为煤储层压力，MPa；σ_{h} 为最小水平主应力，MPa；统计数 N 为 26；相关系数 R 为 0.80。

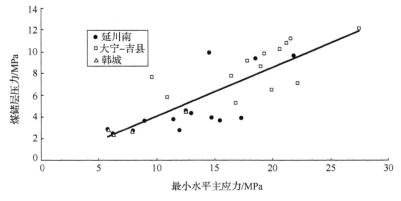

图 7-7　煤储层压力与最小水平主应力的关系

随着地应力的增高，可使煤体中部分大孔隙和裂隙变窄甚至闭合，堵塞流体流动，渗透的通道以致形成一些彼此近似隔离的空间，由于增高的应力作用，这些隔离空间中流体压力急剧增高，从而形成局部储层压力增高的地带。事实上，不仅在构造应力场作用下，就是在采动应力场作用下，也会产生这种局部储层压力增高的地带。例如，在苏联顿巴斯加里宁 7-8矿 519m 水平的普拉斯柯维耶夫斯基煤层，就曾在回采工作面前方 3m 处测得瓦斯压力为13.4MPa（即 $p=0.0258H$）；又如，北票冠山矿二井–540m 水平西 1 石门 54 煤层，由于受开采集中应力的影响，瓦斯压力高达 13.6MPa，因此由于高地应力的封闭作用，可以导致煤储层压力出现增高现象。

煤储层压力与最小水平主应力之间的这种规律，我国煤层气勘探开发众多的测试结果也说明了这一点。处于挤压构造应力场背景中的煤储层，其压力值往往偏大，压力梯度偏高；而处于拉张型构造应力场中的煤储层，其压力值偏低，压力梯度较低。向斜、背斜或单构造的含煤区，煤储层的埋深、封闭条件和煤储层内的压力分布与变化存在明显差异。另外，在抬升地块或逆掩超覆以压扭作用为主的构造部位，构造应力的存在往往是影响储层压力变化的主要原因，甚至产生储层压力异常。增加地应力，有利于煤储层压力的保持，但往往导致渗透率降低，并给煤储层的排水、降压以及煤层气的解吸、运移、产出造成一定困难，在高地应力区尤为如此，对于煤层气开采是一对矛盾，储层压力大，容易排水降压，形成压力差，气体易解吸；而最小水平主应力对煤层气开采有不利影响，随着应力的增加煤储层的渗透率降低，也就影响到产气量。因此，煤层气开采应综合考虑这两种参数选择应力小的区域和储层压力高的区域。总体上来看，构造应力过高会对煤层气井的高产带来不利影响，过低则不利于煤层气的富集。

4. 最小水平主应力与岩石弹性参数和温度之间关系

最小水平主应力除与构造应力和垂直应力密切相关外，最小水平主应力受岩石弹性参数和温度影响明显。

关于地应力估算的理论与方法，将地球表述为一个具有变化的地热梯度，这表明，由于地温梯度的关系，水平应力与弹性参数和地温具有相关性。如果地温梯度为零，水平应力与弹性参数不再具有相关性[18]。对于各向同性岩石具有如下关系：

$$\sigma_{\mathrm{h}} = \frac{\nu}{1-\nu}\gamma D + \frac{\beta EG}{1-\nu}(D+1000) \tag{7-13}$$

式中，ν 为岩石泊松比；γ 为岩石的容重；β 为岩石线性热膨胀系数；E 为岩石弹性模量；G 为岩石地温梯度；D 为埋藏深度。

根据理论模型[式(7-13)]对鄂尔多斯盆地东南缘煤储层最小水平主应力进行计算，理论计算值与试井实测值之间具有很好的线性相关性（图 7-8），其相关关系为

$$\sigma_{\mathrm{h}}^{s} = 1.052\sigma_{\mathrm{h}}^{li} - 0.0543 \tag{7-14}$$

式中，σ_{h}^{s} 为最小水平主应力实测值，MPa；σ_{h}^{li} 为最小水平主应力理论计算值，MPa；统计数 N 为 26；相关系数 R 为 0.78。

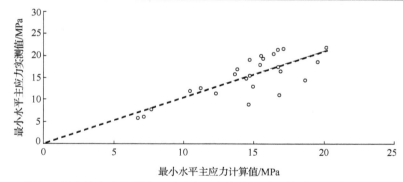

图 7-8　鄂尔多斯盆地东南缘煤储层最小水平主应力理论计算值与试井实测值之间关系

7.3　煤层气井排采中煤储层地应力动态变化规律

煤储层地应力通常随着煤层气的抽采而降低。随着生产的持续，煤储层孔隙压力的降低是从煤层气井近井地带开始逐渐传播到煤储层的其他区域。由于煤储层厚度相对其面积可以忽略，因此在煤层气开发工程中采用单轴应变条件来分析[19,20]，在此边界条件下，储层的横向应变是固定的，垂直应力保持不变[21]，如图 7-9 所示。因此，煤储层孔隙压力降低将导致现场条件下的水平应力逐步下降。如在圣胡安的 fairway 区块，通过对煤储层水平应力的连续监测证实，排水采气过程会明显地降低煤储层水平地应力。两个水平主应力的最大值(σ_{hmax})和最小值(σ_{hmin})都会随孔隙压力降低而减小，但因为测量最大水平应力的技术难度较大，而最小水平应力(σ_{hmin})的变化可以更容易地进行测量，因此多数观测井都监测的是最小水平应力的变化。

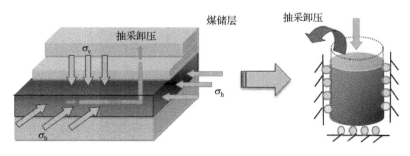

图 7-9　煤储层单轴应变条件

随着煤层气采出，煤储层压力下降，储层内部和周围(边界)的应力减小。研究发现，煤储层中的水平应力随着储层孔隙压力的降低而相对降低。这种应力演化现象称为储层的应力耗散响应[22]。这种应力耗散响应可根据基本的理论计算获得，并且在常规油气储层的现场得到确认[23-27]。常规的煤层气开采技术是通过排水降压采气，降压即降低煤储层孔隙压力。孔隙压力降低将导致煤基质内吸附态气体的解吸，进而出现煤基质体积收缩现象，从而导致与常规油气储层不同的应力响应现象。由于煤体基质的收缩，会导致水平应力的"超量"耗散[28]。

目前，针对常规储层应力演化规律的研究已较为成熟，可关于煤储层应力演化研究鲜有报道。又因煤储层的吸附特性，关于煤储层的应力演化研究需要考虑更多因素。本节将以孔隙压力与煤储层应力的关系和基质收缩效应对储层应力的影响为地质力学模型基础，对排采条件下煤储层水平应力动态响应理论进行探讨并对煤储层的水平地应力动态变化进行理论预测和评估。

7.3.1 常规油气储层孔隙压力变化引发的储层应力耗散理论

在现场单轴应变边界条件下，在煤储层开发过程中，煤储层应力与孔隙压力相关。孔隙压力不仅影响未开发煤储层应力的大小，而且对开采煤储层应力演化也有较大的影响。现场数据显示，煤储层抽采时的水平应力发生衰减。煤储层开发的实质是通过抽采煤储层流体对其卸压，也就是孔隙压力不断发生变化的过程，因此，储层内水平应力随孔隙压力变化而动态变化。

为准确预测煤储层的应力变化情况和更好地理解煤储层水平应力变化的机制，基于均质各向同性线弹性理论，假设只有平面应变，没有滑移运动，提出了多种地质边界条件下的应力模型描述储层应力与孔隙压力的关系[22]，包括被动响应储层，正断层储层，走-滑断裂储层，逆冲断块储层。由于边界条件的不同，地应力的动态响应不尽相同，这里就上述四种边界条件的储层水平应力耗散进行分析。

1. 被动响应的储层水平应力耗散

在煤储层开发时，压力耗损是最常见的储层地质力学现象。在研究煤储层应力变化时，最普遍的假设是煤储层卸压时储层被动响应，由于孔隙压力变化，储层发生弹性变形。基于此假设，储层水平应力耗散系数 (K) 可表示为

$$K = \frac{\mathrm{d}\sigma_{\mathrm{hmin}}}{\mathrm{d}p_{\mathrm{p}}} = \alpha\left(1 - \frac{\nu}{1-\nu}\right) \tag{7-15}$$

式中，σ_{hmin} 为水平应力；p_{p} 为孔隙压力；α 为 Biot 系数；ν 为泊松比。该模型假定最小水平应力即为最小主应力，且不存在构造应力变化，煤储层应力的变化与煤岩体的 Biot 系数、泊松比密切相关。

2. 正断层应力机制下储层应力耗散

研究发现，许多煤储层在开发时会出现构造应力的变化、注气开采时出现诱发地震等现象。这表明储层开采过程中构造地应力会发生变化，这与储层被动响应的假设不符。若考虑煤储层开发时的断层活化，并界定断层煤岩体弹性变化，发生平面应变，煤储层水平应力耗散系数可以有下式表述

$$K = \frac{\mathrm{d}\sigma_{\mathrm{hmin}}}{\mathrm{d}p_{\mathrm{p}}} = \alpha\frac{2\sin\varphi}{1+\sin\varphi} \tag{7-16}$$

式中，φ 为断层摩擦角。上式描述了当最小应力垂直作用于断层时，最小应力随煤储层开采卸压而减小。在某些情况下，最小水平应力可以旋转 $90°$ 最小水平应力方向，会平行于断层。这种情况会在 $\nu < (1-\sin\varphi)/2$ 时发生，此时可用下式描述储层水平应力变化：

$$K = \frac{\mathrm{d}\sigma_{\mathrm{hmin}}}{\mathrm{d}p_{\mathrm{p}}} = \alpha\frac{\sin\varphi + 1 - 2\nu}{1+\sin\varphi} \tag{7-17}$$

3. 走-滑断层应力机制下储层应力耗散

对于普通断层储层，根据式(7-15)，断层应力与断层摩擦角有关。对于走滑断层，其应力仍然由断层平面的摩擦滑动决定，可用式(7-16)计算。

4. 逆冲断层应力机制下储层应力耗散

对于活跃的逆冲断层区域，通常认为最小应力与覆岩应力相等，因此它是垂直方向的。这种情况下，最小应力等同于覆岩压力，不会随着储层卸压而发生变化。但是，如果假定储层弹性变化和平面应变可能会导致最小应力在地层破坏后变成水平方向。这种情况会在 $v > 1 + 1/(1 + K_p)$ 时发生，可用下式描述应力的变化：

$$K = \frac{\mathrm{d}\sigma_{hmin}}{\mathrm{d}p_p} = \alpha \left[1 - v(1 + K_p) \right] \tag{7-18}$$

$$K_p = \frac{1 - \sin\varphi}{1 + \sin\varphi} \tag{7-19}$$

综上所述，式(7-15)描述了不考虑构造应力时，煤储层开发时的应力响应。式(7-16)～式(7-19)基于简单的断层几何形态，描述了活化的断层的应力响应。在常规储层开采过程中，根据不同地质构造，可以基于以上的理论对储层水平应力变化进行初步评估。在煤层气的开采过程中，由于煤层的厚度相对于常规油气储层较薄，另外煤层气的单井控制面积较小，所以煤储层的水平应力耗散通常采用被动响应应力耗散理论。

7.3.2 煤储层压力变化引发的储层应力耗散规律

与常规油气藏不同的是，煤中气体主要以吸附态方式赋存，其中吸附态甲烷通常占总含量的90%以上[29-30]。煤基质在甲烷气体吸附过程中膨胀，在气体解吸过程中收缩。这种煤的吸附膨胀和解吸收缩的现象是煤储层主要特征。实验室测量表明，煤的吸附膨胀和解吸收缩的应变可以从0.05%到几个百分点[31~38]。煤的吸附膨胀和解吸收缩的机理、实验室测试和模型预测分析在第9章中进行详细介绍。这种由于吸附解吸诱发的煤基质变形不仅对煤储层的孔隙度和渗透性有显著影响，同时也对储层地应力状态有较大影响[28]。相比于常规油气藏，由于煤基质内吸附气体的持续解吸和相应的解吸收缩应变，煤层气储层在单轴应变条件下存在水平应力的"超量"耗损现象。即解吸诱导的基质收缩转化为水平应力耗散，因为横向限制边界不允许整体储层的水平应变。另外，需要指出的是，煤基质的解吸收缩应变存在各向异性的现象，通常垂直于层理方向上的基质解吸收缩应变强于平行于层理方向[37,38]。在研究煤基质收缩对储层应力动态的影响中，只有平行于层理方向上的收缩变形对储层的水平应力有影响。所以对煤层气储层的水平应力进行分析预测时，只需要考虑平行于层理方向上的收缩变形对储层应力的耗散的影响。

目前关于煤储层的应力动态变化研究较少。很多的圣胡安盆地的煤层气井进行综合分析发现，在煤层气井排水降压过程中，当储层孔隙压力从9.7MPa降到2.2MPa时，伴随着煤粉量增加，煤储层的渗透率陡然降低[39]。这是由于经过长期排采，水平应力的"超量"耗散，煤体承受的偏应力(垂直应力和最小水平主应力的差值)持续增加,最终导致煤储层的剪破坏,进而煤粉产量骤增,从而阻塞了渗透通道。为了更好地预测煤体的破坏,防止大量煤粉的产生,动态水平应力的预测和模拟至关重要。在美国相关的煤层气公司的资助下,Liu 和 Harpalani 进行了一系列的煤储层的地质力学实验和理论研究,从机理上研究煤储层水平应力的耗散规律。在实验室中模拟储层原位地质力学边界条件下,采用了甲烷和氦气两种流体进行水平应力耗散的测量。实验装置如图 7-10 所示。实验中模拟了煤层气开发工程中煤岩体的水平应力变化情况,保持岩心的单轴应变,即保持轴向应力不变,并控制水平应力以保持水平应变为零。在模拟煤层气开发过程中,在煤中注入甲烷气体,实验中模拟孔隙压力降低,动态监测水平应力的变化。由于氦气为非吸附性气体,不会产生解吸收缩的现象,所以实验中以氦气为测试流体作为对比试验。通过对比试验,能综合分析解吸膨胀对水平应力耗散的影响。实验结果表明,岩心水平应力随孔隙压力降低呈线性衰减,衰减率与气体的种类有关(图 7-11)。由图 7-11 的测试结果可知,对于氦气,水平应力为孔隙压力降低速率的 80%降低,测试的结果和被动响应常规油气储藏的应力变化规律相符合[28]。然而对于甲烷气体,出现了"超量"水平应力耗散,即水平应力以 1.5 倍于孔隙压降的速率衰减。尤其需要指出的是,"超量"水平应力耗散尤其在低孔隙压力的时候非常明显,这是由于解吸收缩应变在低孔隙压力是较为明显[36]。

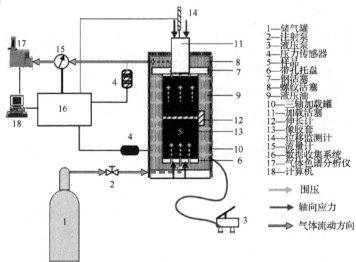

1—储气罐
2—注射泵
3—液压泵
4—压力传感器
5—样品
6—带孔托盘
7—钢活塞
8—螺纹活塞
9—液压油
10—三轴加载罐
11—加载活塞
12—伸长计
13—像胶套
14—位移监测计
15—流量计
16—数据收集系统
17—气体色谱分析仪
18—计算机

→ 围压
→ 轴向应力
→ 气体流动方向

图 7-10　水平应力测量装置示意图

　　由于实验条件为应力被动响应储层边界条件,Liu 和 Harpalani 认为由泊松比、Biot 系数决定的常规储层被动响应理论[式(7-15)]难以描述煤储层应力响应过程,这是因为煤的吸附膨胀效应会产生额外的煤体形变,进而影响水平应力的变化。Liu 和 Harpalani 根据储层被动响应理论描述孔隙压力对水平应力的影响,同时考虑了煤吸附膨胀应变对水平应力变化的作用,建立了可以描述煤储层水平应力响应的应力耗散模型:

$$K = \frac{\mathrm{d}\sigma_{\mathrm{h}}}{\mathrm{d}p_{\mathrm{p}}} = \alpha\left(1 - \frac{\nu}{1-\nu}\right) + E\frac{\mathrm{d}\varepsilon_{\mathrm{d}}}{\mathrm{d}p_{\mathrm{p}}} \tag{7-20}$$

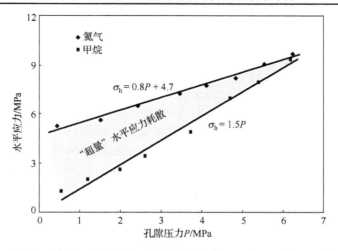

图 7-11　单轴应变条件下煤储层水平应力动态变化及"超量"水平应力耗散结果

式中，ε_d 为解吸收缩应变；E 为杨氏模量。由于存在解吸收缩应变，水平应力存在"超量"降低的现象，而"超量"水平应力降低的强度由解吸收缩的强度和杨氏模量来决定。

　　根据以上研究，利用莫尔圆应力分析理论，对煤层气开采卸压过程中储层应力的动态演化及储层的动态稳定性进行了综合分析(图 7-12)。理论上，莫尔圆由圆心位置及半径决定。莫尔圆的圆心位置代表在某一稳定应力条件下，最大和最小有效主应力的平均值；而半径代表偏有效应力的大小($\dfrac{\sigma_1^{e0} - \sigma_3^{e0}}{2}$)。含气煤为饱和多孔介质，应力初始状态的半径由最大和最小有效应力之差的一半计算，数学表述为

$$R_0 = \frac{\sigma_1^{e0} - \sigma_3^{e0}}{2} \tag{7-21}$$

式中，R_0 为莫尔圆的初始半径；σ_1^{e0} 和 σ_3^{e0} 分别为初始最大和最小主有效法向应力，即垂直和水平应力。根据 Biot 有效应力理论，并假定 α 为常数，式(7-21)可变为

$$R_0 = \frac{(\sigma_v - \alpha p_0) - (\sigma_{h0} - \alpha p_0)}{2} = \frac{\sigma_v - \sigma_{h0}}{2} \tag{7-22}$$

式中，σ_{h0} 为初始水平应力；σ_v 为垂直应力；p_0 为储层初始孔隙压力。对方程(7-22)积分得到：

$$\sigma_h = \sigma_{h0} - \alpha\left(1 - \frac{\nu}{1-\nu}\right)\Delta p - E\Delta\varepsilon \tag{7-23}$$

式中，Δp 为的孔隙压力变化，由 $p_0 - p$ 得到，$\Delta\varepsilon$ 为相应的水平应变。经过排采后降压，由储层开采中应力莫尔圆的半径可以计算为

$$R = \frac{(\sigma_v - \alpha p) - (\sigma_{h0} - \alpha p)}{2} = \frac{\sigma_v - \sigma_{h0} + \alpha\left(1 - \frac{\nu}{1-\nu}\right)\Delta p + E\Delta\varepsilon}{2} \tag{7-24}$$

则储层开采中莫尔圆半径的变量 ΔR 可表示为

$$\Delta R = R - R_0 = \frac{(\sigma_{\mathrm{v}} - \alpha p) - (\sigma_{\mathrm{h0}} - \alpha p)}{2} = \frac{\alpha \left(1 - \dfrac{\nu}{1-\nu}\right)\Delta p + E\Delta \varepsilon}{2} \tag{7-25}$$

因为煤的泊松比总是小于 0.5[40]，在根据式（7-25），在储层卸压开采过程中，ΔR 为非负值。因此，随着煤储层压力的下降，莫尔圆的半径增加。也就是说煤储层的偏应力随着排采的深入逐渐增加，这个有利于煤层气储层的渗透增加，原因是偏应力的增加会出现基质弯曲，从而使渗透率出现跳跃式增加[41,42]。如果偏应力增加超过煤基质的剪切强度，煤体就会破坏，从而产粉量急剧增加[39]，这是在排采过程中需要避免的。

另外，煤储层的应力动态演化过程还跟莫尔应力圆的圆心位置有关。在初始压力状态下，莫尔圆的中心坐标可以表示为

$$O_0 = \sigma_{\mathrm{h0}}^e + \frac{D_0}{2} = \sigma_{\mathrm{h0}} - \alpha p_0 + \frac{\sigma_{\mathrm{v}} - \sigma_{\mathrm{h0}}}{2} = \frac{\sigma_{\mathrm{v}} + \sigma_{\mathrm{h0}}}{2} - \alpha p_0 \tag{7-26}$$

由于"超量"水平应力耗散效应的存在，在储层卸压后莫尔圆的圆心位置可表示为

$$O = \sigma_{\mathrm{h}}^e + \frac{D}{2} = \sigma_{\mathrm{h}} - \alpha (p_0 - \Delta p) + \frac{D}{2} = \frac{\sigma_{\mathrm{v}} + \sigma_{\mathrm{h0}}}{2} - \alpha p_0 + \left(\frac{\alpha \Delta p}{2(1-\nu)} - \frac{E\Delta \varepsilon}{2}\right) \tag{7-27}$$

因此可得莫尔圆的圆心位置变量 ΔO 为

$$\Delta O = O - O_0 = \frac{\alpha \Delta p}{2(1-\nu)} - \frac{E\Delta \varepsilon}{2} \tag{7-28}$$

式中，ΔO 为压力下降 ΔP 的莫尔圆圆心位移。式(7-28)右边的第一项是孔隙压力变化引起的圆心位移，第二项是吸引膨胀效应引起的圆心移位。对于孔隙压力诱导项，这是一个正数，表明莫尔圆向右移动。相反，吸引膨胀项是负值，这意味着莫尔圆将向左移动。因此，莫尔圆的中心可以向右移动，向左移动或保持在相同的位置，这取决于孔隙压力、吸附膨胀效应产生的影响。由图 7-12 所示，根据莫尔库仑准则，可定性地认为，具有高初始偏应力的煤层往往会随着气体排采而产生破坏，由于储层的莫尔圆的直径较大，更易接近莫尔强度包络线；具有解吸收缩效应的煤储层随着气体排采而趋于破坏，这不仅是因为莫尔圆直径在低压下显著增加，还因为莫尔圆的位置以更快的速度向左移动接近莫尔强度包络线。

综上所述，煤层气井排采过程中煤储层地应力是动态变化的，以往的研究中往往忽略了地应力的变化对排采过程的影响。由于水平应力的"超量"降低，不正确的排采方式可能造成煤层气的近井地带出现剪切破坏，从而产生大量煤粉堵塞近井裂缝，降低煤储层改造的效果和单井的控制面积。所以为了避免这种情况的发生，建议在早期排采过程中降低排采速率，保证近井地带储层稳定，在保证储层稳定的同时，由于偏应力的增加，会相应地促进储层渗透率的增加，从而使水平动态地应力驱使的"高渗区"逐渐散开，使得单井控制面积增大，保证长期稳产和充分利用压裂缝网。经过早期"慢排采"阶段后，产水量逐渐减小并趋于常值，进入稳产期以及随后的产量衰减期。在这两个阶段，可以采用快速排采的策略，使得吸附气体快速解吸，形成稳定的产量而保证采区的经济效益。

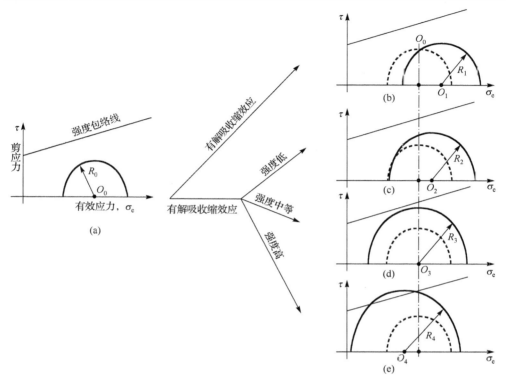

图 7-12　抽采卸压过程中煤体应力动态变化规律

7.4　煤储层压裂机理的实验研究

　　水力压裂是一项成熟的低渗透储层改造增产技术，由于煤储层物性复杂，非均质性强，具有力学强度低、变形大等特征，在水力压裂设计中不能按照常规油气储层的设计参数。在煤储层压裂工程设计中需要考虑煤储层的埋藏深度、储层孔隙压力、原岩三维应力状态，煤层的破裂压力、岩层（有效）模量，岩层孔隙度、岩层渗透率，煤层的可压缩性等参数。除了这些物性参数，还需要对煤层气井完井、压裂液和支撑剂选择进行综合考量。因为煤体具有吸附性，较容易受外来流体的伤害，因此，在尽可能降低储层伤害的同时，增大甲烷的泄流面积和提高甲烷的解吸扩散速度是煤层气高效生产的关键。在煤层气开发中，清水和活性水是最常用的低成本压裂液，并且在沁水盆地南部得到了很好的效果。然而，在现场的实践中，也发现清水和活性水压裂会存在粉煤极易聚集起来堵塞压裂裂缝前缘，使得裂缝方向改变，增加施工难度；在压裂返排阶段，粉煤还会在支撑裂缝中运移沉积，导致支撑裂缝的孔喉通道发生堵塞，降低裂缝的倒流能力和渗透率，影响煤层气的产量。因此利用纯氮气、二氧化碳、甲烷以及有这些气体参与的泡沫压裂，可以解决返排难、水敏地层伤害的问题，当然，推广这些非常规压裂液，需要考虑成本和工艺实用性。最近的研究表明，气体或者泡沫压裂能够形成更为复杂的裂缝和改变破裂压力，有利用低渗气藏的改造[43]。为了了解煤和页岩储层对于不同压裂流体的破裂压力及流体与岩石的相互作用，在实验室尺度上做了煤和页岩的水力压裂实验，并对破裂压力和生成裂缝进行了综合评估。通过物理模拟实验，分析了煤储层岩石的断裂力学参数，揭示了压裂参数对裂缝扩展的影响规律，为理论和数值模拟研究提供重要参考依据。

7.4.1　实验条件

1. 煤、岩石试样制备

实验中采用煤样和页岩作为试样。由于低煤阶煤的割理间距小，开度大，因此形成脆性裂缝困难。低煤阶煤样采自美国伊利诺伊盆地浅部的伊利诺伊煤层，页岩样采自美国 Green River Basin（GRB）的页岩。低煤阶大块煤样通过钻机和切割机加工为直径 25.4mm、长度 50.8mm 的标准式样。在煤样的正中心加工出一个直径 2.1mm、长 25.4mm 的钻孔，用于压裂液流体注入。这种无任何注嘴辅助的注压方式需要非常严格的表面光滑度。所以在钻孔之前，煤样的两个端面需经打磨机打磨，确保光滑平整。页岩岩样的制备和煤样相同。

2. 实验装置和方法

实验所用压裂装置为宾夕法尼亚州立大学的 TEMCO 压裂系统，其基本构件如图 7-13 所示。

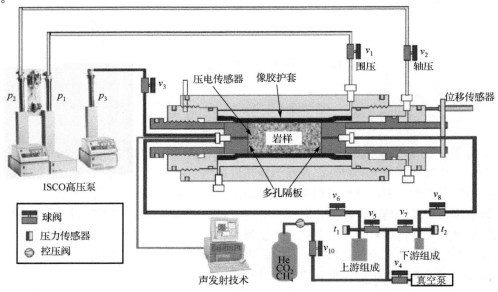

图 7-13　TEMCO 压裂实验装置示意图

实验系统包括围压和轴压加载系统及压裂液注入系统，岩样通过一个厚橡胶管装入耐高压的钢腔内。为了防止压裂流体的渗漏，实验中采用双重 O 形密封的注入端头。样品有钻孔的一端与注入端头相接，之后两端通过不锈钢的垫片增加长度，以至于达到两个螺纹端头的位置。控制围压和轴压的水压分别通过腔体和一个端头上的接口注入，并有两个高压水泵分别控制。对于煤样，根据伊利诺伊盆地的应力状态，首先将围压和轴压分别施加 4.6MPa 和 6.9MPa 的压力，起始水压加到 1MPa。当压裂流体为高压气体时，采用 CO_2 或者 N_2，由于伊利诺伊煤的高渗透性，不能得到煤的破裂压力，主要因为气体的低黏、高滤失的特性，所以没有对伊利诺伊高渗透煤样进行气体压裂。对于页岩样，实验室利用不同的轴压和围压比进行了不同压裂流体在不同应力状态下的压裂机理研究。

7.4.2   实验结果

由于煤样来自盆地浅部，其裂隙发育、在小尺度的煤样实验中很容易造成了较大的流体泄露，当注入水压达到围压时，围压会随水压一同增长，这说明煤样中天然裂缝已经连通了煤体的表面和钻孔，如图 7-14 所示。

实验结果表明，当煤的围压为 7MPa 时，煤的破裂压力为 8.2MPa，破裂压力和围压相差很小，主要是伊利诺伊煤的高渗透性和低抗拉强度共同作用所致；而在页岩的压裂实验中会出现较大的水压积聚，最后达到破裂压力，岩样产生了巨大破坏，页岩的压裂结果如图 7-15 和图 7-16 所示。

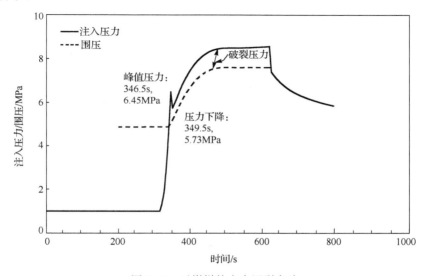

图 7-14   对煤样的水力压裂实验

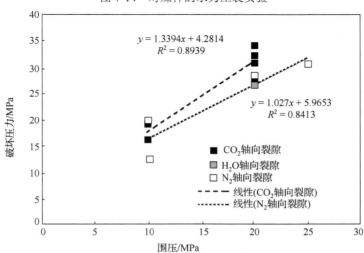

图 7-15   破坏压力随围压的变化(轴向裂隙)

采用不同压裂介质实验结果表明，CO_2 的破裂压力最高，N_2 次之，最小的是清水。这个结果与文中（7.5.1 节）讨论的结果不相符，因为气体（CO_2 或 N_2）的浸入压力都小于水，其预期破裂压力应小于水的破裂压力，但是实验结果恰恰相反。笔者认为，这就是由于水-页岩的相互作用，进而弱化了页岩的抗拉强度。这也进一步证明了，压裂液与岩体的物理化学相互作用在压裂中的重要影响。

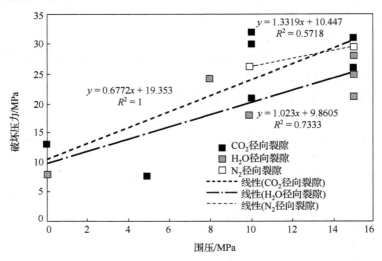

图 7-16　破裂压力随围压的变化（径向裂隙）

7.5　煤储层水力压裂裂缝扩展的受控因素

7.5.1　应力对裂缝扩展的影响

物理模拟实验中，压裂试验样品为圆柱形样，柱体中心钻有非贯通圆孔（图 7-17），对样品进行三轴加载，裂隙将沿垂直于最小主应力方向扩展，或者说是在最大主应力平面内扩展。在不同的围压和轴压组合的试验条件下，当轴向应力小于径向应力时，裂隙将沿着垂直于钻孔平面扩展（图 7-17 案例 1）；当轴向应力大于径向应力时，裂隙将沿着钻孔方向扩展（图 7-17）。

当轴向应力为最小主应力时（图 7-17），岩体沿垂直于钻孔的平面发生破坏。这种条件下，钻孔底部边界处的应力集中不明确。尽管理论上的应力集中没有明确的理论表述，但是由于钻孔底部几何形状钝化效应和形状因素的关系，应力集中强度还是较大的，岩石趋于起裂状态。其中，破坏压力（p_b）可以表述为[43]

$$p_b = A\sigma_a + B\sigma_c + C\sigma_t \qquad (7\text{-}29)$$

式中，p_b 为破坏压力，σ_a 为轴压，σ_c 为围压，σ_t 为岩体拉伸强度，A、B、C 分别为轴向应力系数，围向应力系数和拉伸强度系数。对于图 7-17 案例 1 的情况，在围压较大的情况下，$A = C = 1$，$B = 0$。

当轴向应力为最大主应力时（图 7-17 案例 2），破坏遵循 Hubbert-Willis（H-W）水力压裂准则[44]，当局部应力大于岩体拉伸强度时，孔壁裂隙将会沿着垂直于最小主应力的方向发展。如果将岩体看作弹性体，并且在初始阶段没有孔压，破坏压力可用下式表达：

$$p_b = 3\sigma_{hmin} - \sigma_{hmax} + \sigma_t \tag{7-30}$$

式中，σ_{hmin} 为最小水平应力，σ_{hmax} 为最大水平应力。

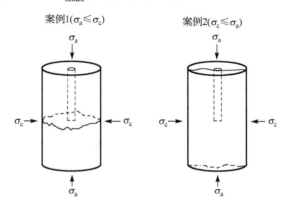

图 7-17　不同应力条件下岩体的压裂破坏形式

试验中，$\sigma_{hmin} = \sigma_{hmax} = \sigma_c$，因此，破坏压力（$p_b$）可以表示为

$$p_b = 2\sigma_c + \sigma_t \tag{7-31}$$

式中，σ_c 为围压。因此，当岩体拉伸强度一定时，破坏压力只与围压有关。式（7-29）可以应用在 H-W 破裂准则中，其中只有 A 和 B 为变量。当轴向应力为最大主应力时，$A = 0$、$B = 2$、$C = 1$。

以上理论分析都是基于在压裂过程中没有压裂流体渗流至基质中的假设，通过固体力学破坏机理推导得出的。当流体渗流存在时，基于孔弹性理论，加入流体渗流产生的孔压，修正后的破裂压力表达式为[45]

$$p_b = (A'\sigma_a + B'\sigma_c + C'\sigma_t)\frac{1}{1+\eta} \tag{7-32}$$

$$\eta = \frac{\upsilon\alpha}{1-\upsilon} \tag{7-33}$$

式中，A'，B'，C' 分别为轴向应力系数，围向应力系数和拉伸强度；υ 为泊松比；α 为 Biot 系数。根据岩体的物性参数，$\frac{1}{1+\eta}$ 介于 0.5（可渗岩体，流体可以进入孔壁，$\eta = 1$，$\alpha = 1$，$\upsilon = 0.5$）和 1（不可渗岩体，$\eta = 0$，$\alpha = 0$）之间。对于不可渗的岩体，式（7-32）可以简化成式（7-29），这本质上是由于没有有效应力的作用。而当流体可以深入到岩体时，一部分流体在注入过程中，随即散失，对于后期岩体的破坏没有做功能力，所以就可以通过岩体物性参数经过式（7-33）进行修正，本质上是通过岩体的有效应力描述其破坏行为。此外，笔者认为，在可渗岩体中，抗拉强度不是恒定值，它受到两方面的影响：第一，有效应力的变化会动态影响岩石抗拉强度，第二，压裂流体和岩体的物理化学相互作用会弱化岩体的抗拉强度，进而使破裂压力降低。在理论计算中，抗拉强度的弱化是通过 C' 来进行理论校正的。

　　在常规的活性水或者清水压裂效果不理想的情况下，需要考虑非水基压裂液进行增产增透。非水基的压裂液包括纯氮气、二氧化碳、甲烷以及有这些气体参与的泡沫压裂，当利用这些新型压裂液进行储层改造时，压裂液和储层岩体的相互作用起到至关重要的作用。由于新型压裂液中含有大量的气体，气体的状态也对岩体的破裂压力有很大的影响。新型压裂流体可分为两类：超临界流体和亚临界流体。超临界流体具有表面张力低、渗透性好的特点。由于压裂流体进入岩体孔隙需要一定的临界压力，由于超低的表面张力，超临界流体的"浸入压力"远小于亚临界流体[46]。Alpern 等首次提出材料的破裂压力由"抗拉强度"和"浸入压力"共同决定[46]。由于"浸入压力"的提出，岩体压裂的机理从传统的单一"力学"驱动转变到了"力学、流体相态、液-岩作用弱化"共同驱动。不同岩体的压裂实验证明了超临界气体的破裂压力均小于液态或者亚临界流体[47]。Gan 等使用不同的气体、液体进行压裂，观察到不同压裂流体的破裂压力区别很大，部分流体压裂所需的破裂压力显著偏小。如图 7-18 所示，当浸入压力低于可渗破裂压力时，超临界和亚临界流体的岩体破裂压力具有相同的量级[图 7-18(a)]；当浸入压力介于可渗和不可渗岩体的破裂压力之间时，亚临界气体在浸入岩体后，破坏在浸入压力处发生，在这种条件下，超临界流体会导致比流体压力更小的破坏压力[图 7-18(b)]；当浸入压力大于不可渗岩体破裂压力时，相比于亚临界流体，超临界流体导致更小的破坏压力[图 7-18(c)][48]。

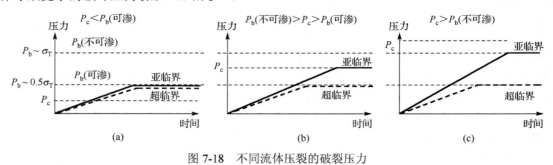

图 7-18　不同流体压裂的破裂压力

7.5.2　天然裂缝对水力压裂裂缝扩展的影响

　　由于煤储层裂隙发育，在储层水力压裂改造时，对压裂裂缝评价与预测必须考虑水力压裂引起的张裂缝和天然裂缝(割理、层理和断层)之间相互作用关系。

　　当水压裂缝与煤体裂缝、断层等弱面相遇时，会出现几种不同的裂缝扩展情况，如图 7-19 所示。根据天然裂缝、地应力方向、压裂裂缝尖端应力场的不同的组合，可能出现：①压裂裂缝终止与天然裂缝，压裂液进入天然裂缝开始转向，进而形成转向裂缝；②压裂裂缝穿过天然裂缝扩展，天然裂缝保持静止不变；③压裂裂缝和天然裂缝同时扩展，或者上边三种情况的组合。天然裂缝的扩展路径选择对复杂裂缝缝网的形成十分重要。国内外学者对穿越弱面的裂纹扩展问题进行了大量的理论和实验研究，但至今尚无广泛接受的准则[49]。由于煤岩体富含弱面，当水力压裂裂缝与天然裂缝相互作用，需要考虑割理裂缝的摩擦系数、割理黏结性、割理表面粗糙度、压裂液在原生割理中的毛细管压力等因素。由于水力压裂裂缝和天然裂缝的复杂关系，研究储层改造后缝网形成机制和扩展形态，需要在应力场、温度场和流场耦合的条件下，对裂缝进行数值计算研究和预测。

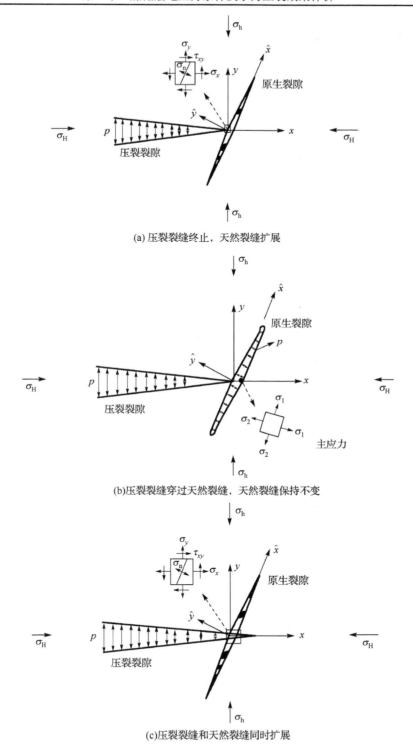

(a) 压裂裂缝终止，天然裂缝扩展

(b)压裂裂缝穿过天然裂缝，天然裂缝保持不变

(c)压裂裂缝和天然裂缝同时扩展

图 7-19　水力压裂裂缝和天然裂缝相互作用受力示意图

7.5.3　煤、岩力学性质对水力压裂的影响

水力压裂效果的好坏直接关系到煤层气井后期的产气效果，煤、岩力学性质是影响煤储层水力压裂效果的内在因素。在控制压裂裂缝形成、扩展及形态的众多因素之中，煤、岩石力学性质是最为关键的也是无法改善的地质因素。当被压裂的煤层与上(下)岩层应力相差不大的条件下，弹性模量的大小是控制裂缝纵向扩展的一个因素。当被压裂层小于上、下岩层弹性模量，且相差较大时，裂缝高度将有可能被限制于压裂层中，这一机理正是煤层压裂形成"T"裂缝的主要原因。

煤岩力学试验分析表明，煤岩的抗拉强度、抗压强度和弹性模量均低于煤层顶底板岩石，而泊松比则高于煤层顶底板岩石。如沁水盆地南部煤层及其顶底板岩石的岩性由石灰岩、粉砂岩、粉砂质泥岩、泥质岩和煤等组成。根据沁水盆地南部煤层及其顶底板岩石力学试验统计表明(每组样品数 15 个)(表 7-2)，尽管煤层及其顶底板岩石力学性质变化较大，但仍可以看出，①单轴抗压强度和抗拉强度以石灰岩类最大，粉砂岩和粉砂质泥岩次之，泥岩较小，煤层最小；②无论是 3 煤层还是 15 煤层，煤储层的力学强度相对煤层顶底板岩石具有低强度、低弹性模量和高泊松比特性，因此在应力作用下煤储层易于塑性变形。

煤岩的这些力学性质对裂缝的发育和几何尺寸产生了重要影响。由于强度低，特别是抗拉强度低使得煤岩容易开裂；由于泊松比高使得地层水平应力增大导致地层难以开裂。所以煤岩破裂的难易程度需视具体情况计算才能得出结论。但煤岩的低弹性模量和高泊松比将导致裂缝长度减小、宽度增大。根据兰姆方程，在岩石中形成水力裂缝的宽度与弹性模量成反比。由于宽度增加，在相同的施工排量下，裂缝长度增加将受到限制，因此，煤层气井压裂施工排量远远高于常规砂岩气井，常常达到 $8m^3/min$ 以上排量。

表 7-2　沁水盆地南部煤层及其顶底板岩石力学性质试验结果表

力学参数	密度 /(g/cm³)	抗压强度 /MPa	抗拉强度 /MPa	弹性模量 /GPa	泊松比	岩石软化系数
3 煤层顶板泥岩/砂质泥岩	2.47~2.58 2.52	31.45~39.28 36.10	1.39~1.78 1.61	0.28~3.25 2.29	0.26~0.31 0.28	0.33~0.63 0.48
3 煤层	1.44~1.51 1.46	2.51~20.91 11.10	0.09~0.93 0.48	0.21~1.63 0.91	0.28~0.33 0.31	0.22~0.58 0.46
3 煤层底板泥质/泥质粉砂岩	2.48~2.54 2.51	20.39~36.05 27.92	0.90~1.63 1.24	0.63~3.01 1.97	0.27~0.31 0.29	0.23~0.55 0.42
15 煤层顶板灰岩	2.68~2.74 2.71	39.79~65.06 52.26	1.78~2.95 2.35	3.32~5.76 4.62	0.20~0.26 0.24	0.50~0.70 0.63
15 煤层	1.42~1.62 1.47	7.16~25.31 15.87	0.32~1.15 0.72	0.55~2.08 1.26	0.27~0.33 0.31	0.13~0.57 0.48
15 煤层底板泥岩	2.62~2.66 2.64	20.19~23.42 21.81	0.88~1.05 0.97	1.15~1.92 1.58	0.29~0.30 0.29	0.47~0.69 0.58
15 煤层底板粉砂岩	2.70~2.75 2.73	16.55~19.87 18.21	0.74~0.87 0.81	1.32~4.13 2.35	0.24~0.32 0.29	0.29~0.67 0.48

表中：(最小~最大)/平均

煤储层渗透性及其应力敏感性对煤储层水力压裂效果也产生影响。从压裂施工过程中的滤失量、注入量与压裂裂缝延展之间的关系可以发现，在相同的压裂施工排量和泵入程序条

件下，不同渗透率煤层所形成的压裂裂缝规模是不尽相同的。通常是高渗煤层压裂过程中，由于受到施工排量的限制往往是形成短而宽的裂缝；而低渗煤层则不然，会形成窄而长的裂缝。这一规律正符合生产对压裂的需要，即高渗煤层需要较宽的压裂裂缝，以提高压裂裂缝的导流能力提高煤层气产量；而低渗煤层则需要形成更长的压裂裂缝，以增加线流面积来提高煤层气产量。煤储层在压裂过程中会出现较大的滤失。在压裂施工过程中，一方面随着压裂裂缝的延伸，人工裂缝沟通了更多的天然裂隙而加大了滤失的条件；另一方面在高压作用下由于压裂液滤失到天然裂隙而使其天然裂隙内的流体压力迅速升高，造成裂隙扩张，加大了滤失通道，是煤储层压裂时产生一定的滤失，影响煤储层压裂效果。由于煤储层本身的低渗和可塑性，在裂隙扩张时可能形成"压缩带"，抑制了压裂液的滤失。

7.6　煤储层水力压裂效果评价

煤层气井经过水力压裂改造后，为了更好地了解压裂施工质量，获得裂缝分布情况，利用裂缝监测技术可以有效地评价压裂效果。目前，煤层气压裂裂缝监测的主要方法有示踪剂法[50]、井温测试法[51]、大地电位法[52]、测斜仪法[53,54]、微地震法[55]以及后期采矿挖掘法[56,57]。由于压裂所形成的人工裂缝的宽度特别小(一般为几毫米)，所以很难通过普通的地球物理方法进行有效的监测。示踪剂法只能对井筒附近的压裂情况进行观测，不能对压裂效果进行整体评估，但这种方法不受温度的影响和限制。井温测试法是利用压裂流体注入引起储层温度异常，通过井温测井来评估压裂裂缝高度，这种方法受到地层温差、压裂作用时间的影响较大，而且只能监测近井地带。大地电位法是利用液体压裂液的低电阻特性，在压后的煤层中形成低电阻条带，通过低电阻条带的测试可以测定裂缝长度和方向，但是不能确定裂缝的高度。微地震裂缝监测是通过采集微震信号并对其进行处理和解释，获得裂缝的参数信息从而实现压裂过程实施监测，可以用来管理压裂过程和压裂后分析，是判断压裂裂缝较准确的方法之一。对于微地震裂缝监测的原理，斯伦贝谢最新的文献中有非常详尽的描述[58]。然而，微震裂缝监测的成本非常昂贵，针对煤层气井单井控制面积小、井网布置密的特点，高成本是影响微震法广泛应用的瓶颈。采矿挖掘法是最直接的也是最准确的对于裂缝评估的方法，但是这种方法周期长，对于深层不可采煤层不具有操作性。由于上述方法的一些局限性，下面主要介绍地面测斜仪和利用压裂返排数据进行快速裂缝评估。

7.6.1　测斜仪在煤层水力压裂裂缝监测中应用

测斜仪裂缝监测技术是通过地面压裂井周围布置测斜仪来监测压裂施工过程中的地层倾斜，经过地球物理反演计算确定压裂参数的一种裂缝监测方法。测斜仪技术在水力压裂中的应用，实现了对储层压裂裂隙扩展的实时监测。地面测斜仪压裂裂缝监测方法需要的储层力学参数少，地面变形模式几乎不受储层性质的影响，能更好地刻画煤层中压裂裂缝的几何形态，该技术不需要观测井，观测成本低，有更大的适应性[54,59]。

测斜仪使用理论模型基于 Davis 解算[60]。该模型将地层变形作为裂缝表面参数(如裂缝位置、大小、方向等)的函数。该模型中裂缝参数共有八个：倾角、走向、长度、高度、宽度、深度及裂缝中心相对于井眼的在水平 x 和 y 方向的位置。改变任意一个裂缝参数，都会引起在倾斜仪阵列中每个测点的倾斜角度和方向的变化。

　　水力压裂过程中,裂缝的产生会导致岩石变形,地层角度会发生变化。通过对各个监测井处地层倾斜量的测量获得了变形矢量场,变形矢量场给出了各个监测井处的倾斜方位、大小的信息,应用测斜仪裂缝解释技术,基于误差最小化的模式对倾斜量进行反演拟合,理论变形场与监测变形场获得最佳拟合后,即获得实际的裂缝扩展信息。需要注意的是,在用测斜仪进行测量时,高精度的测量结果取决于高精度的测斜仪和较小的背景噪声环境。因此,在压裂开始前,能够获得足够长时间内测点位置的噪声情况是十分关键的。根据压裂前测定的噪声数据,用一个合适的模型和最小二乘法拟合得到背景噪声的趋势[53],然后将实际测定信号定义为观测数据与预测得到的噪声之差。

　　Hunter Geophysics 在美国黑勇士盆地 Rock Creek 进行了测斜仪的应用[53]。Rock Creek 煤层埋深约为 146m,煤系岩石主要由层状砂岩、粉砂岩和页岩组成,煤储层渗透性差。为了对压裂过程进行检测,在压裂井地面半径 2~300m 范围内布置了 18 个地面测斜仪监测点,如图 7-20 所示。由测斜仪测量获得了变形矢量场,显示了测点的倾斜方位、角度等。基于误差最小化的模式对裂缝参数进行反演拟合,拟合理论变形场与监测变形场,可获得实际的裂缝扩展信息。图 7-21 为 P1A 井裂缝的拟合图,表现了压裂裂缝的形态、方位、倾角、垂直裂缝与水平裂缝体积百分数等参数。

　　计算结果表明,水力压裂形成的人工裂缝尺度(长度×高度×裂缝宽度,m)约为 $(157\pm25)\times(163\pm25)\times(0.0085\pm0.0015)$。煤层中压裂裂缝非常复杂,在井筒附近有垂直裂缝产生,这些垂直裂缝与在压裂期间产生的主要水平裂缝形成导流通道。

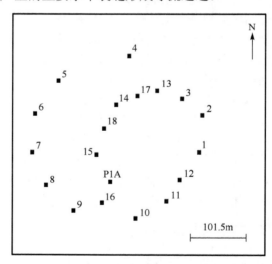

图 7-20　测斜仪测定布置图

7.6.2　不稳态返排分析法在压裂效果评估中应用

　　经过压裂后的煤层气井,需要先经过压裂液返排,然后进入排采阶段。由于煤层井的解吸扩散特性,在返排阶段,会首先经过饱和水单相流阶段,然后甲烷从基质中解吸扩散到张开裂缝中,这时候裂缝中出现气-水两相流的阶段。基于压裂后返排的气-水产出数据建立数学模型,可以实现快速地对压裂效果进行半定量化评价,以确定压裂效果的优劣,并且对相邻压裂井提供施工指导,同时还可以对煤层气井的长期产能进行评估。这个方法显著的优点

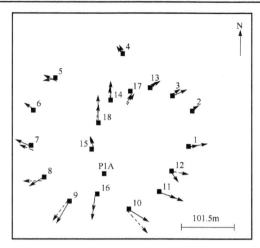

图 7-21　井地面变形矢量拟合图

是不需要监测设备，成本低；然而，此方法是以半定量的方式分析"等效裂缝半长"，通常与实际裂缝情况有差异[61]。

　　Clarkson 等提出可以利用饱和两相(气和水)煤层气生产数据的不稳态产量分析法来评估煤储层压裂效果。具体的方法是利用物质平衡方程去耦合现场煤层气井气和水的产量数据，从而获得压裂裂缝的储层改造相关参数，包括压裂后的储层渗透率(k_f)和裂缝的等效压裂半长(x_f)。煤储层的物质平衡可以表示为

$$G_p = OGIP - CGIP \tag{7-34}$$

式中，G_p 为累积产气量；OGIP (Original-Gas-In-Place)为初始煤储层储气量；CGIP (Current-Gas-In-Place)为剩余煤储层储气量。煤中有吸附气和游离气两种赋存形态，初始煤储层储气量的表达式为

$$OGIP = \frac{Ah\phi(1 - S_{wi})}{B_{gi}}(游离气) + V_i Ah\rho_c (吸附气) \tag{7-35}$$

式中，S_{wi} 为初始煤储层平均水饱和度；B_{gi} 为在初始气体膨胀系数；V_i 为在初始气体吸附量；ρ_c 为煤储层密度；A 为裂缝的横截面积。

　　根据不同的地应力条件，煤储层的压裂裂缝可以是水平的、垂直的或 T 形缝。在这里假设煤储层的埋藏深度较浅，垂直应力为最小主应力，水力压裂产生水平裂缝。对于其他的裂缝形态，其评估方法，与下述的评估方法类似。在压裂形成水平裂缝的条件下，假设流动方式为气-水两相径向流，裂缝半长(x_f)即井的影响半径(r_e)，裂缝的横截面积的表达式为

$$A = \pi x_f^2 \tag{7-36}$$

　　剩余煤储层储气量的表达式为

$$CGIP = \frac{Ah\phi\left(1 - \overline{S_w}\right)}{B_g}(游离气) + VAh\rho_c (吸附气) \tag{7-37}$$

式中，$\overline{S_w}$ 为当前煤储层平均水饱和度；B_g 为在当前气体膨胀系数；V 为在当前气体吸附量。

　　因此，返排阶段累积产气量计算公式为

$$G_P = \frac{Ah\phi\left(1 - S_{wi}\right)}{B_{gi}} + V_i Ah\rho_c - \frac{Ah\phi\left(1 - \overline{S_w}\right)}{B_g} + VAh\rho_c \tag{7-38}$$

考虑 Langmuir 等温吸附曲线，气体吸附量可以通过煤储层压力进行计算，即

$$V = V_L \frac{\overline{P}}{\overline{P} + P_L} \tag{7-39}$$

假设解吸会在储层压力降低后瞬间发生，那么将 Langmuir 等温吸附曲线应用于累积产气量的计算，可以得到：

$$G_P = Ah\left(\frac{\phi\left(1 - S_{wi}\right)}{B_{gi}} + \frac{V_L P_i}{P_i + P_L}\rho_c\right) - Ah\left(\frac{\phi\left(1 - \overline{S_w}\right)}{B_g} + \frac{V_L \overline{P}}{\overline{P} + P_L}\rho_c\right) \tag{7-40}$$

那么，煤储层的当前平均压力（P）可以表示为

$$\frac{\overline{P}}{\overline{P} + P_L} + \frac{\phi\left(1 - \overline{S_w}\right)}{V_L B_g \rho_c} = -\frac{1}{V_L Ah\rho_c}G_p + \left[\frac{P_i}{P_i + P_L} + \frac{\phi\left(1 - S_{wi}\right)}{V_L B_{gi}\rho_c}\right] \tag{7-41}$$

式中，ρ_c 为煤层基质密度 g/cm^3；B_g 为天然气体积系数，m^3/m^3；V_L 为 Langmuir 体积，m^3/t；G_p 为累积气生产量：m^3。

需要指出的是：$\overline{S_w}$、G_p 和 B_g 是关于煤储层平均压力（P）的函数，因此需要迭代求解 P。$\overline{S_w}$ 会随着生产的时间增加而减少，即

$$\overline{s_w} = 1 - \frac{W_p}{W_{fi}} \tag{7-42}$$

式中，W_p 为在标准情况下的累积产水量，是关于 P 的函数；W_{fi} 为在标准情况下裂缝中水的储量。

水和气的生产速率可以通过径向流动动态方程进行计算。对于垂直井来说，假设水和气互溶而且处于相同压力下。那么在拟稳定态（PSS）下，压降的速率为可以表示为

$$\frac{\partial P}{\partial t} = -\frac{q_w}{c_w Ah\phi} \tag{7-43}$$

式中，c_w 为水的压缩系数，单位为 1/MPa。单相水的渗流方程可以表示为

$$\frac{1}{r}\frac{\partial}{\partial r}\left(r\frac{\partial P}{\partial r}\right) = \frac{\phi\mu_w c_w}{k}\frac{\partial P}{\partial t} \tag{7-44}$$

在拟稳定态（PSS）下，边界条件可以表示为
在井底：

$$\left.\frac{\partial P}{\partial r}\right|_{r=r_w} = \frac{q_w \mu_w}{kwh} \tag{7-45}$$

在裂缝边缘：

$$\left.\frac{\partial P}{\partial x}\right|_{r=x_f} = 0 \tag{7-46}$$

式中，r_w 为煤层气井半径。

从井壁(r_w)到影响半径(x_f)进行积分，可以得到关于压降的解，即

$$P_e - P_{wf} = \frac{q_w \mu_w}{2\pi kh}\left[\ln\left(\frac{x_f}{r_w}\right) - \frac{1}{2} + S\right] \tag{7-47}$$

煤储层的平均压力，通用表达式为

$$\overline{P} = \frac{\int_{r_w}^{x_f} P\mathrm{d}V}{\int_{r_w}^{x_f}\mathrm{d}V} \tag{7-48}$$

将煤层初始压力（P_e）替换成煤储层的平均压力（$\overline{P}$），则

$$\overline{P} - P_{wf} = \frac{q_w \mu_w}{2\pi kh}\left(\ln\left(\frac{x_f}{r_w}\right) - \frac{3}{4} + S\right) \tag{7-49}$$

因此，单相水的生产速率的表达式为

$$q_w = \frac{kh\left(\overline{P} - P_{wf}\right)}{888\mu_w B_w\left(\ln\left(\dfrac{x_f}{r_w}\right) - 0.75 + S\right)} \tag{7-50}$$

式中，S 为井壁阻力系数；P_{wf} 为井底压力。

考虑气体的流动对水速率的影响，相对渗透率曲线将引用于单相水生产速率的公式，则

$$q_w = \frac{k_{rw}kh\left(\overline{P} - P_{wf}\right)}{888\mu_w B_w\left(\ln\left(\dfrac{x_f}{r_w}\right) - 0.75 + S\right)} \tag{7-51}$$

对于气体流动方程，相似的推导可以得到气体产量速率的表达式。需要注意的是，气体的性质随着压力变化，所以需要应用拟压力 $m(P)$ 的概念线性化气体的性质，即

$$m(P) = 2\int_{P_o}^{P} \frac{P}{\mu_g z}\mathrm{d}P \tag{7-52}$$

通过相似的推导，气的生产速率的表达式为

$$q_g = \frac{k_{rg}kh\left[m(\overline{P}) - m(P_{wf})\right]}{50247T\left[\ln\left(\dfrac{x_f}{r_w}\right) - 0.75 + S\right]} \tag{7-53}$$

式中，k 为煤储层渗透率，μm^2；T 为煤储层温度，K；μ 为气体的黏度，$\dfrac{g}{cm}\cdot s$。

根据上述推导，在压裂返排阶段，可能出现单相水流和气-水两相流（图 7-22）。①如果返排阶段只有单相水流，利用式(7-51)对返排水产量进行分析；②如果是气-水两相流，可以组合式(7-51)和式(7-53)对气和水的产量进行综合分析。

在数据分析的过程中，利用已有的产量模型和储层的基本参数，通过历史拟合的方式，

可以对压裂后储层的裂缝渗透率 k 和裂缝半长 x_f 进行拟合分析,因此可以对压裂效果做出快速的评价和评估。

　　主要的步骤包括:第一,需要收集煤储层的基本物性,包括 Langmuir 等温吸附和相对渗透率曲线,以及岩石和流体特性;第二,收集煤层气井压裂后返排现场数据,主要包括水和气的生产数据;第三,参考相近地质条件下的其他煤层气储层的压裂井的数据,选择初始 k 和 x_f 参数值;第四,通过物质平衡公式(7-34)去迭代求解煤储层的平均压力以及水和气的生产速率式(7-51)和式(7-53);最后,手动调整 k 和 x_f 的值去历史拟合现场水和气的生产速率与累积生产量,则可以得到裂缝的有效渗透率和等效裂缝半长。

　　根据上面分析可以看出,通过返排现场数据历史拟合(累积生产数据和生产速率数据),可以快速地评估出煤储层压裂后的裂缝的参数和渗透率。下面以 Uinta Basin 的垂直压裂井为例,对现场返排数据进行分析获得裂缝等效半长和渗透率参数。研究区煤储层的相关储层参数如表 7-3 所示。根据以上数据和现场生产数据,应用建立的理论数学模型,手动调整 k 和 x_f 去历史拟合现场数据,最终可以确定这两个参数的值。历史拟合的结果见图 7-23 和图 7-24。根据历史拟合结果,获得压裂后的裂缝的渗透率为 16md,等效的压裂半长为 128m。需要指出的是,返排数据分析的解不是唯一解,但是我们可以通过后期水-气产量进行验证,进而判断拟合是否合理。

表 7-3　煤层气和产井的相关参数[61]

基本参数	数值	基本参数	数值
煤层厚度/m	3.35	Langmuir 体积/(m³/t)	14.53
煤层密度/(kg/m³)	1430	Langmuir 压力/MPa	4.68
裂隙孔隙度/%	0.25	吸附时间/d	0
煤层初始水饱和度/%	94	煤层气井半径/m	0.16
气体相对密度	0.57	井底压力/MPa	3.52
绝对渗透率/μm² *	$16×10^{-3}$	影响面积/m²	$5.15×10^4$
相对渗透率	见图 7-22	裂缝半长/m*	128
煤层初始压力/MPa	6.41	井壁阻力系数	−1
煤层温度/℃	29		

　　*　历史拟合参数

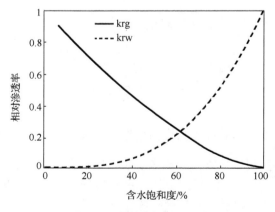

图 7-22　煤层中相对渗透率

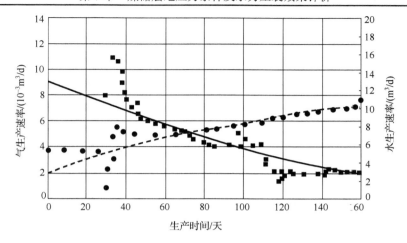

图 7-23　气水生产速率最终拟合图

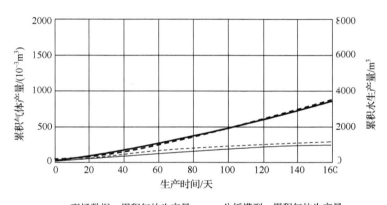

图 7-24　气水累积生产量最终拟合图

参 考 文 献

[1] 张金才，尹尚先. 页岩油气与煤层气开发的岩石力学与压裂关键技术[J]. 煤炭学报，2014，39(8)：1691-1699.

[2] 孟召平，田永东，李国富. 煤层气开发地质学理论与方法[M]. 北京：科学出版社,2010.

[3] 杨延辉,孟召平,陈彦君,等. 沁南—夏店区块煤储层地应力条件及其对渗透性的影响[J].石油学报,2015,36(S1)：91-96.

[4] MENG ZHAOPING，ZHANG JINCAI，WANG RUI. In-situ stress, pore pressure, and stress-dependent permeability in the Southern Qinshui Basin[J]. International Journal of Rock Mechanics & Mining Sciences 48 (2011), 122-131.

[5] 李方全.地应力测量[J].岩石力学与工程学报 1985，4(1):95-111.

[6] 蔡美峰，乔兰，李华斌.地应力测量原理和技术[M].北京：科学出版社，1995.

[7] 孟召平，田永东，李国富.沁水盆地南部地应力场特征及其研究意义[J]. 煤炭学报,2010,35(6):975-981.

[8] 康红普，林健，张晓.深部矿井地应力测量方法研究与应用[J].岩石力学与工程学报,2007,26(5):929-933.

[9] HOEK E, BROWN E T. Underground excavation in rock[M]. London: The Institute of Mining and Metallurgy, 1980.

[10] 尤明庆.水压致裂法测量地应力方法的研究[J].岩土工程学报,2005, 27(3):350-353.

[11] HUDSON J A, HARRISON J P. Engineering rock mechanics an introduction to the principles[M], Oxford: Pergamon. 1997.

[12] Brady B H G, BROWN E T. Rock mechanicas for underground mining[M]. New York: Kluwer Akademic Publishers，1993.

[13] 于双忠, 彭向峰, 李文平, 等. 煤矿工程地质学[M]. 北京: 煤炭工业出版社, 1994. 275-278.

[14] 彭向峰，于双忠. 淮南矿区原岩应力场宏观类型工程地质研究[J]. 中国矿业大学学报，1998，27(1)：60-63.

[15] ZOBACK M D.储层地质力学[M].石林，陈朝伟，刘玉石，译.北京:石油工业出版社, 2012.

[16] 孟召平, 蓝强, 刘翠丽, 等. 鄂尔多斯盆地东南缘地应力、储层压力及其耦合关系[J]. 煤炭学报，2013，38(1)：122-128.

[17] ZHANG J, STANDIFIRD W, ROEGIERS J C, et al. Stress-dependent permeability in fractured media: from lab experiments to engineering applications[J]. Rock Mechanics Rock Eng,2007,40(1):3-21.

[18] SHEOREY P R, MURALI MOHAN G, SINHA A. Influence of elastic constants on the horizontal in situ stress[J]. International Journal of Rock Mechanics & Mining Sciences,2001,38:1211-121.

[19] PALMER I, MANSOORI J. How permeability depends on stress and pore pressure in coalbeds: a new model[J]. SPE Reserv Eval Eng 1998;SPE 52607:539-544.

[20] GEERTSMA J. The effect of fluid pressure decline on volumetric changes of porous rocks[J]. Trans AIME 1957;210:331-340.

[21] OLSON J E, LAUBACH S E, LANDER R H. Natural fracture characterization in tight gas sandstones: Integrating mechanics and diagenesis[J]. Am Assoc Pet Geol Bull 2009;93:1535-1549. doi:10.1306/08110909100.

[22] ADDIS M A. The stress-depletion response of reservoirs. SPE Annu. Tech. Conf. Exhib., San Antonio, TX: SPE; 1997: 55-65.

[23] SALZ L B. Relationship between fracture propagation pressure and pore pressure[J]. 52nd Annu. Fall Tech. Conf. Exhib. Soc. Pet. Eng. AIME, Denver, CO: 1977: 6870.

[24] BRECKELS I M, VAN EEKELEN H A. Relationship between horizontal stress and depth in sedimentary basins[J]. SPE Annu. Tech. Conf. Exhib., San Antonio, TX: 1981: 10336.

[25] WHITEHEAD W S, HUNT E R, Holditch S A. The effects of lithology and reservoir pressure on the in-situ stresses in the Waskom (Travis Peak) field[J]. Low Permeability Reserv. Symp., Denver, CO: 1987, p. SPE/DOE 16403.

[26] BELL J S. The stress regime of the Scotian Shelf offshore eastern Canada to 6 Kilometers depth and implications for rock mechanics and hydrocarbon migration.// Maury V, Fourmaintraux D, editors. Rock Gt.

Depth, 1990: 1243-1265.

[27] HILLIS R R. Coupled changes in pore pressure and stress in oil fields and sedimentary basins[J]. Pet Geosci 2001;7:419-425.

[28] LIU S, HARPALANI S. Evaluation of in situ stress changes with gas depletion of coalbed methane reservoirs[J]. J Geophys Res Solid Earth 2014;119:6263-6276. doi:10.1002/2014JB011228.Received

[29] GRAY I. Reservoir engineering in coal seams: part 1-The physical process of gas storage and movement in coal seams[J]. SPE Reserv Eval Eng 1987;2:28-34.

[30] ZHANG R, LIU S. Experimental and theoretical characterization of methane and CO_2 sorption hysteresis in coals based on Langmuir desorption[J]. Int J Coal Geol 2017;171:49-60. doi:10.1016/j.coal.2016.12.007.

[31] DAY S, FRY R, Sakurovs R. Swelling of Australian coals in supercritical CO_2[J]. Int J Coal Geol 2008;74:41-52.

[32] HARPALANI S, CHEN G. Influence of gas production induced volumetric strain on permeability of coal[J]. Geotech Geol Eng 1997;15:303-325. doi:10.1007/BF00880711.

[33] GEORGE J S, BARAKAT M. The change in effective stress associated with shrinkage from gas desorption in coal[J]. Int J Coal Geol 2001;45:105-113.

[34] ROBERTSON E, CHRISTIANSEN R. A permeability model for coal and other fractured, sorptive-elastic media[J]. SPE J 2008;13:314-324.

[35] ZARĘBSKA K, Ceglarska-Stefań ska G. The change in effective stress associated with swelling during carbon dioxide sequestration on natural gas recovery[J]. Int J Coal Geol 2008;74:167-174.

[36] LIU S, HARPALANI S. A new theoretical approach to model sorption-induced coal shrinkage or swelling[J]. Am Assoc Pet Geol Bull 2013;97:1033-49. doi:10.1306/12181212061.

[37] LEVINE J. Model study of the influence of matrix shrinkage on absolute permeability of coal bed reservoirs.// Gayer R, Harris I, editors. Coalbed Methane Coal Geol. Geol. Soc. London, Spec. Publ., 1996: 197-212.

[38] LIU S, HARPALANI S, WANG Y. Anisotropy characteristics of coal shrinkage/swelling and its impact on coal permeability evolution with CO_2 injection[J]. Greenh Gases Sci Technol 2016;6:1-18. doi:10.1002/ghg.

[39] OKOTIE V, MOORE R. Well-Production Challenges and Solutions in a Mature, Very-Low-Pressure Coalbed-Methane Reservoir[J]. SPE Prod Oper 2011;26:149-61. doi:10.2118/137317-PA.

[40] BELL G J, JONES A H. Variation in mechanical strength with rank of gassy coals[J]. Proc. 1989 coalbed methane Symp., Tuscaloosa, AL, USA: 1989, 65-74.

[41] SAURABH S, HARPALANI S, SINGH V K. Implications of stress re-distribution and rock failure with continued gas depletion in coalbed methane reservoirs[J]. Int J Coal Geol 2016;162:183-92. doi:10.1016/j.coal.2016.06.006.

[42] SAURABH S, HARPALANI S, SINGH V K. Implications of stress re-distribution and rock failure with continued gas depletion in Unconventional reservoirs[J]. 50th US Rock Mech. / Geomech. Symp., Houston, TX: 2016, p. ARMA 16-0657. doi:10.1016/j.coal.2016.06.006.

[43] LI X, FENG Z, HAN G, et al. Hydraulic Fracturing in Shale with H_2O , CO_2 and N2[J]. 49th US Rock Mech. Symp., San Francisco, CA, USA: 2015, p. ARMA 15-786.

[44] HUBBERT M K, WILLIS D G. Mechanics of hydraulic fracturing[J]. Trans Soc Pet Eng AIME 1957;210.

[45] HAIMSON B, FAIRHURST C. Evolution of coal permeability: Contribution of heterogeneous swelling

processes[J]. SPE J 1967;7:310-318.

[46] ALPERN J, MARONE C, Elsworth D et al. Exploring the physicochemical processes that govern hydraulic fracture through laboratory experiments[J]. 46th US Rock Mech. / Geomech. Symp. 2012, Chicago, IL, USA: 2012: 12-678.

[47] ISHIDA T, AOYAGI K, NIWA T, et al. Acoustic emission monitoring of hydraulic fracturing laboratory experiment with supercritical and liquid CO_2[J]. Geophys Res Lett 2012;39:1-6. doi:10.1029/2012GL052788.

[48] GAN Q, ELSWORTH D, ALPERN J S, et al. Breakdown pressures due to infiltration and exclusion in finite length boreholes[J]. J Pet Sci Eng 2015;127:329-337. doi:10.1016/j.petrol.2015.01.011.

[49] ZHANG X, JEFFREY R G. The role of friction and secondary flaws on deflection and re-initiation of hydraulic fractures at orthogonal pre-existing fractures[J]. Geophys J Int 2006;166:1454-65.

[50] SCOTT M P, RAYMOND Jr LJ, Datey A, Vandenborn C, Jr, Woodroof RA. Evaluating hydraulic fracture geometry from sonic anisotropy and radioactive tracer logs[J]. SPE Asia Pacific Oil Gas Conf. Exhib., Brisbane, Queensland, Australia: 2010, p. SPE - 133059.

[51] 李玉魁, 张遂安. 井温测井监测技术在煤层压裂裂缝监测中的应用[J]. 中国煤层气 2005;2:14-6.

[52] 张金成, 王小剑. 煤层压裂裂缝动态法监测技术研究[J]. 天然气工业 2004;24:107-109.

[53] GAZONAS G A, WRIGHT C A, WOOD M D. Tiltmeter mapping and monitoring of hydraulic fracture propagation in coal： A case study in the Warrior Basin, Alabam[J]. Geol. Coal-Bed Methane Resour, North. San Juan Basin, Color. New Mex., 1988, p. 159-168.

[54] 修乃岭, 王欣, 梁天成, 等. 地面测斜仪在煤层气井组压裂裂缝监测中的应用[J]. 特种油气藏 2013;20:147-150.

[55] 白建平. 微地震法在煤层气井人工裂缝监测中的应用[J]. 中国煤层气 2006;3:34-36.

[56] THAKUR P. Hydraulic fracturing of coal[J]. Adv. Reserv. Prod. Eng. Coal Bed Methane, 2017, p. 105-133.

[57] JEFFREY Jr RG, BRYNES R P, LYNCH P J, et al. An analysis of hydraulic fracture and mineback data for a treatment in the German Creek coal seam[J]. SPE Rocky Mt. Reg. Meet., Casper, Wyoming: 1992: 445-457.

[58] LE CALVEZ J, MALPANI R, XU J, et al. Hydraulic Fracturing Insights from Microseismic Monitoring[J]. Oilf Rev 2016;28:16-33.

[59] MAYERHOFER M, DEMETRIUS S, GRIFFIN L, et al. Tiltmeter hydraulic fracture mapping in the North Robertson Field, West Texas[J]. SPE Permian Basin Oil Gas Recover. Conf., Midland, TX, USA: 2000: 59715.

[60] DAVIS P M. Surface deformation associated with a dipping hydrofracture[J]. J Geophys Res 1983;88:5826.

[61] CLARKSON C R, JORDAN C L, ILK D, et al. Rate-transient analysis of 2-phase (gas + water) CBM wells[J]. J Nat Gas Sci Eng 2012;8:106-120.

第8章　煤层气井排水降压规律及其排采强度确定方法

8.1　概　　述

煤层气主要以吸附态赋存于煤储层中的非常规天然气。煤层气开采是通过抽排煤层中的地下水，从而降低煤储层压力，使煤层中吸附的甲烷气解吸释放出来。煤储层条件和煤层气赋存环境条件是煤层气开发的基本地质条件，煤层气开发是在认识这些基本地质条件的基础上，通过特定的工程如钻井、压裂、洞穴完井和排水降压等工艺措施改变煤层气赋存环境条件，如地应力场环境、地下水的压力场环境和地温场环境使煤储层条件发生变化的过程，从而使煤层中吸附的甲烷气解吸出来[1]。基于煤层气吸附理论，煤层气开发遵循"排水—降压—解吸—采气"开发理论[2]，有力地推动了煤层气产业的形成与发展，形成了一套煤层气井排水采气工艺技术。煤层气开采是一个解吸、扩散和渗流的连续过程，其中，甲烷解吸发生在基质内表面，受温度和压力等因素的影响，服从吸附动力平衡理论；甲烷的扩散发生在基质孔隙和裂隙系统，受压力、密度、浓度和温度等物理参数驱动，服从 Fick 扩散定律；渗流主要发生在连通的大孔隙和裂隙系统，受压力梯度控制，服从 Darcy 渗流定律。在影响煤层气解吸和产出的因素中，煤储层地下水压力场的动态变化是煤层气解吸、扩散和渗流过程中的关键控制因素，因此，认识煤层气在开采过程中解吸、扩散和渗流规律，揭示煤层气产出机理和排水降压规律，并制定合理的排采工作制度对于有效开发煤层气资源具有理论和实际意义。本章针对沁水盆地南部煤储层条件，从煤层气开采过程中的解吸、扩散和渗流机理分析入手，建立煤层气井排采初期井底流压动态模型、单井与群井排水压降模型，并结合沁水盆地南部煤层气开发情况，进行煤层气井排水压降数值模拟分析，在此基础上，通过煤样流速敏感性实验和理论计算，给出煤层气井排采强度确定方法，揭示煤层气井排采过程煤储层压力场的动态变化规律和排采强度特征，为有效开发煤层气资源提供理论依据。

8.2　煤层气产出机理

煤层气的吸附是一种动态平衡，它是压力和温度的函数。当压力或温度发生变化时，被吸附在煤基质孔隙内表面的甲烷气体将克服固体表面对它的吸附力而变为游离态，这一过程叫解吸。当吸附与解吸速度相等时，达到吸附平衡。煤层及其顶底板岩层中一般含有地下水，为煤层气的产出提供了初始动力。因此，在煤层气开采初期一般要进行"脱水"处理，即所谓的"排水降压"过程，煤层气直井开发首先是利用有效的改造技术(如压裂、洞穴完井等)使人工裂缝尽可能地连通煤层中的天然气裂隙，提高煤层裂隙内的水和气体的渗流速度，以加快排水—降压过程，从而提高煤层气产量；其次是进行有效的排水，加速降压—解吸过程，提高煤层气产量。

　　煤层气产出包括三个相互联系的过程，即解吸、扩散与渗流（图 8-1）。一般情况下，解吸作用符合 Langmuir 原理，扩散作用可用 Fick 原理描述，渗流作用符合 Darcy 原理。

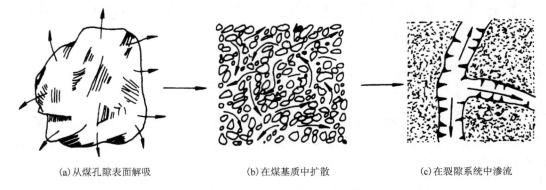

(a) 从煤孔隙表面解吸　　　　　　(b) 在煤基质中扩散　　　　　　(c) 在裂隙系统中渗流

图 8-1　煤层气产出机理示意图[3]

8.2.1　煤层气解吸过程

　　解吸是吸附的逆过程，处于运动状态的气体分子因温度、压力等条件的变化，导致热运动动能增加而克服气体分子和煤基质之间的引力场，从煤的内表面脱离成为游离相，发生解吸。煤层气的开采正是利用这种原理，通过排水降压，在井筒附近形成一定的压降漏斗。在地层压力低于临界解吸压力的区域，被吸附的甲烷分子开始从煤的基质孔隙内表面解吸，由吸附态变为游离态。甲烷在煤层中的解吸是吸附的逆过程，当煤储层中压力降低时，被吸附的甲烷分子与煤的内表面脱离，解吸出来进入游离相。

　　解吸过程同样可以用 Langmuir 方程来描述。在一定的压力降条件下，煤层气解吸量为

$$\Delta C(P_i, P_j) = \frac{V_L P_i}{P_L + P_i} - \frac{V_L P_j}{P_L + P_j} \tag{8-1}$$

式中，$\Delta C(P_i, P_j)$ 为在压力从 P_i 降到 P_j 所解吸的甲烷量，m^3/t；V_L 为 Langmuir 体积，m^3/t；P_L 为 Langmuir 压力，MPa；P_i 和 P_j 为煤层气井排采过程中任意两个时刻的计算点的储层压力，MPa。

　　煤中气体的吸附/解吸实验结果表明，不同煤样、不同气体的等温解吸曲线和等温吸附曲线并不一致，存在解吸滞后效应（图 8-2），即在同压力点，被吸附的气体分子并不能被全部解吸，总会有部分气体分子仍然被吸附，因此解吸过程具有显著的压力滞后现象 [4,5]。

　　解吸是一个动态过程，它包括微观和宏观上的两种意义。在原始状态下，煤基质表面上或微孔隙中的吸附态煤层气与裂隙系统中的煤层气处于动态平衡，当外界压力改变时，这一平衡被打破，当外界压力低于煤层气的临界解吸压力时，吸附态煤层气开始解吸：首先是煤基质表面或微孔内表面上的吸附态煤层气发生脱附，即微观解吸；而后在浓度差的作用下，已经脱附了的气体分子经基质向裂隙中扩散，即宏观解吸；最后在压力差的作用下，扩散至裂隙中的自由态气体，继续作渗流运动。这三个过程构成一个有机的统一体，相互促进，相互制约[6]。

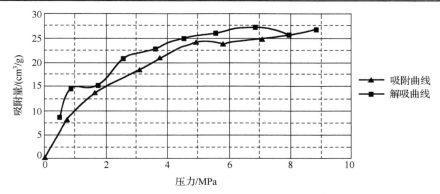

图 8-2　煤样的吸附/解吸实验曲线

8.2.2　煤层气的扩散过程

在煤层气排采过程中，煤层甲烷的扩散一般认为是煤基质孔隙内的甲烷气体在浓度差的作用下，甲烷分子从高浓度区向低浓度区的运动过程。

由于排采作用所导致的裂隙内的煤层气浓度低于基质，此过程是甲烷分子由基质向裂隙扩散，其过程可用 Fick 定理来描述：

$$\overline{q_{\mathrm{m}}} = D\sigma V_{\mathrm{m}}\rho_{\mathrm{g}}[C(t) - C(P)] \qquad (8\text{-}2)$$

式中，$\overline{q_{\mathrm{m}}}$ 为煤基质中甲烷扩散量，m^3/d；D 为扩散系数，m^2/d；σ 为形状因子，m^{-2}；ρ_{g} 为甲烷的密度，t/m^3；V_{m} 为煤基质块的体积，m^3；$C(t)$ 为煤基质中甲烷的平均浓度，m^3/t；$C(P)$ 为基质-割理边界上的平衡甲烷浓度，m^3/t。

气体在多孔介质中的扩散，可根据孔隙的大小、形状以及气体性质分为三类，用 Knudsen 因子（$K_n = \dfrac{d}{\lambda}$）定量区分，λ 为分子热运动自由程，d 为煤层的孔隙直径，即 Fick 扩散（$K_n > 10$）、Knudsen 扩散（$K_n < 0.1$）及过渡型扩散（$K_n = 0.1 \sim 10$）[7-10]。

1. Fick 扩散

Fick 扩散也叫布朗扩散，当孔隙直径远大于分子平均自由程时，分子运动以分子间的相互碰撞为主，极少数与孔壁碰撞，其扩散规律可以用 Fick 定律来定量描述，只需考虑多孔介质的空隙率和曲折因数（表示因毛细孔道曲折而增加的扩散距离），对一般的分子扩散系数加以修正，见式(8-3)和式(8-4)[11]。当 A、B 为同一种气体时，则 D_{AB} 表示气体分子自扩散系数。

$$D_{\mathrm{AB}} = \frac{1}{3}\sqrt{\frac{k_{\mathrm{B}}^3}{\pi^3}}\sqrt{\frac{1}{2m_{\mathrm{A}}} + \frac{1}{2m_{\mathrm{B}}}}\,\frac{4T^{\frac{1}{2}}}{p(d_{\mathrm{A}} + d_{\mathrm{B}})^2} \qquad (8\text{-}3)$$

$$D_{\mathrm{ABp}} = D_{\mathrm{AB}}\frac{\varepsilon}{\tau} \qquad (8\text{-}4)$$

式中，D_{AB} 为气体 A 在气体 B 中的扩散系数；k_{B} 为 Boltzmann 常数，$1.38 \times 10^{-23} J/K$；d_{A} 和 d_{B} 分别为气体 A 和 B 的分子直径；T 为热力学温度；p 为气体压力；m_{A}、m_{B} 为气体分子摩尔质量；D_{ABp} 为多孔介质内气体 A 在 B 中有效扩散系数；ε 为多孔介质孔隙率；τ 为多孔介质的曲折因数。

2. Knudsen 扩散

当孔隙直径很小、气体压力很低时,气体分子运动平均自由程远大于孔隙直径,气体分子与孔隙壁频繁发生碰撞,物质沿孔扩散的阻力主要取决于分子与壁面的碰撞。根据气体分子运动论,Knudsen 扩散系数为

$$D_{kp} = 97.0r\left(\frac{T}{m_A}\right)^{1/2} \tag{8-5}$$

式中,D_{kp} 为 Knudsen 扩散系数,r 为毛细孔道的平均半径。

Knudsen 扩散可进一步分为两种:当 $K_n = 0.1 \sim 0.01$ 时,气体扩散表现为分子沿着孔隙壁面的滑动,即滑脱效应;当 $k_n < 0.01$ 时,可认为是连续介质流动。D_{kp} 随着压力的降低而升高。

3. 过渡型扩散

气体在孔隙中的运动情况介于上述 Fick 扩散与 Knudsen 扩散之间,过渡型扩散系数 D_p 为

$$D_p = \left(\frac{1}{D_{ABp}} + \frac{1}{D_{kp}}\right)^{-1} \tag{8-6}$$

此式中如果 $1/D_{kp}$ 项可以忽略,则扩散为 Fick 扩散;如果 $1/D_{ABp}$ 项可以忽略,则扩散为 Knudsen 扩散。甲烷、二氧化碳分子直径分别为 0.38nm、0.33nm,在 2MPa、27℃下,分子自由程分别为 3.23nm 和 4.28nm。而煤是一种双孔隙介质,孔隙直径从 nm 到 mm 级不等,因此以上三种扩散均有可能发生,而不同煤阶的煤基质孔径分布不同,其甲烷吸附、扩散特征也存在很大差异。在直径为 2~50nm 的孔隙中,Knudsen 扩散占主导地位;在直径大于 50nm 的孔隙中,分子扩散与过渡性扩散占主导。

根据气体分子运动理论,分子热运动自由程 λ 为

$$\lambda = \frac{k_B T}{\sqrt{2}\pi d_0^2 p} \tag{8-7}$$

式中,d_0 为分子有效直径,nm;p 为气体压力,MPa。

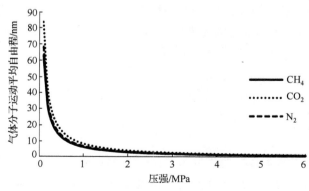

图 8-3   20℃时气体分子运动平均自由程随压力的变化

随着压力的降低，气体分子运动平均自由程迅速增大(图 8-3)，扩散类型及扩散系数发生了明显变化，扩散能力明显增强。而目前的研究中，通常采用吸附时间常数来表征煤层甲烷的扩散能力。实际上扩散系数在煤层气产出过程中并非定值，在低压区扩散系数明显升高，因此，吸附时间也应该是一个变量[10]。在低压下，构造煤的扩散能力明显高于原生结构煤，一个反映煤体对低压气体吸附-扩散能力的指标，即瓦斯放散速度，广泛用于煤与瓦斯突出灾害防治。

8.2.3 煤层气的渗流过程

煤层割理中的甲烷气体在流体势(压力差)的作用下，通过裂隙系统流向压裂裂缝及生产井筒渗流。煤层甲烷在裂隙系统中的流动符合达西定理。在裂隙系统中甲烷和水以各自独立的相态混相流动。达西定理的使用需考虑每种流体的相渗透率，即有效渗透率。有效渗透率和绝对渗透率的比值称为相对渗透率。在实际研究过程中通常采用相对渗透率，通常认为它是饱和度的函数。根据达西定理，可把每一相的渗流定理写成：

$$\overline{V_l} = \frac{K_l}{u_l}\frac{\Delta P_l}{L} \tag{8-8}$$

且
$$K_l = K \cdot K_{rl} \tag{8-9}$$

式中，K 为多孔介质的绝对渗透率，$\times 10^{-3}\mu m^2$；K_{rl} 为 l 相的相对渗透率，$\times 10^{-3}\mu m^2$；V_l 为 l 相的渗流速度，m/s；μ_l 为 l 相的黏滞系数，Mpa·s；ΔP_l 为 l 相的压差，MPa；L 为渗流途径的长度，m；K_l 为 l 相的有效渗透率，$\times 10^{-3}\mu m^2$。

按照煤层中发生的物理过程，煤层气产出相继经历了三个阶段(图 8-4)。

第一阶段，水的单相流。在欠饱和情况下，随着井筒附近煤层压力的下降，首先只有水及其中的溶解气产出，需要大幅度降低井筒压力才能使煤层气解吸。在此阶段，煤层裂隙空间被水所充满，为地下水单相流动阶段。

第二阶段，非饱和单相流。随着井筒附近压力的进一步降低，煤层气开始从孔隙表面解吸。在浓度差的驱动下，解吸的煤层气向裂隙空间扩散，在裂隙系统中形成气泡，阻碍水的流动，水的相对渗透率降低，但煤层气尚不能形成连续流动。这一阶段，裂隙中为地下水的非饱和单相流阶段，虽然出现气-水两项状态，但只有水相才能够连续流动。

第三阶段，气-水两相流。随着井筒附近煤储层压力进一步降低，更多的煤层气解吸扩散进入裂隙系统，与水形成两相流，再经裂缝网络流向井筒。此时，水中气体浓度达到饱和，气泡相互连接形成连续流动，气相的相对渗透率大于零。随着储层压力下降和水饱和度降低，水的相对渗透率不断下降，气的相对渗透率逐渐升高。最终，在煤层裂隙系统中形成了气-水两相达西流，煤层气连续产出。

上述三个阶段在时间和空间上均是一个连续的过程。随着煤层气的解吸和产出，煤储层孔隙中的气饱和度、水饱和度不断发生着变化。以临界解吸压力等压线为界，在高于临界解吸压力的区域，煤层气未被解吸，为单相流状态；低于临界解吸压力的区域，煤层气被不同程度地解吸，呈现出水和气两相流状态，两相流的流动状态取决于相对渗透率。随着排采时间的延长，第三阶段从井筒沿径向逐渐向周围的煤层中推进，形成一个足以使煤层气连续产出的降压漏斗。

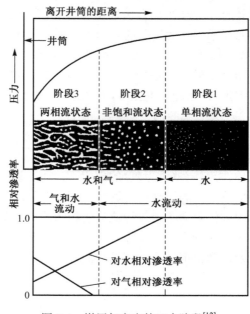

图 8-4　煤层气产出的三个阶段[12]

8.3　煤层气井排采初期井底流压动态模型

煤层气开采是一个解吸、扩散和渗流的连续过程,在实际排采中可分为三个阶段(图8-5),
I 阶段为排水降压阶段,煤储层压力高于煤层解吸压力,主要产水,同时伴随产出少量游离
气、溶解气;II 阶段为稳定生产阶段,煤储层压力降至煤层解吸压力,产气量相对稳定,并
逐渐达到产气高峰(通常需要 3~5 年),产水量下降到一个较低的水平上;III 阶段为产气量
下降阶段,产少量水或微量水,该阶段的煤层气开采时间最长。

在单相水排采阶段是整个排采过程中关键的阶段,在很大程度上决定了泄流半径与解吸
半径的大小以及降压漏斗的形成。井底流压是影响煤层气井产气量的参数,稳定产气量的大
小受控于井底流压和排水量,这是制定合理的排采制度的基础。

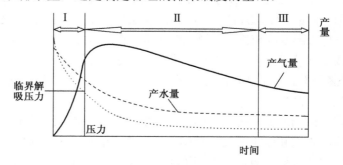

图 8-5　煤层气井气、水产量变化曲线示意图[1]

假设煤储层为各向同性均质等厚刚性介质,地层水不可压缩,其流动符合等温达西渗流。
排采初期煤层中的水向井筒流动,在煤层气井的泄流体积范围内为径向流动(图8-6)。

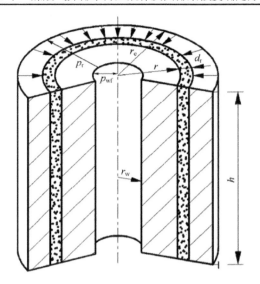

图 8-6　煤层气井柱形径向渗流模型[13]

8.3.1　外边界无限大、内边界定产条件下井底流压动态预测模型

当液体向井做平面径向渗流时，地层中各瞬间压力分布方程为[14]

$$\begin{cases} \dfrac{1}{r}\dfrac{\partial}{\partial r}\left(r\dfrac{\partial p}{\partial r}\right)=\dfrac{1}{\eta}\dfrac{\partial p}{\partial t} \\[2mm] p\big|_{t=0}=p_r \\[2mm] p\big|_{r=\infty}=p_r \\[2mm] r\dfrac{\partial p}{\partial r}\bigg|_{r\to 0}=\dfrac{B_{\mathrm{w}}q_{\mathrm{L}}\mu_{\mathrm{w}}}{2\pi kh} \end{cases} \tag{8-10}$$

式中，$r=\sqrt{x^2+y^2}$。

求解上述方程式，从而得到地层中任一点在某一瞬间的压力公式：

$$p(r,t)=p_r-\frac{B_{\mathrm{w}}q_{\mathrm{L}}\mu_{\mathrm{w}}}{4\pi Kh}\left[-Ei\left(-\frac{r^2}{4\eta t}\right)\right] \tag{8-11}$$

式中，$-Ei(-x)=\displaystyle\int_{x}^{+\infty}\frac{\mathrm{e}^{-u}}{u}\mathrm{d}u$。

在井底处 $(r=r_{\mathrm{w}})$、t 时刻的压力为

$$p_{\mathrm{wf}}(t)=p_r-\frac{B_{\mathrm{w}}q_{\mathrm{L}}\mu_{\mathrm{w}}}{4\pi Kh}\left[-Ei\left(-\frac{r_{\mathrm{w}}^{2}}{4\eta t}\right)\right] \tag{8-12}$$

当 $\dfrac{r^2}{4\eta t}<0.01$ 时：

$$-Ei\left(-\frac{r^2}{4\eta t}\right) \approx \ln\frac{4\eta t}{r^2} - 0.5772 = \ln\frac{2.25\eta t}{r^2}$$

其误差小于 0.25%。

在计算井底压力时，由于井半径很小，而 η 值很大，所以井投产后经过很短时间就会达到 $\frac{r_w^2}{4\eta t} < 0.01$，因此在求井底压力变化规律时，一般使用近似公式：

$$p_{wf}(t) = p_r - \frac{B_w q_L \mu_w}{4\pi Kh}\ln\frac{2.25\eta t}{r_w^2} \tag{8-13}$$

式中，$\eta = K/(\phi\mu_w C_t)$ 为煤层导压系数，无量纲；φ 为煤层孔隙度，%；C_t 为煤层综合压缩系数，MPa^{-1}。

8.3.2　外边界无限大、内边界非定产条件下井底流压动态预测模型

由渗流控制方程可知，渗流速度 v 与压力梯度 $\partial p/\partial r$ 呈线性关系，流体流动规律满足达西定律[15]，由图 8-4 可知达西定律渗流速度公式可表示为

$$\begin{cases} v = \frac{k}{\mu_w}\frac{dp}{dr} \\ v = \frac{q_L B_w}{2\pi rh} \end{cases} \tag{8-14}$$

求解上述方程，得到：

$$\frac{2\pi kh}{\mu_w B_w}dp = q_L\frac{dr}{r} \tag{8-15}$$

对式(8-15)两边进行积分，有

$$2\pi\int_{p_{wf}}^{p_r}\frac{kh}{\mu_w B_w}dp = \int_{r_w}^{r_e}q_L\frac{dr}{r} \tag{8-16}$$

求解得到达西渗流规律下井底流压与储层参数及排水量的动态预测模型，即

$$p_{wf} = p_r - \frac{B_w q_L \mu_w(\ln r_e - \ln r_w)}{2\pi kh} \tag{8-17}$$

式中，B_w 为储水系数，通常取为 1.0；p_r 为原始储层平均压力，MPa；p_{wf} 为井底流压，MPa；μ_w 为煤层产出水的黏度，mPa·s；q_L 地面标准水流量，m^3/d；h 为煤层有效厚度，m；k 为煤储层渗透率，μm^2；r_e 单井泄流半径，m；r_w 为井眼半径，m。

综上所述，外边界无限大地层、内边界定产与非定产条件下井底流压动态预测模型为

$$\begin{cases} p_{wf} = p_r - \frac{B_w q_L \mu_w}{4\pi Kh}\ln\frac{2.25Kt}{r_w^2\varphi\mu_w C_t} \\ p_{wf} = p_r - \frac{B_w q_L \mu_w(\ln r_e - \ln r_w)}{2\pi Kh} \end{cases} \tag{8-18}$$

式(8-18)表明，排水量、排采时间和煤储层的渗透率、煤厚、储水系数、水的黏度、泄流半

径、井眼半径共同影响排采过程中井底流压的变化。式(8-13)表明定产生产条件下，井底流压随排采时间的增长呈负对数关系降低，式(8-17)表明在其他条件相同的情况下，排水量越大，生产压差越大，即井底流压越低。这与我们之前了解的排水降压过程是一致的，但实际生产过程中不能将增大排水量作为降低井底流压以提高产气量的唯一考虑因素，原因是排水过程是一个动态变化过程，过快地增大排水量，使得煤储层有效应力加大，孔隙迅速闭合，渗透率迅速降低，反而不利于压降漏斗的扩展[16]。也不能一味地只考虑排采时间来确定井底流压，应综合分析排采时间与产水量得到最优值。因此在研究井底流压的变化过程中，应综合考虑各方面的因素，既使井底流压降低到最低值，又使压降漏斗得到有效的扩展，这样才能使煤层气最大限度地解吸，增加产能。

8.3.3　两种模型应用实例分析

柿庄南区块的构造位于沁水盆地南部向西北倾的斜坡带上，主要含煤地层为上石炭统太原组和下二叠统山西组，主要煤层为山西组 3 号煤层和太原组 15 号煤层，为无烟煤，煤层含气量大，是煤层气勘探开发的目标层。目前在柿庄南区块实施近 1000 口煤层气井，煤层气开发效果不理想，前期试气排采普遍表现出气产量偏低、不稳定、衰减快等特点。为了分析煤层气井排采初期井底流压动态变化规律，选取柿庄南区块 6 口煤层气井进行排采前期生产动态预测分析，所选 6 口煤层气井排采基本参数如表 8-1 所示。

表 8-1　6 口煤层气井排采基本参数

参数/生产井	ZY-268	TS-404	TS-401	TS-146	TS-143	TS-402
煤层厚度 h / m	5.65	6.4	6.5	6.76	6.55	6.45
煤储层渗透率 K / ($10^{-3}\mu m^2$)	0.106 2	0.165 9	0.160 3	0.150 2	0.176 1	0.213 2
原始地层压力 p_r / MPa	5.45	6.58	3.50	4.56	3.10	3.65
井眼半径 r_w / m	0.07	0.07	0.07	0.07	0.07	0.07
泄流半径 r_e / m	150	150	150	150	150	150
储水系数 B_w	0.92	1.00	0.97	1.1	0.99	1.00
流体黏度 μ_w / (mPa·s)	1	1	1	1	1	1
煤层孔隙度 ϕ	0.067 371	0.052 852	0.022 997	0.041 746	0.041 405	0.041 818
煤层综合压缩系数 C_t / MPa^{-1}	0.000 3	0.000 3	0.000 3	0.000 3	0.000 3	0.000 3
地面标准水流量 q_L / (m^3·d^{-1})	0.67	1.2	0.58	非定产	非定产	非定产

上述 6 口煤层气井在实际生产过程中，ZY-268、TS-404、TS-401 井前期采用定产条件下生产；TS-146、TS-143、TS-402 井前期采用非定产条件下生产。

1. 定产条件下井底流压动态变化规律

ZY-268、TS-404、TS-401 井是柿庄南产气效果较好的三口煤层气井，前期产水量分别为 0.67m³/d、1.2m³/d、0.58m³/d，平均产气量 700m³/d，后期达到 1100m³/d，且产气时间早，持续时间长，图 8-7 是 3 口煤层气井井底流压实际测量值与模型 1 预测值拟合图，拟合程度较高。统计表明，前期定产条件下，井底流压随排采时间的增长呈明显的负对数关系下降，其关系为

$$p_{wf} = A - B\ln C_t \qquad (8\text{-}19)$$

式中，A、B 和 C 为依据不同煤层气井排采参数计算获得的回归系数，分别计算得到三口井的 A、B 和 C 数值（表 8-2）。

表 8-2　3 口煤层气井的回归系数

回归系数/生产井	ZY-268	TS-404	TS-401
A	5.450	6.580	3.500
B	0.947	1.041	0.494
C	2.413	4.805	10.669

该模型采用排采前 70 天的数据，井底流压缓慢地从 4MPa 左右降到了 0.5MPa 左右，实际产气量随之增加。该模型充分体现了定产条件下井底流压动态变化规律，与实际生产数据吻合度较高。

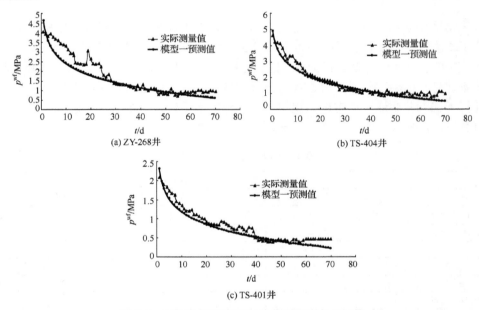

图 8-7　定产条件下煤层气井井底流压变化规律

2. 非定产条件下井底流压动态变化规律

图 8-8 是 TS-146、TS-143 和 TS-402 井的井底流压实际测量值与模型 2 预测值关系曲线图，二者具有比较好的线性关系，吻合程度较好。统计表明，在非定产条件下井底流压随排水量的增加呈负线性函数规律降低，其关系为

$$p_{\mathrm{wf}} = A - B q_{\mathrm{L}} \tag{8-20}$$

式中，A、B 为依据不同煤层气井排采参数计算获得的回归系数。分别计算得到三口井的 A、B 数值如表 8-3。

表 8-3　3 口煤层气井回归系数

回归系数/生产井	TS-146	TS-143	TS-402
A	4.560	3.100	3.650
B	0.441	0.209	0.380

随排采程度的增加，井底流压呈下降趋势，煤储层压力与井底流压之间的压力差不断加大，产能也不断增加。

从图中可以看出，当产水量为 10m³/d 时，井底流压降低到 1MPa 以下，基本上降低到最小值，三口井遵循了循序渐进、由少到多的排水过程，无骤增骤减的现象，因此储层伤害较小，降落漏斗得到充分的扩展，有助于煤层气的大量解吸。采用达西渗流预测模型，两者之间的误差相对较小，且满足现场实际生产需求。

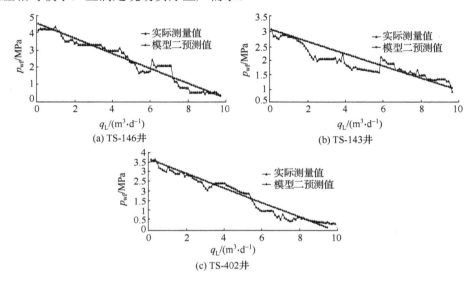

图 8-8 非定产条件下煤层气井井底流压变化规律

8.4 单井与群井排水压降模型

8.4.1 单井排水压降模型

在排采过程中井底压力是不断降低的，因此生产压差是不断增大的，井筒附近的压差是最大的，越远的地方，压差越小，这样便形成一个降落漏斗，压降传播如图 8-9 所示[17]。

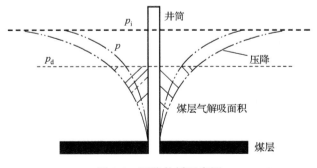

图 8-9 压降传播示意图

排采过程中，为了方便研究，我们借鉴常规油气的渗流理论，假设煤层是有均一性质的

刚性介质，在空间范围内考虑其是无限大的，根据达西定律，压力的分布规律模型为[18]

$$\frac{\partial^2 p}{\partial r^2} + \frac{1}{r}\frac{\partial p}{\partial r} = \frac{1}{\eta}\frac{\partial p}{\partial t} \tag{8-21}$$

初始条件：

$$p(t=0) = p_i \tag{8-22}$$

外边界条件：

$$p(r \to \infty) = p_i \tag{8-23}$$

内边界条件：

$$\left(r\frac{\partial p}{\partial r}\right)_{r=r_w} = \frac{q\mu B}{2\pi Kh} \tag{8-24}$$

解式(8-21)，从而得到储层压力分布规律：

$$p(r,t) = p_i - \frac{q\mu B}{4\pi Kh}\left[-Ei\left(-\frac{r^2}{4\eta t}\right)\right] \tag{8-25}$$

式中，$p(r,t)$ 为距离井 r 处在 t 时刻的压力，MPa；q 为排水量，m³/d；μ 为水的黏度，mPa·s；B 为水的体积系数；K 为煤层渗透率，μm²；p_i 为原始储层压力，MPa；h 为煤层有效厚度，m；r 为距生产井的距离，m；$\eta = K/(\phi\mu C_t)$ 为煤层导压系数，μm²MPa/(MPa·s)；t 为从排水起算的时间，d；ϕ 为煤层孔隙度，为小数；C_t 为煤层综合压缩系数，MPa⁻¹；$Ei(-x) = -\int_x^\infty \frac{e^{-\mu}}{\mu}d\mu$，为幂积分函数。

煤层排水过程中，根据火柴棍模型[19]，渗透率和孔隙度之间存在指数变化关系：

$$\frac{K}{K_i} = \left(\frac{\phi}{\phi_i}\right)^3 \tag{8-26}$$

式中，K_i 为原始渗透率，10⁻³μm²；ϕ_i 为原始孔隙度，小数。

将式(8-26)代入式(8-25)，则排水过程中储层压力分布进一步可以写成[20]：

$$p(r,t) = p_i - \frac{Bq\mu\phi_i^3}{4\pi K_i\phi^3 h}\left[-Ei\left(-\frac{r^2\phi_i^3\mu C_t}{4K_i\phi^2 t}\right)\right] \tag{8-27}$$

将式(8-27)对时间求一阶偏导数，得到压降速度表达式

$$v = \frac{\partial \Delta p}{\partial t} = \frac{Bq\mu\phi_i^3}{4\pi K_i\phi^3 ht}\exp\left(-\frac{r^2\phi_i^3\mu C_t}{4K_i\phi^2 t}\right) \tag{8-28}$$

式(8-28)表明，煤层的孔隙度、煤层厚度、综合压缩系数、排水时间及排水速度主要影响排水过程中的压降速度。排水初期，由于产水量较大，排水时间较短，孔隙度降低较大，压降速度较大，反之，压降速度较小。因此，实际生产中，随着煤层气井的排水时间增长，煤层压降速度逐渐降低，表明降压难度随着时间的延长而增加。

排水过程中降落漏斗的范围是不断增大的，随着水的产出，压差的增大，泄流半径 r_i 也是逐渐变大的。

定产量生产条件下，由 η 可知[18]：

$$\eta t = \pi r_i^2 \tag{8-29}$$

$$r_i = \sqrt{\frac{K_i \phi^2 t}{\pi \phi_i^3 \mu C_t}} \approx 1.07 \sqrt{Kt/(\phi \mu C_t)} \tag{8-30}$$

相反，变产量时煤层气井的泄流半径为[17, 21]

$$r_i = 1.07 \sqrt{\left(\frac{K}{\phi \mu C_t}\right) \exp\left[\frac{1}{q_n} \sum_{j=1}^{n} (q_j - q_{j-1}) \ln(t_j - t_{j-1})\right]} \tag{8-31}$$

式(8-30)表明，定产量生产条件下，排水过程中，泄流半径大小主要取决于孔隙度和排水时间的相对变化关系。式(8-31)表明，变产量生产条件下，排水过程中，泄流半径大小主要取决于孔隙度、排水时间和排水量的相对变化关系。

解吸压降漏斗最大解吸半径可以表示为[20]

$$r_{\mathrm{ad}} = r \exp\left(-\frac{p_i - p_c}{p_i - p_{\mathrm{wf}}} \ln \frac{r}{r_{\mathrm{w}}}\right) \tag{8-32}$$

式中，r_{ad} 为最大解吸半径，m；r_{w} 为井筒半径，m；p_c 为临界解吸压力；p_{wf} 为井底压力。

从式(8-32)可以看出，解吸漏斗与产气量关系紧密。

随着煤层气井不断排采，达到临界解吸压力时，煤层气解吸出来运移至井筒。如果排采到 t_0 时刻井筒中心的煤层气和排采到 $\frac{t_1}{t_2}$ 时刻 $\frac{r_1}{r_2}$ 处的煤层气都开始解吸达到临界解吸压力 p_{d}，根据式(8-25)有[18]

$$\begin{cases} p(r, t_0) = p_i - \dfrac{q \mu B}{4\pi Kh}\left[-Ei\left(-\dfrac{r_{\mathrm{w}}^2}{4\eta t_0}\right)\right] = p_{\mathrm{d}} \\[4mm] p(r, t_1) = p_i - \dfrac{q \mu B}{4\pi Kh}\left[-Ei\left(-\dfrac{r_1^2}{4\eta t_1}\right)\right] = p_{\mathrm{d}} \end{cases} \tag{8-33}$$

整理上式，可得

$$r_{\mathrm{w}}^2/(4\eta t_0) = r_1^2/(4\eta t_1)$$

$$r_{\mathrm{w}}/r_1 = \sqrt{t_0/t_1}$$

$$r_1 = \sqrt{t_1/t_0}\, r_{\mathrm{w}} \tag{8-34}$$

式中，r_1 为临界解吸压力 p_{d} 的传播半径距离，通过该式可以了解煤层气在井筒周围的解析范围。

8.4.2 群井储层压降漏斗计算模型的建立

实际煤层气生产过程中不会是一口单独井的排采，往往是多个区块多口井构成井网同时排采，因此排采中多口井相互贯通干扰，如果继续排采，同一区块位置相邻的井，它们之间压力会不断延伸以致重叠，这样导致压降漏斗也会最终交汇[22]。

在单井压降漏斗的基础上压降漏斗叠加，计算公式可表示为[17,23]

$$p(x,y,t) = p_i - \sum_{k=1}^{N} \frac{q_k \mu_k B_k}{4\pi K_k h_k}\left[-E_i\left(-\frac{r_k^2}{4\eta_k t}\right)\right] \qquad (8\text{-}35)$$

综上，可以得到关于单井与群井排采过程中压降漏斗模型及相关的计算模型[17]：

$$\begin{cases} p(r,t) = p_i - \dfrac{q\mu B}{4\pi Kh}\left[-E_i\left(-\dfrac{r^2}{4\eta t}\right)\right] \\[4mm] p(x,y,t) = p_i - \sum\limits_{k=1}^{N} \dfrac{q_k \mu_k B_k}{4\pi K_k h_k}\left[-E_i\left(-\dfrac{r_k^2}{4\eta_k t}\right)\right] \\[4mm] v = \dfrac{\partial \Delta p}{\partial t} = \dfrac{Bq\mu\phi_i^3}{4\pi K_i \phi^3 ht}\exp\left(-\dfrac{r^2 \phi_i^3 \mu C_t}{4 K_i \phi^2 t}\right) \\[4mm] r_i = \sqrt{\dfrac{K_i \phi^2 t}{\pi \phi_i^3 \mu C_t}} \approx 1.07\sqrt{Kt/(\phi\mu C_t)} \\[4mm] r_i = 1.07\sqrt{\left(\dfrac{K}{\phi\mu C_t}\right)\exp\left[\dfrac{1}{q_n}\sum\limits_{j=1}^{n}(q_j - q_{j-1})\ln(t_j - t_{j-1})\right]} \end{cases} \qquad (8\text{-}36)$$

8.5　煤层气井排水压降数值模拟分析

根据柿庄南 10 口排采井数据，利用 Matlab 软件及该区块几口井地质及工程基本数据（表 8-4），对 10 口井排采过程中单井和群井不同时刻进行了数值模拟，分析了储层压降漏斗的三维变化情况。

表 8-4　柿庄南地区储层压降漏斗计算参数

生产井/参数	煤层厚度	初始渗透率/(10⁻³μm²)	综合压缩系数/MPa⁻¹	初始孔隙度	流体黏度/(mPa·s)	原始储层压力/MPa	水的体积系数	井筒半径/m
ZY-246	6.00	0.110510999	0.0013	0.04106	1.0	5.3756	1.0	0.07
ZY-248	6.00	0.094573248	0.0013	0.04127	1.1	5.6642	1.0	0.07
ZY-268	5.65	0.106162894	0.0013	0.04112	1.1	5.4500	1.0	0.07
TS-143	6.55	0.085402438	0.0013	0.04141	1.0	5.8532	1.0	0.07
TS-146	6.76	0.065982044	0.0013	0.04175	1.1	6.3312	1.0	0.07
TS-401	6.50	0.060251933	0.0013	0.04187	1.1	6.4996	1.0	0.07
TS-402	6.45	0.062488932	0.0013	0.04182	1.0	6.4320	1.0	0.07
TS-404	6.40	0.057784158	0.0013	0.04192	1.0	6.5771	1.0	0.07
TS-145	6.43	0.075475783	0.0013	0.04157	1.0	6.0822	1.0	0.07
TS-409D	3.34	0.072227629	0.0013	0.04163	1.0	6.1637	1.0	0.07

8.5.1　单井压降漏斗的形状控制

由图 8-10 和图 8-11 可以看出，在排采过程中，压降漏斗横向和纵向不断变大加深。横向和纵向的变化是决定压降漏斗形状的因素。通过观察 10 口井排采动态图我们发现其形状可分为两类：一类是压降漏斗的横向扩展的速度是缓慢的，纵向扩展较快，这样的形状导致储层压降较大；另一类是压降漏斗横向传播快，纵向扩展的则较慢，煤储层压力在远离井筒地区下降不明显，进井地带则迅速增加。

通过观察 10 口井的压降图不难发现，TS-143、TS-145、TS-146、TS-401、TS-402、TS-404、TS-409D 属于第一类，ZY-246、ZY-248、ZY-268 属于第二类。从中选取两种类型井中有代表性的 TS-401 和 ZY-246 来做研究。

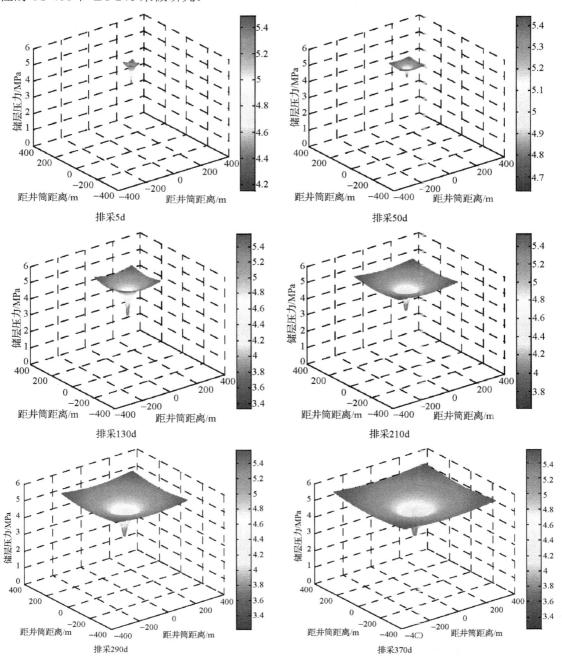

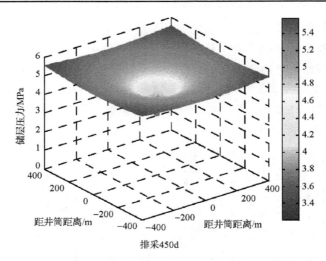

图 8-10 TS-401 井储层压降随时间在三维空间传播关系

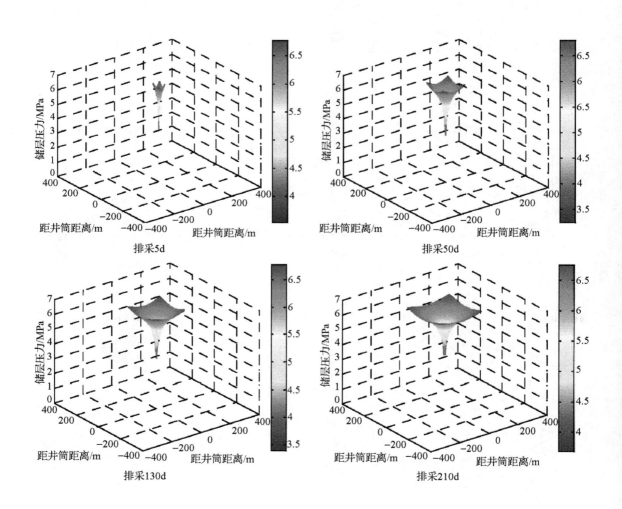

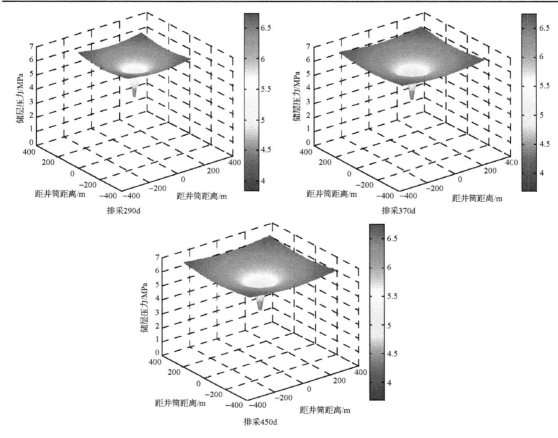

图 8-11 ZY-246 井储层压降随时间在三维空间传播关系

通过两口井初期和末期的排水降压侧视与俯视图,更能直观地发现两口井代表的不同类型的特征。TS-401 井排采前期纵向加深非常明显,横向扩展则缓慢;ZY-246 井则纵向缓慢,横向较快,通过排采 5d 的对比图发现 ZY-246 井扩展半径很快达到了 80m 左右,而 TS-401 井则只有 20m 左右。排采至 450d 时两口井横向上基本都不再扩展,ZY-246 井要比 TS-401 井泄流半径大,纵向上也是 ZY-246 井压降大于 TS-401 井,可见 ZY-246 井的排采效果要好于 TS-401 井(图 8-12 和图 8-13)。

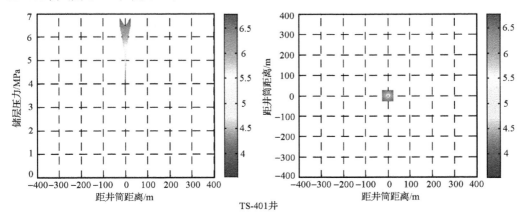

TS-401井

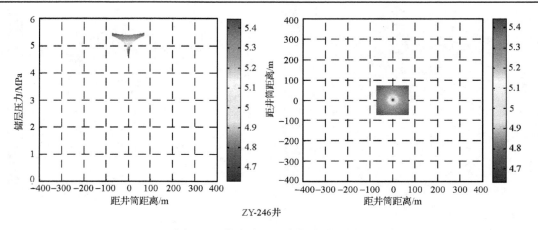

ZY-246井

图 8-12　排水降压 5d 侧视与俯视图

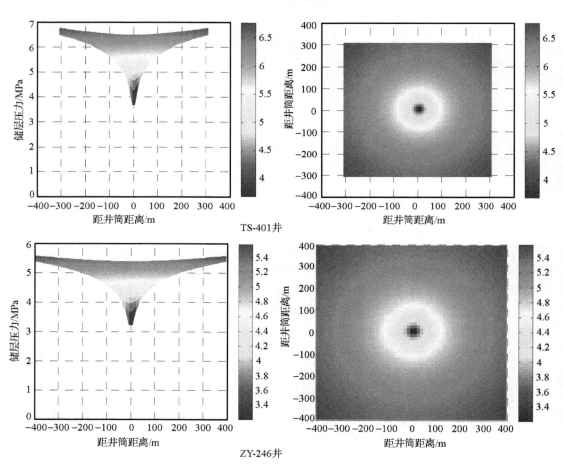

TS-401井

ZY-246井

图 8-13　排水降压 450d 侧视与俯视图

可以使用扩展半径和纵向压降比 I 值（$I = r_i / H$，其中 $H = P_i - P_w$）来表示压降漏斗扩展过程中的形状与煤层压降能力强弱。通过 I 可以很好地发现煤层压力变化情况（图 8-14）。

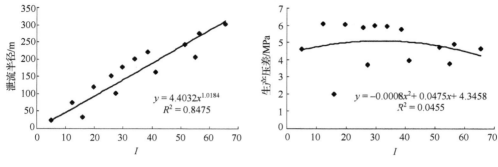

图 8-14　I 值与泄流半径和生产压差关系

由表 8-5 和图 8-14 可以看出：I 值与扩展半径和纵向压降都是不断变大的，不同井由于形状的不同，I 值的变化程度是不同的。TS-401 号井扩展半径比较慢，纵向压降幅度比较大，属于第 1 种类型；ZY-246 号井则相反，横向扩展半径较快，纵向的压降下降幅度慢，属于第 2 种类型。由于不同类型的井使 I 值也具有不同的变化特征，I 值与扩展半径有明显的线性关系，而与生产压差线性关系不明显。通过对比两种井的 I 值可以看出，I 值越小，纵向压降越明显，I 值越大，扩展半径越明显。

表 8-5　TS-401 号井和 ZY-246 号井在 7 个时刻的压降漏斗参数

时间	TS-401			ZY-246		
	泄流扩展半径/m	储层压降深度/MPa	I 值	泄流扩展半径/m	储层压降深度/MPa	I 值
5d	23.40	4.62	5.06	32.00	2.01	15.92
50d	74.00	6.08	12.17	101.19	3.70	27.35
130d	119.31	6.07	19.66	163.16	3.95	41.31
210d	151.65	5.87	25.83	207.37	3.77	55.00
290d	178.21	6.00	29.70	243.69	4.73	51.52
370d	201.29	5.94	33.89	275.26	4.88	56.41
450d	221.99	5.76	38.54	303.56	4.64	65.42

8.5.2　群井压降漏斗的形状控制

通过 10 口井坐标，将其空间排列位置绘制成图 8-15，由图可知，10 口井位于柿庄区块南部，其中，ZY 三口井相距较近，TS 七口井分布集中，10 口井北部地区断层相对发育，10 口井所在位置构造良好。

根据 10 口井排采资料，统计了各自井分别排采时间和数据统计截止日期，见表 8-6。

表 8-6　10 口井排采初始与截止日期统计表

井名	开始排采日期	排采数据统计截止日期	井名	开始排采日期	排采数据统计截止日期
TS-145	2012.02.19	2013.05.02	TS-404	2010.09.23	2013.05.02
TS-409D	2010.12.22	2013.05.02	TS-402	2010.10.09	2013.05.02
ZY-268	2010.11.11	2013.09.07	TS-401	2010.12.09	2013.05.02
ZY-248	2010.11.12	2013.09.07	TS-146	2011.12.24	2013.05.02
ZY-246	2010.07.20	2013.09.07	TS-143	2012.02.19	2013.05.02

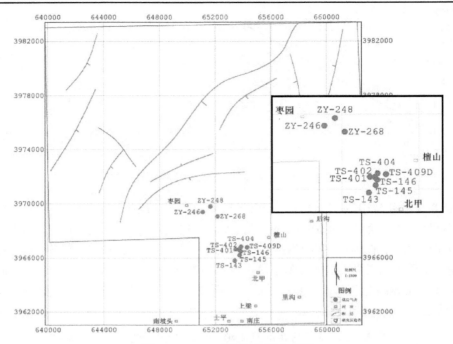

图 8-15　10 口井空间位置分布图

　　根据 10 口井不同排采时刻和截止日期，分别画出 TS 七口井和 ZY 三口井排采过程中储层压降叠加图，这从另一方面反映了实际排采过程中，由于不同井排采时间不同，进而导致储层压降情况也不同，更符合实际，见图 8-16 和图 8-17。

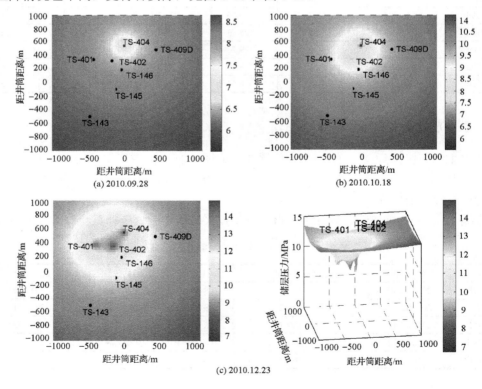

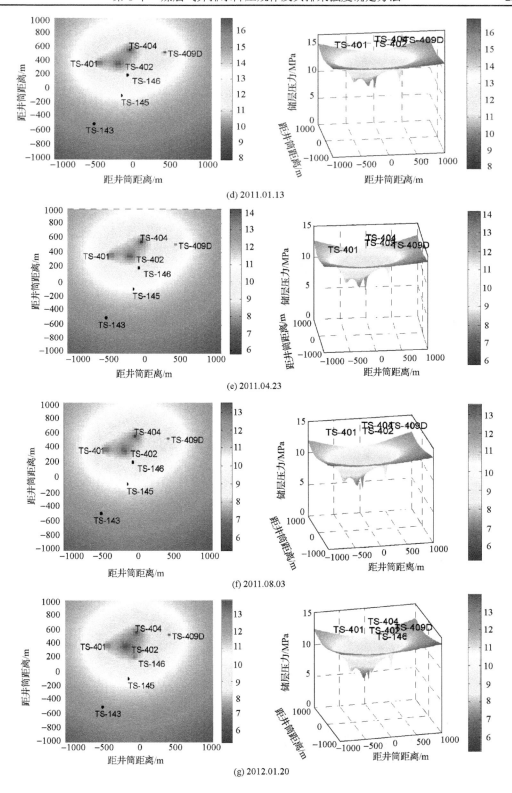

(d) 2011.01.13

(e) 2011.04.23

(f) 2011.08.03

(g) 2012.01.20

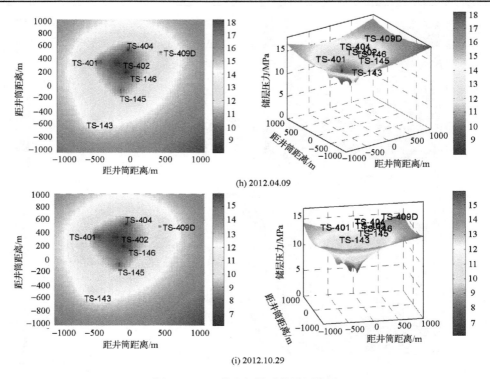

(h) 2012.04.09

(i) 2012.10.29

图 8-16　TS 井空间排采储层压降图

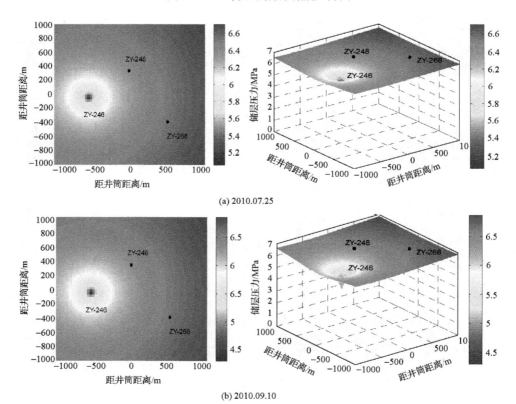

(a) 2010.07.25

(b) 2010.09.10

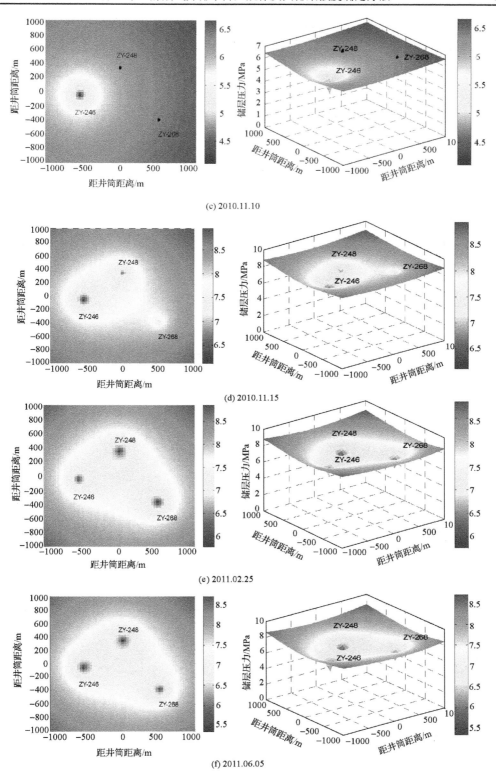

(c) 2010.11.10

(d) 2010.11.15

(e) 2011.02.25

(f) 2011.06.05

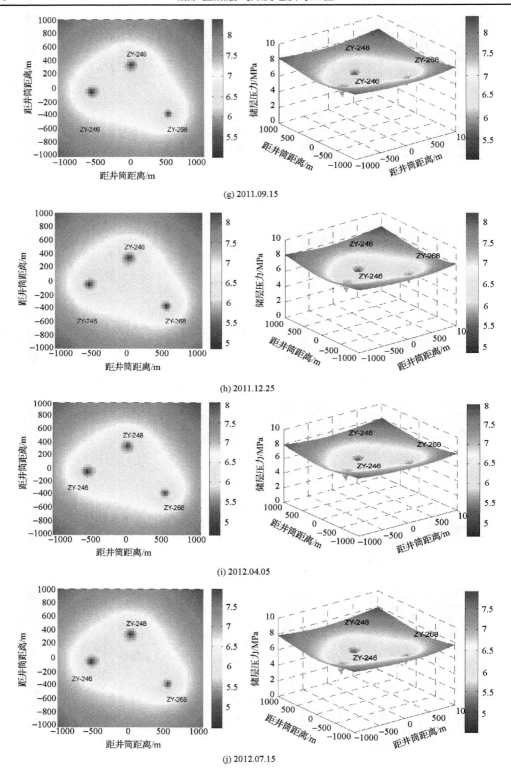

(g) 2011.09.15

(h) 2011.12.25

(i) 2012.04.05

(j) 2012.07.15

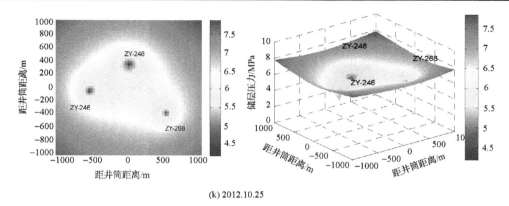

(k) 2012.10.25

图 8-17　ZY 井空间排采储层压降图

排采过程中相邻几口井的压降漏斗最终叠加在一起(图 8-16 和图 8-17),出现井间干扰现象。由此可以看出,TS7 口井由于井的密度较大,排采初期几口井迅速产生井间叠加现象,压降明显,排采末期 7 口井整个区块压降处于深凹陷状态,说明井密度大加剧了压降幅度。而 ZY3 口井由于密度较小,虽然也明显出现了井间干扰现象,但是没有 TS7 口井明显,说明井间距越小,密度越大,储层压降越明显。

在群井共同排采的情况下,出现井间干扰现象可以增加煤层气产量。

1. 产气速度增加

井组排采条件下,储层压降是每口井压降之和,因此压降比单井速度快,煤层气更易解析出来。在沁南区块所有受干扰井中,有 77 口井启抽时就见套压。统计所有受干扰井的平均见套压时间为 79 天,相比区块所有排采井的平均见套时间 166 天缩短了 87 天。因此,井间干扰可以大幅缩短见气时间和延长产气时间。

将柿庄南分为两个单元区块,表 8-7 是根据每个单元在不同产气区间,当储层压降下降 0.1MPa 时,产气速度的变化情况。由表可知,当产气区间不断增大的情况下,干扰井的产气增速也是不断增加的,而且两个单元均表现为这一特性。说明产气越高的井所需的压力降幅约小,越能够达到稳定高产。通过这一规律,可以根据实际的产气制度或者降压制度来预测降压幅度和未来的产气量。

表 8-7　受干扰井底压力每降 0.1MPa 产气增速变化

产气区间 /(m³·d⁻¹)	I 单元受干扰井产气增速 /[m³·(0.1MPa)⁻¹]	II 单元受干扰井产气增速 /[m³·(0.1MPa)⁻¹]
0～500	88.85	25.14
500～1000	357.37	37.96
1000～1500	360.23	231.56
1500～2600	479.92	—

2. 总产气量高

当两个压降漏斗叠加时,如果继续排水降压,横向上压降漏斗扩展得会比较慢,但是纵向上由于叠加的原因会降低得比较快,而且由于叠加增加了压降差,其储层压力降低得更充分彻底,这也就使得煤层中储集的煤层气最大限度上解析出来,自然而然总的产量会增高。

3．干扰表现出一定的方向性

通过观察发现，沁南区块的干扰井和被干扰井在空间上都表现出一定的方向性，沿北东方向分布，这与该区块的最大主应力方向是一致的，因此这个方向是更容易产生井间干扰的。根据这一特征，我们在后期设计井网优化排采时，可以考虑沿该方向布置和加密。

8.5.3　煤层气井排采效果分析

在前面储层压降分析的基础上，发现研究区 10 口煤层气井的产能有一定的规律性，根据排采数据分析，可以将这 10 口井产气量分为三类：第一类为高产井，日平均产气量 1000m³ 以上，包括 ZY-246、ZY-248、ZY-268。第二类中产井，日平均产气量 500m³，有 TS-143、TS-146、TS-401、TS-402、TS-404 五口井。第三类为低产井，日平均产气量不超过 100m³，包括 TS-145、TS-409D 两口井。三类井中各选取一口井来研究。

通过排采曲线（图 8-18）可以看出，ZY-268 井产气量较高，排采 25 天即开始产气，并且不断上升，排采前一年基本上稳定在 800m³/d，排水量也基本上稳定在 1m³/d，之后因泵较低停机一天，所以产气量受到影响，之后加深泵挂作业完毕，恢复生产，产气量逐渐增加，并在半年后达到峰值，约 1400m³/d，之后产气量非常可观，并保持稳定。ZY-268 所代表的第一类高产井之所以产气量高，产水量低，是由于其本身的储层特征所决定的，三口井相互位置距离较近，易形成井间干扰，压降漏斗出现叠加，容易达到临界解吸压力，在大范围内出现解吸，因此见气时间较短，同时，与三口井的地理位置也有很大关系，该三口井位于研究区的西北部，水文地质条件较好，该区地层西北高，东南低，煤层的埋深由东南向西北逐渐加深，相对于水头高度由东南向西北逐渐降低，水流方向也是如此。

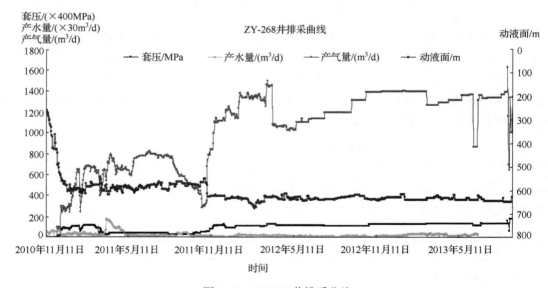

图 8-18　ZY-268 井排采曲线

根据前面三口井地质参数可知，三口高产井封闭性好，储层渗透性好，通过观察排采曲线，呈上升趋势，也说明煤储层能量较高，压降时间持续较长，能够最大范围内达到煤层气的解吸,同时产水量很低,说明地层受到的供液能力和水源补给相对较少,压降漏斗可以持续较长时间扩展。

TS-404 井相对于前面的 ZY-268 井明显产量低,波动大,不稳定,排采见气时间也较快,产水量前期较多(图 8-19),后期稳定在 5m³/d,说明水动力环境明显强于前者,产气之所以不稳定是由于受到工程因素停机较多,每次停机加上水源补给迅速,储层压降下降不明显,故产气量受到明显影响。

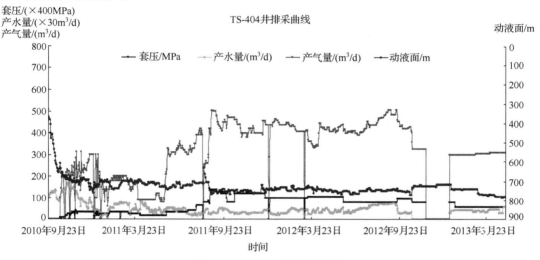

图 8-19　TS-404 井排采曲线

TS-145 井产量比较低的原因是由于产水量大,前期产水量达到 9m³/d,较高的产水量使煤储层压降困难(图 8-20),致使无法达到临界解析压力,TS-145 井位于该区东南部,与前面高产井 ZY-268 位置正好相反,本身该井附近构造相对于前面两口井较复杂,断层发育,极有可能是断层沟通了含水层,是煤层水源补给较多,前期产量较低。在排采 8 个月之后,基本上产水量与产气量达到稳定。

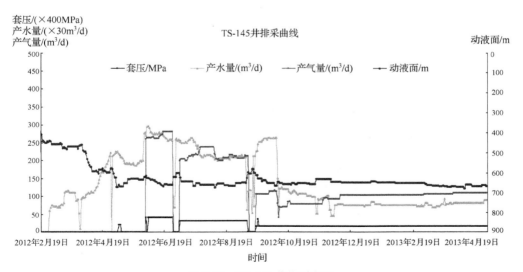

图 8-20　TS-145 井排采曲线

8.6　煤层气井排采强度确定方法

煤层气井的排采是一项长期稳定和细致的工作，一般包括压裂完井后控制放喷开始到煤储层生产结束整个过程的各个环节。煤层气排采过程中，煤层气井井底压力、动液面高度、煤层埋深之间的关系从某种程度上决定着煤层气井压力传递速度、排液速度及煤层气的解吸产气速度。排液速度和产气速度的快慢则会影响煤储层渗透率的变化，反过来又会影响煤层气井的产气量。因此，有必要对对煤层气井排采控制进行研究，确定初期排采强度既可以防止由于初期排采强度过大引起煤储层激励，造成吐砂、吐粉现象；也可以防止由于初期排采强度过小造成不必要的能源消耗；同时可以最大限度地减小在排采初期煤基质调节的负效应，使煤层气井后期产气更稳定，达到更高的产气高峰。

8.6.1　煤储层流速敏感性实验研究

煤储层流速敏感性是影响煤层气井产能的重要因素之一，在煤层气井排采过程中排采强度过大不仅会造成压裂砂的返吐，而且会引起煤层激动，使裂隙产生堵塞效应，降低渗透率，妨碍煤层整体降压，影响煤层气开采效果。因此，通过流速敏感性实验可以判断开始发生速敏现象的临界流速，其大小对确定煤层气井合理的排采工作制度具有理论和实际意义[24-26]。目前，岩心速敏实验主要参考石油天然气行业标准《储层敏感性流动实验评价方法》（SY/T 5358—2010）[27]，因为标准主要适用于气测渗透率大于 $1×10^{-3}\mu m^2$ 的碎屑岩储层岩样，对于低孔低渗的煤储层流速敏感性试验方法尚无行业标准，因此开展煤储层流速敏感性实验，确定煤储层是否发生流速敏感性是非常必要的。

1.　实验样品和实验方法

实验样品来源于沁水盆地南部晋城矿区寺河煤矿（SH）、赵庄煤矿（ZZ）和沁水盆地西北部的西山煤矿（XS）的二叠系山西组 3 号煤层。煤岩镜质组最大反射率（$R_{o,max}$）赵庄煤矿（ZZ）为 2.33%～2.36%，煤种为贫煤；寺河煤矿（SH）$R_{o,max}$ 为 2.74%，煤种为无烟煤；西山煤矿（XS）$R_{o,max}$ 为 1.10%～1.47%，煤种为肥煤和焦煤。宏观煤岩类型主要为光亮型和半亮型煤，具条带状与均一状结构。试样煤体结构主要为原生结构。6 块样品孔隙度为 3.40%～6.39%，平均 5.09%，煤岩原始渗透率 $0.07×10^{-3}$～$6.91×10^{-3}\mu m^2$，平均为 $2.28×10^{-3}\mu m^2$，实验煤样的工业分析结果和物性参数如表 8-8 所示。

表 8-8　实验煤样的工业分析和物性参数

测试样品编号	试样长度/cm	试样直径/cm	煤样物性		煤的工业分析				镜质组反射率 R_{max}/%	备注
			孔隙度/%	渗透率/$×10^{-3}\mu m^2$	M_{ad}/%	A_{ad}/%	V_{ad}/%	FC_{ad}/%		
SH-1	5.26	2.54	3.40	0.07	3.32	10.98	7.57	78.13	2.74	无烟煤（致密）
SH-2	7.19	2.54	4.01	0.24	3.33	10.90	7.54	78.23	2.74	无烟煤（含裂隙）
XS-1	4.43	2.54	5.26	0.63	1.07	9.76	23.80	65.36	1.10	肥煤
XS-2	4.50	2.54	5.14	0.79	0.89	10.27	24.07	64.77	1.47	焦煤
ZZ-1	6.38	2.54	6.39	6.91	0.66	13.70	13.02	72.62	2.33	贫煤（含裂隙）
ZZ-2	5.46	2.54	6.35	4.43	0.64	13.43	12.70	73.23	2.36	贫煤（含裂隙）

　　为了分析煤层气井排采降速对煤储层渗透性的影响，进行流速敏感性实验。本次实验中通过改变液体流量的变化，分析了不同流速条件下煤样渗透率的变化规律，建立煤储层渗透性与水流速度之间的关系。

　　由于外来液体流速导致煤储层的微粒产生运移，堵塞储层内部孔隙-裂隙通道，造成煤储层的渗透率降低的现象称为煤储层的速敏效应。煤储层中普遍含有高岭石和伊利石等流速敏感性矿物，具有潜在的流速敏感性问题。采用的实验仪器为 4LSY-1A 型压裂液伤害滤失仪(图 8-21)，主要装置及实验流程如图 8-22 所示。实验参照石油天然气行业标准 《储层敏感性流动实验评价方法》(SY/T 5358—2010)进行，由于煤储层应力敏感性强，为消除应力敏感性对实验结果的影响，实验过程中恒定保持净围压不变。实验步骤如下。

　　(1)为模拟煤储层流体流动方向与实际情况保持一样，沿煤层层面方向钻取圆柱型煤岩样品。煤岩样品的上下面与圆柱面都需要保持平整，同时上下面与圆柱面保持垂直。煤岩样品的直径一般为 2.54cm，理论上长度应大于直径的 1.5 倍。

　　(2)在进行储层流速敏感性实验前，对煤岩样品进行处理，使得煤岩样品达到饱和。

　　(3)煤样取自煤矿地下深度 300～500m，因此在实验过程中保持净围压(净围压=围压-驱替压力/2)为 4MPa。将饱和状态的煤样放入岩心夹持器中，接着将夹持器的围压进行调试，使数值达到 5.0MPa，使煤样入口处的压力为 2.0MPa。

图 8-21　4LSY-1A 型压裂液伤害滤失仪

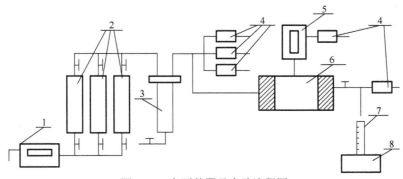

图 8-22　主要装置及实验流程图

1—液压泵；2—中间容器；3—竖井；4—压力传感器；5—手动加压泵；6—岩心夹持器；7—量筒；8—天平

(4) 采用地层水作为流体进行速敏试验；并根据煤层气井排采实际情况，依次按照 0.1cm³/min，0.25cm³/min，0.50cm³/min，0.75cm³/min，1.0cm³/min，2.0cm³/min，3.0cm³/min，4.0cm³/min，5.0cm³/min，6.0cm³/min 的流量进行实验。测定时等注入的液体流动状态达到平衡后，记录仪器上面的数据。

(5) 当渗透率比较小的非常致密的煤岩样品进行实验时，需要注意当液体注入量没有达到 6.0cm³/min，而压力梯度却大于 2MPa/cm 时，可停止实验。

2. 流速敏感性评价参数

根据达西定律，在实验设定的条件下注入各种与地层损害有关的液体或改变渗流条件（流速、净围压等）　测定岩样的渗透率及其变化，以判断临界参数及评价实验液体及渗流条件改变对岩样渗透率的损害程度。

煤样渗透率测定条件必须满足达西定律的要求，考虑气体滑脱效应和惯性阻力对测定结果的影响，选择使用合理的压力梯度或流速，计算服从达西定律的最大流速，其公式如下：

$$V_c = \frac{3.5\mu\phi^{\frac{3}{2}}}{\rho\sqrt{K}} \qquad (8-37)$$

式中，V_c 为流体的最大渗流速度，cm/s；K 为岩样渗透率，μm^2；μ 为测试条件下的流体黏度，MPa·s；ϕ 为岩样孔隙度，%；ρ 为流体在测定温度下的密度，g/cm³。

流体在煤中渗流时，其渗透率计算公式如下：

$$K_1 = \frac{Q\mu L}{A(P_1 - P_2)}\times 10^2 \qquad (8-38)$$

式中，K_1 为煤中液体渗透率，$10^{-3}\mu m^2$；μ 为实验条件下的流体黏度，MPa·s；L 为煤样长度，cm；A 为煤样横截面积，cm²；P_1 为煤样进口压力，MPa；P_2 为煤样出口压力，MPa；Q 为流量，即流体在单位时间内通过煤样的体积，cm³/min。

1) 实验流量与流速的换算

实验过程中液体注入量与渗流速度[27]，按以下公式进行转换：

$$V = \frac{14.4Q}{A\cdot\phi} = \frac{14.4Q}{\pi r^2\phi} \qquad (8-39)$$

式中，V 为流体渗流速度，m/d；Q 为流量，cm³/min；A 为煤样横截面积，cm²；r 为煤样半径，cm，ϕ 为煤样孔隙度，%。

对于径向流，流速与流量 Q 的关系有[28]

$$V = \frac{14.4Q}{2\pi rh\phi} \qquad (8-40)$$

式中，h 为煤样长度，cm；r 为煤样半径，cm；式(4)中流速 V(m/d)是半径 r 的函数。

对于实际煤层气井：根据式(8-40)，当 r 取最小值，即在井壁处 $r = r_w$（r_w 为井壁半径，cm）时，渗流速度 V 达到最大值 V_{max}，即

$$V_{\max} = \frac{14.4Q}{2\pi r_{\mathrm{w}} h \phi} \qquad (8\text{-}41)$$

为了限制煤储层中的流速不超过煤心临界流速，在煤层气井排水降压过程中应使 $V_{\max} \leqslant V_{\mathrm{c}}$，由式（8-41）得排水量为

$$Q = 2\pi r_{\mathrm{w}} h \phi v_{\mathrm{c}} / 14.4 \qquad (8\text{-}42)$$

式中，V_{c} 为煤心临界流速 m/d。

2）煤样渗透率的变化率

煤样渗透率的变化率反映由流速敏感性引起的渗透率变化情况，其计算公式如下：

$$D_{vn} = \frac{\left| K_n - K_i \right|}{K_i} \times 100\% \qquad (8\text{-}43)$$

式中，D_{vn} 为不同流速下所对应的煤样渗透率变化率，%；K_n 为煤样渗透率（实验中不同流速下所对应的渗透率），$10^{-3}\mu m^2$；K_i 为初始渗透率（实验中最小流速下所对应的煤样渗透率），$10^{-3}\mu m^2$。

3）速敏损害率和临界流速

速敏损害率是指不同流速下所对应的煤样渗透率变化率最大值，其计算公式如下：

$$D_v = \max \left(D_{v2}, D_{v3}, \cdots, D_{vn} \right) \qquad (8\text{-}44)$$

式中，D_v 为速敏损害率，%；D_{v2}，D_{v3}，D_{vn} 为不同流速下对应的渗透率损害率，%。

煤储层不同于砂岩储层，具有较低的抗压强度和弹性模量及较高的泊松比，因此，针对煤储层的特点，煤储层临界流速是指随流体流速增加，煤样渗透率出现连续下降，且下降幅度超过 10% 所对应的前一个点的流速。

速敏损害程度通过速敏损害率来进行评价，其评价分类如表 8-9 所示。

表 8-9　速敏损害程度评价指标

速敏损害率/%	损害程度
$D_v \leqslant 5$	无
$5 < D_v \leqslant 30$	弱
$0 < D_v \leqslant 50$	中等偏弱
$50 < D_v < 70$	中等偏强
$D_v > 70$	强

3. 实验结果及分析

通过煤样流速敏感性实验数据，将其绘制渗透率与流量之间的关系曲线，如图 8-23 所示。从图中可以看出：

（1）6 个实验煤样均随着注入流量（或流速）的增加煤样渗透率先增加，然后呈现减小的规律，且存在一个临界流速。在临界流速之前，随着注入流量（或流速）的增加煤样渗透率先增加；在临界流速后，煤样的渗透率随着流体的流速的增加反而在减少。

（2）不同煤矿煤样临界流速不同，其中寺河煤矿 2 个样品临界流量 0.75～1.0ml/min，临界径向流速 6.26～7.57m/d，平均 6.92m/d；西山煤矿 2 个样品临界流量临界流量 1.0ml/min，

临界径向流速 7.74~7.80m/d，平均 7.77m/d；赵庄煤矿 2 个样品临界流量 0.25ml/min，临界径向流速 1.11~1.30m/d，平均 1.21m/d。

(3) 三个煤矿煤储层均存在不同程度的速敏伤害，其中寺河煤矿 2 个样品速敏损害率 13.25%~40.38%，其速敏损害程度为弱-中等偏弱；西山煤矿 2 个样品速敏损害率 41.27%~47.10%，其速敏损害程度为中等偏弱；赵庄煤矿 2 个样品速敏损害率 52.73%~56.43%，其速敏损害程度为中等偏强，反映出赵庄煤矿煤样速敏损害率高于西山煤矿煤样，西山煤矿煤样高于寺河煤矿煤样，且速敏损害率高的煤储层，其临界流速低(表 8-10)。

(4) 对于沁水盆地南部晋城矿区寺河煤矿和赵庄煤矿，山西组 3#煤层厚度取 6m；西山煤矿 2#煤层厚度取 3m，煤层气井井径为 139.7mm。根据实验径向临界流速，按式(8-42)对 3 个研究区实际煤层气井排水量进行计算，结果表明(表 8-10)：在煤层气井排水降压过程中，寺河煤矿煤层气井排水量应控制在 6.61~6.78m³/d，赵庄煤矿煤层气井排水量应控制在 1.86~2.18m³/d，西山煤矿煤层气井排水量应控制在 5.28~5.36m³/d。

(5) 速敏实验结果表明，由于这 3 个煤矿煤储层特征不同，其速敏损害程度为：赵庄煤矿＞西山煤矿＞寺河煤矿。在煤层气井排采过程中，寺河煤矿和西山煤矿煤层气井排采降压速度应为赵庄煤矿的 6 倍左右(表 8-10)。

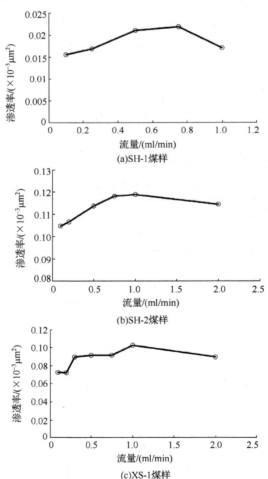

(a)SH-1煤样

(b)SH-2煤样

(c)XS-1煤样

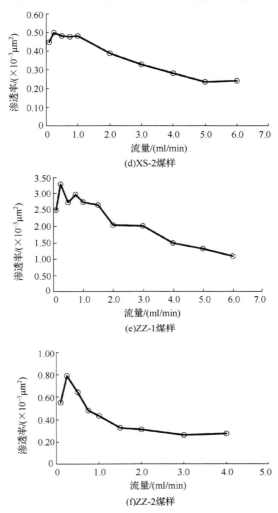

图 8-23　煤样渗透率与流量之间的关系曲线

表 8-10　煤样速敏损害表

样品编号	速敏损害率/%	临界流速		煤层气井排水量 /(m³/d)	损害程度评价
		线性流/(ml/min)	径向流/(m/d)		
SH-1	40.38	0.75	7.57	6.78	中等偏弱
SH-2	13.25	1.00	6.26	6.61	弱
XS-1	41.27	1.00	7.74	5.36	中等偏弱
XS-2	47.10	1.00	7.80	5.28	中等偏弱
ZZ-1	56.43	0.25	1.11	1.36	中等偏强
ZZ-2	52.73	0.25	1.30	2.18	中等偏强

4. 控制机理分析

造成速敏伤害的原因是煤中微粒在喉道中的运移聚集、堵塞喉道从而使渗透率大幅度下降。一方面，煤层气开发过程中微粒运移在各作业环节中都可能发生，它主要取决于流体动力的大小，流速过大或压力波动过大都会促使煤中微粒运移。煤储层中微粒产生包括煤层中原有的自由颗粒(构造煤或压裂改造形成的煤粉)和可自由运移的黏土颗粒、受水动力冲击脱落的颗粒和由于黏土矿物水化膨胀、分散、脱落并参与运移的颗粒等；另一方面，从煤储层孔喉分布特点来看，喉道以容易造成堵塞的片状较细喉-细喉为主，当储层内流体流速过高时，可能存在速敏伤害。因此，煤储层物性(孔隙度和渗透率)、流体流速和黏土矿物含量及其赋存状态等因素对煤储层流速敏感性产生重要影响。

1)煤储层孔隙度、渗透率和流体流量对煤储层流速敏感性的影响

煤储层为孔隙-裂隙型储层，与常规储层相比，其渗透率较低。煤中微粒随流体运动而运移至孔喉处，导致单个颗粒堵塞孔隙或几个颗粒架桥在孔喉处形成桥堵，并拦截后来的颗粒造成堵塞，使储层受到伤害。统计表明，随着煤储层孔隙度、渗透率和流体流量的增高，煤储层速敏损害率按对数函数关系增高(图 8-24)，其关系式为

$$D_v = a \cdot \ln(x) + b \tag{8-45}$$

式中，D_v 为煤储层速敏损害率，%；x 为煤储层孔隙度，%、渗透率($\times 10^{-3}\mu m^2$)或流体流量，ml/min；a 和 b 为与煤储层孔隙度、渗透率或流体流量相关的系数，其取值如表 8-11 所示。

其原因：煤储层孔隙度和渗透率相对较高的煤样，煤样中流体流速相对较大，或者在流体流量(流速)较高的条件下，随着驱替压力的增大，流体流量相应增加，当流速上升到一定程度时，即达到临界流速时，流体将携带煤储层裂缝中颗粒运移，由于煤储层裂隙非均质性较强，当渗流方向与煤储层裂隙垂直或大角度斜交时，易造成微粒堵塞喉道，使煤储层渗透率降低，出现速敏现象，因此，随着煤储层孔隙度、渗透率和流体流量的增高，煤储层速敏损害率按对数函数关系增高。

当然，对于孔隙-裂隙发育好的储层，当渗流方向与煤储层裂隙平行或小角度斜交时，其连通性好，能够提供颗粒运移的空间也会较大，颗粒要形成一定规模沉降聚集的难度也会相对提高，不易引起煤储层的速敏效应。

表 8-11　煤样速敏损害率与物性参数的统计分析

物性参数	系数 a	系数 b	相关系数 R^2
孔隙度	41.45	-24.55	0.46
渗透率	5.87	43.19	0.44
流体流量	11.35	33.89	0.45

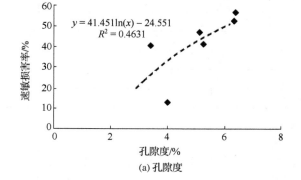

(a) 孔隙度

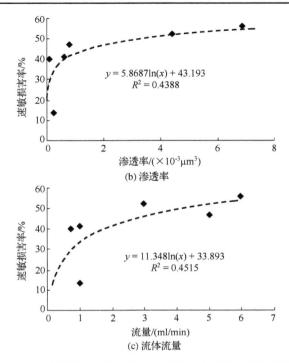

(b) 渗透率

(c) 流体流量

图 8-24　速敏损害率与孔隙度、渗透率和流体流量的关系

2) 黏土矿物及其赋存状态对煤储层流速敏感性的影响

本区实验煤样黏土矿物占矿物质含量百分数为 66.63%～99.89%，平均为 83.66%（表 8-12）。结合前人对沁水盆地南部煤中黏土矿物成分分析可知，本区煤储层中黏土矿物主要以高岭石、伊利石为主，其中高岭石为 26%～62%，平均 45.44%，伊利石为 13%～49%，平均 28.28%[26]。

统计表明，煤储储层的速敏损害率与黏土矿物含量之间呈正相关关系（图 8-25）。这说明煤中黏土矿物的存在是引起煤储层速敏伤害的内在因素。煤储层中普遍存在速敏性矿物，其中高岭石相对含量较高，其形态呈分散、破碎的书页状分布于孔隙之中，孔隙中还可见针状、纤维状伊利石以及胶结较弱的方解石等矿物，当煤储层内流体流速过高时，存在潜在的速敏伤害，因此，随着黏土矿物含量的增加，煤储层速敏损害率也增高。

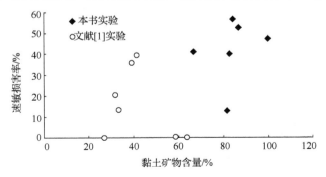

图 8-25　速敏损害率与黏土矿物含量关系

煤储层中高岭石、伊利石等速敏性矿物绝对含量低，煤储储层中矿物质含量 2.93%～13.06%，平均为 7.32%（表 8-12），使得其构成稳定桥堵的较大粒径的微粒较少，因而使潜在的速敏性伤害减弱。

表 8-12　煤岩成分测试结果

煤岩样品	显微煤岩组成				黏土矿物/%	煤岩鉴定/%		
	镜质组	惰质组	壳质组	矿物质		碳酸盐	黄铁矿	其他
SH-1	90.14	1.92	—	7.94	82.79	17.21	—	0
SH-2	90.14	1.92	—	7.94	81.68	—	—	18.32
XS-1	91.04	3.874	—	5.09	66.63	—	33.37	0
XS-2	74.39	22.68	—	2.93	99.89	—	—	0.11
ZZ-1	86.86	6.166	—	6.97	84.33	—	—	15 67
ZZ-2	80.22	6.716	—	13.06	86.63	—	—	13 37

除了黏土矿物含量及其成分对煤储层流速敏感性造成影响外，煤中矿物赋存状态也会造成一定影响。从扫描电镜可以看出，煤岩表面凹凸不平，存在大量的煤基质颗粒和颗粒状的黏土矿物（图 8-26）。寺河煤矿和西山煤矿煤储层中黏土矿物主要呈微粒状、团块状分布在煤岩表面，煤中裂隙未被填充或部分充填，煤储层的速敏损害率相对较低；而赵庄煤矿煤储层中存在大量的煤基质颗粒和颗粒状的黏土矿物，且裂隙多被黏土矿物填充，主要为高岭石。在煤层气井排采过程中，这些颗粒物从骨架上脱落，并在裂隙-孔隙内随流体带动易堵塞喉道，导致煤储层渗透性大大降低，速敏损害率相对较大。当黏土矿物填充煤储层的裂隙时，煤储层发生速敏效应会更为严重。

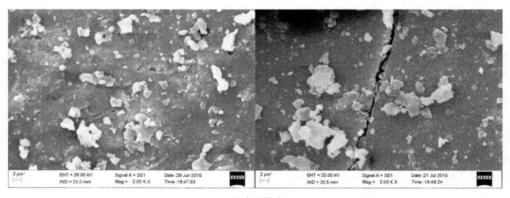

(a)寺河煤矿

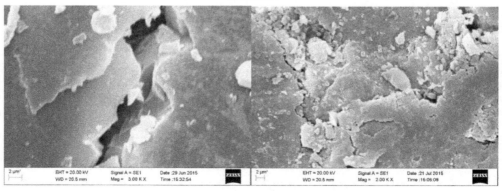

(b)西山煤矿

(c) 赵庄煤矿

图 8-26　煤样矿物赋存状态分布

8.6.2　煤层气井排采强度理论计算

制定合理的煤层气井排采强度是保障煤层气井高产稳产的重要途径。根据产气前后产水量的明显变化，分两个阶段来确定排采强度。一是产气前根据煤储层条件及其供液能力，确定煤层气井排采生产合理的初期排采强度，即控制排采初期动液面下降的速率；二是煤层气井在产气后，由于井筒附近流相的突然改变，即由原来的单相流向两相流的改变，煤层井产液量大量降低，由于煤层气井在产气后的套管压力、动液面、气水产量变化非常频繁，控制产量的方式以控制井底压力为主。通过对套管压力、井底压力、气水产量的合理调控来实现。因此建立煤层气井产气前排采强度计算模型，合理控制煤层气井产气前排采速率，对于煤层气井排采尤为重要。

煤层气井在排采过程中，最大限度降低应力敏感效应是煤层气井产气前排采控制的关键。根据倪小明等人(2007)的研究成果，煤层气井产气前合理排采强度的计算包括如下几方面[29]。

1. 排采初始实际产气压力和理论临界解吸压力

首先要确定气体解吸需要降低多少压力，即动液面在井筒中的变化量，才能确定煤层气井排采初期的排采强度，求解的首要参数是原始储层压力、临界产气压力。一般情况下，实际产气压力比理论临界解吸压力要小，主要原因是测量误差的存在及煤层气解吸后进入井筒需要克服水阻力等阻力因素。

根据实测产气压力与理论临界解吸压力关系的回归公式可以获得研究区实际产气压力(P_s)，研究区产气时的压力降低值按如下关系式计算：

$$\Delta P = P_e - P_s \tag{8-46}$$

式中，P_e 为煤储层压力，MPa；P_s 为实际产气压力，MPa。

2. 煤层气井产气初期时平均压力值的计算

煤层气井的生产要受到储层条件、水文地质条件、地质构造条件、排采技术工艺等方面的制约，它是一个相当复杂的过程，为方便研究问题，作假设如下。

(a)煤储层产状为水平，呈现各向异性、均质、等厚。

(b)煤储层中流体的流动服从达西定律。

(c)煤储层在原始状态下水力梯度为零。

(d)在围岩中没有越流补给。

(e)干扰效应在煤层气井中未发生。

(f)排水过程中煤储层渗透率基本不发生变化。煤层气井流动示意图(图8-27)。

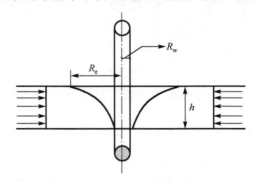

图8-27　煤层气井平面径向流动示意图

根据单相水在煤层气储层中稳定渗流的特点，给出煤层气井排采初期单相水平面稳定渗流的压力变化数学模型：

$$\frac{\partial p}{\partial r} + \frac{1}{r}\frac{\partial p}{\partial r} = 0 \tag{8-47}$$

分离变量再积分，得到其通解：

$$P = C_1 \ln r + C_2 \tag{8-48}$$

边界条件为：$r=R_w$，$P=P_w$；$r=R_e$，$P=P_e$。

得出其压力表达式：

$$P = P_e - \left[(P_e - P_w) / \ln\frac{R_e}{R_w} \right] \ln\frac{R_e}{r} \tag{8-49}$$

假设一微小环圆，环形部分面积为 $\mathrm{d}A=2\pi r\mathrm{d}r$，作用在环形上的压力为 P，平均压力采用面积加权平均法求取。依据压力分布公式计算，从而求得初始产气时的平均压力：

$$\overline{P} = P_e - (P_e - P_w) / 2\ln\frac{R_e}{R_w} \tag{8-50}$$

3. 影响体积在初期产气时的计算

横坐标为煤储层顶板水平面投影，煤层气井的中轴线为其纵坐标，建立煤层气井的直角坐标系。初始产气时压降漏斗半径设为 R_e，根据流体流动的特点，得到其高度数学模型：

$$\frac{\partial H}{\partial r} + \frac{1}{r}\frac{\partial H}{\partial r} = 0 \tag{8-51}$$

边界条件为：$r=R_w$，$H=0$；$r=R_e$，$H=-h$。计算出其高度方程为

$$H = h \ln \frac{r}{R_{\mathrm{w}}} \Big/ \ln \frac{R_{\mathrm{w}}}{R_{\mathrm{e}}} \tag{8-52}$$

假设一微小圆柱，其体积为 $\mathrm{d}V = \pi r^2 \mathrm{d}h$，则煤层气井在初始产气时的影响体积为

$$V = \int_0^{-h} \pi r^2 \mathrm{d}H = \pi R_{\mathrm{w}}^2 \frac{h}{2} \left[\left(\frac{R_{\mathrm{e}}}{R_{\mathrm{w}}} \right)^2 - 1 \right] \tag{8-53}$$

4. 排采初期的排采强度确定

首先要求出动液面在煤层气井初始产气时的下降高度，即 Δh，然后确定初始排采强度。结合公式(8-47)和煤层气井临界解吸压力公式得

$$\Delta h = P_{\mathrm{e}} - 0.3378 \mathrm{e}^{0.8596 V_{\mathrm{s}} P_{\mathrm{L}} / (V_{\mathrm{L}} - V_{\mathrm{s}})} \Big/ \rho g \tag{8-54}$$

要使排采初期渗透率减少最少，则应使 $\overline{P} / V$ 值最小，即

$$2 \left[P_{\mathrm{e}} - (P_{\mathrm{e}} - P_{\mathrm{w}}) / 2 \ln \frac{R_{\mathrm{e}}}{R_{\mathrm{w}}} \right] \Big/ [\pi R_{\mathrm{w}}^2 h (R_{\mathrm{e}} / R_{\mathrm{w}} - 1)]$$

最小，则使其导数为零从而求出 R_{e} 的值，即

$$R_{\mathrm{e}} = R_{\mathrm{w}} \cdot \exp \left(2 \left[(p_{\mathrm{e}} - p_{\mathrm{w}}) + \sqrt{(p_{\mathrm{e}} - p_{\mathrm{w}})^2 + 4 p_{\mathrm{e}} (p_{\mathrm{e}} - p_{\mathrm{w}})} \right] \Big/ p_{\mathrm{e}} \right) \tag{8-55}$$

排采初始产气时所用时间 T 为

$$T = (2 / R)^{1/2} \mu / K \cdot C \tag{8-56}$$

得出初始排采强度，即动液面的下降速度：

$$\overline{V} = \left[P_{\mathrm{e}} - 0.3378 \mathrm{e}^{0.8596 V_{\mathrm{s}} P_{\mathrm{L}} / (V_{\mathrm{L}} - V_{\mathrm{s}})} \right] \cdot K \cdot C \sqrt{R_{\mathrm{w}} \mathrm{e}^{2 \left[(p_{\mathrm{e}} - p_{\mathrm{w}}) + \sqrt{(p_{\mathrm{e}} - p_{\mathrm{w}})^2 + 4 p_{\mathrm{e}} (p_{\mathrm{e}} - p_{\mathrm{w}})} \right] / p_{\mathrm{e}}}} \Big/ (\sqrt{2} \rho g \mu) \tag{8-57}$$

式中，P_{s} 为实际产气压力，MPa；P_{e} 为煤储层压力，MPa；R_{w} 为煤层气井半径，m；R_{e} 为影响半径，m；P_{w} 为井底压力，MPa；h 为煤层厚度，m；V 为影响体积，m^3；P_{L} 为 Langmuir 压力，MPa；V_{L} 为 Langmuir 体积，m^3；V_{s} 为实测含气量，m^3/t；ρ 为水的密度，$\mathrm{kg/m}^3$；g 为重力加速度，$\mathrm{m/s}^2$；K 为煤储层渗透率，$\times 10^{-3} \mu\mathrm{m}^2$；$\mu$ 为水黏度，$\mathrm{mPa \cdot s}$；C 为综合压缩系数，MPa^{-1}。

8.6.3　延川南区块合理排采强度计算分析

1. 排采数据分析

地质构造条件、水文地质条件、储层条件等的差异性，决定了不同地区、不同区块、不同煤层气井应采取不同的排采工作制度。

2010 年 4 月 11 日延 1 井首先投入排采，6 月 4 日见气，9 月 7 日最高日产气量为 $2632\mathrm{m}^3/\mathrm{d}$，几次抽采间断影响了气井生产。延 1 井产水量在 $0.13 \sim 5.6\mathrm{m}^3/\mathrm{d}$，目前稳定在 $0.15\mathrm{m}^3/\mathrm{d}$ 左右，套压目前在 $0.2 \sim 0.4\mathrm{MPa}$，产气量稳定在 $1000\mathrm{m}^3$ 以上。延 5 井于 2010 年 9 月开始排采，2011 年 1 月 26 日见气，产水量 $0.9 \sim 9\mathrm{m}^3/\mathrm{d}$，目前稳定在 $0.9\mathrm{m}^3/\mathrm{d}$ 左右。延 5 井套压目前在 $0.4 \sim 0.7\mathrm{MPa}$，日产气量稳定在 $1800\mathrm{m}^3$，产气良好。延 3 井于 2011 年 1 月投入排采，产气量一直不高，产水量在 $0.1 \sim 1.7\mathrm{m}^3/\mathrm{d}$。自 2011 年 9 月 8 日重新憋压、套压以来日产气量迅速由 $245\mathrm{m}^3/\mathrm{d}$

上升至 777m³/d，产水量稳定在 0.1m³/d，套压稳定在 0.3MPa 左右。延 7 井 2010 年 11 月开始排采，产气量有波动但一直不高。产水量 0.8~4m³/d，目前稳定在 0.8~0.9m³/d。套压目前稳定在 0.3MPa 左右，产气量 150m³/d 左右。各井排采曲线如图 8-28 所示。

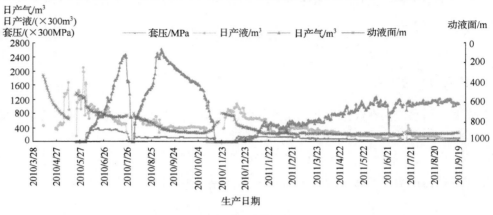

(a) 延1井2号煤层排采曲线

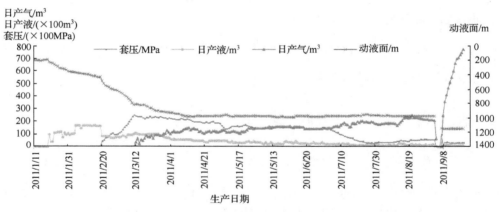

(b) 延3井2号煤层排采曲线

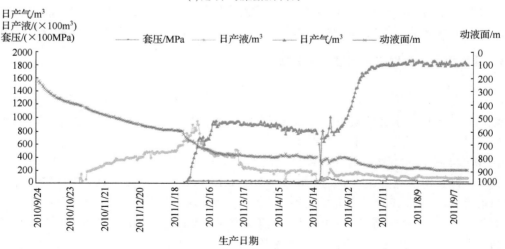

(c) 延5井2号煤层排采曲线

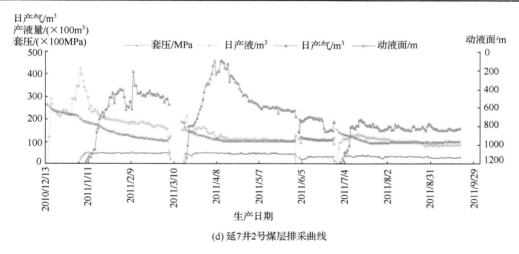

(d) 延7井2号煤层排采曲线

图 8-28 延川南区块典型煤层气井排采曲线

从上述数据可以看出：各井间气产量变化大，排采效果差异明显。统计分析表明，煤层气井产水量表现为三种类型：第一种是多数井投产后产水量呈减少型；第二种是产水量稳定型；第三种是产水量呈增加型。延 1#井、3#井、5#井和 7#井单井产水能力大小不一，但投产后产水量均呈减少型。目前各低产井产气量上不去的原因是煤层气井动液面下降困难，地层供液能力较强，因此，排水过程中确定合理的排采工作制定是煤层气井排采的关键。

（1）可以防止由于初期排采强度过大引起煤储层激励，造成吐砂、吐粉现象;同时也可以防止由于初期排采强度过小造成不必要的能源消耗。

（2）可以最大限度地减小在排采初期煤储层应力敏感效应，使煤层气井后期产气更稳定，达到更高的产气高峰。

2. 合理排采强度的确定

为了分析延川南区块目前煤层气井排采强度的合理性，采用煤层气井初期排采强度数学模型，对延川南区块上面所述的煤层气井进行了验证计算。

延川南区块延 1#井、3#井、5#井和 7#井测得的煤储层基本参数如表 8-13 所示，计算得出延川南区块延 1#井、3#井、5#井和 7#井在不同煤储层条件下的初期排采强度强度分别为 7.03m/d，10.24m/d，12.8m/d，2.01m/d。

表 8-13 延川南区块四口煤层气井储层基本参数变化范围一览表

基本参数	含气量/(m³/t)	Langmuir 体积/(m³/t)	储层压力/MPa	Langmuir 压力/MPa	渗透率/mD
变化范围	5.54~20.38	31.86~46.51	3.86~9.97	1.8~3.03	0.049~0.25
基本参数	煤层厚度/m	水黏度/(mPa·s)	井半径/m	综合压缩系数/×10⁻⁴	
变化范围	4.6~5	0.96~1.02	0.07	3	

将研究区四口煤层气井产气前实际的动液面下降速度与理论计算值进行对比（表 8-14），从表中可以看出，除延 5#井产气前动液面下降速度与理论计算基本一致外，其他井产气前动液面下降速度均大于理论值。由于产气前动液面下降速度过快，导致煤储层应力敏感性影响煤层气井产能。

表 8-14　延川南区块四口煤层气井产气前动液面实际下降速度与理论计算值统计表

井名	产气前动液面下降速度 （最大值～最小值）/平均	理论计算产气初期排采强度
延1井	（28.88～1.47m/d）/12.9m/d	7.03m/d
延3井	（54～1m/d）/12.74m/d	10.24m/d
延5井	（13.54～0.2m/d）/3.15m/d	12.8m/d
延7井	（24.7～1.3m/d）/5.02m/d	2.01m/d

延 1 井由于不连续排采，导致煤储层应力敏感性使煤层气井产气量回升缓慢。

延 3 井初期动液面下降速度与理论计算的初期排采强度相差不大，但动液面下降速度不稳定，变化幅度比较大，初始产气量较低且增长缓慢。

延 5 井初期动液面下降速度平均小于理论计算初期排采强度，且降速比较稳定无大波动，初始产气量增长较快。

延 7 井的初期动液面实际降速大于理论计算值，由于在生产过程中动液面下降过快而使井筒附近本来渗透率就很低的煤层发生了急剧压密，使降压漏斗得不到充分的扩展，只有井筒附近很小范围内的煤层得到了有效降压，使少部分煤层气解吸出来，气井的供气源受到了严重的限制，其初始产气量增长缓慢，产气量不高；同时该井产气量在达到一个小高峰后，由于气源的供应不足而使产气量很快下降。

理论计算表明，在其他参数不变的情况下不同煤层气井初期排采强度的理论计算值其变化范围为 2.01～12.80m/d，平均动液面下降幅度在 8.02m/d 左右。

根据延川南区块 4 口井资料统计，初期排采强度的理论计算值与煤储层原始渗透率成正比，且随着煤储层初始渗透率的增大，其动液面初期降速有线性增大的趋势（图 8-29）。

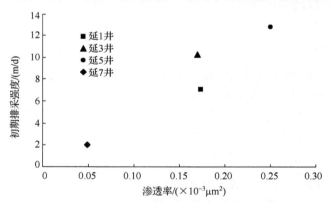

图 8-29　延川南区块 2 煤层初始渗透率与初期排采强度关系图

为了反映煤层气井初期排采强度的合理性，定义初期动液面实际平均降速（$\overline{V}_{实}$）与理论计算初期排采强度（$\overline{V}$）的比值为排采强度系数 α，即

$$\alpha = \overline{V}_{实} / \overline{V} \tag{8-58}$$

当 α 值大于 1 说明初期排采强度偏大。当 α 值小于或等于 1 说明初期排采强度偏小或合适。

初期产气效果用到达第一个产气高峰前的产气量日均增速来表示。统计表明，煤储层初始渗透率越大，初期排采强度越低，则初期产气效果越好（图 8-30）。

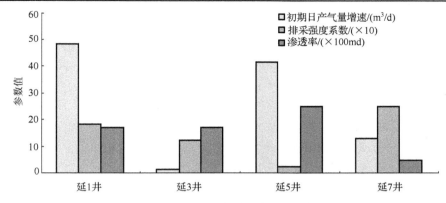

图 8-30　煤储层初始渗透率、排采强度和初期产气效果对比图

为了达到较好的产气效果，在排采初期要严格控制动液面降速。原则上不高于上述理论模型计算得到的动液面初期降速。通过上面的分析认为本区煤层气井液面下降速度一般应小于 10m/d，排水早期更可控制在 5m/d 以下；但不同煤层气井由于煤层气赋存地质条件的差异应采取不同的排采工作制度。

3. 煤层气井排采应注意的问题

(1)经压裂改造后形成的压裂缝渗透能力远大于原始储层渗透能力，流动阻力小，流体在其间流动时压差小，因此投产后，近井地带压裂缝波及范围内煤储层甲烷几乎能够同时解吸产出，形成一个初期的产气高峰。该初高峰形成早晚及持续时间长短主要取决于裂缝半长、裂缝导流能力及含气量大小。一般来说，裂缝半长越大，初高峰出现越晚，但峰值却越高，持续时间越长。初高峰过后，压降范围继续扩大，波及压裂裂缝范围以外，随着压力的降低，井筒远处甲烷产出。此时，产气量的高低主要受控于煤储层渗透率，而煤储层渗透率相对压裂裂缝很低，因此产气量开始下降，如果排采制度控制不当，甚至可能导致产气停止。

(2)煤层气井排采速度的快慢直接影响煤层气的见气时间早晚、产气量大小以及稳定产气时间的长短，其中排采早期降液速度的控制尤为重要，这是因为前期降液面速度过快，容易引起近井地带的有效压力增加快，地层渗透率迅速下降，导致整体降压困难，煤层气的解吸范围局限在很小的范围内，影响后期气体的产量。

(3)根据煤储应力敏感性特征，在煤层气井排水降压采气生产过程中，要采取先小后大的排量来控制生产流量的，通过对排出流体连续测量观察和分析，逐步提高煤层气生产的流量，最终找到比较合理和稳定的煤层气井排采速率。

(4)合理的排采制度是保证煤层气高产稳产的主要保证。煤层气排采应当坚持"缓慢、长期、持续、稳定"的原则，排采早期通过调整工作制度了解每个单井煤层产液规律和产量，建立产液动态平衡，保证液面稳定缓慢下降。通过分析认为，根据延川南区块理论计算结果可以看出，延川南区块煤层气井液面下降速度一般应小于 10m/d，排水早期更可控制在 5m/d 以下，这主要是由于压裂后的裂缝尚未闭合，高排采强度会引起沙子流动，一是影响压裂效果，二是由于压敏效应，造成井底附近压力下降过低，近井地带渗透率很快降低形成低渗区，远井地带压力无法有效下降，导致煤层气解吸扩散范围局限在井底附近，气产量低。

（5）在煤层气排采的不同时期应采用不同的工作制度，在前期排水为主的阶段，工作制度以控制动液面为核心来制定；在后期产气为主的阶段，以控制套压为核心来制定。

① 在临近产期阶段，要判断煤层临界解吸压力，并将液面控制在解吸压力附近稳定2～4天，防止出现气水两相渗流，地层产水量相对减少，液面突降而造成压力激动，产生煤粉，对煤层渗透性造成伤害。

② 产气阶段要保持合理套压；套压过高会造成气体大量涌入油管，混气水携带煤粉能力大大增强，进而出现煤层渗流通道堵塞或卡泵；同时会造成在液面相同的条件下降低煤层气的解吸速度，还会造成油管气、水同喷，产量难以控制。

③ 在煤层气生产过程中，在保持一定回压确保煤层安全的前提下，应尽可能降低套压或防压生产，以利于煤层平均压力的降低，扩大煤层气的解吸范围，获得高产气。根据经验总结，套压一般应保持在0.3MPa以上。

参 考 文 献

[1] 孟召平, 田永东, 李国富. 煤层气开发地质学理论与方法[M]. 北京: 科学出版社,2010.

[2] SAULSBERRY J L, SCHAFER P S, SCHRAUFNAGEL R A. A Guide to Coalbed Methane Reservoir Engineering[M]. Chicago: US Gas Research Institute, 1996.

[3] 贺天才, 秦勇, 张新民等. 煤层气勘探与开发利用技术[M]. 徐州：中国矿业大学出版社，2007.

[4] 张遂安, 叶建平, 唐书恒, 等. 煤对甲烷气体吸附-解吸机理的可逆性实验研究[J]. 天然气工业，2005，25（1）:44-46.

[5] 张遂安. 关于煤层气开采过程中煤层气解吸作用类型的探索[J]. 中国煤层气，2004，1（1）：26-28.

[6] 叶欣、刘洪林等.高低阶煤煤层气解吸机理差异性分析[J]. 天然气技术, 2008, 2（2）:18-22.

[7] AN F H, CHENG Y P, WU D M, et al. The effect of small micropores on methane adsorption of coals from Northern China [J]. Adsorption, 2013, 19:83-90.

[8] JU Y W, JIANG B, HOU Q L et al. Behavior and mechanism of the adsorption/desorption of tectonically deformed coals [J]. Chinese Science Bulletin ,2009, 54（1）:88-94.

[9] ALEXEEV A D, FELDMAN E P, VASILENKO T A. Methane desorption from a coal-bed [J]. Fuel, 2007, 86:2574-2580.

[10] Pillalamarry Mallikarjun, Harpalani Satya, Liu Shimin. Gas diffusion behavior of coal and its impact on production from coalbed methane reservoir [J]. International Journal of Coal Geology, 2011, 86: 342-348. doi:10.1016/j.coal.2011.03.007.

[11] DUONG D D. Adsorption Analysis: Equilibria and Kinetics [M]. London: Imperial College Press, 1998.

[12] HOLLUB V A, SCHAFER P S. A guide to coalbed methane operations[M]. Chicago: US Gas Research Institute, 1992.

[13] 刘新福, 綦耀光, 胡爱梅, 等. 单相水流动煤层气井流入动态分析[J]. 岩石力学与工程学报,2011,30（5）：960-966.

[14] 程林松. 渗流力学[M]. 北京：石油工业出版社，2011.

[15] DAS A K. Generalized Darcy's law including source effect[J]. Journal of Canadian Petroleum Technology，1997，36（6）：57-59.

[16]　孟召平,张纪星,刘贺,等. 考虑应力敏感性的煤层气井产能模型及应用分析[J]. 煤炭学报,2014,39(4)：593-599.

[17]　刘贺.沁水南部煤层气井排水降压模型及煤层水化学特征[D]. 北京：中国矿业大学(北京)硕士学位论文，2015.

[18]　赵金,张遂安.煤层气排采储层降压传播规律研究[J].煤炭科学技术，2012(40(10)：65-68.

[19]　PAN Z J, CONNELL L D. Modeling permeability for coal reservoirs: A review of analytical models and testing data[J]. International Journal of Coal Geology, 2012, 92:1-44.

[20]　赵俊龙,汤达祯,许浩,等. 考虑孔渗变化的非稳态渗流煤储层压降传播规律[J].科学技术与工程，2015,15(5)：46-53.

[21]　冯文光. 煤层气藏工程[M].北京：科学出版社，2009:200-210.

[22]　刘焕杰,秦勇,桑树勋.山西南部煤层气地质[M].徐州:中国矿业大学出版社.1998,19-37.

[23]　刘世奇,桑树勋,李梦溪,等. 沁水盆地南部煤层气井网排采压降漏斗的控制因素[J]. 中国矿业大学学报,2012,41(1):943-950.

[24]　张永平,杨艳磊,唐新毅,等. 沁南地区高煤阶煤储层流速敏感性及影响因素[J]. 煤田地质与勘探,2015,43(4)：36-40.

[25]　李金海,苏现波,林晓英,等. 煤层气井排采速率与产能的关系[J]. 煤炭学报, 2009, 34(3)：376-380.

[26]　陈振宏,王一兵,孙平. 煤粉产出对高煤阶煤层气井产能的影响及其控制[J]. 煤炭学报, 2009, 34(2):229-232.

[27]　中华人民共和国石油天然气行业标准.《储层敏感性流动实验评价方法》(SY/T5358-2010).国家能源局,2010.08-27.

[28]　敖坤,刘月田,秦冬雨.微裂缝岩心不同应力下的速敏效应[J].大庆石油学院学报, 2010, 34(6):64-67, 71.

[29]　倪小明,王延斌,接铭训,等. 煤层气井排采初期合理排采强度的确定方法[J]. 西南石油大学学报, 2007, 29(6)：101-104.

第9章 煤层气井排采中煤储层渗透率动态规律及其对产能影响

9.1 概　　述

　　煤储层渗透率是影响煤层气井产能的关键参数。在煤层气井开发过程中，随着水、气介质的排出，煤储层赋存环境条件发生改变，煤储层压力逐渐下降，导致煤储层有效应力增加，煤储层微孔隙和裂隙被压缩及闭合，煤体发生显著的弹塑性变形，从而使煤储层渗透率明显下降，直接影响煤层气开采效果。在实际煤层气井排采中可分为三个阶段：阶段 I，排水降压阶段，煤储层压力高于煤层解吸压力，主要产水，同时伴随有少量游离气、溶解气产出；阶段 II，稳定生产阶段，煤储层压力降至煤层解吸压力，产气量相对稳定，并逐渐达到产气高峰(通常需要 3~5 年)，产水量下降到一个较低的水平上；阶段 III，产气量下降阶段，产少量水或微量水，该阶段的煤层气开采时间最长。在煤层气井排采过程中，随着煤储层压力降低，其有效应力相应增高，煤储层渗透率在煤层气临界解吸压力前，主要受有效应力影响而出现下降趋势(阶段 I)；而当煤层气排采进行一段时间后，煤储层处于临界解吸压力后，随着吸附气的解吸，煤基质收缩效应逐渐增强，有效应力效应逐渐减弱，出现煤岩渗透率改善现象(阶段 II 和阶段 III)。煤层气开采是一个解吸、扩散和渗流的连续过程。在未开采的煤储层中，应力和压力处于平衡状态。在煤层气井排采过程中，随着煤中水、气介质的排出，煤中流体与煤体本身相互作用，煤储层渗透性发生相应动态变化，一般伴随有三种变形：①应力压缩裂隙体积引起的裂隙变形；②应力弹性压缩基质引起的线弹性变形；③吸附或解吸引起的基质膨胀或收缩等非线弹性变形，如图 9-1 所示。前两种变形与有效应力的施加有关，

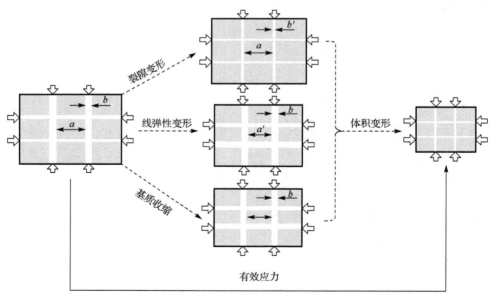

图 9-1　煤体变形的形式

第三种吸附/解吸变形与煤的吸附性能有关。因此在描述煤储层渗透性时需要综合考虑有效应力及基质吸附膨胀（或解吸收缩）两者的相互耦合关系，并考虑煤层气井排采过程中渗透率动态变化对煤层气井产能的影响。本章在前人研究的基础上，介绍煤储层有效应力效应、煤基质收缩效应和气体滑脱效应，建立煤储层渗透率动态预测模型，揭示煤层气井排采过程中渗透率动态变化规律；采用煤储层数值模拟软件，分析煤储层渗透率动态变化对煤层气井产能的影响规律，为煤层气开发提供理论依据。

9.2　有效应力效应

在煤层气开发过程中，随着水、气介质的排出，煤储层压力逐渐下降，导致煤储层有效应力（原岩应力-煤储层压力）增加，煤储层微孔隙和裂隙被压缩、闭合，煤体发生显著的弹塑性形变，从而使煤储层渗透率明显下降，煤储层表现出明显的应力敏感性。

9.2.1　有效应力与煤基质和孔隙变形的本构关系

1. 有效应力

煤是一种典型的双重孔隙介质，其孔隙系统主要由大孔和微孔构成。孔隙系统常被认为是在煤基质中赋存大量小于 2 nm 的孔，这种孔隙占据了煤总孔隙体积的 95%以上，其决定了煤体的吸附能力；裂隙系统则是指大孔径的孔隙，包括面割理和端割理两种类型，其为煤中流体提供了运移通道，因此煤储层渗透率主要决定于大孔，即裂隙系统的相关特性，如裂隙开度、裂隙距离、裂隙延展方向等[1, 2]。如图 9-2 所示。对于煤层气抽采初期来说，排水阶段并不存在甲烷的解吸过程，所以不存在基质解吸收缩作用，此阶段有效应力是控制煤储层渗透率变化的关键因素。

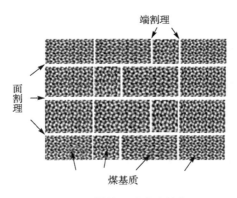

图 9-2　煤的双重孔隙结构

有效应力是土力学及岩石力学中常用的概念，其由 Terzaghi[3]在 1943 年首次提出。Terzaghi 将有效应力定义为土壤骨架所受到的平均应力，即

$$\sigma_e = \sigma - p \tag{9-1}$$

式中，σ_e、σ、p 分别为有效应力、总应力和孔隙压力。

上式适用于描述不可压缩颗粒组成的饱和水浸润下的土壤力学行为，孔隙中的流体亦为不可压缩流体。但此有效应力仅仅考虑了土壤骨架的弹性和弹塑性本构方程，由于"骨架平均应力"并不是多孔介质中受到的唯一应力，所以它不能完全决定多孔介质的应力应变行为。在现阶段的研究中，有效应力常被认为是外应力与等效孔隙压力的差值，即

$$\sigma'_{ij} = \sigma_{ij} - \alpha p \delta_{ij} \tag{9-2}$$

式中，σ'_{ij}、σ_{ij} 分别为有效应力张量和总应力张量；α 为有效应力系数或者 Biot 常数；δ_{ij} 为 Kronecker 符号。

对于实际的煤储层来说，产气过程中上覆煤岩层的厚度不会变化，所以并不会改变煤储层的垂直应力大小，研究垂直有效应力的变化规律在煤层气工程中没有太大意义[4]。在单轴压缩条件下，垂直方向保持应力不变，水平方向则保持应变不变。假设水平方向上只有因自重而产生的水平效应，则垂直主应力和水平主应力可以写为

$$\sigma_h = \left(\frac{\nu}{1-\nu}\right)\sigma_V + \alpha P\left(1 - \frac{\nu}{1-\nu}\right) \tag{9-3}$$

式中，σ_h 为水平主应力；σ_V 为垂直主应力；ν 为泊松比。

将上式求导，可得

$$\frac{\partial \sigma_h}{\partial P} = \alpha\left(\frac{1-2\nu}{1-\nu}\right) \tag{9-4}$$

即

$$\sigma_h - \sigma_{h0} = \alpha\left(\frac{1-2\nu}{1-\nu}\right)(P - P_0) \tag{9-5}$$

2. Biot 系数

由式(9-6)可知，通过逐步改变压力和水平应力便可以得出测量 Biot 常数的大小。如果假设不存在构造应力，上述公式还可以用来模拟煤层气储层的水平应力演化过程。对于固体 Biot 常数 α，Biot 认为其满足：

$$\alpha = \frac{E}{3(1-2\nu)H} \tag{9-6}$$

式中，E 为杨氏模量；H 为土壤颗粒的固相模量，反映了土壤颗粒的压缩性。

Geertsma[5]和 Skempton[6]认为 Biot 常数 α 满足：

$$\alpha = 1 - \frac{K}{K_s} \tag{9-7}$$

式中，K、K_s 分别为多孔介质的体积模量和骨架的体积模量。

此外，Suklje[7]、Nur 和 Byerlee[8]、Lade 和 Boer[9]均提出了 Biot 常数的计算公式。Biot 常数 α 并不是一个固定值，其会随着孔隙压力和外部应力而变化，其值在 0～1。

3. 煤体的压缩系数

由图 9-1 可知，有效应力会对煤的裂隙和基质进行压缩，反映有效应力对煤压缩强度大小的物理量为压缩系数，其与煤的变质程度、组成成分等性质有关。根据煤的不同介质的组成，压缩系数可以分为体压缩系数、裂隙压缩系数、骨架压缩系数和基质压缩系数，分别为

$$C_{\mathrm{b}} = \frac{1}{V_{\mathrm{b}}} \frac{\mathrm{d}V_{\mathrm{b}}}{\mathrm{d}p} = \frac{\mathrm{d}\varepsilon_{\mathrm{b}}}{\mathrm{d}p} \tag{9-8}$$

$$C_{\mathrm{p}} = \frac{1}{V_{\mathrm{p}}} \frac{\mathrm{d}V_{\mathrm{p}}}{\mathrm{d}p} = \frac{\mathrm{d}\varepsilon_{\mathrm{p}}}{\mathrm{d}p} \tag{9-9}$$

$$C_{\mathrm{g}} = \frac{1}{V_{\mathrm{g}}} \frac{\mathrm{d}V_{\mathrm{g}}}{\mathrm{d}p} = \frac{\mathrm{d}\varepsilon_{\mathrm{g}}}{\mathrm{d}p} \tag{9-10}$$

$$C_{\mathrm{m}} = \frac{1}{V_{\mathrm{m}}} \frac{\mathrm{d}V_{\mathrm{m}}}{\mathrm{d}p} = \frac{\mathrm{d}\varepsilon_{\mathrm{m}}}{\mathrm{d}p} \tag{9-11}$$

式中，C_{b}、C_{p}、C_{g} 和 C_{m} 分别为体压缩系数、裂隙压缩系数、骨架压缩系数和基质压缩系数；V_{b}、V_{p}、V_{g} 和 V_{m} 分别为煤总体积、裂隙体积、骨架体积和基质体积；ε_{b}、ε_{p}、ε_{g} 和 ε_{m} 分别为体应变、裂隙应变、骨架应变和基质应变。

因为 $\varepsilon_{\mathrm{b}} = (1-\phi)\varepsilon_{\mathrm{s}} + \phi\varepsilon_{\mathrm{p}}$ 且 $\varepsilon_{\mathrm{s}} = \varepsilon_{\mathrm{p}}$，所以存在关系：

$$\varepsilon_{\mathrm{b}} = \varepsilon_{\mathrm{s}} = \varepsilon_{\mathrm{p}} \tag{9-12}$$

结合式 (9-8) ～式 (9-12)，可知：

$$C_{\mathrm{b}} = C_{\mathrm{s}} = C_{\mathrm{p}} \tag{9-13}$$

表 9-1 给出了文献中美国及澳大利亚裂隙压缩系数的统计值。各煤样的裂隙压缩系数在 $10^{-2} \sim 10^{-1} \mathrm{MPa}^{-1}$ 变化，平均值为 $1.99 \times 10^{-1} \mathrm{MPa}^{-1}$。

表 9-1　煤的裂隙压缩系数统计[10]

盆地名称	煤层	裂隙压缩系数/MPa^{-1}
Appalachian	Pittsburgh	2.71×10^{-1}
San Juan	Menefee	1.94×10^{-1}
Piceance	Cameo	1.13×10^{-1}
Piceance	Cameo	2.61×10^{-1}
Warrior	—	2.71×10^{-1}
Warrior	Marylee/Blue Creek	8.40×10^{-2}
San Juan	—	1.34×10^{-1}
San Juan	—	1.39×10^{-1}
San Juan	Fruitland	2.90×10^{-1}
San Juan	Fruitland	2.65×10^{-1}
Warrior	Marylee/Blue Creek	3.63×10^{-1}
San Juan	Fruitland	1.48×10^{-1}
Sydney	Bulli	4.35×10^{-2}
平均值		1.99×10^{-1}

9.2.2　有效应力对渗透率的影响

第 5 章的实验研究结果表明，煤储层渗透率与有效应力密切相关，其两者符合指数函数关系，获得了与 Seidle 等的研究结果相同的规律[10]，渗透率与有效应力之间的关系为

$$\frac{k}{k_0} = \exp\left[-3c_{\mathrm{p}}\left(\sigma - \sigma_0\right)\right] \tag{9-14}$$

式中，C_{p} 为裂隙压缩系数。

根据孔弹性介质理论的本构关系，Cui 和 Bustin[11](C&B) 给出了相似的理论关系：

$$\frac{k}{k_0} = \exp\left\{-3C_{\mathrm{p}}\left[\left(\sigma - \sigma_0\right) - \left(P - P_0\right)\right]\right\} \tag{9-15}$$

式中，σ、σ_0 为在压力为 P 和 P_0 时的平均应力或平均围压。

Shi 和 Durucan[12](S&D) 认为水平有效应力对煤层气储层渗透率起着主要作用，即

$$\frac{k}{k_0} = \exp\left\{-3C_{\mathrm{p}}\left[\left(\sigma_{\mathrm{h}} - \sigma_{\mathrm{h0}}\right) - \left(P - P_0\right)\right]\right\} \tag{9-16}$$

在测试渗透率时，需要模拟单轴压缩条件，由于基质解吸收缩会使水平应变降低。因此需要逐步降低水平应力，以保证水平方向的应变保持恒定为零。图 9-3 为实验室测量圣胡安盆地煤样渗透率的试验装置示意图。首先将取自圣胡安煤层气井的样品进行制样，将制好的煤样，装入三轴压缩实验装备中，对初始垂向和水平方向应力、温度和瓦斯压力进行设定；然后在保持单轴压缩的条件下，逐步降低瓦斯压力，在每个瓦斯压力下，通过监测煤样瓦斯的流量，利用稳态法对煤样的渗透率进行观测。需要指出的是，为了模拟原岩边界条件，每次渗透率的监测都需要动态调整水平应力。

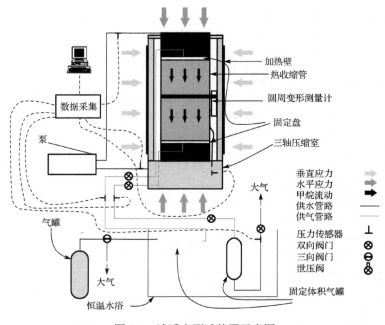

图 9-3　渗透率测试装置示意图

由于实验本身是为了得到渗透率的相对变化值，因此以 7.6MPa 时煤样的渗透率为初始值 k_0，得出每个压力点与 k_0 的比值，做出该比值与孔隙压力的曲线，如图 9-4 所示。

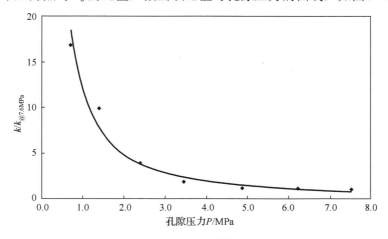

图 9-4　气体压力降低过程中煤体渗透率的变化规律

在实验测定的孔隙压力范围内（0.35～7.6MPa），渗透率曲线呈逐渐递减的趋势。部分文献在使用压力控制边界及数值模拟时，也曾发现渗透率变化曲线在低压段有小幅上升的现象，这是由于低压段，大量瓦斯发生了解吸现象，基质收缩引起裂隙开度增加，使得渗透率增高。

利用渗透率曲线可以得到煤样的 Biot 系数和裂隙压缩系数。首先需确定水平应力与孔隙压力的关系，如图 9-5 所示。水平应力与孔隙压力呈直线关系，斜率为 1.1。根据式(9-5)，可知 Biot 常数大小为

$$\alpha = 1.1 \times \frac{1-\nu}{1-2\nu} \tag{9-17}$$

根据 Bell 和 Jones 的研究可知，煤的泊松比在 0.2～0.4，故而 Biot 常数在 1.47～3.3 变化[13]。由于煤体中除了弹性形变，还会发生非线性的吸附变形，这种变形常也可称作自变形。自变形仅与孔隙压力直接相关，而与外部应力状态呈间接相关关系[1]。

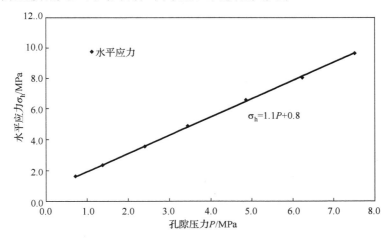

图 9-5　水平应力与孔隙压力的线性关系

对于裂隙压缩系数 C_p，根据式(9-15)中渗透率与有效应力的关系，可得如下关系：

$$\ln\frac{k}{k_0}=-3C_p\left(\sigma_e-\sigma_{e0}\right) \tag{9-18}$$

式中，下标 e 为有效应力。

分别使用水平有效应力 $(\sigma_{he}-\sigma_{he0})$ 和平均有效应力 $(\sigma_{me}-\sigma_{me0})$ 对渗透率的对数值 $\ln(k/k_0)$ 进行作图，可以得到该直线的斜率，进而可得出压缩系数的值，即

$$C_p=-\frac{1}{3}\frac{d\left[\ln\left(k/k_0\right)\right]}{d\left(\sigma_e-\sigma_{e0}\right)} \tag{9-19}$$

从图 9-6 和图 9-7 可以清晰地看出，$\ln(k/k_0)$ 与水平有效应力变化值 $\sigma_{he}-\sigma_{he0}$ 及平均有效应力变化值 $\sigma_{me}-\sigma_{me0}$ 呈双段直线分布，因而可知裂隙压缩系数 C_p 在整个排气阶段并不是固定不变的，其绝对值会随着水平有效应力或平均有效应力增加而增加。而在 S&D 模型中曾将裂隙压缩系数看作定值，这是值得商榷的。根据实验结果，对于图示的两个案例来说，其分别为 -0.05583MPa^{-1}（$3.5\sim7.6\text{MPa}$）和 -0.373MPa^{-1}（$\sim3.5\text{MPa}$），-0.038MPa^{-1}（$3.5\sim7.6\text{MPa}$）和 -0.237MPa^{-1}（$\sim3.5\text{MPa}$）。低气压段较高气压段的裂隙压缩系数增加了约 6 倍。这是由于随着孔隙压力的降低，孔隙空间更容易压缩，所以压缩系数变大。

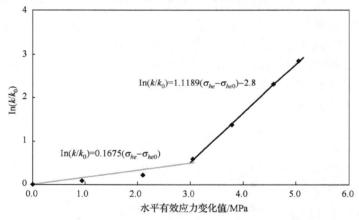

图 9-6　渗透率比值对数值与水平有效应力的关系

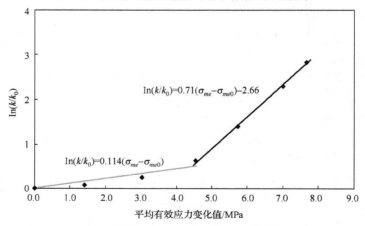

图 9-7　渗透率比值对数值与平均有效应力的关系

9.3　煤基质收缩效应

9.3.1　吸附变形的定义

煤层气是以吸附状态赋存于煤层中的一种自生自储式的非常规天然气，煤基质表面分子与甲烷分子间的作用力属于范德瓦耳斯力，煤储层对 CH_4 的吸附主要属于物理吸附，吸附作用服从 Langmuir 等温吸附方程。

煤体在吸附或解吸过程中产生的膨胀或收缩效应统称为吸附变形。在产气阶段，煤储层压力降低，促使煤基质中的甲烷解吸，使原本产生吸附变形的煤基质，逐步收缩变小。吸附变形主要有两个原因：一是瓦斯压力驱使瓦斯分子进入煤中裂隙或孔隙空间乃至煤体胶粒内部，楔开了与瓦斯分子直径大小相近的微孔隙或微裂隙；二是吸附促使煤表面能降低，使煤表面产生线性膨胀。吸附膨胀和收缩会使煤的裂隙开度减小或增大，从而引起煤体渗透率的改变，对煤层气抽采效果有着重要影响。

煤基质的吸附变形与煤吸附气体的量有关[14]，而吸附量受到吸附剂本身结构（煤成分、水分含量、孔隙分布）、气体种类、吸附压力、吸附温度的影响。吸附能力基本上与煤变质程度成正比。Gan 等[15]以及 Bustin 和 Clarkson[16]认为高变质程度的煤会拥有更大的比表面积，从而能够吸附更多的气体。然而关于煤体成分和煤变质程度对基质破坏的研究却鲜有提及。Robertson 和 Christiansen[17]还曾提到，气体种类对吸附变形的影响要大于变质程度的影响。此外，常规吸附试验是在无应力条件下进行，没有考虑地下煤岩应力的影响。Hol 等指出有效应力可以使同等压力下的高挥发分烟煤超临界 CO_2 的吸附量减小[18, 19]。

煤体吸附膨胀的现象首先由 Moffat 和 Weale[20]在 1955 年观测得出，其认为对于烟煤和半无烟煤，当压力在 15MPa 以下时，煤块体积随压力的升高会增加 0.2%～1.6%；而当压力在 15～71MPa 时，由于受到颗粒压缩效应及固有体积的影响，煤块体积会下降或者保持不变。Harpalani 和 Schraufnagel[21]在 1990 年考察了煤在 CH_4 和 He 环境下的变形特征，认为 He 仅会对煤基质产生压缩作用，煤基质体积会随着 He 压力的升高不断减小；而 CH_4 会对煤基质产生额外的吸附膨胀作用，在低压阶段，吸附膨胀会随着 CH_4 压力迅速升高，而在高压阶段会逐渐趋于平衡。对于 CH_4 吸附，实验煤样在 6.9MPa 时产生了 0.5%的吸附膨胀。Seidle 和 Huitt[22]统计了八种煤样基质收缩系数的大小，为 $1.25×10^{-4}$～$9.5×10^{-2}MPa^{-1}$，还分别对 San Juan 盆地的 C 类高灰分烟煤进行了 CH_4 和 CO_2 的吸附膨胀测试，认为吸附变形与吸附的气体量成正比。Levine[2]对 Illinois 盆地的高挥发分烟煤进行了气体的吸附变形测试，发现在 CO_2 压力和 CH_4 压力分别为 3.1MPa 和 5.2MPa 时，煤体分别发生了 0.41%和 0.18%的体积变形，而且此范围内气体压力与吸附变形呈线性关系。George 和 Barakat[23]分别采用 CO_2、CH_4、N_2 和 He 对新西兰的 C 类次煤烟的吸附变形进行了测定。在吸附压力为 4MPa 的情况下，煤的体积变形分别为 2.1%（CO_2）、0.4%（CH_4）和 0.2%（N_2）。其还同时监测了不同气体吸附过程中的体积应变随时间的变化过程。随着时间推移，CO_2 呈 Langmuir 期限形式变化，而 CH_4、N_2 和 He 则近似呈直线增加。Robertson 等比较了烟煤和次烟煤在解吸过程中的体积应变变化规律，也观测了 CO_2、CH_4 和 N_2 的吸附膨胀变形，认为三者均与压力呈线性关系。在 5.5MPa 以下时，次烟煤对 CO_2 的吸附变形为 2.1%，约是烟煤的 2 倍。在 6.9MPa 以下时，煤对 CH_4

和 N$_2$ 的吸附膨胀分别为 0.5%和 0.2%[17]。Harpalani 和 Mitra[24]在 2010 年又对伊利诺伊盆地和圣胡安盆地的煤样进行了体积应变测试。对于伊利诺伊盆地煤样,其在 CH$_4$ 压力为 5.5MPa 时,基质体积增加了 0.58%;而对于圣胡安盆地煤样,在 CH$_4$ 压力为 7MPa 时,基质体积增加了 0.64%。

9.3.2　吸附变形模型

1. Levine 模型

1996 年,Levine[2]基于伊利诺伊盆地煤样的吸附膨胀实验测试和拟合结果,提出了类似 Langmuir 等温吸附方程的吸附变形模型:

$$\varepsilon_s = \varepsilon_{max} \frac{p}{p + p_\varepsilon} \tag{9-20}$$

式中,ε_s 为吸附压力为 P 时引起的体积应变;ε_{max} 为最大吸附体积应变;P_ε 为吸附应变为最大值一半时的吸附压力。

2. P&C 模型

2007 年,Pan 和 Connell[25]提出适用于吸附-应变平衡条件下煤体积应变模型,简称 P&C 模型。该模型采用能量平衡的方法,假设吸附气体后煤体表面能的变化量等于煤固相的弹性能变化,结合煤的弹性模量、吸附等温吸附曲线、密度、孔隙率等可测参数,将应变与表面吸附潜能联系在了一起。该模型是可以通过已知参数得出的吸附变形模型,可以表征不同气体的吸附膨胀行为,即

$$\varepsilon_s = -\frac{\Phi \rho_s}{E_s} f(x, v_s) - \frac{P}{E_s}(1 - 2v_s) \tag{9-21}$$

式中,Φ 为表面吸附势;ρ_s 为吸附质的密度;E_s 为固体的杨氏模量;v_s 为煤固体的泊松比;$f(x, v_s)$ 为模型结构参数,其可以表达为

$$f(x, v_s) = \frac{\left[2(1 - v_s) - (1 + v_s)cx\right]\left[3 - 5v_s - 4(1 - 2v_s)cx\right]}{(3 - 5v_s)(2 - 3cx)} \tag{9-22}$$

式中,$c=1.2$;$x=d/l$,d 为类比圆柱半径,l 为类比圆柱高。

3. L&H 模型

Liu 和 Harpalani[13]认为煤的膨胀变形与吸附瓦斯后表面能的降低量存在线性关系。通过对 Langmuir 吸附曲线的吸附势能变化量进行计算,并结合 Bangham 固体力学原理[26],得出了线性膨胀与吸附量之间的关系,根据现行吸附形变,进一步推导出煤体积吸附应变模型。

煤基质的表面能会随着甲烷吸附量的增多而降低,而变形量则与表面能的降低量呈一定的比例关系。根据 Bangham 和 Fakhoury[27]的理论可知:

$$\pi = -\Delta F = F' - F^0 \tag{9-23}$$

式中，π 为表面能的减少量；F'，F_0 分别为真空状态下固体的表面能和吸附一定流体后固体的表面能。

根据吉布斯吸附势理论[28]可知：

$$\pi = RT \int_0^p \Gamma \mathrm{d}(\ln p) \tag{9-24}$$

式中，Γ 为表面过剩吸附量；R 为普适气体常数；T 为温度。

其中，表面过剩吸附量指在单位表面积的表面层中，所含吸附质的浓度与等量吸附质在等体积空间中所含浓度的差值，即

$$\Gamma = \frac{n}{S} = \frac{V}{V_0 S} \tag{9-25}$$

式中，n 为过剩吸附气体的物质的量；S 为固体表面体积；V，V_0 为吸附气体体积和该气体的摩尔体积。

由 Bangham 和 Fakhoury[27]的理论可知，固体的线应变与其表面能的减少量成正比，即

$$\frac{\Delta l}{l} = \gamma \pi \tag{9-26}$$

式中，γ 为变形常数，其与固体的物理性质有关，Maggs[29]认为其可以表达为

$$\gamma = \frac{S\rho}{E_A} \tag{9-27}$$

式中，ρ 为固体密度；E_A 为固体吸附或者解吸产生的变形模量。

E_A 与杨氏模量不同，对于煤来说，杨氏模量的值要大于 E_A，两者的比值在 2～11。Maggs[29]同时认为煤种对 E_A 的影响不大，也较好地描述了木炭的吸附膨胀行为。故而将式(9-24)～式(9-27)联立，可得

$$\frac{\Delta l}{l} = \frac{\rho RT}{E_A V_0} \gamma \int_0^p V\mathrm{d}(\ln p) \tag{9-28}$$

根据 Langmuir 单层吸附理论

$$V = \frac{abp}{1+bp} \tag{9-29}$$

式中，a、b 为吸附常数。

所以，存在关系：

$$\frac{\Delta l}{l} = \frac{a\rho RT}{E_A V_0} \gamma \int_0^p \frac{b}{1+bp}\mathrm{d}p \tag{9-30}$$

假设煤是均质弹性体，则吸附引起的总应变为

$$\varepsilon_s = \frac{3\Delta l}{l} = \frac{3a\rho RT}{E_A V_0} \gamma \int_0^p \frac{b}{1+bp}\mathrm{d}p \tag{9-31}$$

上式给出了吸附应变的具体计算公式，而当吸附行为发生时，不可避免地要对煤固体产生力的作用，进而产生变形：

$$\varepsilon_{\mathrm{m}} = -\frac{3P_{\mathrm{s}}}{E}(1-2v) \tag{9-32}$$

式中，P_{s} 为煤固体所受到的应力。

而单一方向的线应变为

$$\varepsilon_{\mathrm{lm}} = -\frac{P_{\mathrm{s}}}{E}(1-2v) \tag{9-33}$$

综上所述，将两种变形相加。对于自由膨胀过程，则固态骨架受到的压力不再是单纯的孔隙压力，有

$$\varepsilon_{\mathrm{l}} = \frac{\Delta l}{l} + \varepsilon_{\mathrm{lm}} = \frac{a\rho RT}{E_{\mathrm{A}}V_0}\int_0^p \frac{b}{1+bp}\mathrm{d}p - \frac{(1-2v)}{E}\int_0^p \mathrm{d}p \tag{9-34}$$

$$\varepsilon = \varepsilon_{\mathrm{s}} + \varepsilon_{\mathrm{m}} = \frac{3a\rho RT}{E_{\mathrm{A}}V_0}\int_0^p \frac{b}{1+bp}\mathrm{d}p - \frac{3(1-2v)}{E}\int_0^p \mathrm{d}p \tag{9-35}$$

式中：ε_{m} 为有效应力引起的体积应变；

而对于非自由吸附膨胀过程，此时煤固态骨架受到的压力不再是单纯的孔隙压力，而是有外部应力影响的有效应力，其可以写为[30]

$$\varepsilon_{\mathrm{m}} = \frac{3(1-2v)}{E}\int_0^{P_{\mathrm{s}}} \mathrm{d}p_{\mathrm{s}}, \quad P_{\mathrm{s}} = \frac{\sigma-\phi p}{1-\phi} \tag{9-36}$$

9.3.3　吸附变形的测量

吸附变形的测量装置主要包含供气系统、应变测试系统及数据采集系统三大系统，如图 9-8 所示。实验时，在 x-y-z 三个方向上监测煤体的应变，进而得到煤体总的体积应变。本套仪器还可以测定煤样的压缩系数，不同的是，压缩系数要排除基质膨胀或收缩的影响，故而使用氦气进行测量。而吸附变形实验则必须采用吸附性气体，如甲烷、二氧化碳等，实验结果既包含了有效应力对煤体的压缩作用，也包含了吸附气体对煤基质的膨胀收缩作用。图 9-9

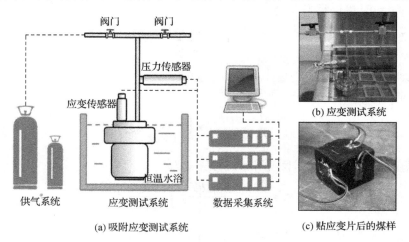

(a) 吸附应变测试系统　　　　(b) 应变测试系统　　　　(c) 贴应变片后的煤样

图 9-8　Penn State 吸附变形试验仪器

和图 9-10 为美国伊利诺伊盆地煤样在吸附甲烷和二氧化碳过程中，煤样基质变形的变化曲线。实验时气体压力从零逐步增加到 7MPa，然后再逐步解除甲烷压力，使之逐步回复大气压力，在此过程中观察各阶段的煤样体积变形。

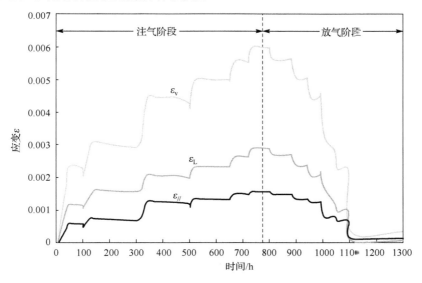

图 9-9　甲烷吸附变形随时间的变化

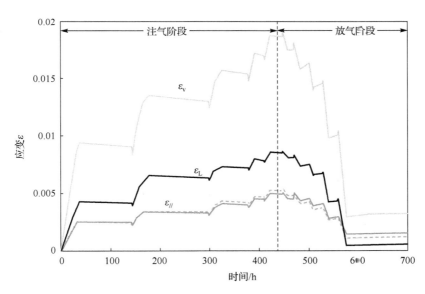

图 9-10　二氧化碳吸附变形随时间的变化

从图 9-9 和图 9-10 中可以看出，对于每一个注气阶段，煤体体积会先期小幅度下降，然后再逐步上升。这是由于吸附膨胀过程是需要时间的，而有效应力产生作用所需的时间较短，会先使得煤体产生压缩变形，之后随着吸附的逐步进行，煤体体积会慢慢恢复并膨胀。二氧化碳的膨胀效应要大于甲烷，在 6.9MPa 时煤吸附甲烷的膨胀变形为 0.6%，而在 5.9MPa 时煤吸附二氧化碳的膨胀变形已经达到了 1.87%。这主要是因为二氧化碳的吸附能力要大于甲烷，有更多的分子进入孔隙内部甚至基质里。对于不同方向而言，垂直方向的形变（$\varepsilon_\perp$）往往要大于水平方向（$\varepsilon_{//}$）的形变。对吸附甲烷而言，水平向应变是垂向应变的 40%～60%；而对吸附二氧化碳而言，水平方向应变是垂直方向应变的 55%～70%。吸附变形的各向异性的现象，主要是煤体结构的各向异性造成的。在垂直方向上，因为没有割理的存在，煤体相对紧实，而且所以模量和刚度要高于水平方向，所以吸附变形在垂直方向上会更强些。利用常用的 Langmuir 拟合关系可以很好地描述煤体体积在吸附甲烷和二氧化碳过程中的变化。对于图 9-11 中的数据来说，甲烷和二氧化的 ε_{max} 和 P_ε 分别为 0.0096 和 4.38MPa，0.0257 和 2.15MPa。

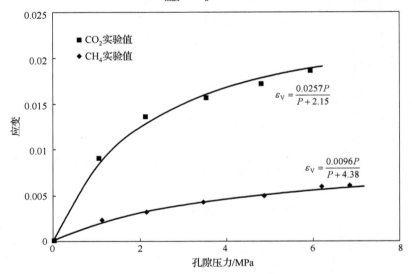

图 9-11　甲烷与二氧化碳吸附过程中煤体体积与气体压力的关系

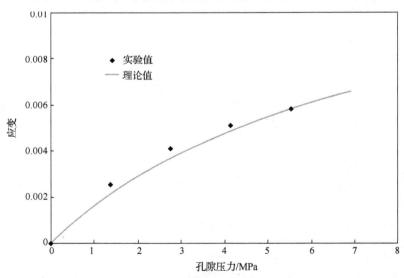

图 9-12　伊利诺伊盆地煤样的吸附变形以及 L&H 模型的反演曲线对比

L&H 模型可以更加清晰地得到 Langmuir 形态吸附变形曲线的主控因素。基于已有文献中伊利诺伊盆地煤样各项物理性质的常规值，采用 L&H 模型对该煤样的吸附变形进行反演，可以发现其能很好地推演吸附变形随压力的变化曲线。图中吸附常数 a 值为 $13.7\mathrm{m}^3/\mathrm{t}$、$b$ 值为 $0.26\mathrm{MPa}^{-1}$，密度 ρ 为 $1.4\ \mathrm{t/m}^3$，泊松比 ν 为 0.398，E_A 为 $780\mathrm{MPa}$，E 为 $2119\mathrm{MPa}$。此外，Liu 和 Harpalani[13, 30, 31]还曾对圣胡安盆地煤样的吸附膨胀进行过实验测定，采用 L&H 模型进行吸附变形曲线反推，也得到了很好匹配度，如图 9-13 所示。图中吸附常数 a 值为 $19.1\mathrm{m}^3/\mathrm{t}$，$b$ 值为 $0.4\mathrm{MPa}^{-1}$，密度 ρ 为 $1.4\ \mathrm{t/m}^3$，泊松比 ν 为 0.29，E_A 为 $1600\mathrm{MPa}$，E 为 $3800\mathrm{MPa}$。引入吸附膨胀效应的渗透率模型可参见 8.6.1 节中的内容。

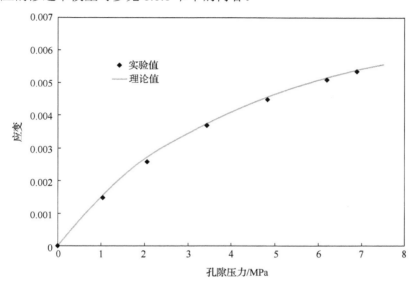

图 9-13　圣胡安盆地煤样的吸附变形以及 L&H 模型的反演曲线对比

9.4　滑　脱　效　应

已有的渗透率预测模型中，通常只考虑了有效应力效应和基质收缩效应，而往往忽略了气体滑脱效应。气体滑脱效应是低压、低渗气藏开发过程中常见的现象，在煤储层渗透率变化模型中需要考虑气体滑脱效应的影响。

滑脱效应，又称克林伯格(Klinkenberg)效应，是 1941 年由 Klinkenberg 通过实验研究提出。在达西定律的假设中，靠近多孔介质孔隙壁的液体分子层是固定不变的，因此渗透率与流体的压力无关。但此种假设对于气体分子不适用，在实际的煤储层中，低速气体会在岩石孔隙介质的孔道壁处产生"滑移"，气体分子的流速在孔道中心和孔道壁处无明显差别。此外，当气体分子自由程与孔隙直径接近时，气体分子会与孔壁发生大量碰撞，显著增加了达西流的流量。滑脱效应使得实际煤的渗透率要大于采用达西定律计算出的渗透率，尤其是当压力或多孔介质渗透率极低时，滑脱效应更加明显。在抽采过程中，产气量会随着时间逐渐降低。而此变化过程中，克林伯格效应会变得越来越明显，因此准确预测产气量、合理定义产气年限显得尤为重要。

低速流体经滑脱效应修正后的渗透率可表达为

$$k_c = k_0 \left(1 + b_k / p\right) \tag{9-37}$$

式中，k_c 为表观渗透率；k_0 为绝对渗透率；p 为测试中岩心进出口（p_1、p_2）平均压力，即 $p = \dfrac{p_1 + p_2}{2}$ ；b_k 为克林伯格因子，其可写为

$$b_k = \frac{16c\mu}{w}\sqrt{\frac{2RT}{\pi M}} \tag{9-38}$$

式中，c 为常数，通常取 0.9；M 为分子摩尔质量；w 为流动孔隙半径；

　　从上式可以发现，在高压时，表观渗透率与绝对渗透率 k_0 接近；而当压力降低时，表观渗透率会越来越远离绝对渗透率 k_0 值，近似与气体压力的倒数呈线性关系。图 9-14 给出了低速氢气、二氧化碳和氮气在某种岩石中的渗透率随气体压力倒数的变化情况，线性关系清晰可见。

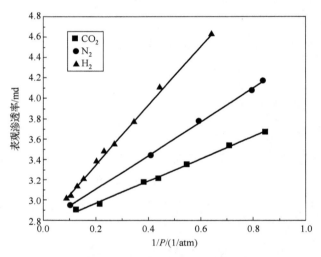

图 9-14　不同气体条件下的滑脱效应[4]

　　对不同气体，b 值会因为 M 和 μ 的不同而发生变化。此外，多孔介质的孔隙发育状况也会影响到 w 的取值，进而影响 b 值的大小。直接测量甲烷的克林伯格因子是不可取的，因为在渗透过程中煤体还会受到吸附变形的影响。故而应首先利用非吸附性气体氦气对同一种煤样进行渗透率测试，确定式(9-38)中的相关参数，进而确定甲烷的克林伯格因子，即

$$b_{He} = \frac{16c\mu_{He}}{w}\sqrt{\frac{2RT}{\pi M_{He}}} \tag{9-39}$$

$$b_{Me} = \frac{16c\mu_{Me}}{w}\sqrt{\frac{2RT}{\pi M_{Me}}} \tag{9-40}$$

联立式(9-39)和式(9-40)，得

$$b_{Me} = \frac{\mu_{Me}}{\mu_{He}}\sqrt{\frac{M_{He}}{M_{Me}}}b_{He} \tag{9-41}$$

则由于克林伯格效应而增加的渗透率为

$$\Delta k = k - k_0$$
$$= k_0 \left(1 + \frac{b_{\mathrm{Me}}}{p} \right) - k_0 \qquad (9\text{-}42)$$
$$= k_0 \frac{b_{\mathrm{Me}}}{p}$$

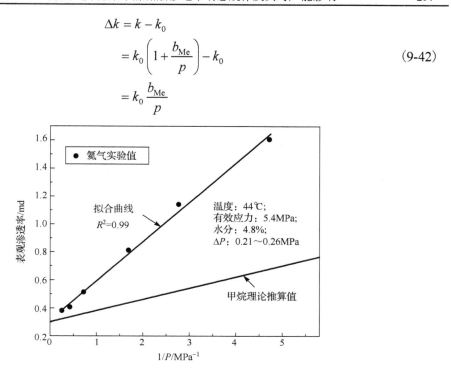

图 9-15　不同压力下氦气的渗透率实验值及甲烷渗透率的推算值[4]

Harpalani 和 Chen[4]曾对美国 San Juan 盆地的煤样进行克林伯格因子的测试,实验保持有效应力在 5.4MPa 水平,温度为 44℃,如图 9-15 所示。图中上方的直线为实测的氦气渗透率变化结果,下方直线变为根据此结果推算的甲烷渗透率变化情况,该煤样对氦气和甲烷的克林伯格因子分别为 0.94MPa 和 0.27MPa,括号前的系数 k_0 均为 0.30md。

9.5　煤储层渗透率动态预测模型

9.5.1　常见的渗透率模型

煤体基质之间错综复杂的裂隙系统控制着煤体渗透率的大小。而裂隙的几何特征会随着煤体应力状态的改变而发生变化,所以在建立渗透率模型时需要对煤的裂隙网格进行简化。比较常用的简化手段是将煤简化成竖直有序排列的火柴杆或者呈矩阵状堆积的立方体集合,分别称为"火柴杆"模型和"立方体"模型。"火柴杆"模型是初期应用较多的模型,基质与基质被假设为完全独立且相互平行,流体从基质之间的空间流出,如图 9-16(a)所示。但事实上基质与基质之间存在着类似于"岩桥"的"煤桥"结构(图 9-17),这种结构在基质解吸收缩时起到抑制孔隙膨胀的作用,因而裂隙的几何尺寸也可能增大,也可能减小。相应地,使得渗透率增大或减小。显而易见,桥状结构的假设比火柴杆模型中的平行结构假设要更为科学,更贴近实际。但是该模型却需要引入更多的假设参数,如"f"和"R_{m}"等[32-34],使模型更为复杂。"火柴杆"模型之后,应用较广的是"立方体模型","立方体"模型将火柴杆切割成了等长的小块,形如一块块"立方体"堆积而成,如图 9-16(b)所示。

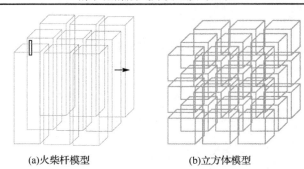

(a)火柴杆模型　　　　　　　(b)立方体模型

图 9-16　常用渗透率简化模型

　　一般建立渗透率模型的方式有两种，一种基于孔隙率变化与渗透率的关系进行建立，如 P&M 模型；另一种基于应力状态变化与渗透率的关系进行建立，如 S&D 模型及 C&B 模型。

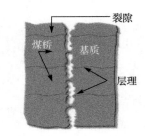

图 9-17　"煤桥"结构示意图

　　1. 基于孔隙率与渗透率关系的渗透率模型

　　Reiss[35]曾对"火柴杆"模型和"立方体"模型的渗透率与孔隙率的关系进行过推导，其认为"火柴杆"模型中渗透率和孔隙率有如下的关系：

$$k = \frac{1}{48} \bar{a}^2 \phi^3 \tag{9-43}$$

而对于"立方体模型"，有

$$k = \frac{1}{96} \bar{a}^2 \phi^3 \tag{9-44}$$

式中，$\bar{a}$ 为裂隙开度。

　　相对于初始状态，渗透率的变化为

$$\frac{k}{k_0} = \left(\frac{\bar{a}}{\bar{a}_0}\right)^2 \left(\frac{\phi}{\phi_0}\right)^3 \tag{9-45}$$

式中，k_0、$\bar{a}_0$、ϕ_0 分别为初始状态下的渗透率、裂隙开度和孔隙率。

　　而裂隙开度相对于基质尺度很小，所以存在关系：

$$\bar{a} \approx \bar{a}_0 \tag{9-46}$$

　　则

$$\frac{k}{k_0} = \left(\frac{\phi}{\phi_0}\right)^3 \tag{9-47}$$

　　上式即为常用的三次方渗透率模型，"火柴杆"模型和"立方体"模型均适用于此立方关系。以此立方关系推导的最具代表性的渗透率模型是 P&M 模型，其是 Palmer 和 Mansoori 在 1998 年提出的，适用于单轴条件下煤体渗透率的变化，并将吸附变形类似于热膨胀进行考虑[36]。

煤的体积和孔隙率可以写为

$$V_t = V_f + V_m \qquad (9\text{-}48)$$

$$\phi_f = \frac{V_f}{V_t} \qquad (9\text{-}49)$$

式中，V_f、V_m、V_t 分别为煤裂隙体积、基质体积和总体积。

则煤裂隙的应变为

$$\mathrm{d}\varepsilon_f = \frac{\mathrm{d}V_f}{V_f} = \frac{\mathrm{d}V_t}{V_f} - \frac{\mathrm{d}V_m}{V_f} = \frac{\mathrm{d}V_t / V_f}{V_f / V_t} - \frac{\mathrm{d}V_m / V_m}{V_f / V_m} = \frac{\mathrm{d}\varepsilon_t}{\phi_f} - \left(\frac{1-\phi_f}{\phi_f}\right)\mathrm{d}\varepsilon_m \qquad (9\text{-}50)$$

式中，ε_f、ε_m、ε_t 分别为煤裂隙应变、基质应变和总体积应变。

假设应变为无限小，则有

$$-\mathrm{d}\phi_f = \left[\frac{1}{M} - (1-\phi_f)f\gamma\right](\mathrm{d}\delta - \mathrm{d}p) + \left[\frac{K}{M} - (1-\phi_f)\right]\gamma\mathrm{d}p - \left[\frac{K}{M} - (1-\phi_f)\right]\alpha_T\mathrm{d}T \qquad (9\text{-}51)$$

式中，M 为约束轴向模量；K 为体积模量；f 为摩擦系数，在 0～1 取值；α_T 为热膨胀系数；γ 为煤基质压缩因子。

由于 $\phi_f \ll 1$，且 $\mathrm{d}\delta = 0$，上述公式可以简化为

$$-\mathrm{d}\phi_f = -\frac{1}{M}\mathrm{d}p + \left(\frac{K}{M} - 1 + f\right)\gamma\mathrm{d}p - \left(\frac{K}{M} - 1\right)\alpha_T\mathrm{d}T \qquad (9\text{-}52)$$

$\alpha_T\mathrm{d}T$ 为吸附变形项，其符合 Langmuir 变形曲线，则吸附过程中，煤体裂隙孔隙率变化为

$$\frac{\phi_f}{\phi_{f0}} = 1 + \frac{C_T}{\phi_{f0}}(p - p_0) + \frac{\varepsilon_{\max}}{\phi_{f0}}\left(\frac{K}{M} - 1\right)\left(\frac{p}{P_\varepsilon + p} - \frac{p_0}{P_\varepsilon + p_0}\right) \qquad (9\text{-}53)$$

式中，C_T 为特征系数，$C_T = \dfrac{g}{M} - \left[\dfrac{K}{M} + f - 1\right]\gamma$，仅考虑水平裂隙时，$g=1$；仅考虑垂向裂隙时，$g=0$。

K 和 M 可以用杨氏模量 E 和泊松比 ν 进行表示：

$$\frac{M}{E} = \frac{1-\nu}{(1+\nu)(1-2\nu)} \qquad (9\text{-}54)$$

$$\frac{K}{M} = \frac{1}{3}\left(\frac{1+\nu}{1-\nu}\right) \qquad (9\text{-}55)$$

根据孔隙率与渗透率的关系，可以得到

$$\frac{k}{k_0} = \left(\frac{\phi}{\phi_0}\right)^3 = \left[1 + \frac{C_T}{\phi_0}(p - p_0) + \frac{\varepsilon_{\max}}{\phi_0}\left(\frac{K}{M} - 1\right)\left(\frac{p}{P_\varepsilon + p} - \frac{p_0}{P_\varepsilon + p_0}\right)\right]^3 \qquad (9\text{-}56)$$

或

$$\frac{k}{k_0} = \left(\frac{\phi}{\phi_0}\right)^3 = \left[1 + \frac{C_T}{\phi_0}(p - p_0) + \frac{1}{\phi_0}\left(\frac{K}{M} - 1\right)\Delta\varepsilon_s\right]^3 \tag{9-57}$$

Liu 和 Harpalani[13]曾对经典的 P&M 模型进行改进，将吸附变形 $\Delta\varepsilon_s$ 具体化，认为其受吸附常数、温度、体积模量等因素影响。将式(9-31)代入式(9-57)，可得

$$\frac{k}{k_0} = \left(\frac{\phi}{\phi_0}\right)^3 = \left[1 + \frac{C_T}{\phi_0}(p - p_0) + \frac{1}{\phi_0}\left(\frac{K}{M} - 1\right) \cdot \frac{3a\rho RT}{E_A V_0}\int_0^p \frac{b}{1 + bp}\mathrm{d}p\right]^3 \tag{9-58}$$

2. 基于应力状态与渗透率关系的渗透率模型

根据式可知，应力与渗透率呈指数函数关系，基于此关系应用较广的模型有 S&D 模型和 C&B 模型。S&D 模型是由 Shi 和 Durucan 在 2004 年提出，亦是在火柴杆模型的架构上推导出的，适用于单轴应变条件的渗透率模型[12]。与 P&M 模型不同的是，S&D 模型采用了水平应力与渗透率的关系来表征渗透率的变化，即

$$\sigma - \sigma_0 = -\frac{\nu}{1 - \nu}(p - p_0) + \frac{E}{3(1 - \nu)}\varepsilon_{\max}\left(\frac{p}{p + P_\varepsilon} - \frac{p_0}{p_0 + P_\varepsilon}\right) \tag{9-59}$$

但上述模型在推导过程中存在些许瑕疵，Liu 等[37]对上述公式进行了修正，提出了改进后的 S&D 模型，下面为具体的推导过程。

假设煤为各向同性、均质的热孔弹性介质，其应力应变关系满足：

$$\tilde{\sigma}_{ij} = 2G\tilde{\varepsilon}_{ij} + \lambda\tilde{\varepsilon}\delta_{ij} + \left(\lambda + \frac{2}{3}G\right)\alpha_T\tilde{T}\delta_{ij} \tag{9-60}$$

$$\tilde{\varepsilon} = \tilde{\varepsilon}_{xx} + \tilde{\varepsilon}_{yy} + \tilde{\varepsilon}_{zz} \tag{9-61}$$

$$\tilde{\tau}_{ij} = \tilde{\sigma}_{ij} + \tilde{p}\delta_{ij} \tag{9-62}$$

式中，～为代表增量；G 为剪切模量；λ 为拉梅常数；δ_{ij} 为克罗内常数。

与 P&M 模型类似，S&D 模型中同样将基质收缩变形等效为了热变形，即

$$\tilde{\sigma}_{ij} = 2G\tilde{\varepsilon}_{ij} + \lambda\tilde{\varepsilon}\delta_{ij} + \left(\lambda + \frac{2}{3}G\right)\tilde{\varepsilon}_s\delta_{ij} \tag{9-63}$$

则有

$$\begin{cases} \tilde{\sigma}_{xx} = 2G\tilde{\varepsilon}_{xx} + \lambda\tilde{\varepsilon} + \left(\lambda + \frac{2}{3}G\right)\tilde{\varepsilon}_s \\ \tilde{\sigma}_{yy} = 2G\tilde{\varepsilon}_{yy} + \lambda\tilde{\varepsilon} + \left(\lambda + \frac{2}{3}G\right)\tilde{\varepsilon}_s \\ \tilde{\sigma}_{zz} = 2G\tilde{\varepsilon}_{zz} + \lambda\tilde{\varepsilon} + \left(\lambda + \frac{2}{3}G\right)\tilde{\varepsilon}_s \end{cases} \tag{9-64}$$

在单轴应变条件下，$\Delta\varepsilon_{xx} = \Delta\varepsilon_{yy} = 0$，故而有

$$\tilde{\sigma}_{xx} = \tilde{\sigma}_{yy} = \lambda \tilde{\varepsilon}_{zz} + \left(\lambda + \frac{2}{3}G\right)\tilde{\varepsilon}_{s} \tag{9-65}$$

根据胡克定律，应变可以转为三个正方向分量：

$$\begin{Bmatrix} \tilde{\varepsilon}_{xx} \\ \tilde{\varepsilon}_{yy} \\ \tilde{\varepsilon}_{zz} \\ \tilde{\varepsilon}_{xy} \\ \tilde{\varepsilon}_{yz} \\ \tilde{\varepsilon}_{zx} \end{Bmatrix} = \begin{pmatrix} \dfrac{1}{E} & -\dfrac{\nu}{E} & -\dfrac{\nu}{E} & 0 & 0 & 0 \\ -\dfrac{\nu}{E} & \dfrac{1}{E} & -\dfrac{\nu}{E} & 0 & 0 & 0 \\ -\dfrac{\nu}{E} & -\dfrac{\nu}{E} & \dfrac{1}{E} & 0 & 0 & 0 \\ 0 & 0 & 0 & \dfrac{2(1+\nu)}{E} & 0 & 0 \\ 0 & 0 & 0 & 0 & \dfrac{2(1+\nu)}{E} & 0 \\ 0 & 0 & 0 & 0 & 0 & \dfrac{2(1+\nu)}{E} \end{pmatrix} \begin{Bmatrix} \tilde{\sigma}_{xx} \\ \tilde{\sigma}_{yy} \\ \tilde{\sigma}_{zz} \\ \tilde{\sigma}_{xy} \\ \tilde{\sigma}_{yz} \\ \tilde{\sigma}_{zx} \end{Bmatrix} \tag{9-66}$$

由上式可得

$$\tilde{\varepsilon}_{zz} = \frac{1}{E}(\tilde{\sigma}_{zz} - \nu\tilde{\sigma}_{xx} - \nu\tilde{\sigma}_{yy}) \tag{9-67}$$

联立式(9-64)和式(9-66)，可知

$$\tilde{\sigma}_{xx} = \tilde{\sigma}_{yy} = \frac{\lambda}{E}(\tilde{\sigma}_{zz} - 2\nu\tilde{\sigma}_{xx}) + \left(\lambda + \frac{2}{3}G\right)\tilde{\varepsilon}_{s} \tag{9-68}$$

对于均质弹性煤体，剪切模量和拉梅常数可表示为

$$G = \frac{E}{2(1+\nu)} \tag{9-69}$$

$$\lambda = \frac{E\nu}{(1+\nu)(1-2\nu)} \tag{9-70}$$

将式(9-69)与式(9-70)代入式(9-68)，可得

$$\tilde{\sigma}_{xx} = \tilde{\sigma}_{yy} = \frac{\nu}{1-\nu}\tilde{\sigma}_{zz} + \frac{E(1+\nu)}{3(1-\nu)}\tilde{\varepsilon}_{s} \tag{9-71}$$

由于单轴应变条件下，煤样垂向自重不变，则

$$\tilde{\tau}_{zz} \equiv \tilde{\sigma}_{zz} + \tilde{p} = 0 \tag{9-72}$$

则式(9-71)可化为

$$\tilde{\sigma}_{xx} = \tilde{\sigma}_{yy} = -\frac{\nu}{1-\nu}\tilde{p} + \frac{E(1+\nu)}{3(1-\nu)}\tilde{\varepsilon}_{s} \tag{9-73}$$

根据式(9-20)中吸附应变与孔隙压力的关系，最终可得

$$\sigma - \sigma_0 = -\frac{\nu}{1-\nu}(p - p_0) + \frac{E(1+\nu)}{3(1-\nu)}\varepsilon_{\max}\left(\frac{p}{p+P_\varepsilon} - \frac{p_0}{p_0+P_\varepsilon}\right) \tag{9-74}$$

根据式(9-18)，可知：

$$\frac{k}{k_0} = \exp\left[-3C_p(\sigma - \sigma_0)\right]$$

$$= \exp\left\{-3C_p\left[-\frac{\nu}{1-\nu}(p-p_0) + \frac{E(1+\nu)}{3(1-\nu)}\varepsilon_{\max}\left(\frac{p}{p+P_\varepsilon} - \frac{p_0}{p_0+P_\varepsilon}\right)\right]\right\} \tag{9-75}$$

或

$$\frac{k}{k_0} = \exp\left\{-3C_p\left[-\frac{\nu}{1-\nu}(p-p_0) + \frac{E(1+\nu)}{3(1-\nu)}\Delta\varepsilon_s\right]\right\} \tag{9-76}$$

C&B 模型是由 Cui 和 Bustin 在 2005 年提出的单轴条件下的渗透率模型[14]，其将基质吸附变形看作与吸附气体的体积呈线性关系的变量，且煤基质要比煤体本身更硬，即

$$k = k_0 \exp\left\{\frac{3}{K_p}\left[-\frac{(1+\nu)}{3(1-\nu)}(p-p_0) - \frac{2E}{9(1-\nu)}(\varepsilon_v - \varepsilon_{v0})\right]\right\} \tag{9-77}$$

或

$$\frac{k}{k_0} = \exp\left\{\frac{3}{K_p}\left[-\frac{(1+\nu)}{3(1-\nu)}(p-p_0) - \frac{2E}{9(1-\nu)}\Delta\varepsilon_s\right]\right\} \tag{9-78}$$

式中，ε_v、ε_{v0} 为吸附引起对体应变和初始体应变；K_p 为孔隙体模量。

Liu 和 Harpalani[13]亦对经典的 S&D 模型及 C&B 模型进行过改进，同样地将式(9-32)分别代入式(9-76)和式(9-78)，则有

S&D 改进模型：

$$\frac{k}{k_0} = \exp\left\{-3C_p\left[-\frac{\nu}{1-\nu}(p-p_0) + \frac{E(1+\nu)}{3(1-\nu)}\cdot\frac{3a\rho RT}{E_A V_0}\int_0^p \frac{b}{1+bp}\mathrm{d}p\right]\right\} \tag{9-79}$$

C&B 改进模型：

$$\frac{k}{k_0} = \exp\left\{\frac{3}{K_p}\left[-\frac{(1+\nu)}{3(1-\nu)}(p-p_0) - \frac{2E}{9(1-\nu)}\cdot\frac{3a\rho RT}{E_A V_0}\int_0^p \frac{b}{1+bp}\mathrm{d}p\right]\right\} \tag{9-80}$$

3. 恒容下煤体渗透率模型

在一些特殊的煤层气开发条件下，煤储层的边界条件可能会是恒定储层体积或者近似恒定储层体积边界(称恒容)。第一种情况是在煤层顶底板均为坚硬岩层时，如致密砂岩等岩层，煤层会形成恒定体积的边界条件；第二种情况是在一些薄煤层过程中，由于垂直应变很小，所以，理论上煤层的位移相对可以忽略，因此形成近似恒定体积边界条件。图 9-18 显示了恒定体积的煤层边界条件。Ma 等[38]基于火柴杆模型，对这种边界条件下的煤体渗透率模型进行了详细推导。

对于恒定体积边界条件而言，煤基质的解吸收缩变形恒等于裂隙开度的增量，如图 9-19 所示。以火柴杆模型为例，此时 $\bar{a}_1 = \bar{a}_2$，渗透率的变化即为[4]

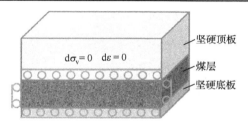

图 9-18 顶底板为坚硬岩层的赋存条件

$$\frac{k_{\text{new}}}{k_{\text{old}}} = \frac{\left(1 + \frac{2l_{\text{m}}^{*}\Delta p}{\phi_0}\right)^3}{1 - l_{\text{m}}^{*}\Delta p} \tag{9-81}$$

$$l_{\text{m}}^{*}\Delta p = \frac{\Delta \overline{a}}{\overline{a}} \tag{9-82}$$

式中，k_{old}、k_{new} 为变化前和变化后的渗透率；l_{m}^{*} 为水平方向上基质的尺寸变化。

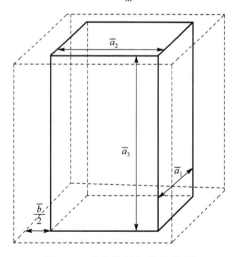

图 9-19 "火柴杆" 几何模型

而根据式 (9-50) 可知，恒定体积条件下，

$$d\varepsilon_{\text{t}} = 0 \text{ 且 } d\varepsilon_{\text{f}}\phi = -(1-\phi)d\varepsilon_{\text{m}} \tag{9-83}$$

且有

$$\varepsilon_{xx} = \frac{1}{E}(\Delta\sigma_{xx} - \nu\Delta\sigma_{yy} - \nu\Delta\sigma_{zz}) \tag{9-84}$$

因为垂向应力不变，假设水平方向两个主应力相等，则

$$\Delta\sigma_{xx} = \frac{E}{1-\nu}\varepsilon_{xx} \tag{9-85}$$

综上，可得孔隙压力与应变的关系

$$\varepsilon_{xx} = \frac{1-\nu}{E}\Delta p = \frac{\Delta \overline{a}}{\overline{a}} = l_m^* \Delta p \qquad (9\text{-}86)$$

对于基质收缩变形而言，类似式（9-20），有

$$\frac{\Delta v}{v} = \varepsilon_{max}\left(\frac{p_0}{p_0 + P_\varepsilon} - \frac{p}{p + P_\varepsilon}\right) \qquad (9\text{-}87)$$

而根据图 9-19 的几何模型，有关系

$$\frac{\Delta v}{v} = \frac{(\overline{a} + \Delta \overline{a})^2 \times \overline{a}_3 - \overline{a}^2 \times \overline{a}_3}{\overline{a}^2 \times \overline{a}_3} \qquad (9\text{-}88)$$

联立式（9-83）和式（9-84），得

$$\frac{\Delta \overline{a}}{\overline{a}} = \frac{-2 \pm \sqrt{4 + 4(\varepsilon_{max}\dfrac{p_0}{p_0 + P_\varepsilon} - \varepsilon_{max}\dfrac{p}{p + P_\varepsilon})}}{2} \qquad (9\text{-}89)$$

因为 $\left|\dfrac{\Delta \overline{a}}{\overline{a}}\right| < 1$，故而上式可化为

$$\frac{\Delta \overline{a}}{\overline{a}} = -1 + \sqrt{1 + \left(\varepsilon_{max}\frac{p_0}{p_0 + P_\varepsilon} - \varepsilon_{max}\frac{p}{p + P_\varepsilon}\right)} = l_m^* \Delta p \qquad (9\text{-}90)$$

因此，火柴杆模型由于基质收缩和孔隙压力降低而产生应变减少量为

$$l_m^* \Delta p = \frac{\Delta \overline{a}}{\overline{a}} = -1 + \sqrt{1 + \left(\varepsilon_{max}\frac{p_0}{p_0 + P_\varepsilon} - \varepsilon_{max}\frac{p}{p + P_\varepsilon}\right)} + \frac{1-\nu}{E}(p - p_0) \qquad (9\text{-}91)$$

将上式代入式（9-77），可得

$$\frac{k_{new}}{k_{old}} = \frac{\left(1 + \dfrac{2 \times \left(-1 + \sqrt{1 + \left(\varepsilon_{max}\dfrac{p_0}{p_0 + P_\varepsilon} - \varepsilon_{max}\dfrac{p}{p + P_\varepsilon}\right)} + \dfrac{1-\nu}{E}(p - p_0)\right)}{\phi_0}\right)^3}{2 - \sqrt{1 + \left(\varepsilon_{max}\dfrac{p_0}{p_0 + P_\varepsilon} - \varepsilon_{max}\dfrac{p}{p + P_\varepsilon}\right)} - \dfrac{1-\nu}{E}(p - p_0)} \qquad (9\text{-}92)$$

或者

$$\frac{k}{k_0} = \frac{\left(1 + \dfrac{2 \times \left(-1 + \sqrt{1 + (-\Delta\varepsilon_s)} + \dfrac{1-\nu}{E}(p - p_0)\right)}{\phi_0}\right)^3}{2 - \sqrt{1 + (-\Delta\varepsilon_s)} - \dfrac{1-\nu}{E}(p - p_0)} \qquad (9\text{-}93)$$

同样地将式（9-31）代入式（9-92），则有改进后的 Ma 等的模型：

$$\frac{k}{k_0} = \frac{\left(1 + 2 \times \left(-1 + \sqrt{1 - \dfrac{3a\rho RT}{E_A V_0} \displaystyle\int_0^p \dfrac{b}{1+bp}\,\mathrm{d}p + \dfrac{1-\nu}{E}(p - p_0)}\right)\Bigg/\phi_0\right)^3}{2 - \sqrt{1 - \dfrac{3a\rho RT}{E_A V_0} \displaystyle\int_0^p \dfrac{b}{1+bp}\,\mathrm{d}p - \dfrac{1-\nu}{E}(p - p_0)}} \tag{9-94}$$

9.5.2　基质收缩在渗透率演化过程中的主导作用

煤层气在抽采过程中，由于抽采工艺以及煤层本身赋存状况的不同，在不同阶段煤储层的渗透率会产生不同的变化。就排水阶段而言，随着煤储层中水逐渐排空，甲烷的相对渗透率逐渐增大。但同时由于煤储层中的甲烷并没有解吸，因而没有发生基质解吸收缩效应，只存在有效应力效应。此时由于水压的解除，孔隙压力降低，有效应力增大，孔隙被压缩，因而渗透率减小。当逐渐进入产气阶段后，基质收缩变形逐渐加大，迫使煤体渗透率由相对渗透率-应力主控转化为应力-应变主控，直至最后阶段的应变主控，进而使得煤储层水平地应力降低，煤体裂隙压缩性增大，从而使煤体的渗透率增加；此外，基质收缩还会使得裂隙开度增加，进一步加大煤体的渗透率，如图 9-20 所示。因而基质收缩在渗透率演化过程中，尤其是产气的中后期有着极其重要的作用。在分析吸附变形对于渗透率对影响时，可采用改变单一吸附参数并固定其他参数的方法，对比不同吸附形变下、不同的渗透率模型中渗透率的变化幅度。

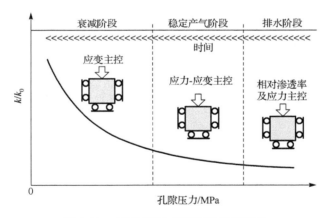

图 9-20　产气过程中煤储层的边界变化

1. 案例一

美国 San Juan 盆地有着大量抽采井的抽采数据，Clarkson 曾利用该数据得到过 San Juan 盆地的渗透率数据[13]。本小节以此为根据，利用改进后的 P&M 模型对及附变形的作用进行分析。模型中的参数设定值及反演结果如表 9-2 和图 9-21 所示。从中可以发现，当 a 为 19.1m³/t 时，恰好能反映渗透率总体对变化趋势；而逐步增加 a 值至 35m³/t 时，即逐步增加吸附膨胀对于渗透率对贡献率时，煤体渗透率会发生巨大变化，尤其是低压段的渗透率曲线差异更为明显。

表 9-2　参数设定

参数	数值	参数	数值
$\rho\,(\text{t/m}^3)$	1.4	ϕ_0	0.3%
$R/(\text{MPa·m}^3/\text{kmol·K})$	0.0083143	E/MPa	2200
T/K	315	ν	0.3
E_A/MPa	1600	$\gamma\,/\text{MPa}^{-1}$	0.000188
$V_0/(\text{m}^3/\text{kmol})$	22.4	g	0.3
b/MPa^{-1}	0.4	f	0.7
M/MPa	2883	K/MPa	1746

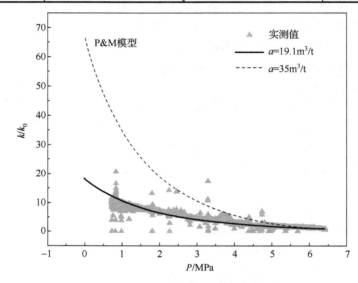

图 9-21　不同吸附变形条件下 P&M 模型预测值变化

2. 案例二

　　Shi 和 Durucan 曾对 San Juan 盆地另一地点对抽采数据进行过研究，S&D 模型能够较好地反映该数据的变化趋势[12]。本文以此为依据,采用与案例一相同的方法,使用改进后的 S&D 模型和 C&B 模型对不同吸附变形条件下的渗透率变化规律进行对比分析，如图 9-22 所示。模型参数设定时取，弹性模量 E 为 2900MPa，泊松比 ν 为 0.35，吸附参数参照案例一中的参数设定（吸附常数 a 除外）。而对于裂隙压缩系数 C_f，在 S&D 模型中取 0.075MPa^{-1}，在 C&B 模型中取 0.15MPa，以保证 a=19.1m^3/t 时的反推曲线对数据的高拟合度。从图中对比可以发现，与案例一的结果相似，S&D 模型和 C&B 模型均反映了吸附膨胀对渗透率演化规律对重要作用。

9.5.3　煤储层渗透率动态变化规律

　　9.5.2 节介绍了三种类型的渗透率变化动态模型，包括基于裂隙孔隙率变化，应力变化和储层恒容的渗透率模型。每种模型都有它们独特的特点，同时也存在相应的限制条件。其中以裂隙孔隙率为基础的渗透率模型(P-M)，在煤层气渗透率预测和产能评估时，煤层初始裂隙孔隙度(ϕ_0)作为一个必要的直接输入参数，通常这个参数一开始难以获得。同时，渗透率

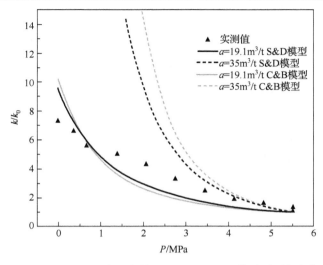

图 9-22　不同吸附变形条件下 S&D 和 C&B 模型预测值变化

的变化对于初始裂隙孔隙度非常敏感，所以精确测定或者预估初始裂隙孔隙度将对此模型的广泛应用起到积极作用。如果煤储层的割理间距可以通过实验室测量，原生储层割理开度可以通过力学模型进行直接反演，则初始裂隙孔隙度可以直接获得，P-M 模型则具有非常实用的可操作性。同时，P-M 模型作为广为接受的模型，成功地耦合到商业的 CMG-GEM 组分模型中，可以直接进行动态渗透率的产能预测，这也是它的一大优势。对于以应力变化为基础的渗透率模型(S-D 模型和 C-B 模型)，它们避免了初始裂隙孔隙度作为参数，直接以指数衰减形式通过应力进行渗透率的预测。虽然，不需要初始裂隙孔隙度的评估，但是这两个模型需要孔隙压缩系数作为应力和渗透率的连接桥梁。通常认为在排采过程中孔隙压缩系数是常数，但是近年来的研究证明煤的孔隙压缩系数是随孔隙压力和地应力变化而变化的，所以准确测定孔隙压缩系数成为制约以应力变化为基础的渗透率模型广泛应用的瓶颈。在以后的研究中，如果根据煤储层的地质条件，可以给出不同煤阶和地应力条件下孔隙压缩系数的指导值，这类模型将被广泛地接收和应用。储层恒容煤体渗透率模型需要的参数最少，而且都可以通过实验室测量准确获得，所以它作为一种筛选模型，可以在现场快速地对渗透率进行评估，但是此模型不建议用作长期渗透率动态评估，因为它会在排采后期过高估计渗透率的增长。所以，在实际应用中应根据渗透率模型的具体用途和所掌握的煤储层参数，进行模型的选择。

　　为了综合分析不同影响因素对于渗透率的综合影响变化，并考虑应力敏感效应、基质收缩效应和气体滑脱效应的影响。这里以 S&D 改进模型为例，对于动态变化渗透率进行趋势分析。式(9-79)假设煤体一排采一开始就有解吸产生，然而在欠饱和煤储层中，由于解吸压力在储层压力以下，所以会有一段时间的单项水流；另外就是在排采后期，式(9-79)没有考虑克林伯格效应，为了更全面地描述渗透性能，需要对式(9-79)进行改进。

　　改进后的 S&D 模型具有分段性，其分段点为临界解吸压力点(p_r)；原始储层压力降低至临界解吸压力的过程中，煤层渗透率变化仅受有效应力效应的影响；而对于煤储层压力降低至临界解吸压力后，煤层渗透率不仅受到有效应力效应的影响，同时也将受到煤基质收缩效应和气体滑脱效应共同的作用。表达式为

$$\frac{k}{k_0} = \begin{cases} \exp\left(3C_p \dfrac{v}{1-v}(p-p_0)\right) & (p_r \leqslant p \leqslant p_0) \\[3mm] \left(1+\dfrac{b_k}{p}\right)\exp\left(3C_p \dfrac{v}{1-v}(p-p_0) + \dfrac{E(1+v)}{3(1-v)}\dfrac{\rho_c RTV_1}{E_A V_0}\ln\dfrac{1+bp_r}{1+bp}\right) & (0 < p < p_r) \end{cases}$$ (9-95)

式中，各项符号意义同前。

通过上述 S&D 改进模型改进前后过程以及改进模型与原模型对比分析，可以发现 S&D 改进模型综合考虑了有效应力效应、煤基质收缩效应和气体滑脱效应的影响以及煤储层是否饱和这一情况，S&D 改进模型更能准确地描述非饱和条件相关煤层气藏渗透率动态变化的规律。

煤层气排采是一个"排水—降压—采气"连续变化的过程，随着煤层中水、气介质的排出，煤层的含水饱和度逐渐降低、而含气饱和度逐渐增加。在这一过程中，煤储层渗透率应力敏感性逐渐降低，与此同时煤基质收缩效应和气体滑脱效应逐渐显现，改善了煤层渗透率。对不饱和煤层而言，煤储层渗透率在实际排采生产中将出现以下特征[39]：①气井排采初期，煤层为饱水状态，随着排水降压的进行，孔隙-裂隙内流体压力逐渐降低，煤中有效应力增加，煤储层渗透率有所下降，煤储层应力敏感性主要发生在此阶段；②煤储层压力降低至临界解吸压力后，甲烷分子开始大量解吸，并扩散脱离煤中基质孔隙，随着解吸—扩散的进行，煤层裂隙及煤层水中逐渐充满甲烷分子，含气饱和度升高，同时含水饱和度降低，应力敏感性此阶段已经很弱了；③气井的排采中后期，液面已然降至煤层以下，此时已无或少量流体可排，煤层甲烷持续大量地解吸，基质收缩效应逐渐明显并能抵消有效应力的作用，改善了渗透率并提高了气井产量。而对于含气饱和煤层而言，煤层气开采伊始，煤层甲烷就开始解吸，与此同时煤基质收缩效应发生，渗透率将会一直升高。整个煤层气排采过程中渗透率动态变化规律可以通过渗透率改进模型加以分析。

由式(9-95)，煤层渗透率的变化依赖于应力(不仅有储层压力，而且还有基质收缩导致的附加内应力)的变化，S&D 改进模型中应力项可以表示为

$$f(p) = \frac{v}{1-v}(p-p_0) + \frac{E(1+v)}{3(1-v)}\frac{\rho_c RTV_1}{E_A V_0}\ln\frac{1+bp_r}{1+bp}$$ (9-96)

根据渗透率预测模型所能反映出来的渗透率变化规律，Shi 和 Durucan 提出了反弹压力 p_{rb} 和恢复压力 p_{rc} 的概念[12]。反弹压力 p_{rb} 是指煤层渗透率从降低转为升高时所对应的储层压力；恢复压力 p_{rc} 是指煤层渗透率恢复到初始渗透率时所对应的储层压力。两者的出现与否取决于煤储层的物性状态。

若要求得 p_{rb} 与 p_{rc} 的具体数值或分析其存在与否，需先对 $f(p)$ 求二阶导数：

$$f''(p) = \frac{E(1+v)}{3(1-v)}\frac{\rho_c RTV_1}{E_A V_0}\frac{b^2}{(1+bp_r)(1+bp)^2}$$ (9-97)

由式(9-97)可知，二阶导数 $f''(p)$ 恒大于零，也就意味着，当储层压力在 $0\sim p_0$ 区间内，函数 $f(p)$ 存在的极值点就是最小值点，即反弹压力 p_{rb}；若函数 $f(p)$ 一阶导数等于 0 的点不存在，p_{rb} 也就不存在了；当 $f(p)=0$ 时所对应的 p 值($p \neq p_0$)即为恢复压力 p_{rc}。由原始储层压力 p_0 与反弹压力 p_{rb}、恢复压力 p_{rc} 之间的关系，渗透率变化特征可能包含以下几种情况[40]，如图 9-23 所示。

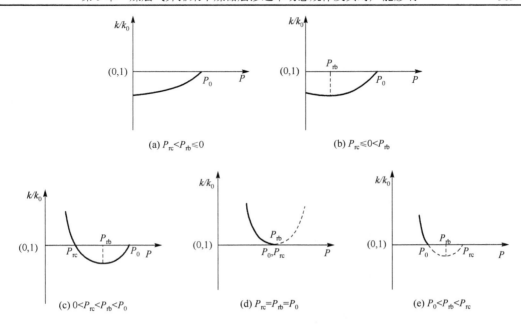

图 9-23　不同煤储层物性状态下渗透率变化规律示意图

在煤层气排采过程中，反弹压力与恢复压力能否出现，主要受到有效应力效应和基质收缩效应(气体滑脱效应此时不影响这两个压力点)正反两个方面的影响。随着排采的进行，煤层孔隙-裂隙内流体(包括气体和液体)压力逐渐降低，煤层的有效应力(初始地应力-流体压力)逐渐增大，使孔隙-裂隙趋于闭合，甲烷分子渗流空间减小，渗透率降低；煤层孔隙-裂隙内流体压力降低至临界解吸压力后，甲烷分子解吸使得煤基质发生收缩，新的裂隙产生或孔隙-裂隙重新张开。当有效应力效应强于基质收缩效应时，将会降低渗透率，反之则升高。基于此，渗透率变化可能会出现以下三种不同的情况。

(1) 开始排采时有效应力效应大于煤基质收缩效应：在初始阶段，有效应力处于主导作用的地位，渗透率降低；后期又将可能会出现三种情况：①未产生基质收缩，渗透率一直降低，如图 9-23(a) 所示，此时煤层渗透率只受有效应力效应的作用；②煤储层压力降低至临界解吸压力后，甲烷分子解吸导致基质产生收缩现象，当煤储层压力达到反弹压力 p_{rb} 时，煤基质收缩正效应与有效应力负效应相互抵消，渗透率反而会升高；当煤储层压力降低中未出现恢复压力 p_{rc} 时，渗透率无法恢复至初始渗透率的水平，如图 9-23(b) 所示；③当煤储层压力降低中出现恢复压力 p_{rc} 时，渗透率恢复至初始渗透率水平并可能持续上升，如图 9-23(c) 所示；前面渗透率改进模型参数敏感性分析中一节，第②③中的情况均得到了印证。

(2) 开始排采时有效应力负效应等于煤基质收缩正效应：在这种情况下，从煤层气井开始排采，有效应力效应与煤基质收缩效应相当，当煤储层压力进一步降低，基质收缩效应开始强于有效应力效应，两者相当量相互抵消后，基质收缩剩余量促使渗透率呈现单调上升趋势，如图 9-23(d)，这种情况发生的一般条件：煤层处于饱和状态；渗透率改进模型参数敏感性分析中，此情况同样得到了印证。

(3) 开始排采时有效应力效应小于基质收缩效应：这种情况下，从煤层气井排采开始，煤基质收缩效应始终强于有效应力效应，煤储层压力降低后，不仅不会出现渗透率降低的现象，渗透率单调上升的趋势反而会逐渐加快，如图 9-23（d），这种情况发生的一般条件是煤层处于过饱和状态。

　　煤层气的开发过程中，储层气体的渗透率是决定煤层气井产量的决定性因素。由于早期的煤体渗透率的研究集中在实验室静水压条件下对于煤的动态渗透率的测试研究。在静水压条件下，煤的渗透率随着孔隙压力的减小，有效应力增加，致使孔隙被压缩，因而渗透率有减小的趋势。然而，在美国几个商业开发盆地的开发实践表明，渗透率并没有出现有效应力驱使的渗透率减小的现象，这是因为在煤层气开发过程中，煤体并不是静水压应力边界条件，而是前面所述的原地应力-应变混合边界条件[41]。这也是很多实验室测试的渗透率不能很好地反映煤层气井的现场渗透率变化规律的本质原因。另外，作者需要指出，煤层气开发过程中，基质解吸收缩并不只是影响煤体割理的渗透率，它还直接降低煤储层水平地应力的大小[41]，进而导致煤体裂隙压缩性增大，从而使煤体的渗透率进一步增加。所以基质解吸收缩效应对于渗透率的影响是双重的，包括结构上增加裂隙开度和水平有效应力的降低两方面。因此，在基质解吸收缩效应双重的影响下，煤层气的气体渗透率从一开始就呈增加的趋势，不会出现减小的趋势，这也解释了美国众多煤层气井渗透率逐渐增加的现象。由于基质解吸收缩效应的重要性，准确地测试和预测煤的基质收缩变得至关重要，这个参数不仅在产能预测上起到关键作用，对于煤层气井壁稳定性，原生地应力动态响应也起到关键作用[42]。

9.6　煤储层渗透率动态变化对产能的影响

　　经过上述分析，煤储层渗透率是随着排采动态变化的。为了有效快速地分析煤储层渗透率动态变化对产能的影响，使用 CMG 油气藏模拟软件中的 GEM 模块来实现这一目的。CMG 在石油天然气工业界的油气藏模拟中得到广泛应用，使用起来较为准确便利，尤其是能进行较为标准的非常规油气藏生产过程模拟，其中也包括煤层气排采。CMG-GEM 模块在非常规油气藏模拟中应用十分普遍，它可以实现多相态多组分流体模拟。在煤层气排采模拟中，它可以比较精确地提供早期产水量预测和全期产气量预测，还可以将热力学效应，复杂裂缝结构，流体性质和组分，气体吸附解吸效应以及岩石力学形变相结合来综合分析产能。此外最重要的一点，就是 CMG-GEM 可以耦合 P-M 动态煤渗透率模型对产能进行评估，进而提高对产量预测的科学性和精确性。

9.6.1　煤层气排采数值建模

　　如图 9-24 所示，此假设煤储层埋藏深度为 300m，厚度 12m，网格总面积为 0.65km^2，网格分布为 47×47×4，初始煤储层压力为 5MPa。井筒分布采用五点法，四口注气井置于四角，生产井置于正中。在进行初步模拟时，我们假定注气井均处于关闭状态来简化模拟过程，只考虑生产井处于工作状态并持续预测产气量。产出气体为单一气体甲烷。该生产井最小井底流压设置为 0.7MPa，最大井口产水量设置为 35m^3/d。另外，我们一开始进行基础模型模拟，这个过程中各项油气藏参数不变，但之后会改变某些重要参数的数值来测试不同参数的变化对模拟结果的影响，表 9-3 列出了这些参数的初始数值。此外还假定煤层裂缝是均匀分布且裂缝宽度和间距都不变的理想模型。该模型建造完毕后由油藏模拟软件 CMG-GEM 完成煤层气排采模拟过程，此模拟过程从 2017 年 1 月 1 日起到 2037 年 1 月 1 日结束。

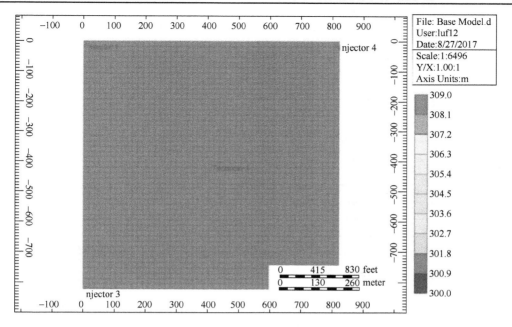

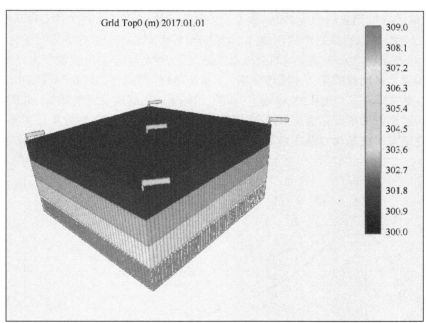

图 9-24　煤层地质基础模型

表 9-3　煤储层模拟参数初始值

参数	初始值
裂缝间距/m	0.2
煤层温度/℃	45
裂缝孔隙度	0.01
基质孔隙度	0.005

续表

参数	初始值
裂缝渗透率/mD	15
基质渗透率/mD	0.0001
吸附时间/d	100
杨氏模量/MPa	3800
泊松比	0.29
基质含水饱和度	0.1
裂缝含水饱和度	0.995
基质压缩系数/MPa^{-1}	0.00145
裂缝压缩系数/MPa^{-1}	0.00145
Langmuir 吸附常数 a/(m³/t)	19.1
Langmuir 吸附常数 b/MPa^{-1}	0.4
P&M 系数	3

9.6.2　煤层气排采数值模拟基础案例

在这个模拟案例中，我们旨在评估动态渗透率相比固定渗透率对煤层气产出的影响强度。图 9-25 和图 9-26 分别为此模型在 2017～2027 年单井每日产气量和累积产气量的模拟结果。在把应用固定渗透率的结果和应用 P&M 模型产生动态渗透率的结果进行对比后不难发现，渗透率发生改变的那组模拟甲烷日产量在进入过渡阶段时明显比固定渗透率的产量有更明显的提高，因而最终总产量也比原基础模型的模拟结果提高了 10%。由于实际煤层气生产过程中，煤层气解吸导致的煤体基质收缩使基质渗透率增大，而 P&M 模型能够比较好地反映出这一点。因此在其他参数不变的情况下，应用 P&M 模型的产气量结果会比固定渗透率要高。此模拟结果证实了使用合理的动态渗透率评估煤层气排采过程是十分关键的，可以有效避免许多不必要的错误评估，同时也证实了煤基质收缩在煤层气实际排采中能起到至关重要的增产作用。

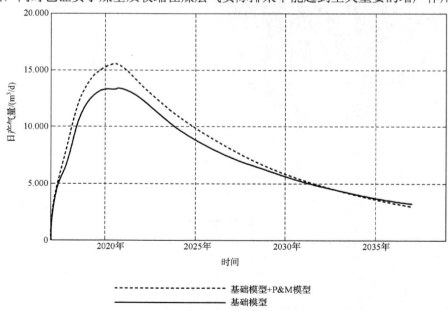

图 9-25　2017～2027 年间单井每日产气量模拟结果–恒定渗透率和 P&M 模型的结果对比

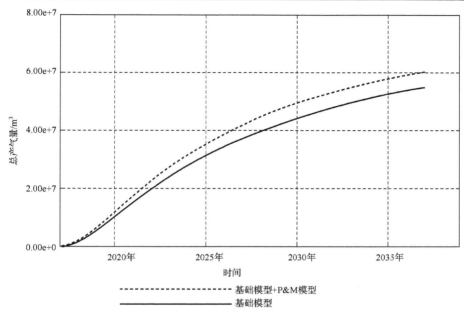

图 9-26　2017～2027 年间单井总产气量模拟结果–恒定渗透率和 P&M 模型的结果对比

在确定了考虑煤基质收缩和使用 P&M 模型的基础上，我们通过这个案例来进行一些 P&M 模型的重要参数对数值模拟的敏感性分析，以更好地把握今后煤层气产量模拟评估的控制因素。图 9-27～图 9-29 分别是杨氏模量和两个 Langmuir 参数的敏感性分析结果，具体参数和结果在表 9-4 中列出。在把杨氏模量设为单一变量时，可以观察到其值从 2000MPa 到 5000MPa 对煤层气产量几乎没有任何影响。这个结果可以归结为 P&M 动态渗透率模型对于杨氏模量不敏感，在产能预测过程中不会产生重要影响。相比之下，Langmuir 常数在这个案例中明显起到决定性的作用。 随着 Langmuir 常数 a 的增大或者常数 b 的减小，甲烷总产量都会以相当巨大的幅度提升。由于较大 Langmuir 常数 a 意味着初始甲烷的吸附量较大以及煤基质的初始膨胀幅度更大，因而在煤层气解吸排采过程中煤基质收缩幅度也会更大，导致渗透率的提升。Langmuir 常数 b 则相反，数值越小越会导致更大的基质收缩幅度和渗透率。由于煤体的 Langmuir 常数对于煤基质的收缩和渗透率的增加都很敏感，所以造成了对于产能预测的关键影响。在今后的煤层气井的产能预测中，研究人员需要充分的利用已有的地质和储层条件，对动态渗透率进行准确的趋势评估，进而实现可靠的产能预测和经济指标评价。

表 9-4　P&M 主要参数敏感度测试

类别	参数取值	20 年总产气量/m³
Langmuir 吸附常数 a/(m³/t)	10	38300000
	19.1	60000000
	100	165000000
Langmuir 吸附常数 b/MPa⁻¹	1	3920000
	0.4	60000000
	0.2	77000000
杨氏模量/MPa	2000	60000000
	3800	60000000
	5000	60000000

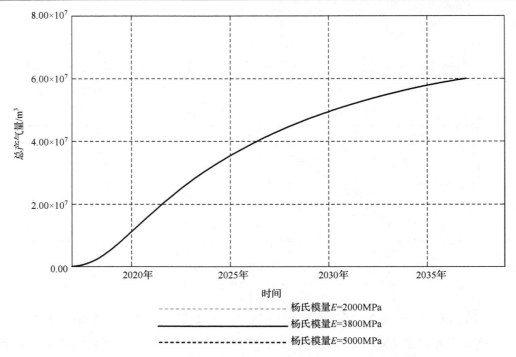

图 9-27　煤层气数值模拟 P&M 模型参数敏感度分析-杨氏模量

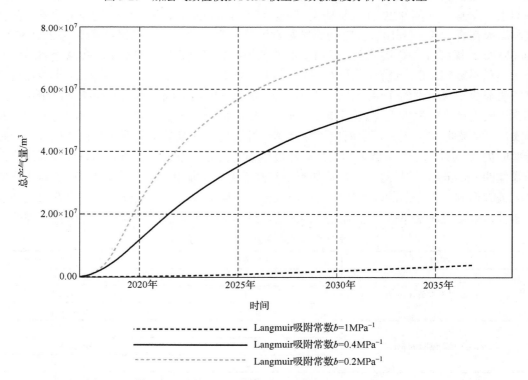

图 9-28　煤层气数值模拟 P&M 模型参数敏感度分析-Langmuir 参数 *a*

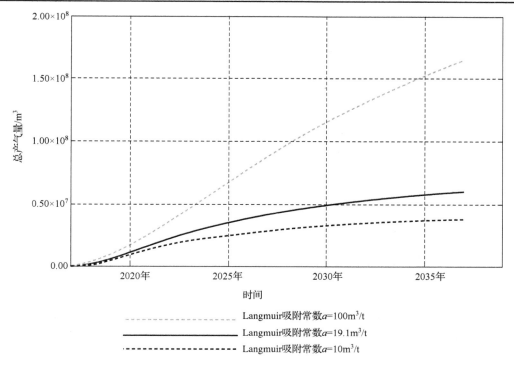

图 9-29　煤层气数值模拟 P&M 模型参数敏感度分析- Langmuir 参数 *b*

参 考 文 献

[1] LIU S, HARPALANI S. Determination of the Effective Stress Law for Deformation in Coalbed Methane Reservoirs[J]. Rock Mechanics and Rock Engineering, 2014,47(5):1809-1820.

[2] LEVINE J R. Model study of the influence of matrix shrinkage on absolute permeability of coal bed reservoirs[J]. Geological Society, London, Special Publications, 1996,109(1):197-212.

[3] TERZAGHI K. Theoretical soil mechanics[M]. New York: Wiley Online Library, 1943.

[4] HARPALANI S, CHEN G. Influence of gas production induced volumetric strain on permeability of coal[J]. Geotechnical & Geological Engineering, 1997,15(4):303-325.

[5] GEERTSMA J. The effect of fluid pressure decline on volumetric changes of porous rocks[J]. 1957. 201:331-340.

[6] SKEMPTON A W. Effective stress in soils, concrete and rocks[J]. 1961.

[7] SUKLJE L. Rheological aspects of soil mechanics[J]. 1969.

[8] NUR A, BYERLEE J D. An exact effective stress law for elastic deformation of rock with fluids[J]. Journal of Geophysical Research, 1971,76(26):6414-6419.

[9] LADE P V, DE BOER R. The concept of effective stress for soil, concrete and rock[J]. Geotechnique, 1997,47(1):61-78.

[10] SEIDLE J. Fundamentals of coalbed methane reservoir engineering[M]. PennWell Books, 2011.

[11] CUI X, BUSTIN R M. Volumetric strain associated with methane desorption and its impact on coalbed gas

production from deep coal seams[J]. Aapg Bulletin, 2005,89(9):1181-1202.

[12] SHI J, DURUCAN S. A model for changes in coalbed permeability during primary and enhanced methane recovery[J]. SPE Reservoir Evaluation & Engineering, 2005,8(04):291-299.

[13] LIU S, HARPALANI S. A new theoretical approach to model sorption-induced coal shrinkage or swelling[J]. AAPG bulletin, 2013,7(97):1033-1049.

[14] CUI X, BUSTIN R M. Volumetric strain associated with methane desorption and its impact on coalbed gas production from deep coal seams[J]. Aapg Bulletin, 2005,89(9):1181-1202.

[15] GAN H, NANDI S P, WALKER P L. Nature of the porosity in American coals[J]. Fuel, 1972,51(4):272-277.

[16] BUSTIN R M, CLARKSON C R. Free gas storage in matrix porosity: a potentially significant coalbed resource in low rank coals: International coalbed methane symposium, 1999[C].

[17] ROBERTSON E P, CHRISTIANSEN R L. A permeability model for coal and other fractured, sorptive-elastic media[J]. Spe Journal, 2008,13(03):314-324.

[18] HOL S, PEACH C J, SPIERS C J. Effect of 3-D stress state on adsorption of CO_2 by coal[J]. International Journal of Coal Geology, 2012,93:1-15.

[19] HOL S, PEACH C J, SPIERS C J. Applied stress reduces the CO_2 sorption capacity of coal[J]. International Journal of Coal Geology, 2011,85(1):128-142.

[20] MOFFAT D H, WEALE K E. Sorption by coal of methane at high pressure[J]. Fuel, 1955,34:449-462.

[21] HARPALANI S, SCHRAUFNAGEL R A. Shrinkage of coal matrix with release of gas and its impact on permeability of coal[J]. Fuel, 1990.

[22] SEIDLE J R, HUITT L G. Experimental measurement of coal matrix shrinkage due to gas desorption and implications for cleat permeability increases: International meeting on petroleum Engineering, 1995[C]. Society of Petroleum Engineers.

[23] GEORGE J, BARAKAT M A. The change in effective stress associated with shrinkage from gas desorption in coal[J]. International Journal of Coal Geology, 2001.

[24] HARPALANI S, MITRA A. Impact of CO_2 injection on flow behavior of coalbed methane reservoirs[J]. Transport in Porous Media, 2010,82(1):141-156.

[25] PAN Z, CONNELL L D. A theoretical model for gas adsorption-induced coal swelling[J]. International Journal of Coal Geology, 2007,69(4):243-252.

[26] BANGHAM D H. The Gibbs adsorption equation and adsorption on solids[J]. Transactions of the Faraday Society, 1937,33:805-811.

[27] BANGHAM D H, FAKHOURY N. CLXXV.—The translation motion of molecules in the adsorbed phase on solids[J]. Journal of the Chemical Society (Resumed), 1931:1324-1333.

[28] ADAMSON A W, GAST A P. Physical chemistry of surfaces[J]. 1967.

[29] MAGGS F. The adsorption-swelling of several carbonaceous solids[J]. Transactions of the Faraday Society, 1946,42:B284-B288.

[30] LIU S, HARPALANI S. Compressibility of sorptive porous media: Part 1. Background and theory[J]. AAPG Bulletin, 2014,98(9):1761-1772.

[31] LIU S, HARPALANI S. Compressibility of sorptive porous media: Part 2. Experimental study on coal[J]. AAPG Bulletin, 2014,98(9):1773-1788.

[32] LIU H, RUTQVIST J. A new coal-permeability model: internal swelling stress and fracture-matrix interaction[J]. Transport in Porous Media, 2010,82(1):157-171.

[33] LIU J, CHEN Z, ELSWORTH D, et al. Evaluation of stress-controlled coal swelling processes[J]. International journal of coal geology, 2010,83(4):446-455.

[34] LIU J, CHEN Z, ELSWORTH D, et al. Evolution of coal permeability from stress-controlled to displacement-controlled swelling conditions[J]. Fuel, 2011,90(10):2987-2997.

[35] REISS L H. The reservoir engineering aspects of fractured formations[M]. Editions Technip, 1980.

[36] PALMER I, MANSOORI J. How permeability depends on stress and pore pressure in coalbeds: a new model: SPE Annual Technical Conference and Exhibition, 1996[C]. Society of Petroleum Engineers.

[37] LIU S, HARPALANI S, PILLALAMARRY M. Laboratory measurement and modeling of coal permeability with continued methane production: Part 2-Modeling results[J]. Fuel, 2012,94:117-124.

[38] MA Q, HARPALANI S, LIU S. A simplified permeability model for coalbed methane reservoirs based on matchstick strain and constant volume theory[J]. International Journal of Coal Geology, 2011,85(1):43-48.

[39] MENG Y, LI Z P. Triaxial experiments on adsorption deformation and permeability of different sorbing gases in anthracite coal. Journal of Natural Gas Science and Engineering, 2017, 46(2017): 59-70.

[40] 张纪星. 煤储层渗透率预测模型及煤层气井产能评价研究[D]. 北京: 中国矿业大学(北京)硕士学位论文, 2015.

[41] LIU S, HARPALANI S. Permeability prediction of coalbed methane reservoirs during primary depletion[J]. International Journal of Coal Geology, 2013,113:1-10.

[42] LIU S, HARPALANI S. Evaluation of in situ stress changes with gas depletion of coalbed methane reservoirs[J]. Journal of Geophysical Research: Solid Earth, 2014,119(8):6263-6276.

第10章 煤矿采空区煤层气资源评价及抽采技术

10.1 概　　述

煤矿采空区，尤其是废弃矿井采空区煤层气资源丰富，抽采煤矿采空区煤层气，已成为煤矿区煤层气开发的重要资源之一。煤炭开采导致采场周围岩体应力重新分布，引起煤层顶底板岩体发生变形与破坏，导致煤层气赋存条件和地下渗流条件同步发生变化[1-3]，煤炭开采采空区岩体孔隙-裂隙为煤层气赋存提供了储存空间和渗流通道，因此研究煤矿开采区煤层气赋存地质特征，对于煤矿采空区和采动区煤层气抽采设计，确定钻孔位置和完井深度具有理论和实际意义。从20世纪50年代开始，以刘天泉等为代表[4-9]，对煤矿开采岩层破坏与导水裂隙分布做了大量的实测和理论研究，建立了采场岩层移动破断与采动裂隙分布的"横三区""竖三带"的总体认识，即沿工作面推进方向覆岩将分别经历煤壁支承影响区、离层区、重新压实区，由下往上岩层移动分为冒落带、裂隙带和整体弯曲下沉带，为煤矿采空区煤层气资源计算和开发提供了理论依据。汪长明等[10-12]从理论上分析了采空区瓦斯气体的运移及分布规律，并给出了采空区瓦斯运移及分布的数学模型，这些研究为开采区煤层气资源评价奠定了基础和条件。在此基础上开展了废弃矿井煤层气资源量评价方法研究，取得了一定的进展和成效[13-15]。辽宁铁法矿区通过改进封闭工艺，在已封闭区上施工地面抽采钻井，进行了采空区定向抽采，使采空区抽采瓦斯纯量占总供气量的8%~10%。山西蓝焰煤层气集团有限责任公司对废弃煤矿采空区抽采进行了探索，目前已在晋城矿区施工废弃矿井地面钻井17口，运行8口，单井日气量最高达7000m³，单井日气量平均可达2000m³，但是由于采空区煤层气资源状况不清，钻井成功率仅50%，且采空区地面煤层气井产量普遍衰减快、不稳定，目前煤矿采空区煤层气勘探开发存在着较大的盲目性。因此本章从采空区特征分析入手，分析煤矿采空区煤层气赋存地质特征，建立煤矿采空区煤层气资源评价模型和方法，对晋城矿区典型煤矿采空区煤层气资源进行计算评价；在此基础上进一步介绍煤矿采空区煤层气抽采条件及其抽采技术。

10.2 煤炭开采围岩应力-应变和破坏规律

应用FLAC3D数值模拟软件，以山西晋城矿区岳城井田二叠系山西组3#煤层为对象，进行了煤炭开采数值模拟计算，计算模型：3#煤层厚度为6.5m，埋深为432m，煤层倾角为7°，采用全部垮落法采煤，计算中采用摩尔-库仑强度准则。由于模拟长壁回采工作面煤炭开采，因此模型的前后左右边界施加水平方向的约束，即四周侧面边界水平位移为零；模型底部为固定边界，即底部边界点水平位移、垂直位移均为零；模型顶部为自由边界。根据研究区煤层埋藏深度和地应力分布，取最大主应力近垂直方向，中间主应力和最小主应力近水平方向，且分别为近 NEE 向和 SWW 向，其中，最大水平主应力方向施加 4～8MPa，最小水平主应力方向施加 2～5MPa。

10.2.1　煤炭开采围岩应力

煤层开采之后形成开采空间（采空区），采空区的形成不仅引起周围煤岩体垂直应力发生变化，水平应力状态也显著改变。工作面推进 300m 时围岩应力场分布情况如图 10-1 所示，煤层顶底板岩体垂直应力在工作面前方出现前支承压力区，包括原始应力区、应力缓慢升高区和应力明显升高区，工作面后方出现的卸载压力区。

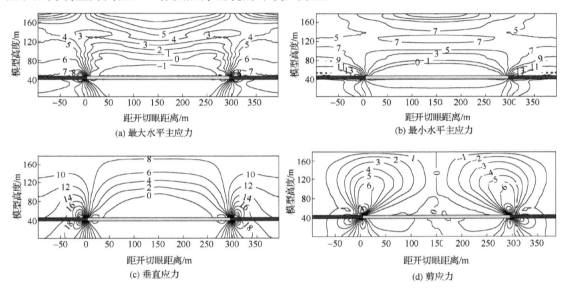

(a) 最大水平主应力　　　　　　　(b) 最小水平主应力

(c) 垂直应力　　　　　　　(d) 剪应力

图 10-1　工作面推进 300m 时顶底板岩层应力场分布

在工作面前方 80～90m 煤层顶底板压力开始缓慢递增，在工作面前方 40～50m 压力明显增加，由原岩应力区过渡到支承应力区，最大支承应力位于回采工作面前方煤体 5～10m 范围内，为原始压力的 2～3 倍（图 10-2）。

在超前压力压缩区内煤层顶底板岩体承受着工作面顶板支承压力带来的超前压缩，呈现整体受压状态。在深度方向上随着深度增加，底板岩体对应力传递呈现衰减作用。在超前压力压缩区内底板岩体类似横弯褶皱作用。靠近煤层底板岩体受水平压缩，而下部岩体受水平拉伸，其下部岩体由于水平拉伸而易产生张裂隙，并沿原生节理、裂隙发展扩大。

在回采工作面及后方（采空区）煤层顶底板岩体处于一个比原岩应力低的卸载区，为采动矿压直接破坏区，而且在回采工作面推过一定时间后，这个卸载区仍能较稳定地长期保存下来。采空区下方由于卸压而处于膨胀状态，使煤层底板破坏。

在工作面后方 25m 以外，随采空区压力的增加，煤层顶底板岩体又开始压缩。在工作面后方覆岩活动稳定后，由于采空区后方压力的恢复，采空区下方岩体产生压缩变形。随着工作面开采滞后距的增加，采空区压力逐渐增大，采动矿压直接破坏带内的底板岩体逐渐地接近原岩应力状态，但不能完全恢复。

　　随着工作面推进，煤层底板岩体中的每一点都将经历压缩—膨胀—重新压缩的变形过程。随深度的增加，底板受采动影响的压缩和膨胀程度逐渐减小。

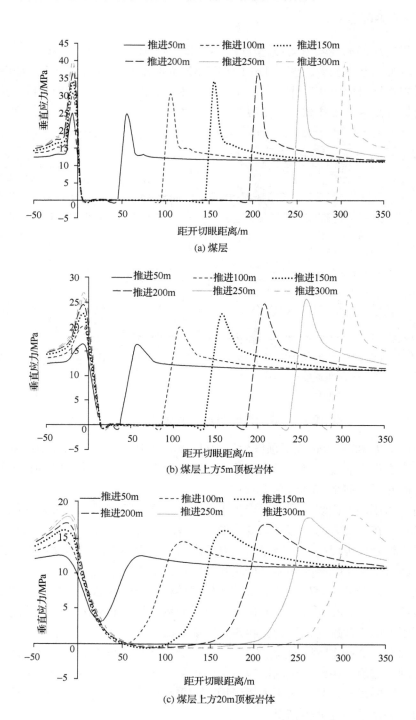

(a) 煤层

(b) 煤层上方5m顶板岩体

(c) 煤层上方20m顶板岩体

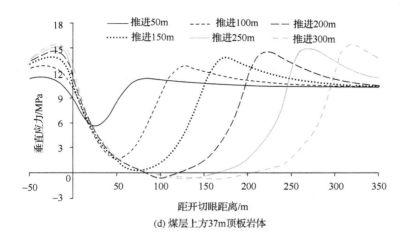

(d) 煤层上方37m顶板岩体

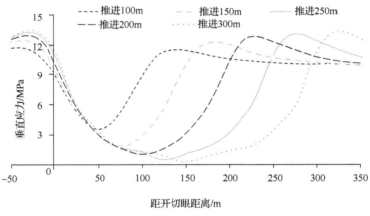

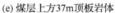

(e) 煤层上方37m顶板岩体

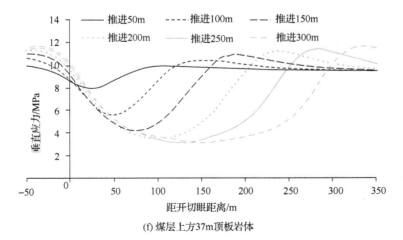

(f) 煤层上方37m顶板岩体

图 10-2　煤层及其顶板岩体垂直应力分布

　　采空区岩体受力状态按最大水平主应力 σ_H（$\sigma_H = \sigma_x$）和最小水平主应力 σ_h（$\sigma_h = \sigma_y$）的大小、方向及性质在纵向上可划分为 3 个区段（拉应力为负），即①双向拉应力区：$\sigma_H < 0$，$\sigma_h < 0$，分布于采空区冒落带岩体内；②拉压应力区：$\sigma_H < 0$，$\sigma_h > 0$，主要分布于裂隙带岩层内；③双向压应力区：$\sigma_H > 0$，$\sigma_h > 0$，分布于整体移动带岩层内。剪应力以工作面的中垂线对称呈对称分布，在开切眼和停采线侧出现剪应力集中现象，开切眼的斜上方、斜下方和停采线的斜上方、斜下方剪应力集中现象明显，大致呈"蝶状"分布。

　　原岩应力区、支承压力区和卸载压力区"3 个区"的应力在纵向上变化规律如图 10-3 所示。原岩应力区垂直应力随着深度的增加而增高；而在卸载压力区（采空区），在开采煤层近 20 倍采高以上（122m）岩体应力与原岩应力基本相同，从埋深 310m 向下采空区上（卸载压力区）覆岩体开始卸压，在开采煤层内应力减至最小；而位于工作面前方煤层支承应力区上岩体开始增压，并且在开采煤层深度位置达到最大值。由于在采空区之上岩层压力达到它的最小值，因此，在采空区之下的底板岩体中由下往上产生卸载和在煤层之下的底板岩体由下往上产生加载，且随着埋深增加卸载压和加载压逐渐接近原始覆岩压力。

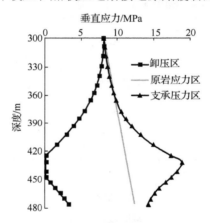

图 10-3　采空区及其围岩垂直应力分布曲线

　　综上所述，当地下煤层被采出后，煤层上覆岩层产生较为复杂的移动变形，在自重及其上覆荷载作用下，煤层顶板岩体断裂、破碎、相继冒落；而老顶岩层则以梁或悬臂梁弯曲的形式沿层面的法线方向移动、弯曲，进而产生离层和断裂。在采动过程中从开切眼到工作面老顶初次来压，以及正常回采时老顶的周期来压，工作面的压力显现以及顶底板的活动规律大体相同，老顶周期来压期间，老顶岩层中所形成的力学结构将始终经历"稳定—失稳—再稳定"的变化，能量则由"聚集—释放—聚集"的发展变化过程。

　　由于采动影响使采场周围岩体应力重新分布，在横向上划分为四个区，即原岩应力区（a-b）、支承压力区（b-c）、卸载压力区（c-d）和应力恢复区（d-e）（图 10-4）。

　　原岩应力区（a-b）：该区内的底板岩体没有受到采动的影响，为原岩应力状态；支承压力区（b-c）：也为超前压力压缩区，该区位于工作面前方，该区内煤层顶底板岩体受采前超前支承压力作用而产生压缩变形；卸载压力区（c-d）：采动矿压直接破坏区，该区内的煤层顶底板岩体因采后卸压膨胀，煤层顶底板岩体已经破坏；应力恢复区（d-e）：该区内由垮落岩体作用，煤层顶底板岩体应力状态又逐渐恢复到接近原岩应力状态。

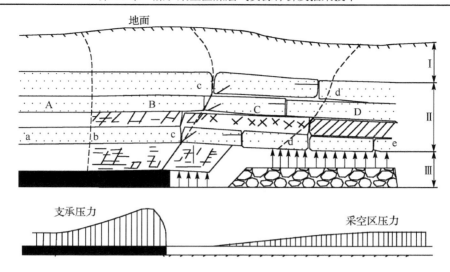

图 10-4　煤炭开采顶板岩层变形破坏分布图（Ⅰ弯曲下沉带；Ⅱ裂隙带；Ⅲ冒落带）

A-原岩应力区(a-b);B-支承压力区(b-c);C-卸载压力区(c-d);D-应力恢复区(d-e)

随着工作面的推进，回采工作面前方的支承压力区、工作面卸载压力区和工作面后方的应力恢复区"三区"在工作面开采过程中交替出现。且在底板岩体中的这种变形处于由压缩—膨胀—重新压缩的交替运动中，直到工作面结束。

10.2.2　煤炭开采围岩移动变形

采用全部垮落法采煤时，随着工作面推进，在采空区上方的覆岩由弹性状态逐渐向塑性状态转变，当工作面推进到一定距离时，其上覆岩体发生移动、破断及冒落，形成冒落带、裂隙带和弯曲下沉带，在冒落带岩层断裂成块状，在裂隙带岩层产生变形、断裂和裂隙，在弯曲带岩层整体结构基本上未受到破坏。在开采初期，由于开挖所造成的垮落范围小，引起的上覆岩层沉降较小，随着工作面继续推进，沿工作面走向的横向和纵向沉降量及影响范围逐渐扩大。上覆岩层下沉值在采空区中部最大，向两侧逐渐减小，呈盆状分布。随上覆岩层距离煤层垂直高度的增加，顶板岩层下沉值逐渐减小，即煤层顶板的下位岩体比上位岩体受采动影响范围小，但垂直向下的位移较大(图 10-5)。

由于煤柱区底板岩体应力一直处于增压状态，底板岩层产生垂直向下的压缩位移；而采空区底板岩体应力处于卸压状态，并且受到水平方向的压缩，底板岩层产生向上的隆起现象。随着工作面推进，煤柱区底板岩体的压缩位移不断增加，采空区正下方底板岩体呈先逐渐增大，然后又减小并趋于稳定的规律(图 10-6)。当回采工作面推进到 50m 时，采空区底板岩体的鼓起量为 38.4cm，并随着开采的进行不断增大，当回采工作面推进到 100m 时，底板的鼓起量达到最大 45.7cm，再随着工作面的不断推进，底板的位移鼓起量开采出现下降，最后稳定在 44.5cm。

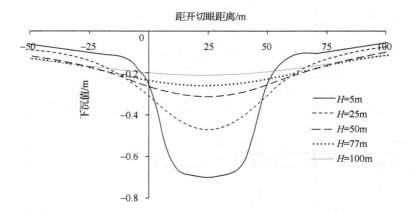

(a) 工作面推进50m时覆岩下沉位移曲线

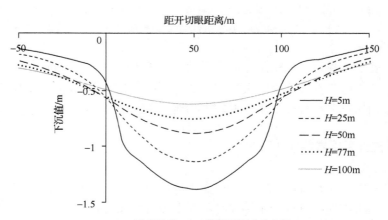

(b) 工作面推进100m时覆岩下沉位移曲线

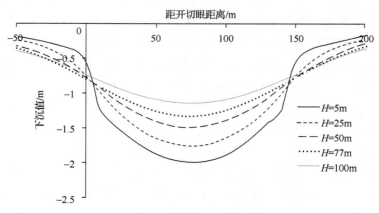

(c) 工作面推进150m时覆岩下沉位移曲线

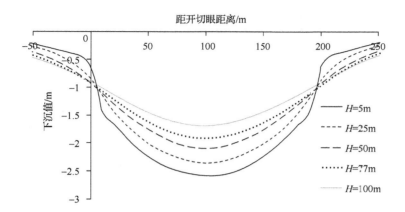

(d) 工作面推进200m时覆岩下沉位移曲线

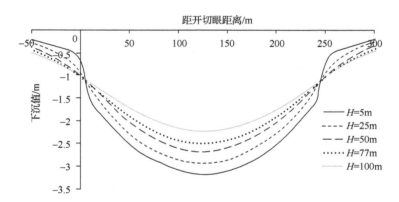

(e) 工作面推进250m时覆岩下沉位移曲线

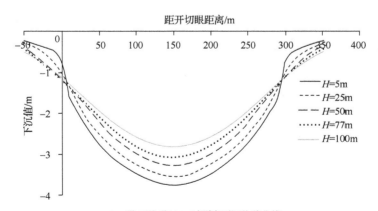

(f) 工作面推进300m时覆岩下沉位移曲线

图 10-5　工作面推进不同距离时覆岩位移变化曲线

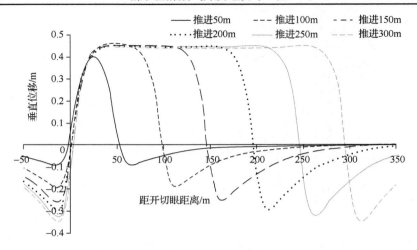

图 10-6 工作面推进过程中底板岩体位移变化

煤层开采引起周围岩体应力重新分布，在应力达到新平衡的过程中，煤层上覆岩层不断产生冒落、断裂、离层、变形及位移等一系列力学效应。图 10-7 为工作面推进 300m 时围岩应变场分布情况（拉伸应变为正值），可以看出开采诱发的比较显著的上覆岩层拉伸变形出现在回采工作面前方深度较浅处，而开采诱发更为显著的拉伸变形出现在回采工作面后方，尤其是在垮落带和支承压力区内的剪碎带；开采诱发的垂直压缩变形出现在回采工作面周围支承压力区内，而水平压缩变形不仅出现在支承压力区，还出现在整体移动带内。

在回采工作面推进过程中，底板岩体也产生位移、变形及破坏，正常回采阶段底板岩体采前、采后处于增压（压缩）-卸压（膨胀）-恢复阶段，且随着工作面推进而重复出现。底板岩体在压缩区与膨胀区的交界处容易产生剪切变形而发生剪切破坏，处于膨胀状态的底板岩体则容易产生离层裂缝及垂直裂隙。

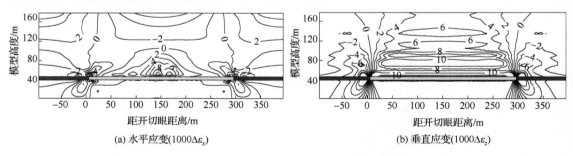

| (a) 水平应变($1000\Delta\varepsilon_x$) | (b) 垂直应变($1000\Delta\varepsilon_z$) |

图 10-7 工作面推进 300m 时顶底板岩层应变场分布

10.2.3 煤炭开采围岩破坏

回采工作面顶板破坏主要为剪切破坏和拉伸破坏，最终发生断裂或垮落（图 10-8）。煤层顶板由下而上，依次发育拉破坏区域、剪切破坏区域和未破坏区域，随着工作面的推进，发生拉伸破坏的区域范围逐渐增大。在采空区边缘，由于边界煤柱的存在，岩体处于拉压应力转化区，采动断裂发育充分，塑性区在此发育最高，形成两端高、中间低，呈马鞍状分布形态。

　　由于采动影响使采场周围岩体应力重新分布，相应地随着回采工作面推进，由于采动卸压，煤层底板岩体应力的急剧释放，从而引起工作面底板岩体发生破坏，这一破坏带是由采动矿压直接引起的，故称为采动矿压破坏带。

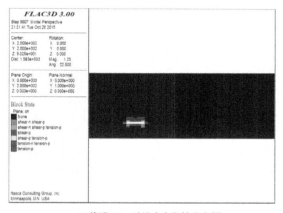

(a)推进 50m 时沿走向塑性分布图

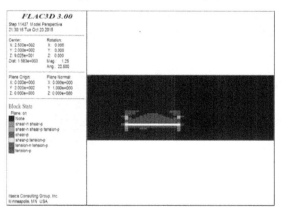

(b)推进 100m 时沿走向塑性分布图

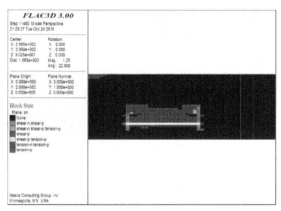

(c)推进 150m 时沿走向塑性分布图

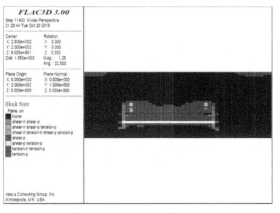

(d)推进 200m 时沿走向塑性分布图

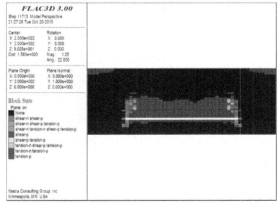

(e)推进 250m 时沿走向塑性分布图

(f)推进 300m 时沿走向塑性分布图

图 10-8　工作面推进不同距离时沿走向塑性分布图

当地下煤层被采出后，煤层顶板岩体发生了较为复杂的移动变形，煤层顶板岩层在自重力及其上覆岩层的作用下，产生向下移动和弯曲。当其内部拉应力超过岩层的抗拉强度极限时，直接顶板首先断裂、破碎、相继冒落；而老顶岩层则以梁或悬臂梁弯曲的形式沿层理的法线方向移动、弯曲，进而产生离层和断裂；在地面产生开采沉陷，具有"连续+缓波"型沉陷特征(图 10-9)。

地面开采沉陷在横向上由外向内可划分为三个区域：①拉伸区域，位于移动盆地边界到采空区边界之间，地表下沉不均匀，地面移动盆地向中心方向倾斜，呈凸形，产生拉伸变形；②压缩区域，采空区边界附近到最大下沉点之间，地表下沉值不等，地面移动向盆地中心方向倾斜，呈凹型，产生压缩变形；③均匀沉降区，位移移动盆地的中央部位，地表下沉均匀，其他移动和变形值趋近于零。

随着工作面向前推进，开采长度增加，受采动影响的岩层范围不断扩大，距开采层不同位置顶板岩体下沉增加到该地质条件下的最大值，此后开采工作面的尺寸再继续扩大时，顶板岩体移动范围随之扩大，但其最大下沉值不再增加，表现为在采空区中央下沉最大，下沉曲线形态将出现平底，水平位移为零，向两侧下沉逐渐减小；同时，在采动影响下，顶板岩体中下部岩体的移动变形大于上部岩体，表现在下沉量和下沉系数，自下而上逐渐减少，呈盆状分布。当开采范围足够大时，岩层移动发展到地表，在地表形成一个比采空区大得多的下沉盆地。在煤层开采后，从煤层直接顶板开始，由下向上依次垮落、断裂、离层、弯曲，经过一定时间后在煤层采空区上部岩层中自下而上形成垮落带、裂隙带和弯曲下沉带，即"三带"。

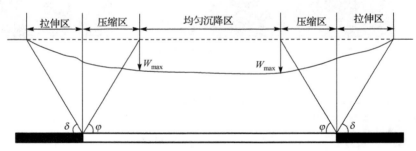

图 10-9　回采工作面地表移动盆地"三区"划分示意图
φ —充分采动角；δ —移动边界角；W_{max} —地表最大下沉值

垮落带内顶板岩层在煤层采出后较短的时间内发生破坏，在采空区冒落成为松散状的矸石；导水裂隙带岩层由于弯曲下沉而受拉伸作用，使岩层断裂破坏产生垂直于层面的裂隙，裂隙之间相互导通；弯曲带岩层虽然也经受拉伸或弯曲变形，但拉应力和压应力不足以使岩层发生破坏，从而使岩层不出现垂直层面的裂隙，以自身完整的形式发生弯曲下沉，如图 10-10所示。

裂隙带处于冒落带之上。现场实测表明，裂隙带内，裂缝的形式及其分布有一定的规律性。无论是在缓倾斜煤层还是在急倾斜煤层的条件下，一般是发生垂直或近于垂直层面的裂缝，即断裂(岩层全部断开)和开裂(岩层不全部断开)。岩层断裂和开裂的发生与否及断开程度，除了取决于岩层所承受的变形性质和大小，还与岩性、层厚及其空间位置有密切关系。裂隙带内岩层的破坏状况，具有明显的分带性。根据岩层的断裂、开裂及离层的发育程度和导水能力，裂隙带在垂直剖面上可以分为严重断裂、一般开裂和微小开裂三个部分。裂隙带内上述三个部分如图 10-10 所示。

(1)严重断裂区：大部分岩层为全厚度断开，但仍然保持原有的沉积层次，裂缝间的连通性好。

(2)一般开裂区：岩层在其全厚度内未断开或很少断开，层次完整，裂缝间的连通性较好。

(3)微小开裂区：部分岩层有微小裂缝，基本上不断开，裂缝间的连通性不太好。

在导水裂缝带总高度中(包括冒落带)，冒落带高度约占 1/4，严重断裂和一般开裂高度约占 1/2，微小开裂高度约占 1/4。导水裂缝带的这种分布特征，在整个采空区中部和边部一般都是如此。

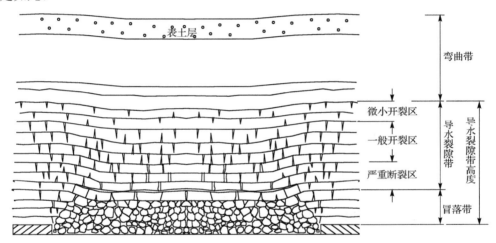

图 10-10　覆岩变形破环的一般特征

10.2.4　煤炭开采围岩渗透性

1. 岩体渗透性计算模型

岩石全应力—应变—渗透性试验结果表明，岩石的渗透性在全应力—应变过程中为应变的函数(图 10-11)，在微裂隙闭合(OA 段)和弹性变形阶段(AB 段)，岩石的原生孔隙和裂隙容易被压密，岩石的渗透率随应力的增加由大变小明显；当岩石超过弹性极限后，进入塑性变形阶段(BC 段)，开始出现微破裂，岩石渗透率增加；应力继续增大至极限强度(D 点)时岩石试件破坏形成贯穿裂隙，岩石的渗透率迅速增大至最大渗透率；岩石通过峰值应力后，进入应变软化阶段(DE 段)，应力随应变的增加而降低，破裂岩石的渗透性降低；岩石应变软化后，进入残余强度阶段(EF 段)，此时应力随应变的增加而达到某一稳定值。不同岩性岩石存在一定差异性。

实际观测发现，对于煤系沉积岩石呈层状，往往被几组平行的裂隙所切割，因此，可以将岩体裂隙假设为平行、等间距、等隙宽的裂隙组，由于完整岩块的渗透系数很小，因此常常忽略岩块的渗流作用，认为流体仅在裂隙中流动，根据这些假设得到一组平行裂隙的渗透系数为[16]

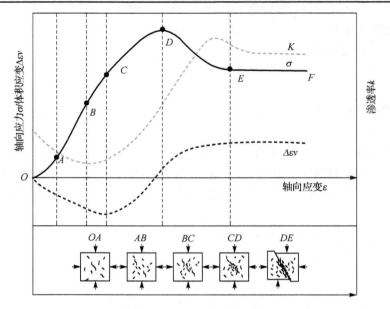

图 10-11　岩石全应力—应变—渗透过程曲线变化图

$$K_0 = \frac{\rho g b^3}{12 \mu s} \tag{10-1}$$

式中，K_0 为裂隙组原始渗透系数，$10^{-3} \mu m^2$；b 为裂隙开度，m；s 为裂隙平均间距，m；ρ 为流体的密度 kg/m^3；μ 为流体的动力黏滞系数，$Pa \cdot s$。

根据文献[2]研究，当裂隙的开度发生变化时渗透系数也随之改变，变化后的渗透系数 K 可表示为

$$K = K_0 (1 - \Delta \mu_f / b)^3 \tag{10-2}$$

式中，$\Delta \mu_f$ 为裂隙开度变化量（压位移为正），m。

当裂隙岩体被两组相互垂直的裂隙组切割而形成裂隙网络时，通常可以概化为两组正交的裂隙系统[14,15]，裂隙开度变化导致渗透系数发生变化：

$$K_z = \frac{K_{z0}}{2} \left[\left(1 - \frac{\Delta b_x}{b_x} \right)^3 + \left(1 - \frac{\Delta b_y}{b_y} \right)^3 \right] \tag{10-3}$$

式中，Δb_x、Δb_y 为岩体内 x 和 y 方向裂隙开度增量，m；b_x、b_y 为 x 和 y 方向原始裂隙开度，m；K_0、K_z 分别为 b_x、b_y 变化前、后沿 z 方向的渗透系数，$10^{-3} \mu m^2$。

地壳岩体位于天然的三向地应力状态下，假定岩体中存在 3 组相互平行、等间距、等隙宽的正交裂隙系统，则可等效为三维规则的非连续介质模型（图 10-12）。

沿 x 方向岩体的总位移等于裂隙位移与岩石基质位移之和，则裂隙的位移为

$$\Delta b_x = \Delta \mu_{tx} - \Delta b_{rx} \tag{10-4}$$

式中，$\Delta \mu_{tx}$、Δb_x、Δb_{rx} 分别为沿 x 方向岩体的总位移、裂隙位移和岩石基质位移，m。

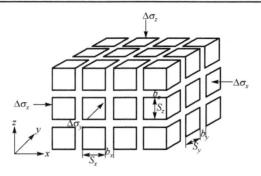

图 10-12　三向应力条件下三组正交裂隙岩体渗透-应力耦合模型

根据位移与应变的关系，式(10-4)表示成应变的形式为

$$\Delta b_x = (s_x + b_x)\Delta\varepsilon_{tx} - s_x\Delta\varepsilon_{rx} \tag{10-5}$$

式中，s_x、b_x 分别为沿 x 方向裂隙间距与裂隙开度，m；$\Delta\varepsilon_{tx}$、$\Delta\varepsilon_{rx}$ 分别为沿 x 方向岩体与岩石基质的应变增量。

根据胡克定律，沿 x 方向岩体与岩石基质的应变增量分别可以表示为

$$\Delta\varepsilon_{tx} = \frac{1}{E_m}[\Delta\sigma_x - \nu(\Delta\sigma_y + \Delta\sigma_z)] \tag{10-6}$$

$$\Delta\varepsilon_{rx} = \frac{1}{E_r}[\Delta\sigma_x - \nu(\Delta\sigma_y + \Delta\sigma_z)] \tag{10-7}$$

式中，E_m 为岩体的弹性模量，GPa；E_r 为岩石基质的弹性模量，GPa。

将式(10-6)和式(10-7)代入式(10-5)，可得

$$\Delta b_x = \left(\frac{s_x + b_x}{E_m} - \frac{s_x}{E_r}\right)[\Delta\sigma_x - \nu(\Delta\sigma_y + \Delta\sigma_z)] \tag{10-8}$$

岩体与岩石基质弹性模量的关系式为

$$\frac{1}{E_m} = \frac{1}{E_r} + \frac{1}{K_{nx}s_x} \tag{10-9}$$

式中，K_{nx} 为沿 x 方向裂隙的法向刚度，MPa/m。

将式(10-9)代入式(10-8)，即得出岩体三向应力状态改变后沿 x 方向裂隙的位移

$$\Delta b_x = \left(\frac{b_x}{E_r} + \frac{b_x}{E_{nx}s_x} + \frac{1}{K_{nx}}\right)[\Delta\sigma_x - \nu(\Delta\sigma_y + \Delta\sigma_z)] \tag{10-10}$$

同理，可得出沿 y 方向裂隙的位移为

$$\Delta b_y = \left(\frac{b_y}{E_r} + \frac{b_y}{E_{nx}s_y} + \frac{1}{K_{ny}}\right)[\Delta\sigma_x - \nu(\Delta\sigma_y + \Delta\sigma_z)] \tag{10-11}$$

式中，s_y、b_y 分别为沿 y 方向裂隙间距与裂隙开度，m；K_{ny} 为沿 y 方向裂隙的法向刚度，MPa/m。

将式(10-10)及式(10-11)代入式(10-3)，可得到沿 z 方向的渗透系数为

$$K_z = \frac{K_{z0}}{2}\left\{1-\left(\frac{1}{K_{nx}b_x}+\frac{1}{K_{nx}s_x}+\frac{1}{E_r}\right)[\Delta\sigma_x - \nu(\Delta\sigma_y+\Delta\sigma_z)]\right\}^3$$
$$+\left\{1-\left(\frac{1}{K_{ny}b_y}+\frac{1}{K_{ny}s_y}+\frac{1}{E_r}\right)[\Delta\sigma_y - \nu(\Delta\sigma_x+\Delta\sigma_z)]\right\}^3 \qquad (10\text{-}12)$$

式中，K_{z0} 和 K_z 分别为岩体应力变化前、后沿 z 方向的渗透系数，$10^{-3}\mu m^2$。

对于三组平行正交裂隙岩体，则其某一方向的渗透系数方程写成一般形式为

$$K_k = \frac{K_{k0}}{2}\left\{1-\left(\frac{1}{K_{ni}b_i}+\frac{1}{K_{mi}s_i}+\frac{1}{E_r}\right)[\Delta\sigma_i - \nu(\Delta\sigma_j+\Delta\sigma_k)]\right\}^3$$
$$+\left\{1-\left(\frac{1}{K_{nj}b_j}+\frac{1}{K_{nj}s_j}+\frac{1}{E_r}\right)[\Delta\sigma_j - \nu(\Delta\sigma_i+\Delta\sigma_k)]\right\}^3 \qquad (10\text{-}13)$$

式中，K_{k0} 和 K_k 分别为岩体应力变化前、后沿 k 方向的渗透系数，$10^{-3}\mu m^2$；s_i、b_i 为沿 i 方向裂隙间距与裂隙开度，m；K_{ni} 为岩 i 方向裂隙的法向刚度；$i=x,y,z$、$j=y,z,x$、$k=z,x,y$，MPa/m。

2. 采空区岩体渗透性分布规律

在应力—应变计算的基础上，根据采空区岩体渗透系数与应力之间的三维关系式（10-13），对采空区岩体渗透性进行计算。

假设上式中沿 x、y、z 方向各裂隙参数均相等：$E_r=2\times10^4$ MPa，$K_n=10^3$ MPa/m，S=1.0m，b=0.001m，结合数值计算得出的岩体应力变化量 Δx，Δy 和 Δz，分别计算出煤层开采后顶底板岩体垂直和水平方向的渗透系数变化。图 10-13～图 10-18 分别为工作面推进 50m、100m、150m、200m、250m 和 300m 时的围岩渗透系数场，从图可以看出，煤层顶底板岩体渗透性较采前发生了较大的变化：煤层开采后采空区顶底板岩体渗透性明显增加，随着与开采煤层垂直距离的增加，岩体渗透系数增加幅度逐渐减小，切眼附近的渗透系数比正常回采阶段的渗透系数大。采空区两侧煤柱区顶底板岩体渗透性显著降低，采空区正上方近地表岩土体位于双向水平压缩区，其垂向渗透性也有所减小。对比采动岩体破坏区和渗透性增加区可以看出，渗透性增加区范围比岩体破坏区范围大，这表明即使岩体未发生破坏，但由于应力变化也会导致岩体渗透性的增加。

煤层开采后围岩沿不同方向的渗透性变化存在较大差异，工作面围岩水平方向渗透性增加幅度和增加区范围较垂直方向渗透性要大得多，即沿水平方向因采动造成的渗透性增加的幅度更大。水平方向渗透性增加区位于采空区的正上方和正下方，其分布形状近似"椭圆形"，水平方向渗透性增加区的最大高度出现在采空区中部的正上方；而垂直方向渗透性增加区的范围不仅分布在采空区的正上方及正下方，还延展到开采区边界斜上方、斜下方30m以外，其分布形状近似呈"马鞍形"，垂直方向渗透性增加区的最大高度一般出现在采空区两侧边界斜上方，采空区中部覆岩渗透性增加区高度略低，这与顶板导水裂隙带和底板岩体破坏带的发育形态是一致的。当含水层位于煤层开采区的上方或下方时，采动岩体垂向渗透性变化对地下水运移起决定性作用。

从图 10-13～图 10-18 还可以看出，随着回采工作面推进距离增大，采动岩体的渗透性较煤层开采初期逐渐减小，如工作面推进 50m 和 100m 时采空区中部顶板最大水平渗透系数比值 K_y / K_{y0} 为 22 和 20，但工作面推进 300m 时 K_y / K_{y0} 降低至 12。这是因为采空区顶底板岩体应力随着开采距离及时间的增加逐渐恢复接近至初始应力状态，采动裂隙逐渐压实闭合，顶底板岩体的渗透性在应力恢复作用下逐渐减小，这与现场煤矿注水实验结果相符合。

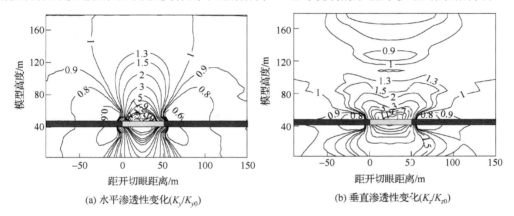

(a) 水平渗透性变化(K_y/K_{y0})　　　　　(b) 垂直渗透性变化(K_z/K_{z0})

图 10-13　工作面推进 50m 时顶底板岩层渗透性变化

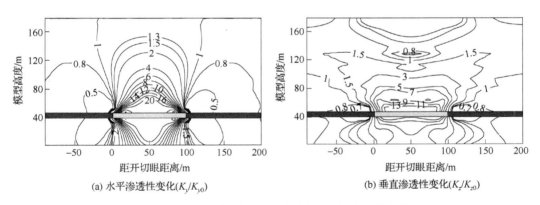

(a) 水平渗透性变化(K_y/K_{y0})　　　　　(b) 垂直渗透性变化(K_z/K_{z0})

图 10-14　工作面推进 100m 时顶底板岩层渗透性变化

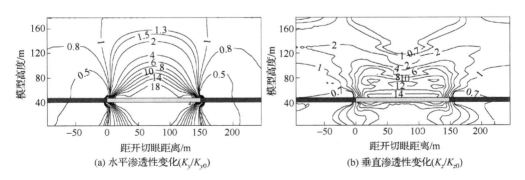

(a) 水平渗透性变化(K_y/K_{y0})　　　　　(b) 垂直渗透性变化(K_z/K_{z0})

图 10-15　工作面推进 150m 时顶底板岩层渗透性变化

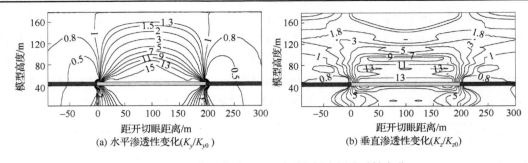

(a) 水平渗透性变化(K_y/K_{y0})　　　　　　(b) 垂直渗透性变化(K_z/K_{z0})

图 10-16　工作面推进 200m 时顶底板岩层渗透性变化

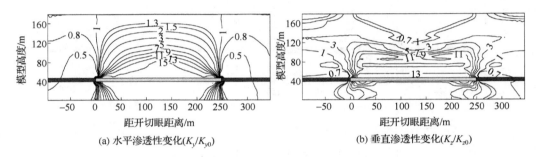

(a) 水平渗透性变化(K_y/K_{y0})　　　　　　(b) 垂直渗透性变化(K_z/K_{z0})

图 10-17　工作面推进 250m 时顶底板岩层渗透性变化

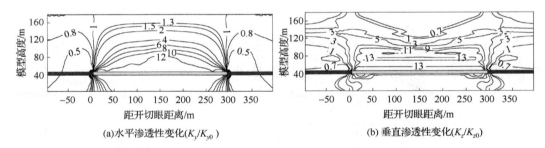

(a) 水平渗透性变化(K_y/K_{y0})　　　　　　(b) 垂直渗透性变化(K_z/K_{z0})

图 10-18　工作面推进 300m 时顶底板岩层渗透性变化

3. 煤炭开采岩体渗透性的受控机制

采空区岩体渗透性分布与采空区岩体应力—应变和破坏规律相一致。随着回采工作面推进，采空区岩体在纵向上在采空空间上方岩层自上而下形成三带：即弯曲下沉带（Ⅰ）、裂隙带（Ⅱ）和冒落带（Ⅲ）；煤层顶底板岩层在横向上划分为 4 个区（图 10-4）：即原岩应力区、超前压力压缩区、采动矿压直接破坏区和岩体应力恢复区。

采空区岩体的渗透性随着回采工作面推进而呈规律性变化。在煤炭开采过程中 A 区中岩体处于原岩应力状态，且渗透率一般较低。当岩体由 A 区进入 B 区后，在工作面前方超前支承压力的作用下，其应力也逐渐增加，渗透率一般随着应力增加而减小，渗透率下降的大小取决于岩性及应力增量。当岩体由 B 区过渡到 C 区后，岩体因采后卸压膨胀，岩体受到破坏，采动岩体结构因采后卸压发生了较大的变化，其渗透率相应增大，一般最大渗透率就出现在该区。D 区内的岩体在采空区压力作用下其应力又逐渐增加，并逐渐恢复并接近原岩应力状态，其渗透率减小。

4. 采空区岩体物理力学参数随时间的变化规律

采空区冒落的矸石是一种松散介质，宏观上，它对顶板支撑的力学作用可近似地用弹性支撑体表述[22]。对于晋城矿区石炭—二叠系煤层，煤层构造简单，煤层倾角较小，属缓倾斜煤层，上覆岩层为海陆交互相沉积，主要软弱-中硬岩石，煤炭开采垮落带的高度为采高的2～3倍。冒裂带高度为采高的10～12倍。

采空区冒落裂隙带岩体随着时间的增长，在重力作用下逐步被压实，岩石的密度 ρ、弹性模量 E 和泊松比 ν 等物理力学参数随时间而增长而变化。已有研究表明[22]，ρ、E 和 ν 变化规律可由以下经验公式表述：

$$\rho = 1600 + 800(1 - e^{-1.25t}) \tag{10-14}$$

$$E = 15 + 175(1 - e^{-1.25t}) \tag{10-15}$$

$$\nu = 0.05 + 0.2(1 - e^{-1.25t}) \tag{10-16}$$

式中，ρ、E 和 ν 分别为密度（kg/m³），弹性模量，（MPa）和时间 t（年）。

式（10-14）～式（10-16）反映出 ρ、E 和 ν 随时间呈指数变化关系，最终达到恒值。同样随着时间的增长，采空区岩体在压力作用下其应力逐渐增加，并逐渐恢复并接近原岩应力状态，采空区岩体渗透率减小，并趋于稳定。

10.3　采空区煤层气赋存特点

10.3.1　采空区煤层气赋存状态

煤矿采空区煤层气来源主要有三个方面：煤柱及残留煤层、临近未采煤层和围岩中的游离气和吸附气。煤层气赋存状态主要以游离态、吸附态和溶解态赋存于煤矿采空区内。煤矿采空区煤层气资源赋存，与原岩应力区煤层气相比，煤矿采空区煤层气赋存具有以下特点。

（1）煤矿采空区中煤层气赋存状态包括游离气、吸附气和溶解气，采空区煤层气中游离气所占比例增大，吸附气所占比例减少。

（2）煤矿采空区煤层气开发在时间次序、产气原理、生产利用工艺等方面具有特殊性。

时序上：原岩应力区煤层气开发处于采煤之前，通过地面抽采可显著降低煤储层压力和含气量，可以缓解采煤时的井下瓦斯治理风险，属于地面预抽；采空区地面抽采居于采煤之后，将残存的煤层气资源抽采出来，可消除采空区瓦斯积聚造成的安全隐患。

产气原理上：原岩应力区煤层气开发主要依靠钻井、压裂、排水降压，使煤层压力低于甲烷临界解吸压力，促使甲烷向井筒运移聚集，并依靠自身压力产气，属于正压排采；而地面采空区抽采则是通过地面钻井直接连通采空区，再利用地面负压抽采设备进行负压抽采。

在生产利用工艺上，原岩应力区煤层气开发主要依靠抽油机、螺杆泵、电潜泵等设备将煤层水排至地表，以达到降低煤层压力实现甲烷自然解吸的目的，生产出的煤层气甲烷浓度较高，通常可达95%以上，可通过管输、压缩、液化进行运输，用于民用、工业、化工等途径；而地面采空区煤层气开发则通过真空泵、螺杆增压机等设备进行负压抽采，甲烷浓度区间宽，介于1%～95%，其浓度主要受采空区封闭情况、抽采参数取值影响。高浓度的产品气与常规煤层气利用途径类似，低浓度的产品气可用于燃料、配气、发电等途径。

煤层受到地下采掘扰动下，煤体产生采动裂隙，微观结构发生改变，随着煤层不断采出，采动影响区煤层及其邻近煤(岩)层的应力得到释放，当压力降低到甲烷的临界解吸压力以下时，煤层中的甲烷便会解吸出来，吸附甲烷不断从煤基质微裂隙表面脱附，转化为游离态甲烷，从而使得游离态甲烷所占比例增高，吸附态甲烷比例减少，脱附出来的游离态甲烷气体在浓度梯度的驱动力作用下，由煤体微裂隙进入采动裂隙，之后便在气体压力梯度和密度差的耦合作用下在裂隙系统中流动。随着地下采煤范围的不断扩大，受到采动影响的煤(岩)层范围也不断扩大，直到矿井被废弃，这些解吸出的游离态甲烷一部分随着通风排放到大气中，一部分以游离态保存在煤(岩)体孔裂隙空间内，还有一部分溶解于矿井水中并随矿井排水系统带走。

吸附态的甲烷主要分布在未开采煤层中，开采后的残余煤柱等也存在一定量的吸附气；游离态甲烷的分布则受到采动空间范围的影响。

煤层开采破坏了围岩的原始应力平衡及分布状态，围岩发生垮落、断裂和变形，经过一定时间后煤层采空区上部岩层沿垂直方向自下而上形成冒落带、裂隙带和弯曲下沉带。冒落带是顶板岩层在内部拉应力超过自身抗拉强度时发生的破碎断裂直至垮落，垮落的岩块大小不一无规则地堆积在采空区内，岩块间的空隙较大，连通性较好，有利于甲烷气体的流动；裂隙带是采空区上覆岩层中产生裂缝、离层及断裂，但仍保持层状结构的那部分岩层，竖向或横向裂隙发育，有利于甲烷气体的流动；弯曲下沉带岩层总体上以整体运动为主，仍具有层状结构，连续性基本未遭破坏，且具有隔水阻水作用，因此不构成游离气的储集空间。因此煤矿采空区资源量主要由保留煤柱及未开采煤层吸附气资源量和采空区冒落带及裂隙带游离气资源量两部分组成。

10.3.2 采空区煤层气的气体组分特征

采空区煤层气化学组分主要包括甲烷、氧气、氮气和二氧化碳，含少量的重烃气(乙烷、丙烷、丁烷和戊烷)和一氧化碳(表10-1)。甲烷浓度在废弃小煤矿采空区中较高，到达86%以上，而在现代开采条件下的大型煤矿采空区甲烷浓度变化较大(3.6%～95%)，一般为20%～50%。

表 10-1　采空区煤层气井甲烷浓度检测结果

采空区	钻孔编号	CH_4/%	O_2/%	N_2/%	CO_2/%	CO/%	重烃/%	总量
晋圣	JSCK-01	86.2905	1.6749	10.0690	1.5042	未检出	0.0515	99.5902
	JSCK-15	93.3971	0.5538	4.71682	0.6183	未检出	0.0641	99.3503
	JSCK-15	91.0600	0.3500	5.0300	0.7000	0.0003	—	—
	JSCK-2	95.1900	0.1100	1.1100	0.7600	0.0004	—	—
寺河	SHCD13-02	94.7410	0.3310	2.2020	0.7030	未检出	0.0750	98.0540
	SH14-L-01	38.8850	11.8030	48.3250	0.6750	未测出	0.0100	—
	SHCD13-02	45.1480	9.139	43.1560	0.6050	未测出	0.0220	—
岳城	2013ZX-YCCD-05	3.6000	—	—	—	—	—	—
	YCCD-2	5.9700	20.1960	72.6000	0.2720	—	0.0500	—
	YCCD-08	73.0000	0.4650	24.4000	0.0080	—	0.0210	—

10.4　煤矿采空区煤层气资源量计算方法

煤矿区原岩应力区煤层气的抽采方式是采用地面煤层气钻井进行排水降压抽采，一般在排水降压一段时间后达到峰值产量；而采空区煤层气井的抽采方式是利用施工在采空区上方的地面钻井进行负压抽采，一般在抽采初期出现产量峰值。采空区煤层气资源量评价与原岩应力区煤层气资源量评价方法不同。原岩应力区煤层甲烷主要以吸附态赋存于煤层中，煤层气资源量计算采用《煤层气资源／储量规范（DZ/T 0216—2002）》中体积法计算；而采空区煤层气赋存状态主要以游离态和吸附态，采空区孔隙体积计算是游离气资源量计算的基础。

10.4.1　采空区孔隙体积计算模型

煤炭开采采空区岩体孔隙—裂隙为煤层气赋存提供了储存空间，煤炭开采导致采场周围岩体应力重新分布，引起煤层顶底板岩体发生变形与破坏，导致煤层气赋存条件和地下渗流条件同步发生变化，采动岩体冒落带—裂隙带孔隙—裂隙特征不同，在纵向上冒落—裂隙带岩体孔隙率变化规律表现自上而下逐渐增大（图 10-19）。

现场实测及物理模拟试验表明，煤层开采后工作面侧上覆岩层不断以破断角 φ 向上冒落、断裂，整个采空区冒落带和裂隙带空间分布形态近似梯形体，简化模型如图 10-19 所示。

由于煤矿开采后游离气主要赋存于孔隙性较好的冒落带和裂隙带形成的梯形体内，在计算孔隙体积 V_C 时，可分别计算冒落带和裂隙带范围内岩体的孔隙体积和孔隙率（度），即

$$V_C = F_m n_m + F_l n_l \tag{10-17}$$

式中，F_m 为采空区冒落带体积，m^3；n_m 为冒落带岩石孔隙率，%；F_l 为采空区裂隙带体积，m^3；n_l 为裂隙带岩体孔隙率，%。

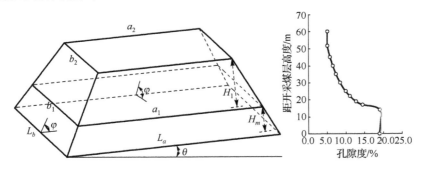

图 10-19　采空区围岩冒落-裂隙带简化模型

1.　采空区冒落带岩体孔隙体积模型

岩石破碎以后的体积将要较整体状态下增大，这种性质称为岩石的碎胀性，煤层开采后采空区冒落岩石具有一定的碎胀性，其碎胀系数为岩石破碎后处于松散状态下的体积与岩石破碎前处于整体状态下的体积之比。破碎岩体的孔隙率可以由破碎状态下岩块间的孔隙体积与总体积之比来表示，根据破碎岩体孔隙率和碎胀系数的定义可知，两者之间存在如下关系

$$n = (1 - 1 / K_\mathrm{p}) \times 100\% \tag{10-18}$$

式中，n 为破碎岩石的孔隙率，%；K_p 为破碎岩石的碎胀系数。

考虑煤层顶板岩层的原始孔隙率 S_0，则自由堆积状态下采空区冒落岩块的总孔隙率为

$$n_\mathrm{m0} = (1 - 1 / K_\mathrm{p}) \times 100\% + S_0 \tag{10-19}$$

式中，n_m0 为自由堆积状态下冒落岩石的总孔隙率，%；S_0 为顶板岩层原始孔隙率，%。

当工作面回采结束后，随着时间的推移，冒落带岩块在其自重和上覆荷载作用下渐趋压实，碎胀系数变小，最终剩余的碎胀系数称为残余碎胀系数 K'_p。常见岩石的碎胀系数如表 10-2 所示。因此，压实过程中随时间变化的冒落岩块孔隙率 $n_\mathrm{m}(t)$ 为

$$n_\mathrm{m}(t) = [1 - 1 / K_\mathrm{p}(t)] \times 100\% + S_0 \tag{10-20}$$

式中，$K_\mathrm{p}(t)$ 为随时间变化的岩石碎胀系数。

表 10-2　常见岩石的碎胀系数和残余碎胀系数

岩性	碎胀系数 K_p	碎胀系数 K'_p
碎煤	<1.2	1.05
泥质页岩	1.4	1.1
砂质泥岩	1.6～1.8	1.1～1.15
硬砂岩	1.5～1.8	1.03～1.1
中硬砂岩	1.3～1.5	1.03～1.08

随着回采工作面推进，顶板以冒落角 φ 向上冒落，对于水平及缓倾斜煤层，其冒落空间岩块堆积高度基本相等，即采空区不同位置的冒落带高度 H_m 相等。现假设下部采空区冒落带范围为梯形体分布，则冒落带梯形体的体积 F_m 为

$$F_\mathrm{m} = \frac{H_\mathrm{m}[L_a L_b + a_1 b_1 + (L_a + a_1)(L_b + b_1)]}{6} \tag{10-21}$$

式中，L_a 为工作面倾向长度，m；L_b 为工作面走向长度，m；a_1 为冒落带顶面沿倾向边长，m；$a_1 = L_a - 2H_\mathrm{m} \cot\varphi$，$\varphi$ 为岩层破断角，(°)；b_1 为冒落带顶面沿走向边长，m，$b_1 = L_b - 2H_\mathrm{m} \cot\varphi$；$H_\mathrm{m}$ 为冒落带高度，$H_\mathrm{m} = \dfrac{M}{(K_\mathrm{p} - 1)\cos\theta}$，$M$ 为采高，m，θ 为煤层倾角，(°)。

煤矿采空区冒落岩体的碎胀系数在横向和纵向上变化很小，可视为定值，则随时间变化的采空区冒落带岩体孔隙体积 $V_\mathrm{m}(t)$ 为

$$V_\mathrm{m}(t) = \frac{H_\mathrm{m}[L_a L_b + a_1 b_1 + (L_a + a_1)(L_b + b_1)]}{6} n_\mathrm{m}(t) \tag{10-22}$$

2. 采空区裂隙带岩体孔隙体积

裂隙带范围内不同高度破碎岩体的碎胀系数并不是常数，而是自裂隙带底界向上呈减小趋势，且满足对数函数的衰减规律[23]，其形式如：

$$K_h = K_0 - \lambda \ln(h + 1) \ (0 \leqslant h \leqslant H_1) \tag{10-23}$$

式中，K_h 为距离裂隙带底界 h 高度的岩体破裂后的碎胀系数；K_0 为裂隙带底界破碎岩体的碎

胀系数；λ 为衰减系数；H_1 为裂隙带高度，m，$H_1 = \dfrac{100M}{1.6M + 3.6} + 5.6 - H_m$。

由于煤矿采空区冒落带和裂隙带之间没有明显的分界线，可以认为裂隙带底界破碎岩体的碎胀系数与冒落带岩块的残余碎胀系数相等，即 $K_0 = K'_p(t)$。另外，根据采动覆岩破坏的"上三带"定义可知，裂隙带顶界岩体(裂隙带与弯曲下沉带临界接触位置)不存在采动裂隙，其碎胀系数等于 1，因而可得到衰减系数 λ，即

$$\lambda = \frac{K'_p(t) - 1}{\ln(H_1 + 1)} \tag{10-24}$$

根据破碎岩石孔隙率和碎胀系数的关系式(10-18)，并考虑岩层的原始孔隙率 S_0，则裂隙带范围内随时间变化的不同高度破裂岩体的孔隙率为

$$n(h,t) = \left(1 - \frac{1}{K'_p(t) - \lambda\ln(h+1)}\right) \times 100\% + S_0 \quad (0 \leqslant h \leqslant H_1) \tag{10-25}$$

裂隙带位于冒落带上方，周期来压期间老顶以破断角 φ 周期性断裂，且断裂线呈雁行排列，上部采空区裂隙带范围也为梯形体分布(图 10-19)，a_2 为裂隙梯形体顶面沿倾向边长，$a_2 = L_a - 2(H_m + H_1)\cot\varphi$；$b_2$ 为裂隙梯形体顶面沿走向边长，$b_2 = L_b - 2(H_m + H_1)\cot\varphi$，则裂隙带梯形体的体积 F_1 为

$$F_1 = \frac{H_1[(a_1b_1 + a_2b_2 + (a_1 + a_2)(b_1 + b_2)]}{6} \tag{10-26}$$

综上，通过积分可得到随时间变化的采空区裂隙带内孔隙体积参数 $V_l(t)$ 为

$$V_1(t) = \int_0^{H_1} \left[L_a - 2(h + H_m)\cot\varphi\right]\left[(L_b - 2(h + H_m)\cot\varphi)\right] n(h,t)\mathrm{d}h \tag{10-27}$$

10.4.2　采空区含水饱和度计算模型

1. 采空区积水量计算模型

煤层开采形成大面积采空区，在采空区内地势低凹处存在一定量的积水，这些积水会对采空区冒裂带带内的游离气赋存、运移及富集产生重要影响。图 10-20 为采空区积水示意图，则采空区积水量模型为

$$V_w(H,t) = \int_0^{\frac{H}{\cos\theta}} S(z) n_m(t)\mathrm{d}z \tag{10-28}$$

式中，V_w 为采空区积水量，m^3；H 为水位，m；$S(z)$ 为随水位变化的积水面积，m^2。

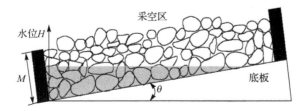

图 10-20　采空区积水示意图

2. 采空区含水饱和度计算模型

煤层未开采前,煤、岩层孔隙中存在一定量的束缚水,其含水饱和度用 S_{w0} 表示。因此,煤层开采后的采空区冒落带和裂隙带岩体中,采空区积水及原有岩石束缚水所占孔隙的体积与冒裂带岩体总孔隙体积之比为采空区含水饱和度,则采空区含水饱和度 S_w 计算模型可由下式确定

$$S_w = \frac{V_w + (F_m + F_l - F_w) \times S_0 \times S_{w0}}{V_C} \qquad (10\text{-}29)$$

式中, S_w 为采空区含水饱和度,%; S_{w0} 为煤、岩石原始含水饱和度,%; F_w 为采空区积水区体积, m^3。

10.4.3　煤矿采空区煤层气资源量计算模型

煤矿采空区煤层气来源主要有三个方面:煤柱及残留煤层、临近未采煤层和围岩中的游离气和吸附气。煤层气赋存状态主要以游离态、吸附态和溶解态赋存于煤矿采空区内。

煤矿采空区中以游离态为主,主要赋存在煤岩层的裂隙系统和煤炭开采形成的采空区中;吸附态气储集在煤柱及残留煤层、临近未采煤层和围岩的炭质页岩及泥岩中;溶解气以溶解的方式存在地下水中,但不同地质条件和采煤方法决定了采空区煤层气来源及富集程度的差异性。

采空区煤层气资源量计算模型由保留煤柱及未开采煤层吸附气资源量和采空区游离气资源量两部分组成,即

$$G = G_x + G_y \qquad (10\text{-}30)$$

式中, G 为采空区资源量, m^3; G_x 为吸附气资源量, m^3; G_y 为游离气资源量, m^3。

1. 吸附气资源量计算模型

甲烷以吸附态赋存于保留煤柱及未开采煤层中,《煤层气资源/储量规范》(DZ/T 0216—2002)中运用体积法计算研究区范围内煤层气资源量的公式为

$$Q = V \times M \times D \times 10^{-2} \qquad (10\text{-}31)$$

$$G_x = Q \times A \qquad (10\text{-}32)$$

式中, Q 为资源丰度, $10^8 m^3/km^2$; V 为煤层气含量, cm^3/g; M 为煤层厚度, m; D 为煤层平均容重, t/m^3; G_x 为预测吸附气资源量, m^3; A 为资源量计算面积, km^2。其中,煤层气含量 C 的计算公式为

$$V = S \times V_L \times P / (P_L + P) \qquad (10\text{-}33)$$

式中, S 为含气饱和度,%; V_L 为 Langmuir 体积, cm^3/g; P_L 为 Langmuir 压力, MPa; P 为现今煤储层压力, MPa。

2. 游离气资源量计算模型

对于采空区游离气资源量的估算，可参考《低煤阶煤层含气量测定方法》，其中采用容积法对游离气资源量进行估算，计算表达式为

$$G_y = \frac{m \times \phi \times (1 - S_w)}{\rho \times B} \tag{10-34}$$

式中，G_y 为预测游离气资源量，m^3；ϕ 为有效孔隙度，%；S_w 为采空区含水饱和度，%；ρ 为煤的视密度，g/cm^3；B 为原始煤层气体积系数，m^3/m^3。其中

$$V_C = \frac{m \times \phi}{\rho} \tag{10-35}$$

$$B = 3.458 \times 10^{-4} \times Z \times \frac{273.15 + T}{P} \tag{10-36}$$

式中，Z 为甲烷气体压缩因子，无量纲；T 为储层温度，℃。

10.5　晋城矿区典型煤矿采空区资源量计算实例

晋城矿区位于沁水盆地南部，煤炭资源丰富，煤层含气量高，是目前我国煤层气勘探开发程度最高的区域。晋煤集团是全国 520 家重点企业之一，拥有 6 对生产矿井，核定生产能力为 3060 万 t，拥有当今世界先进的采矿设备、现代化的洗选加工系统，是我国重要的优质无烟煤生产基地。晋城矿区典型煤矿分布如图 10-21 所示。

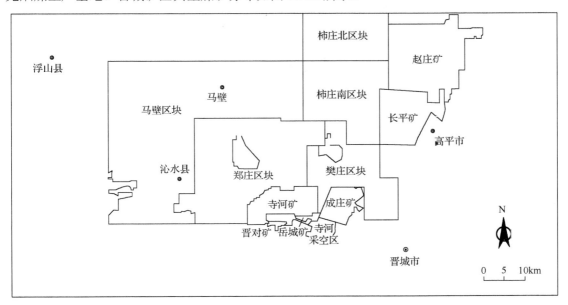

图 10-21　晋城矿区典型煤矿分布图

10.5.1 典型煤矿采空区

1. 晋圣煤矿

山西晋煤集团晋圣永安宏泰煤业有限公司（简称晋圣煤矿）位于沁水盆地南端，晋城市沁水县城东南的嘉峰镇南侧，井田北部与晋城无烟煤矿业集团寺河煤矿相邻，开采 3#煤层，井田呈不规则多边形，东西长约 5.2km，南北宽约 2.8km，井田面积为 6.5km²，生产规模 90 万 t/a，目前已开采面积 4.96 km²，3#煤层现保有资源/储量 5130 万 t，2011 年 11 月 27 日煤矿被关闭。本区的主要含煤层地层为二叠系下统山西组 3#煤层和石炭系上统太原组 15#煤层，其中山西组 3#煤层位于山西组的下部，为中厚—厚煤层，煤层厚度 6.10～6.80m，平均厚 6.34m，为本区主要开采层，煤层开采标高为 529.95m 至 179.95m，煤层倾角一般为 2°～12°，煤层结构简单，煤层直接顶板为泥岩、粉砂岩或砂质泥岩，一般厚 5.32m，老顶为砂质泥岩或中细砂岩，厚约 4.00m，质地较坚硬；底板为泥岩、粉砂岩和砂质泥岩，一般厚 1.83m。采用长壁开采，全部垮落法管理顶板。井田内 3#煤层开采年代已久，井下废弃巷道、采空区内存有不同程度的积水，采空区布置及煤层底板标高等值线分布如图 10-22 所示。

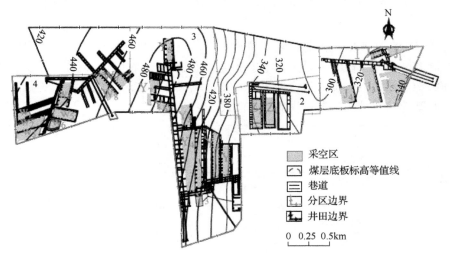

图 10-22　晋圣煤矿采空区分布图

1-嘉峰区；2-张山区；3-永晋宏泰区；4-五里庙区

2. 成庄煤矿

成庄矿位于晋东南地区的泽州县境内，沁水煤田东南部，晋城无烟煤矿业集团西部，距晋城市中心 20km，南以寺河井田北界为界，采空区面积约为 74.30km²（图 10-23）。井田内含煤地层主要为石炭系上统太原组和二叠系下统山西组，含煤 11 层，煤层总厚度 14.23m，含煤系数 10%。3 号煤层为全井田主要可采煤层，地质构造和水文地质条件简单，煤层赋存稳定，平均厚度 6.46m，煤层倾角 6°～10°。其顶板一般为粉砂岩或泥岩，常有薄层炭质泥岩或页岩。3#煤地质储量为 29536.4 万 t，可采储量为 28534.55 万 t，生产能力 400 万 t/a，3#煤层回采工作面沿走向布置，后退式回采，采煤方法为倾斜长壁综采，顶板管理方法采用全部垮落法。

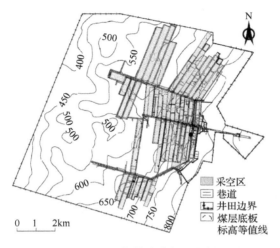

图 10-23　成庄煤矿采空区分布图

3. 寺河煤矿

寺河井田位于沁水复式向斜盆地的南端东翼，行政区划上属山西省晋城市沁水、阳城和泽州辖区，距离沁水县城 53km，距晋城市区 70km（图 10-24）。北与成庄煤矿及潘庄一号井田相邻，东、南、西与地方开采的小煤矿相连，采空区面积约为 110.10km²。井田主要煤系地层为二叠系下统山西组和石炭系上统太原组，平均厚 136.02m。含煤 15 层，煤层总厚14.67m，含煤系数 10.8%。3# 煤层位于山西组中下部，煤厚 4.45～8.75m，平均 6.31m，中夹矸石 0～5 层，顶板为泥岩或砂岩。煤层稳定，全井田可采。矿井生产能力 400 万 t/a，采用斜井开拓方式和倾向长壁大采高自然冒落后退式采煤法，最大采高已达到 6.2m，采用全部垮落法管理顶板。

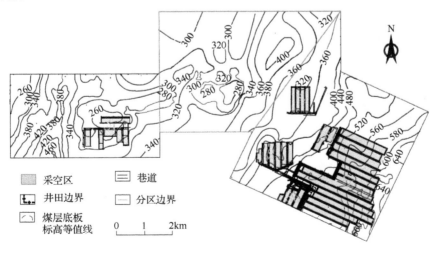

图 10-24　寺河煤矿采空区分布图

4. 岳城煤矿

岳城矿井位于沁水县东南部,寺河矿区东区和北区的交界处,行政隶属沁水县郑村乡所辖,井田北界为寺河矿规划的大采高工作面边界,西界、南界为四个地方小矿边界连线,东界为成庄矿井边界,采空区面积约为 10.96km² (图 10-25)。矿井可采储量为 4608.2 万 t,生产规模为 90 万 t/a。本井田主要含煤地层为上石炭统太原组与下二叠统山西组,二者合计总厚 126.94~178.06m,一般 145.10m。含煤 21 层,煤层总厚 10.63~17.77m,平均 13.88m。含煤系数 9.53%。其中储量估算的煤层为山西组 3# 煤层,是全井田稳定的主要可采煤层,煤层倾角≤8°。平均厚度 6.11m,可采含煤系数为 7.11%。该煤层顶板主要是泥岩、粉砂质泥岩、粉砂岩,局部为细、中粒砂岩。粉砂岩主要发育于井田东南部及西北角。采用长壁开采方式采煤,全部垮落法管理顶板。

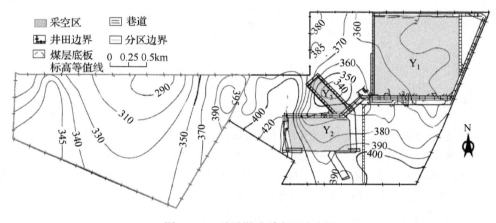

图 10-25　岳城煤矿采空区分布图

5. 赵庄煤矿

赵庄区块位于沁水盆地东南部,晋城市北 50km 处,属长治县,采空区面积约为 69.37km²,煤炭地质储量为 18.39 亿 t,矿井设计生产能力为 600 万 t/a(图 10-26)。本区属于华北石炭——二叠系含煤地层区,太原组、山西组普遍含煤。煤层气井所揭露的为山西组 3# 煤层及太原组 9#、15# 煤层,三层煤层均属于无烟煤。全区煤层倾角 5°~10°,厚度 0~6.35m,平均 4.53m。夹矸一般为一层,位于煤层下部,厚 0.20m 左右。顶板主要是泥岩、砂质泥岩,次为粉砂岩,局部为中、细粒砂岩。底板主要是泥岩、砂质泥岩、个别为中、细粒砂岩或粉砂岩。采用长壁工作面厚煤层大采高一次采全厚的综采方式。

6. 长平煤矿

山西长平煤业有限责任公司(简称长平煤矿)位于沁水煤田高平勘探区赵庄详查区南部,山西省高平市寺庄镇境内,南距高平市 17km,北距长治市 45km,距王台铺矿 53km(图 10-27)。采空区面积约为 54.91km²,长平矿现开采能力为 300 万 t/a。井田内含煤地层主要为石炭系上统太原组和二叠系下统山西组。其中,山西组含 3# 煤层,太原组含 12 层煤。矿井现主采山西组 3#煤层，煤层平均厚 5.65m，煤层倾角一般为 1°～5°，顶板主要是泥岩、砂质泥岩，其次为粉砂岩，局部为中、细粒砂岩或粉砂岩，底板为黑色泥岩、砂质泥岩，深灰色粉砂岩。采煤方法为倾向长壁及综合机械化采煤法，全部垮落法管理顶板。

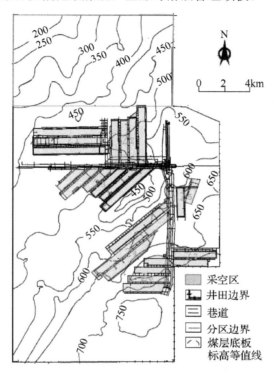

图 10-26　赵庄煤矿采空区分布图

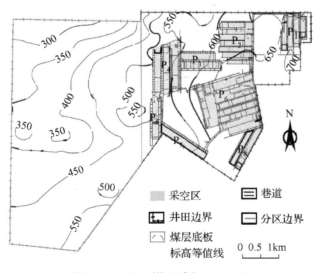

图 10-27　长平煤矿采空区分布图

10.5.2　采空区资源量计算

1. 残留及未开采煤层的吸附气资源量

对残留及未开采煤层的吸附气资源量进行计算，根据研究区煤样的等温吸附实验、气质检测实验以及地质资料进行计算，计算参数取值如表 10-3 所示。

将残煤面积同各已知参数代入式(10-31)～式(10-33)计算得到各区残留及未开采煤层的吸附气资源量，如表 10-4～表 10-9 所示。

表 10-3　采空区煤层气井地质参数

采空区	V_L /(cm³/g)	P_L /MPa	含气饱和度 /%	甲烷浓度 /%	平均厚度 /m	储层压力 /MPa	采空区气体压力/kPa	含气量 /(cm³/g)
晋圣	34.29	2.39	75	91.48	6.34	2.80	103	19.64
赵庄	29.36	2.03	70.53	21	4.53	3.32	108	15.55
长平	29.36	2.03	70	16.50	5.65	2.26	108	14.67
成庄	34.14	2.38	77.50	30.33	6.46	4.01	105	17.56
寺河	34.29	2.39	66.70	32.03	6.31	2.85	104	14.38
岳城	34.29	2.39	96.18	27.52	6.11	3.25	105	21.46

2. 采空区游离气资源量

采空区游离气资源量计算方法以晋圣煤矿张山区 3101 工作面采空区(编号 Z_2)为例加以说明。

根根研究区采空区分布情况，将晋圣煤矿采空区划分 4 个区域，即嘉峰区、张山区、永晋宏泰区和五里庙区，共 23 个采空区。3101 工作面位于研究区中部张山区，于 2006 年 3 月开采完毕，煤层采高 6.3m，煤层倾角 2°，工作面倾向长度 112m，走向长度 372m。根据现场监测数据和室内实验资料得到，顶板破断角 $\varphi=60°$，直接顶岩石碎胀系数 $K_p=1.45$，压实稳定后冒落岩体残余碎胀系数 $K'_p=1.15$，顶板岩层原始孔隙度为 $S_0=0.03$，岩石原始含水饱和度 $S_{w0}=0.8$。甲烷气体浓度检测报告显示，游离煤层气成分中 CH_4 含量平均为 91.48%。依据冒落带和裂隙带的计算公式，得出冒落带高度 $H_m=14m$，裂隙带高度 $H_l=37.7m$。

根据式(10-20)，可得压实稳定后冒落带岩体孔隙率 $n_m=0.16$。

通过联立式(10-23)～式(10-25)，则裂隙带范围内不同高度破裂岩体的孔隙率为

$$n(h) = 1.03 - \frac{1}{1.15 - 0.041\ln(h+1)} \qquad (0 \leqslant h \leqslant 37.7) \qquad (10\text{-}37)$$

将相关参数代入式(10-22)，计算得到 3101 工作面采空区冒落带范围内岩体孔隙体积 $V_m=77843.4\text{m}^3$。

将参数代入式(10-29)可以得出 3101 工作面采空区裂隙带范围内岩体孔隙体积为

$$V_1 = \int_0^{37.7} [372 - 1.15(h+14)][112 - 1.15(h+14)]\left(1.03 - \frac{1}{1.15 - 0.04\ln(h+1)}\right)dh = 80945.2\text{m}^3$$

$$(10\text{-}38)$$

3101 工作面采空区积水水位 H_w=5.8m，积水区面积为 20895m³，则采空区积水区体积 F_w=121264.9m³，从而由式(10-30)得出采空区积水量 V_w=21814.4m³。

将相关参数代入式(10-31)，可以计算得到采空区含水饱和度 S_w=0.375；将参数代入式(10-34)，从而可以得出 3101 工作面采空区游离气资源量为 3754059.7m³。

其他区采空区游离气资源量计算与 3101 工作面采空区计算相同，晋圣矿区、赵庄矿区、长平矿区、成庄矿区、寺河矿区以及岳城矿区的计算结果分别如表 10-4～表 10-9 所示。

计算结果表明，本区煤矿采空区煤层气资源丰富，晋圣矿区二叠系山西组 3#煤层煤层气总资源量为 5.8717×10⁸m³，其中吸附气资源 5.8353×10⁸m³，游离气资源 0.0364×10⁸m³，资源丰度为 0.9020×10⁸m³/km²；赵庄矿区 3#煤层煤层气总资源量为 49.6134×10⁸m³，其中吸附气资源 49.5743×10⁸m³，游离气资源 0.0391×10⁸m³，资源丰度为 0.7152×10⁸m³/km²；长平矿区 3#煤层煤层气总资源量为 33.3059×10⁸m³，其中吸附气资源 33.2444×10⁸m³，游离气资源 0.0615×10⁸m³，资源丰度为 0.6065×10⁸m³/km²；成庄矿区 3#煤层煤层气总资源量为 85.0219×10⁸m³，其中吸附气资源 84.9834×10⁸m³，游离气资源 0.0385×10⁸m³，资源丰度为 1.1443×10⁸m³/km²；寺河矿区 3#煤层煤层气总资源量为 107.0864×10⁸m³，其中吸附气资源 107.0633×10⁸m³，游离气资源 0.0232×10⁸m³，资源丰度为 0.9726×10⁸m³/km²；岳城矿区 3#煤层煤层气总资源量为 15.0357×10⁸m³，其中吸附气资源 15.0321×10⁸m³，游离气资源 0.0036×10⁸m³，资源丰度为 1.3719×10⁸m³/km²。

表 10-4　晋圣煤矿采空区煤层气资源量计算结果

分区名称	采空区编号	采空区面积/km²	残煤面积/km²	冒落带孔隙体积/×10⁴m³	裂隙带孔隙体积/×10⁴m³	采空区含水饱和度/%	游离气资源量/×10⁴m³	吸附气资源量/×10⁸m³	煤层气资源总量/×10⁸m³	资源丰度/(10⁸m³/km²)
嘉峰区	J₁	0.0164	0.6555	3.0110	3.1310	0.259	0.0007	0.6744	0.6839	0.7791
	J₂	0.0070		1.2840	1.3351	0.259	0.0003			
	J₃	0.0658		1.2119	12.6020	0.381	0.0026			
	J₄	0.0316		5.8146	6.0464	0.363	0.0013			
	J₅	0.1016		18.6970	19.4420	0.259	0.0046			
张山区	Z₁	0.0357	0.5710	6.5678	6.8295	0.358	0.0015	0.5875	0.5907	0.9103
	Z₂	0.0423		7.7843	8.0945	0.375	0.0017			
永晋宏泰区	Y₁	0.0331	2.1197	6.0945	6.3374	0.271	0.0015	2.1808	2.1962	0.8910
	Y₂	0.0443		8.1577	8.4828	0.265	0.0020			
	Y₃	0.0569		10.4718	10.8891	0.295	0.0025			
	Y₄	0.1122		20.6498	21.4726	0.259	0.0050			
	Y₅	0.0312		5.7471	5.9762	0.259	0.0014			
	Y₆	0.0201		3.7005	3.8479	0.270	0.0009			
	Y₇	0.0152		2.7972	2.9087	0.283	0.0007			
	Y₈	0.0321		5.9103	6.1458	0.259	0.0014			
五里庙区	W₁	0.0087	0.7760	1.5927	1.6561	0.324	0.0004	0.7984	0.8067	0.8330
	W₂	0.0353		6.4962	6.7551	0.377	0.0014			
	W₃	0.0297		5.4633	5.6810	0.366	0.0012			
	W₄	0.0312		5.7500	5.9791	0.259	0.0014			
	W₅	0.0286		5.2671	5.4770	0.259	0.0013			
	W₆	0.0108		1.9853	2.0644	0.259	0.0005			

续表

分区名称	采空区编号	采空区面积/km²	残煤面积/km²	冒落带孔隙体积/×10⁴m³	裂隙带孔隙体积/×10⁴m³	采空区含水饱和度/%	游离气资源量/×10⁴m³	吸附气资源量/×10⁸m³	煤层气资源总量/×10⁸m³	资源丰度/(×10⁸m³/km²)
五里庙区	W_7	0.0163		2.9994	3.1189	0.259	0.0007			
	W_8	0.0319		5.8663	6.1001	0.259	0.0014			
未采区	—	—	1.5497	—	—	—	—	1.5944	1.5944	1.0288
合计	—	0.8380	5.6719	211.618	246.965	0.186	0.0364	5.8353	5.8717	0.9020

表 10-5 赵庄煤矿采空区煤层气资源量计算结果

采空区编号	采空区面积/km²	残煤面积/km²	冒落带孔隙体积/×10⁴m³	裂隙带孔隙体积/×10⁴m³	采空区含水饱和度/%	游离气资源量/×10⁸m³	吸附气资源量/×10⁸m³	煤层气资源总量/×10⁸m³	资源丰度/(×10⁸m³/km²)
Z_1	1.87		3.70	4.63	0.24	0.0078			
Z_2	1.77		3.50	3.67	0.26	0.0065			
Z_3	2.21		4.37	4.58	0.26	0.0081			
Z_4	2.09	43.29	4.13	4.33	0.24	0.0079	36.2880	36.3271	0.6788
Z_5	0.43		0.85	0.89	0.24	0.0016			
Z_6	1.23		2.43	2.55	0.24	0.0047			
Z_7	0.63		1.25	1.31	0.24	0.0024			
未采区	—	15.85	—	—	—	—	13.2863	13.2863	0.8383
合计	10.23	59.14	20.22	21.96	—	0.0391	49.5743	49.6134	0.7152

表 10-6 长平煤矿采空区煤层气资源量计算结果

采空区编号	采空区面积/km²	残煤面积/km²	冒落带孔隙体积/×10⁴m³	裂隙带孔隙体积/×10⁴m³	采空区含水饱和度/%	游离气资源量/×10⁸m³	吸附气资源量/×10⁸m³	煤层气资源总量/×10⁸m³	资源丰度/(×10⁸m³/km²)
P_1	0.79		1.66	1.39	0.25	0.0029			
P_2	2.01		4.22	3.54	0.25	0.0073			
P_3	0.67		1.41	1.18	0.30	0.0023			
P_4	1.23	6.27	2.58	2.16	0.29	0.0042	5.5231	5.5846	0.2383
P_5	0.28		0.59	0.49	0.28	0.0010			
P_6	11.21		23.56	19.72	0.25	0.0405			
P_7	0.41		0.86	0.72	0.30	0.0014			
P_8	0.57		1.20	1.00	0.25	0.0021			
未采区	—	31.47	—	—	—	—	27.7213	27.7213	0.8809
合计	17.17	37.74	36.08	30.21	—	0.0615	33.2444	33.3059	0.6065

表 10-7 成庄煤矿煤矿采空区煤层气资源量计算结果

采空区编号	采空区面积/km²	残煤面积/km²	冒落带孔隙体积/×10⁴m³	裂隙带孔隙体积/×10⁴m³	采空区含水饱和度/%	游离气资源量/×10⁸m³	吸附气资源量/×10⁸m³	煤层气资源总量/×10⁸m³	资源丰度/(×10⁸m³/km²)
C_1	2.64		5.18	4.45	0.34	0.0055			
C_2	3.71		7.28	6.25	0.27	0.0086			
C_3	1.34		2.63	2.26	0.33	0.0029			
C_4	3.33	57.26	6.54	5.61	0.27	0.0077	84.9834	85.0219	1.1443
C_5	0.56		1.10	0.94	0.39	0.0011			
C_6	3.62		7.11	6.10	0.27	0.0084			
C_7	1.84		3.61	3.10	0.27	0.0043			
合计	17.04	57.26	33.46	28.70	—	0.0385	84.9834	85.0219	1.1443

表 10-8　寺河煤矿采空区煤层气资源量计算结果

采空区编号	采空区面积/km²	残煤面积/km²	冒落带孔隙体积/×10⁴m³	裂隙带孔隙体积/×10⁴m³	采空区含水饱和度/%	游离气资源量/×10⁸m³	吸附气资源量/×10⁸m³	煤层气资源总量/×10⁸m³	资源丰度/(10⁸m³/km²)
S_1	1.17		2.35	2.24	0.28	0.0017			
S_2	0.93		1.87	1.78	0.28	0.0014			
S_3	1.68	58.86	3.37	3.22	0.27	0.0025	66.5302	66.5534	0.8965
S_4	0.58		1.16	1.11	0.28	0.0008			
S_5	10.34		20.77	19.81	0.25	0.0157			
S_6	0.68		1.37	1.30	0.25	0.0010			
未采区	—	35.86	—	—	—	—	40.5330	40.5330	1.1303
合计	15.38	94.72	30.89	29.46	—	0.0232	107.0633	107.0864	0.9726

表 10-9　岳城煤矿采空区煤层气资源量计算结果

采空区编号	采空区面积/km²	残煤面积/km²	冒落带孔隙体积/×10⁴m³	裂隙带孔隙体积/×10⁴m³	采空区含水饱和度/%	游离气资源量/×10⁸m³	吸附气资源量/×10⁸m³	煤层气资源总量/×10⁸m³	资源丰度/(10⁸m³/km²)
Y_1	1.41		2.89	2.58	0.28	0.0026			
Y_2	0.46	4.51	0.94	0.84	0.28	0.0008	7.5411	7.5447	1.1643
Y_3	0.1		0.20	0.18	0.28	0.0002			
未采区	—	4.48	—	—	—	—	7.4910	7.4910	1.6720
合计	1.97	8.99	4.04	3.60	—	0.0036	15.0321	15.0357	1.3719

10.6　煤矿采空区煤层气抽采条件与技术

10.6.1　煤矿采空区煤层气抽采条件

煤矿采空区煤层气地面抽采是一项系统工程,前面介绍的煤矿采空区岩体渗透性决定了煤矿采空区煤层气垂直井钻完井深度和布井位置,是煤矿采空区煤层气抽采设计的重要参数。煤矿采空区煤层气资源是决定煤矿采空区抽采效果的关键因素。煤矿采空区中煤层气主要以游离态和吸附态为主,主要赋存在煤、岩层裂隙空间与煤炭开采形成的采空区里;吸附态气赋存在煤柱和残留煤层、临近未采煤层及围岩的泥岩和炭质页岩中;溶解气以溶解的方式赋存在地下水中,且不同的采煤方法和地质条件也造成采空区煤层气的来源和富集程度存在明显差异。一方面,由于顶板裂隙的大量发育,游离态煤层气将向煤层上部运移和富集,并沿着垂直裂隙向上覆含水层或地表不断逸散,造成残余煤层气资源总量不断下降。另一方面,由于采空区中煤层气压力大大低于原岩应力,临近煤层和围岩中原本大量以吸附态和少量以游离态存在的煤层气也将通过各种垂直裂隙向采空区中运移,对采空区煤层气资源量形成补充。除了煤矿采空区煤层气资源条件,煤矿采空区地面煤层气抽采效果还受控于地形地貌、采空区密闭性、采空区积水情况、采空区煤柱稳定性、含水层与易坍塌地层情况和采煤方法等因素的影响[17-21]。

1. 地形地貌

地形地貌是煤矿采空区地面抽采工程实施的重要条件,决定了井场、道路、供电、管道施工的难度、规模和成本。采空井井位的选布应充分考虑地形地貌条件，在井下布井条件允许的范围内，应尽量选取平坦、开阔、易于到达的位置，要避开山顶、河谷、悬崖、湖泊、地质灾害易发区等不利位置。由于煤层气属易燃易爆气体，井位选取还应尽量远离人口密集区、重要地面建筑物(铁路、桥梁、高压输电线路)等，位于区域最小频率风向的上风侧，如果无法避开，则必须保留足够的安全距离，并采取必要的警示和隔离措施。如晋圣永安宏泰煤矿地表属黄土高原剥蚀丘陵地貌，沟谷纵横，地面标高差异较大，有零星村庄分布。在该区域施工采空区井，需专门修筑井场、道路，供电、管道成本也相应提高。

2. 煤矿采空区的密闭性

煤矿采空区的密闭性对于地面抽采具有十分重要的意义，密闭性的好坏不仅决定了煤层气资源量和逸散速率，更为重要的是直接影响地面抽采的甲烷和氧气浓度，而甲烷和氧气浓度的高低决定了抽采设备的选型、运行成本的高低、利用方式的不同以及抽采年限等。

由于煤层气的主要成分甲烷是一种易燃、易爆气体，其爆炸条件和爆炸区间同氧气浓度、温度、压力等参数密切相关，因此甲烷浓度的高低直接影响抽采设备的选型，如位于或接近爆炸浓度区间的煤层气必须采用本质安全型的湿式抽采设备，如水环式真空泵；而远离爆炸浓度区间的煤层气还可以选择具备防爆能力的干式抽采设备，如罗茨真空泵、螺杆增压机等。

甲烷浓度的高低还对设备成本和运行成本有显著影响，抽采同等规模纯量的高浓度煤层气和低浓度煤层气，前者可选用较小型号的抽采设备，其设备选购成本和电费、耗材等运行成本更低。

甲烷浓度的高低也决定了其利用途径，通常高浓度的煤层气其利用途径更广，接近于天然气，可用于管道输送、液化、压缩、化工、汽车、民用燃气等；而低浓度的煤层气由于纯度低且爆炸风险更高，其利用模式受限，通常用于发电、配气或提纯后使用。

此外，随着抽采年限的延长，地面抽采的浓度和流量都呈现逐渐下降的趋势。一般而言，低浓度煤层气比高浓度煤层气下降到爆炸区间范围内的年限更短，而前期投入的抽采设备和利用设备可能无法继续在煤层气浓度的爆炸区间范围内安全运行，将造成整个抽采项目寿命的缩短或增加更换设备的成本。

如晋城矿区晋圣永安宏泰煤矿的 JSCK-03、JSCK-08 井就由于采空区的密闭不良，导致抽采浓度相对较低，仅为 45%～60%，其抽采设备的日抽采纯量更低、单位运行成本更高，随着其浓度的逐年降低，未来将可能无法安全增压集输，抽采年限可能会相对其他采空区井(JSCK-02、JSCK-02-2 井)更短。

3. 采空区积水

采空区积水是决定煤矿采空区煤层气抽采的关键因素，采空区一旦被积水全部淹没，抽采量和抽采浓度将显著下降，抽采寿命也将极大缩短。采空区残留煤炭受采煤、抽放、通风影响，其原始瓦斯赋存压力已显著降低并接近大气压，吸附态甲烷依靠残余赋存压力自然解吸，残煤一旦被水淹没，其解吸速度将极大降低，煤层气井下泵抽水采气，耗时且成本高；地面负压抽采对吸附甲烷的自然解吸起到促进作用，但采空区积水缩小了地面抽采的影响范围，不利于吸附甲烷的自然解吸。

如晋城矿区晋圣永安宏泰煤矿 3#煤层已形成大面积采空区，最早的采空区形成于 1997

年，距今已近 20 年，采空区内经过多年蓄积，存在一定量的积水，特别是在采空冒落区，松散的堆积体是产生积水的最优空间。根据《永安宏泰水文地质类型划分报告》数据，在井田范围内有大小不等 13 处积水（表 10-10），采空区内积水总量约 193864m³，这些积水是采空区煤层气抽采的不利条件，布井时应尽量远离积水区。

表 10-10　采空区积水量估算表

矿井名称	采空积水区编号	积水区水平投影面积/m²	平均采高/m	煤层倾角/(°)	积水量/m³	积水区位置
永晋宏泰	Q_{y1}	849	6.25	7	1336	井田西北部
	Q_{y2}	612	6.25	7	963	井田西北部
	Q_{y3}	810	6.25	7	1275	井田西北部
	Q_{y4}	1059	6.20	7	1654	井田南部
	Q_{y5}	1562	6.20	5	2430	井田南部
	Q_{y6}	8210	6.20	7	12821	井田南部
	小计	13102			20479	
五里庙	Q_{w1}	2266	6.10	2	3458	井田西南部
	Q_{w2}	16704	6.10	2	25489	井田西南部
	Q_{w3}	12843	6.10	2	19598	井田西南部
	小计	31813			48545	
张山	Q_{z1}	20895	6.48	2	33871	井田中西部
	Q_{z2}	13331	6.48	2	21609	井田中西部
	小计	34226			55480	
嘉峰	Q_{j1}	12880	6.25	2	20137	井田西南部
	Q_{j2}	31477	6.25	2	49213	井田中部
	小计	44357			69350	
	合计	123498			193864	

如晋圣永安宏泰煤矿西南部采空区的 JSCK-12 和 JSCK-21 井，由于采空区积水水位高出煤层顶板 10m，导致无法产气，虽采取了下泵抽水措施进行补救，但抽出全部积水不仅耗时而且成本很高，其产气效果也不理想。

4. 采空区煤柱稳定性

煤柱两侧都被采空后，受应力集中的影响，靠近煤壁附近的煤岩体发生变形破坏，煤体强度大大降低，而煤柱中间应力相对较小，其煤体处于弹性状态，能承受较大的应力作用。煤柱一侧或两侧煤层开采后，由于水平约束力的消失或减小，煤柱由靠近采空区一侧向中间区域会出现不同程度的变形，一般分为片帮区（破碎区）和破裂区，其破碎区与破裂区合称为塑性区，应力增高的弹性区和原岩应力区。

煤柱两侧均被采出，剩下中间煤柱时，煤柱应力分布呈标准的"马鞍形"分布，由煤壁向中部依次分为破裂区、塑性区和弹性区。计算结果表明，晋城矿区采空区煤柱宽度为 50m 时，煤柱中间稳定的弹性区在 35m 左右；当煤柱宽度为 30m 时，中间相对稳定的弹性区域只有 10m 左右，随着埋深的增加，煤柱稳定的弹性区宽度减小。

由于煤柱的稳定性及其受力状态变化，在采空区抽采煤层气时，应考虑煤柱稳定性特征，设计合理的煤层气抽采井位。

（1）对于抽采采空区煤层气时，煤层气井应布置在采空区中，完井深度应控制在冒落-裂隙带高度的 2/3 以上。

（2）对于晋城矿区抽采 3#煤层采空区下伏的 9#和 15#煤层中煤层气时，为了避免过采空区钻井困难问题，抽采采空区下伏 9#和 15#煤层的煤层气，煤层气井应布置在煤柱上；但应合理选择煤层气井穿越煤柱的位置，以减少工程成本和保证产气量。

（3）由于采空区下伏的 9#煤层受上覆 3#煤层采动影响，其煤储层渗透性有所改善，有利于 9#煤层的煤层气抽采。对于抽采采空区下伏 9#煤层时，煤层气井应选择在煤柱边部，即煤柱破坏区：这样可以避免过采空区钻井困难问题；同时煤柱边部的煤体发生了破坏，但仍能保持煤体的完整性，所受应力也较小，9#煤储层渗透性较好，有利于 9#煤层抽采。但是采后煤柱的强度随时间和充水等因素发生变化，煤体强度会不断降低，特别是靠近采空区已经破坏的煤体，会发生蠕变现象，产生较大的变形，对煤层气井的稳定与正常采气造成不利的影响。

（4）对于抽采采空区下伏 15#时，由于 3#煤层与 15#煤层之间间距较大（100m 左右），3#煤层开采对下伏 15#煤层不会造成影响。因此抽采 15#煤层时，需要进行压裂改造，煤层气井应选择在煤柱中间稳定的弹性区。

5. 含水层与易坍塌地层

含水层与易坍塌地层提高了采空井钻井施工难度和成本，如不妥善处理，可能造成卡钻、埋钻、井漏、涌水等钻井事故。在进行采空井钻井施工前，必须查清研究区主要含水层和易坍塌地层层位，提前做好施工预防措施。为保证采空区井稳定和长期畅通，必须对较大的含水层和易坍塌地层进行固井封堵，固井层位的选取应适当，必须封固住顶板之上最后一层含水层和易坍塌地层，并位于裂隙带之上。固井水泥浆一旦大量进入裂隙带不仅将严重影响固井质量，而且将严重堵塞产气通道，造成采空井产气量降低或不产气。

如晋城矿区晋圣永安宏泰煤矿在 3#煤层顶板以上 50～180m 分布有 3～5 层含水层和易坍塌层。采空区井钻井过程中采用井下窥视仪可见明显涌水和井壁坍塌扩径现象。分析表明，3#煤层顶板水主要为下石盒子组及山西组砂岩孔隙-裂隙，属承压含水层水，但富水性弱，必须进行固井封堵。

6. 采煤方法

采煤方法不同，在很大程度上决定了采空区的形态特征、顶底板裂隙分布与扩展、煤层气运移与富集状况、残留煤层气资源量的不同，进而对地面抽采造成重大影响。

采煤方法很多，大体上可分为壁式体系和柱式体系两大类（图10-28）。这两类采煤方法无论从采面布置还是生产系统都存在明显差异，采煤后顶底板围岩应力、位移分布都有显著不同。一般来说，大中型煤矿由于经济和技术实力较强，多采用壁式采煤法，小煤矿由于经济和技术实力有限，多采用柱式采煤法。壁式采煤法的特点是工作面较长、进风巷和回风巷布置于工作面的两侧，通常采用割煤机出煤、刮板输送机运输的方式，回采效率高、强度大，顶板垮落显著，顶板移动破坏规律符合经典的垮落带、裂隙带和弯曲下沉带"三带"分布规律和"O 形圈"理论。柱式采煤法的特点是工作面短、小、多，采空区和巷道分布呈现"棋盘状"，采用柱式采煤法的小煤矿通常煤层回采率较低，采煤活动强度低，顶板垮落和下沉显著小于同等地质情况下的壁式采煤法，裂隙带的发育也相对较差。

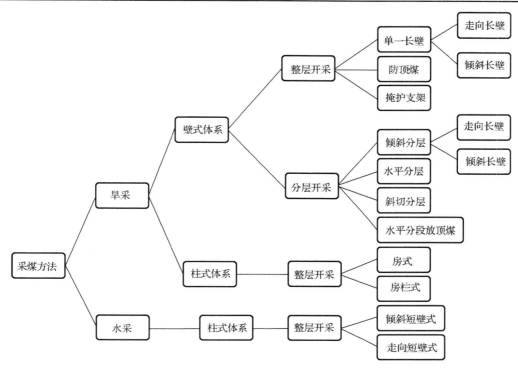

图 10-28　采煤方法分类

采用壁式采煤法的大中型煤矿，由于回采率较高，采空区残留煤炭和煤层气资源较少，煤炭开采过程中形成的置落-裂隙带是采空区煤层气运移和富集的主要场所。工程上，地面钻井通常钻遇裂隙带即可产气，由于钻井循环介质漏失严重和岩石破碎严重，常规钻井方法难以钻穿采空区。

采用柱式采煤法的小煤矿由于回采率较低，采空区残留煤炭和煤层气资源较多，拥有较好的资源潜力；由于采煤强度低，顶板垮落和裂隙带发育较差，采空区煤层气封盖和储集条件较好，煤柱之间的巷道在煤层气运移和储集上的重要性更高；由于大量煤柱的存在且多数小煤矿资料准确度很差，地面钻井极易钻遇煤柱，导致无法产气，虽可采用一些工程手段使井筒连通采空区，但风险、成本都很高，即使顺利连通采空区，采空井的产气量和持续性都受到限制，导致布置于小煤矿柱式采煤区的采空井产气成功率有限。

如晋城矿区晋圣永安宏泰煤矿由原有 4 个小煤矿整合而成，2001 年以前采煤方法为房柱式采煤法，即每隔一定距离开采煤房，在煤房之间保留煤柱用以支撑顶板的采煤方法。主要依靠掘进煤房、向煤房两侧扩帮及部分回采煤柱出煤，生产时沿底板掘进，采高 3m，工艺为炮采加放顶煤。房柱式采煤法完全依靠煤柱支撑顶板，为了确保顶板安全，需留设大量煤柱。小矿由于技术装备落后，以掘代采、采掘不分的情况较为严重，煤炭回采率很低，仅为20%～25%。采空区大量遗留煤炭，成为采空井煤层气的主要来源，采空区煤层气资源丰富，地面采空区煤层气井产气效果好，日产量都稳定在 2700～3600m³/d（折纯量）。2001 年之后，由于地方政府加强了煤炭管理，该矿采煤方法强制性转为长壁采煤法，采用全部垮落法进行顶板管理，提高了煤炭回采率和机械化水平，由于长壁开采形成的煤矿空区抽采浓度就只有

45%～60%，采空区煤层气资源相对房柱式采煤法形成的采空区煤层气资源和产气效果要差，日产量也仅 500～1200m³/d(折纯量)。

抽采采空区煤层气时，必须注意以下两点。

(1)控制抽采负压，保证瓦斯质量。由于采空区围岩受采动影响透气性大大提高，故抽采负压不宜过大；否则，很容易使空气进入采空区，使抽采瓦斯浓度降低和引起采空区煤炭自燃。一般说来，瓦斯浓度不应低于 20%，否则，应停止抽采。

(2)定期检查与测定，防止自燃发火。对有自燃发火危险的煤层，为防止采空区因抽采瓦斯而引起的自燃发火，必须定期进行检查和采气分析及测定，其内容包括密闭或抽采管内的气体成分(O_2、CO、CO_2、CH_4)、温度、负压和流量等。当一氧化碳或温度呈上升趋势时，应控制(低负压)抽采；而发现发火征兆时，必须立即停抽并采取注水注浆等防消火措施，等征兆消除后再逐渐恢复抽采。

10.6.2 采空区煤层气抽采工艺与技术

煤矿采空区煤层气抽采工艺与技术包括采空区煤层气井身结构、钻井工艺与技术、抽采设备及工艺流程和安全措施及监测监控技术等方面[21]。

1. 井身结构设计

1)煤层气井身结构设计原则

结合沁水盆地南部晋城矿区实际，煤矿采空区地面煤层气井的井身结构应满足一下以下要求。

一开结构的钻进深度应穿过试验工作面表土覆盖层及风化带岩层，并进入基岩下 10m。

二开结构的钻进深度应该深入到距 3 号煤层最近一层含水层位置。

三开结构的钻进深度应该深入到 3 号煤层顶板以上采空区裂隙带，并根据现场施工的漏浆(风)情况决定最终止深。

2)井身结构设计方案

采空井的井身按照三开设计，地面井筒直径选择方面，考虑到采空区出现坍塌现象和钻完后裸眼抽采，可一开使用 425mm 钻头；二开使用 311.15mm 钻头；三开 241mm 钻头(图 10-29)。

3)井身结构质量标准

井身结构质量标准要求全井最大井斜小于 3°、最大井斜变化率小于 1(°)/50m 和全井最大井径扩大率小于 25%。

2. 钻井工艺与技术

钻井工艺选择：为提高钻井施工效率、避免液体钻井液堵塞采空区顶板裂隙带产气通道，地面采空区钻井应优先采用压缩空气潜孔锤钻井技术，气体钻井由于循环介质的比重大大低于泥浆，利用气体钻井的特点，可以大幅度降低成本、提高产量、提高勘探开发总体效益。

与常规钻井技术相比，该技术主要优点如下。

(1)气体密度低，降低了井底的压力，有利于提高机械钻速。

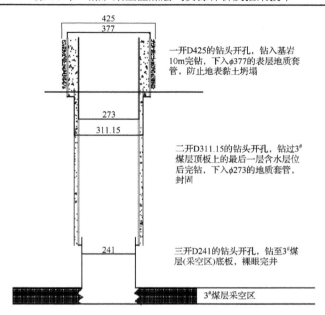

图 10-29　采空井井身结构示意图

(2) 气体对不稳定低渗煤层气储层有保护作用。

(3) 气体循环流速快，能够迅速将井底岩屑气吹至地面，利于准确判断井底情况。

(4) 气体介质容易制备，在井漏、供水困难的钻探施工区可降低成本。

(5) 压缩空气除在井内循环外，还可作为动力源实现冲击回转钻进，可大幅提高钻井速度，降低钻井成本。

固井套管选择：根据采空区煤层气地面开发的特点，采用两级套管的固井结构模式，一开、二开套管的型号要求如表 10-11 所示。

表 10-11　固井套管选型要求

序号	钻井分级	套管钢级	套管外径/mm	套管壁厚/mm
1	一开	J55	377	10.03
2	二开	J55	273	9.53

护井水泥环参数优化：地面钻井水泥环的参数和性能决定了钻井套管固井的效果，在地面钻井的套管型号、钻井终孔直径等参数已经确定的条件下，水泥环的存在可以缓解岩层移动对套管的应力作用，也可以严重增加岩层移动对套管的应力作用，因此需要根据套管、钻井的参数对水泥环的配比、厚度等参数进行优化(表10-12)，以保证水泥环在完成固定钻井套管的基本要求的前提下能够有效地缓解钻井套管的应力作用。

表 10-12　护井水泥环的参数要求

序号	位置	水泥参数（GB10238—2005）				水泥环厚度/mm	水泥返高
		水泥标号	水灰比 W/C	分散剂	早强剂氯化钙		
1	一开钻井	G 级	0.50	0.2%	1%	10~20	地表
2	二开钻井	G 级	0.44	0.2%	1%	10~40	地表

钻井分级优化：地面钻井的钻井结构分级钻具参数要求如表 10-13 所示。

表 10-13　钻具参数要求

序号	钻井分级	套管钢级	套管外径/mm	钻头直径/mm
1	一开	J55	377	425
2	二开	N80	273	311

由于地面钻井施工前需要对施工井位附近进行井场平整与修葺，对地表标高及表土层厚度都将产生一定的影响，因此应根据钻孔实际情况对一开钻井段的深度进行实际调整。由于场地平整以及高程误差造成的二开及三开钻井的深度变化应在完成钻场平整后，运用 GPS 重新进行井位确认，并对二开及三开的布置深度进行修正。

钻井施工流程如下。

(1)一开结构使用外径 425mm 的钻头无芯钻进到距离表土层下方 10m 处，下入 377mm 表层套管，之后对井壁及套管壁之间的环形空间使用水泥进行封固，直至井口返出纯水泥浆。

(2)二开结构使用 311.15mm 钻头无芯钻进到距 3 号煤层最近一层含水层，通过灌注水泥，并下入 273mm 技术套管封固。

(3)三开结构使用 241mm 钻头无芯钻进到 3 号煤层顶板以上采空区裂隙带，并根据现场施工的漏浆(风)情况决定最终止深。

3. 抽采设备及工艺流程

1)抽采设备

采空井采用针对采空井特点设计的煤层气专用螺杆增压机组进行抽采：主要包括喷油螺杆增压机主机、防爆电机、联轴器、润滑油系统、控制系统、主机橇装底架及箱体、油气分离器等。采用喷油螺杆增压机、双螺杆结构、滚动轴承、机械密封、主机由防爆电机直接驱动(图 10-30)。

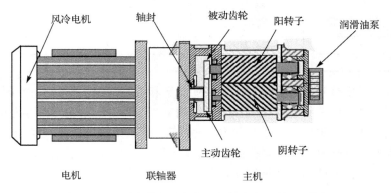

图 10-30　采空井专用螺杆增压机主机部件配置图

煤层气专用螺杆增压机主要设计参数如表 10-14 所示。机组配有油泵，将油压送至转子腔、轴承、齿轮和机械密封等润滑点。从增压机排出的油、气混合物在兼作为油箱及储气罐用的粗油分离器中，经分离循环后通过回油管引入增压机。

机组设有独立安装的油气冷却器系统，采用风冷方式，由电机单独驱动风扇运转，通过风扇将冷却器的热量带走。机组的进气流量调节根据进气压力采用变频调节，排气流量调节采用旁路自带调节的方式。机组设有安全阀，当机组发生故障，出现不正常超压时，安全阀将跳开，使高压气体引至高空放空，保护机组。

表 10-14　煤层气专用螺杆增压机主要设计参数

设计项目	主要参数
进气压力	-0.03MPaG
排气压力	0.25～0.30MPaG
进气温度/℃	≤20
排气温度/℃	≤80
吸气量/(m³/min)	3～7
气体组分	采空区瓦斯，其中甲烷浓度不小于30%
级数	单级(SGY93L)
转子型线	Y-1
阳阴转子齿数	5/6
阳转子直径/mm	128
阴转子直径/mm	108

增压机机组外接管道设有支撑，避免过大的应力导致机组内部构件损坏。

2) 工艺流程

采空井地面工艺流程如下(图 10-31)。

前端：井口压力表→井口闸阀→单向阀→过滤器→阻火器→连接软管→抽采增压机组。当井口与增压机组距离大于 50m 时，需在阻火器与抽采增压机组之间加装闸阀，以便于操作。

中端：抽采增压机组，甲烷、氧气、温度传感器，对甲烷和氧气浓度、进排气温度进行检测、报警和保护控制。

后端：抽采增压机组排气口→连接软管→放空阀→流量计→球阀→集输站。

工艺流程图如下。

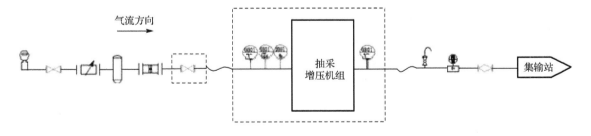

图例	井口压力表	井口闸阀	单向阀	球阀	过滤器	阻火器	连接软管	甲烷和氧气传感器	放空阀	流量计
名称	井口压力表	井口闸阀	单向阀	球阀	过滤器	阻火器	连接软管	甲烷和氧气传感器	放空阀	流量计

图 10-31　采空井地面抽采工艺流程

采空井井口与增压机组之间应安装单向阀和可靠的阻火装置，抽采利用应安装甲烷、氧气浓度和压力、温度传感器，对甲烷和氧气浓度及压力、温度变化等参数进行实时监测、实现参数超限报警和自动保护停机功能。抽采瓦斯经检测存在一氧化碳的采空井，必须安装一氧化碳浓度传感器。所有电气设备均应可靠接地，接地引下线应接地良好，接地电阻值≤10Ω。增压机组应安装应急放空管，放空管应高于机组顶部。

4. 安全措施及监测监控技术

1）安全参数监测

地面抽采安全参数监测系统为本质安全型，采用由正规厂家生产并符合 GB/T 12173—2008 要求的设备。在设备运行期间密切关注系统中各组件的工作性能，实时监测采气管线内的 CH_4 浓度、O_2 浓度、CO 浓度、抽采压力、气体温度、采出气混合流量及 CH_4 纯流量。具备自动报警及切断抽采动力设备电源功能。

系统本安端与外壳之间的绝缘电阻常态下不小于 50MΩ，交变湿热试验后应小于 1.0MΩ。本安端与外壳之间能承受历时 1min 的交流 500V、50Hz 正弦波工频耐压试验，泄漏电流不大于 5mA，无击穿和闪络现象。

对关键抽采参数设置了自动报警与停机界限值，以杜绝安全事故的发生。设置了安全抽采参数界限值：CH_4 报警浓度小于或等于 30%、停机浓度小于或等于 25%；O_2 报警浓度小于或等于 8%、停机浓度小于或等于 7%；CO 报警浓度小于或等于 60ppm，抽采停机负压小于或等于 −50KPa（表 10-15）。

表 10-15　安全抽采参数确定依据

序号	名称	参数确定依据
1	甲烷报警浓度35%	甲烷在空气中爆炸范围为 5%～15%取爆炸极限值的 2 倍余量
2	甲烷停机浓度30%	取爆炸极限值 d 的 2 倍
3	氧气报警浓度6%	空气中氧气浓度低于 12%，无爆炸风险，取 12%的一半
4	停机浓度8%	取 12%的 2/3
5	采空抽采停机负压−30kPa	德国相关企业抽采经验，抽采停机负压低于−30kPa，采空区混入空气的量急剧上升

2）智能控制

煤层气专用螺杆增压机驱动系统采用变频调速系统，提供变频气量调节能力。配合防爆一次仪表、二次仪表、就地仪表、控制系统，使螺杆增压机组便于操作和维护。控制系统具备全面的自动检测保护功能，对各个管件控制点进行检测，准确报警并及时联锁，确保增压机组安全可靠。控制系统可以配置远程数据传输及查询系统，实施观测机组运行状态。

增压机主机使用 JohnCrane 机械密封，使用润滑油作为隔离缓冲液对天然气进行密封，通过控制系统保证主机在正常运行时天然气不向外界泄漏，确保生产安全。主机增压机腔体及轴承系统使用全合成润滑油进行润滑和冷却，采用一套润滑冷却系统，通过压差供油。润滑油过滤系统采用双联过滤器，在线切换以及检修维护方便。增压机排气后端配置的油气分离系统采用高效油气分离滤芯，保证分离后气体含油率小于 3ppm，分离后的润滑油在油气分离器底部蓄积后经冷却、过滤后重新进入增压机循环使用。

3）智能调节

煤层气专用增压机实现了手动调节、智能变频调节、PID 调节三种调节方式。

手动调节：可手动调节变频器频率，从而改变电机转速，达到调节机组负载的作用。

智能调节：增压机满足启动条件后实行低频轻载启动，启动数秒后检测进气压力，可根据进气压力值选择相应的控制方式。

（1）若进气压力大于 0.005MPa，则以 2Hz/min 的速率进行升频，每次调频带宽为 1Hz，调频间隔为 1min（其中前 30s 用于升频，后 30s 用于检测压力，30s 内需至少检测 3 次压力）。

（2）在（1）步中，若进气变化到 0.002～0.005MPa，则电机频率维持在当前频率不变运行。

（3）在（2）步中，若机组压力小于 0.002MPa，则频率直接降至 20Hz，并且应显示报警信号。

（4）在（3）步中，若进气压力达到 0.001MPa，则立即停机并显示故障信息。

（5）在（2）、（3）步过程中，若出现若进气压力大于 0.005MPa，则重新从（1）开始升频。

PID 调节：增压机满足启动条件后实行低频轻载启动，启动数秒后检测进气压力，根据进气压力值选择相应的控制方式。

（1）调节系统包括下列部件：以 0.005MPa 为基准点进行 PID 调节，当压力大于 0.005MPa 时，频率上升（上限为 50Hz）；当频率等于 0.005MPa 时频率保持不变；当频率在 0.002～0.005MPa 之间时，频率下降（下限为 20Hz）。

（2）若机组压力小于 0.002MPa，则频率直接降至 20Hz，并且应显示报警信号，同时电磁阀打开放空。

（3）若进气压力达到 0.001MPa，则立即停机并显示故障信息。

4）安全保障措施

煤层气地面抽采防控系统主要包括干式防回火装置、单向阀、水封阻火泄爆装置、防静电接地以及避雷装置。

参 考 文 献

[1] 孟召平,田永东,李国富.煤层气开发地质学理论与方法[M]. 北京:科学出版社,2010.

[2] ZHAOPING MENG，XIUCHANG SHI, GUOQING LI. Deformation, failure and permeability of coal-bearing strata during longwall mining [J]. Engineering Geology 208（2016）69 -80.

[3] KIM J M, PARIZEK R R, ELSWORTH D. Evaluation of fully-coupled strata deformation and groundwater flow in response to longwall mining[J]. International Journal of Rock Mechanics and Mining Sciences, 1997, 34（8）: 1187-1199.

[4] 煤炭科学院北京开采所.煤矿地表移动与覆岩破断规律及其应用[M].北京：煤炭工业出版社，1981.

[5] 国家煤炭工业局制定. 建筑物、水体、铁路及主要井巷煤柱留设与压煤开采规程[M]. 北京：煤炭工业出版社，2000.

[6] 刘天泉.矿山岩体采动影响与控制工程学及其应用[J].煤炭学报，1995，20（1）:1-5.

[7] 刘天泉."三下一上"采煤技术的现状及展望[J].煤炭科学技术，1995，23（1）:5-7.

[8] 钱鸣高，刘昕成. 矿山压力及其顶板控制（修订本）[M] . 北京：煤炭工业出版社，1991.

[9] 宋振骐.实用矿山压力控制[M].徐州：中国矿业大学出版社，1988.

[10] 汪长明. 地面钻孔抽采条件下半封闭采空区瓦斯运移及分布规律研究[D]. 北京：煤炭科学研究总院, 2007.

[11] 金龙哲, 姚伟, 张君. 采空区瓦斯渗流规律的 CFD 模拟[J]. 煤炭学报, 2010, 35(9):1476-1480.

[12] 李宗翔, 顾润红, 张晓明, 等. 基于 RNG k-ε 湍流模型的 3D 采空区瓦斯上浮贮移[J]. 煤炭学报, 2014, 39(05):880-885.

[13] 韩保山, 张新民, 张群. 废弃矿井煤层气资源量计算范围研究[J]. 煤田地质与勘探, 2004, 32:29-31.

[14] 李日富. 采动影响稳定区煤层气储层及资源量评估技术的研究与应用[D]. 重庆：重庆大学, 2014.

[15] CHEN S, SUN L, ZHANG Y H. Research on the Distributing Law of the gas in the Gob Area Based on Flow-Tube Model [J]. Procedia Engineering, 2011, 26(4):1043-1050.

[16] LOUIS C. A study of groundwater flow in jointed rock and itsinfluence on the stability of rock masses[J]. Rock Mechanics Research Report. 1969, (10):10-15.

[17] 刘珊珊.煤体结构吸附性能及煤矿采空区煤层气资源量计算模型[D]. 北京：中国矿业大学(北京), 2016

[18] 贺天才, 秦勇.煤层气勘探与开发利用技术[M]. 徐州：中国矿业大学出版社, 2007

[19] 孟召平, 张娟, 师修昌, 等. 煤矿采空区岩体渗透性计算模型及其数值模拟分析[J]. 煤炭学报, 2016, (08):1997-2005

[20] 孟召平, 师修昌, 刘珊珊, 等. 废弃煤矿采空区煤层气资源评价模型及应用[J]. 煤炭学报, 2016, (03):537-544

[21] 李超.晋圣废弃矿井采空区煤层气开发条件与抽采技术研究[D]. 北京：中国矿业大学(北京)硕士学位论文, 2016: 39-54

[22] 王金安, 谢和平, M.A.Kwasniewski, 等. 建筑物下厚煤层特殊开采的三维数值分析[J]. 岩石力学与工程学报, 1999, 18(1):12-16.

[23] 邓喀中, 周鸣, 谭志祥. 采动岩体破裂规律的试验研究[J]. 中国矿业大学学报, 1998, 27(3):261-264.